科学出版社“十四五”普通高等教育研究生规划教材

兽医外科与外科手术学

周振雷　王　亨　主编

科学出版社
北　京

内 容 简 介

本书紧密结合近年来兽医临床发展现状，以及未来兽医外科学学科发展趋势，由浅入深、从点到面，全书分为14章，主要讲述了麻醉与疼痛管理，软组织损伤，肿瘤，眼病，头部疾病，枕、颈部疾病，胸部疾病，腹部疾病，脊柱疾病，疝，直肠、肛门疾病，泌尿生殖系统疾病，四肢疾病，腔镜外科技术等领域中的新理论、新技术和前沿研究进展。本书内容凝聚多学科知识，专业性强，注重先进理论技术与临床实践的有机结合，力求体现先进性、系统性、实用性、创新性的有效融合，以充分满足教学和兽医临床工作的需要。

本书是高等院校临床兽医学研究生的重要教学用书，还可作为动物医学专业本科生、动物诊疗机构工作人员的参考用书。

图书在版编目（CIP）数据

兽医外科与外科手术学 / 周振雷，王亨主编. -- 北京 : 科学出版社, 2025. 8. -- (科学出版社“十四五”普通高等教育研究生规划教材). -- ISBN 978-7-03-081398-5

Ⅰ. S857.1

中国国家版本馆 CIP 数据核字第 2025CZ2037 号

责任编辑：刘　丹 / 责任校对：严　娜

责任印制：赵　博 / 封面设计：金舵手世纪

科 学 出 版 社出版

北京东黄城根北街 16 号

邮政编码：100717

http://www.sciencep.com

北京华宇信诺印刷有限公司印刷

科学出版社发行　各地新华书店经销

*

2025 年 8 月第　一　版　开本：787×1092　1/16

2025 年11月第二次印刷　印张：17 1/2

字数：437 000

定价：78.00 元

（如有印装质量问题，我社负责调换）

编委会名单

主　编　周振雷　王　亨

副主编　范宏刚　常广军　尹　伟　袁占奎

编　者　（按所在单位拼音排序）

安徽农业大学　韩春杨

东北农业大学　范宏刚

河北农业大学　马玉忠

河南农业大学　董海聚

黑龙江八一农垦大学　郑家三

华南农业大学　贾　坤

华中农业大学　胡长敏　丁　一

吉林大学　谢光洪

南京农业大学　周振雷　常广军　陈凯文　李　梦

内蒙古农业大学　杜　山

青岛农业大学　刘焕奇

山东农业大学　马卫明

山西农业大学　李宏全　孙　娜　尹　伟　范阔海

四川农业大学　钟志军

天津农学院　李建军

西北农林科技大学　张欣珂

西南大学　江　莎

新疆农业大学　郭庆勇

扬州大学　王　亨　崔璐莹　刘康军

浙江大学　王华南

浙江农林大学　郑慧华

中国农业大学　金艺鹏　袁占奎

前　言

兽医外科学是研究食品动物、伴侣动物外科疾病病因、症状、机制、诊断、治疗和预防规律的一门应用性、实践性均较强的学科，是临床兽医学科的重要组成部分。近年来，新理论、新技术不断地推广应用，促进了兽医外科学学科的快速发展。在兽医临床中，麻醉与疼痛管理更加规范，提升了诊疗安全性。微创手术、介入手术具有损伤与应激小、疼痛轻、恢复快等优势，在兽医临床展现出蓬勃发展的态势。骨科、软组织外科、眼科、神经外科等专科建设在动物诊疗行业如火如荼。学习和掌握兽医外科学先进理论和操作技术，已成为高校兽医专业学生从事兽医外科专科工作的必然选择。

国内目前尚未出版《兽医外科与外科手术学》研究生教材，已有的本科生教材深度和广度均不能满足当前研究生教学的要求和需要。为此，中国畜牧兽医学会兽医外科学分会组织活跃在临床一线的中青年骨干教师，以习近平新时代中国特色社会主义思想为指导，紧紧围绕立德树人根本任务，根据目前临床兽医学研究生培养目标、教学计划和安排，科学设计本书的体系、结构和内容，精益求精，统筹兽医外科与外科手术学基础理论与基本方法、前沿知识与操作技术的衔接，以满足研究生从事科学研究及兽医外科专科工作的迫切需要为出发点，编写了本书。本书编者多年从事兽医外科学教学和科研工作，临床经验丰富、学术造诣深厚，为本书的出版奠定了扎实基础，谨在此表示诚挚谢意。

本书内容反映了兽医外科与外科手术学学科发展现状和进展，资料新颖，科学实用，同时兼顾大家畜，如马、牛等动物，以及小动物临床外科病的诊断与治疗，力求用科学和通俗易懂的语言进行描述，从而使读者更容易掌握相关理论、方法与技术，进行临床工作和科学研究。

由于编者水平有限，不妥之处在所难免，恳请同行和读者批评指正。

周振雷

2024 年 6 月

《兽医外科与外科手术学》教学课件申请单

凡使用本书作为授课教材的高校主讲教师，可获赠教学课件一份。欢迎通过以下两种方式之一与我们联系。

1. 关注微信公众号“科学 EDU”申请教学课件

扫码关注→“样书课件”→“科学教育平台”

2. 填写以下表格，扫描或拍照后发送至联系人邮箱

姓名：	职称：	职务：
手机：	邮箱：	学校及院系：
本门课程名称：	本门课程选课人数：	
您对本书的评价及修改建议：		

联系人：刘丹 编辑　　电话：010-64004576　　邮箱：liudan@mail.sciencep.com

目　录

第一章　麻醉与疼痛管理

本章资源

第一节　麻 醉 概 述

一、全身麻醉药的作用机制

麻醉药的作用与中枢递质和受体有着极为密切的关系。受体是细胞的一个组成部分，通常是蛋白质或糖蛋白，它与信号信使物质相互作用。信号信使物质被称为配体。配体可以是激素或药物。药物与其受体的结合会产生药理作用。最初的效应称为药物的“作用”，而随后的效应称为药物的“效应”。亲和力是指特异性配体与受体的结合能力。然而，配体可以与受体有很强的亲和力而不产生作用。活性是指配体产生作用的能力。例如，μ-和 κ-阿片受体是阿片类药物调节疼痛的主要阿片受体。丁丙诺啡属于部分阿片类激动剂。它对 μ-阿片受体有很高的亲和力，虽然其作用温和，但很难被拮抗。布托啡诺被归类为阿片类激动-拮抗剂。它通过激活 κ-阿片受体产生作用，但也与 μ-阿片受体结合。尽管布托啡诺与 μ-阿片受体有很强的亲和力，但它不能激活 μ-阿片受体，不产生激活该受体的作用。配体的选择性是指配体产生特定效应的能力。一种高选择性的药物只能通过一类受体或受体的亚类产生活性作用。尽管一个高度特异性的配体只与一种类型的受体相互作用，但其作用效果可能是多种多样的。例如，阿托品只作用于一种特异性的受体，但这些受体存在于不同的组织中，因而产生多种作用。而吸入麻醉剂会与几种不同的受体相互作用，从而引起广泛的效应，包括使动物麻醉。

离子通道是镶嵌在细胞膜脂质双层上的跨膜蛋白，当通道开放时，可允许某些离子通过而产生兴奋。因此离子通道的基本功能是产生生物电，并通过完成对某些离子的转运维持细胞内环境稳定。γ-氨基丁酸 A（gamma-aminobutyric acid A，GABAA）受体的激活可通过氯离子的流入、细胞膜的超极化和兴奋性信号的分流而降低神经元的兴奋性，引起快速短暂的突触后电流而产生对神经系统的抑制作用。GABAA 大多分布于皮质区域，表达最多的是 α、β 和 γ 亚型，其比例为 2∶2∶1。γ-氨基丁酸（gamma-aminobutyric acid，GABA）系统造成的突触抑制，是保持神经元联系、动作电位和神经元群同步的基础。突触快速抑制的增强是 GABA 能药物产生作用的主要机制。根据不同的药理学特性，吸入麻醉药可分为两类。第一类是强效吸入（挥发性）麻醉药，它表现出对 GABA 受体的正性调节作用，也对其他一些受体/通道产生作用，包括对抑制性甘氨酸受体的增强作用、对兴奋性 *N*-甲基-D-天冬氨酸（*N*-methyl-D-aspartic acid，NMDA）和神经元烟碱乙酰胆碱受体的抑制作用、对 K2p 通道的激活作用和对突触前钠离子通道的抑制作用。静脉注射麻醉药，如丙泊酚和依托咪酯等，也是 GABA 受体更具效力的特异性正性调节剂。第二类是气态吸入麻醉药，其中包括环丙烷、氧化亚氮和氙。这些麻醉药在临床浓度时对 GABA 受体不活跃，但能阻断 *N*-甲基-D-天冬氨酸（NMDA）受体和激活某些 K2p 通道。醚类麻醉药（包括异氟烷、七氟烷和地氟烷）、烷烃类麻醉药氟烷、大部分静脉注射麻醉药（包括丙泊酚、依托咪酯、巴比妥类）以及神经甾体类麻醉药，可增强 GABA 和甘氨酸受体（glycine receptor，GlyR）的功能。GABA 和 GlyR 是半胱氨酸环配体门控离子通道超家族的成员。该家族还包括烟碱型乙酰胆碱受体和 5-羟色胺受体。GABA 受体是大脑皮质内主要的递质门控 Cl^-通道。激活的受体传导 Cl^-使膜电位达到 Cl^-平衡电位。这两种受体均是抑制性的，因为 Cl^-平衡电位通常比正常静息电位值更低。苯二氮䓬逆转剂氟马西尼会降低受体的效率，因此是负变构调节剂。GABA 受体是一种由 α、β 和 γ 亚单位组成的异五聚体（5 个亚单位）。激动剂和拮抗剂配体以及变构调节剂与这些亚单位的特定位点结合发挥作用。

α-氨基羟甲基异恶唑丙酸（α-amino-3-hydroxy-5-methyl-4-isoxazole propionic acid，AMPA）和 NMDA 受体是阳离子通道。它们的内源性激动剂是谷氨酸，它们通常共存于同一突触后膜上。它们的相互作用被认为是中枢敏化的一个关键事件。AMPA 受体是一种配体门控的离子受体。该阳离子通道允许 Na^+进入细胞、K^+从细胞中排出。AMPA 受体由 4 个亚单位组成，每个亚单位有 4 个跨膜片段，这些片段形成阳离子通道。与 GABA 受体类似，与激动剂配体的结合会引起构象改变，使通道开放。谷氨酸在突触中的释放量将决定阳离子转移的量，从而决定 AMPA 受体-配体相互作用诱导的突触后神经元去极化的程度。

NMDA 受体是配体门控和电压门控离子受体。这种阳离子通道允许 Na^+和 Ca^{2+}进入细胞、K^+从细胞中排出。与 AMPA 受体不同的是，在突触后膜发生足够强的去极化之前，Mg^{2+}使通道保持关闭。尽管 AMPA 受体的弱激活不足以激活 NMDA 受体，但 AMPA 受体的多次或更强激活将诱导突触后膜的强去极化，从而从 NMDA 受体通道内释放 Mg^{2+}。谷氨酸和天冬氨酸是 NMDA 受体的主要内源性激动剂，甘氨酸是有效打开通道所需的协同激动剂。氯胺酮和苯环利定衍生物、乙醇、氙、一氧化二氮和一些阿片类药物（美沙酮和曲马多）是 NMDA 受体拮抗剂。镁、钠、钙、钾、锌和铜是 NMDA 受体的调节剂。非卤化吸入麻醉剂氙和环丙烷，对 GABA 受体的影响很小，但通过阻滞 NMDA 谷氨酸受体，抑制突触后兴奋性谷氨酸能突触传递。较高浓度的挥发性麻醉剂也能抑制孤立的 NMDA 受体，同谷氨酸释放导致的突触前抑制一起，可能抑制 NMDA 受体介导的兴奋性传导。

二、局部麻醉药的作用机制

神经细胞膜上 Na^+内流产生动作电位，通常认为局麻药通过阻止 Na^+内流发挥局部麻醉作用。目前认为，Na^+通道至少有 3 种存在形式，即静息型（关闭型）、激活型（开放型）和失活型（关闭型）。静息型和失活型的区别在于静息型 Na^+通道可被去极化作用激活；而失活型则处于一种脱敏状态，但随着细胞膜的电位变化和复极过程，失活型 Na^+通道可慢慢向静息型转变，在转变过程中并不经过激活型状态。局麻药对各种状态的 Na^+通道均有影响，但优先作用于失活型 Na^+通道，干扰其向静息型通道的转变。研究发现，局麻药主要是可逆地封闭 Na^+通道的内口，而非膜表面的外口，且与 Na^+通道上一个或更多的特殊位点（受体）结合。对 Na^+通道的研究证实，其是大分子糖蛋白复合物，有 3 个亚单位：α（260kDa）、β_1（36kDa）及 β_2（33kDa）。α 亚单位是 Na^+通道的主要功能单位，包括 4 个相似的区段（D1～D4），而每一区段又由 6 个螺旋结构的跨膜片段（S1～S6）组成。局麻药在 Na^+通道内侧的

作用点是位于 α 亚单位的 D4 区的 S6 节段上的氨基酸残基。

局麻药阻滞 Na^+内流的作用，具有使用依赖性（use dependence），即频率依赖性，神经组织受到的刺激频率越高，开放的通道数目越多，受阻滞就越明显，局麻作用也越强。因此，局麻药的作用与神经状态有关，局麻药对静息状态下的神经作用较弱，增加电刺激频率则使局麻药作用加强。局麻药分子在体液中存在两种形式：未解离的碱基和解离的阳离子，两者在阻滞神经传导功能的过程中都是必要的。碱基具有脂溶性，能穿透神经鞘膜或神经膜而进入细胞内接近 Na^+通道内口的特殊位点。碱基浓度越高，穿透膜的能力越强。细胞内的 pH 较膜外低，在细胞内，部分碱基变成解离的阳离子。只有阳离子才能与带负电荷的膜内受体相结合，使 Na^+通道关闭，阻滞 Na^+内流，从而阻滞神经传导功能。局麻药除对 Na^+通道有抑制作用外，对 K^+通道、Ca^{2+}通道也有一定抑制作用。局麻药通过抑制超极化激活环核苷酸门控（HCN）通道可产生非选择性感觉阻滞、疼痛阻滞、运动麻痹及交感神经阻滞。局麻药还影响突触前膜递质如乙酰胆碱等的释放、突触后膜受体功能及第二信使系统的功能等，所以局麻药的药理作用是多方面的。

三、麻醉风险

（一）麻醉体况分级

美国麻醉医师协会（American Society of Anesthesiologists，ASA）将动物体况分为 6 级，用于评估动物麻醉风险。研究发现，评分 3 级以上的猫发生麻醉并发症的风险增加了 4 倍。动物完整的身体检查通常包括：体温、心脏听诊、胸腔听诊、心率、呼吸速率、腹部触诊、淋巴结触诊、外周脉搏触诊。对幼年、老年动物，或精神欠佳的动物，需进行其他的检查，如实验室检查、特殊检查等。有研究表明通过实验室检查，8%的犬重新分类为更高的 ASA 麻醉风险等级，其中 1.5%的犬需进行术前治疗。

（二）麻醉进程与麻醉深浅监测

全身麻醉药通常先抑制大脑皮层功能，随着剂量的增大，逐渐抑制间脑、中脑、桥脑和脊髓，最后可抑制延髓。根据动物体征表现，来判断麻醉的深度，通常将麻醉分为Ⅰ、Ⅱ、Ⅲ（外科麻醉期）、Ⅳ四期。通过观察动物的表现实时记录，判断其麻醉程度以保证手术的顺利进行和动物的生命安全。

四、兽医麻醉监护

（一）体温监测

利用体温计或热敏电阻探头插入直肠内，测量动物直肠温度。麻醉、手术期间易发生体温降低，在麻醉过程中应做好监测，注意保暖。

（二）呼吸系统监测

无论自主呼吸还是机械通气，麻醉都会导致呼吸障碍。因此，大多数麻醉过程中患病动物会因为失去肌张力而导致功能残气量（functional residual capacity，FRC）下降。FRC的下降促进了气道关闭和阻塞气道后的气体吸收，导致肺不张。呼吸系统监测可将麻醉药的呼吸抑制作用降到最低，防止低血氧的发生。呼吸频率可通过观察胸壁起伏而获得，血氧饱和度则通过监护仪的血氧探头进行监测。健康犬的脉搏血氧饱和度（oxygen saturation，SpO_2）范围在95%～99%，90%～95%提示轻度缺氧，85%～89%提示中度缺氧，低于85%提示重度缺氧。呼气末二氧化碳分压（partial pressure of end-tidal carbon dioxide，$PETCO_2$）监测的原理是检测红外线吸收光谱，因为CO_2能吸收特殊波长的红外线。$PETCO_2$监护仪有旁流型和主流型两种，旁流型通过抽气泵收取气流进行检测，无需密闭的呼吸回路，所需气体量小，敏感度高；主流型只适用于气管插管的患者，是将红外线传感器直接连接在气管插管上进行监测，可进行连续监测，反应速度快。$PETCO_2$反映了机体的代谢、通气和循环状态，健康犬的$PETCO_2$范围为30～40mmHg①，高于上限提示换气不足或过度通气。

（三）心血管系统监测

心血管系统的监测指标一般包括心率、血压等。有效的心血管系统监测应达到两个标准：①所测量的变量应随着临床情况而变化；②变量随着时间的变化趋势得到充分体现。心率的测量有多种方法，体型小的动物可以通过触诊脉搏获得，最常见的方法是使用听诊器进行心脏听诊，也有通过食管听诊器获得心率的方法。血压监测方法主要有两种：直接测量法和间接测量法。临床通常采用间接法测量动物血压。测量部位选择肢体或尾部，通过合适直径的袖带固定在动物四肢或尾部，袖带内压力由血流决定，阻断或松懈袖带使接触部位血流改变并传入信号至传感器，获得机体血压。直接测量法则是将不同材质的导管直接放置于动脉中获得血压，具有侵入性但准确性高，能够测量出血压的微小变化。间接测量法虽然无创且简单易行，但只能测量单个时间点的血压，且误差较大。

（四）心电监测

心电图（electrocardiogram，ECG）通过正负电极记录心脏活动变化。心脏具有节律性，每个心动周期内产生收缩和舒张。动作电位由窦房结开始传导至房室结，进入希氏束，在室中隔处分为左右束支进入左右心室，最终传导到浦肯野纤维嵌入心肌。在一个心动周期内，心脏电传导在心电图上呈现出P-QRS-T波群。P波是心房去极化波。QRS波群中S波由心室基部产生，R波为心室肌去极化波，Q波是室中隔去极化波。T波表示去极化后心室肌复极化的过程。

非窦性心律、心动过速、心动过缓、室性早搏（ventricular premature beat，VPB）、房室传导阻滞等可能出现心电图异常。在麻醉的过程中常伴随心电图的变化。犬氟烷麻醉后，进行单侧肾脏切除，ECG上发现麻醉60min后，P波、QRS波振幅降低，90min后Q-T间期延长，S-T段在整个麻醉阶段呈现显著延长。氟烷麻醉的过程中也会出现一度房室传导阻滞现象。犬发生房室分离在心电图上可以看到P波、QRS波相互独立，P波可能出现于QRS波群之前或之后。当心房心室传导不顺利，出现阻滞时，可出现Ⅰ、Ⅱ、Ⅲ度房室阻滞。Ⅰ度主要表现为P-R间期延长，程度相对较轻；Ⅱ度房室阻滞见于房室结传导发生间歇性障碍，

① 1mmHg=0.133kPa

心电图上可导致 QRS 波缺失，可细分为莫氏Ⅰ型、莫氏Ⅱ型。莫氏Ⅰ型中 P-R 间期在发生阻滞前发生延长，莫氏Ⅱ型在阻滞前 P-R 间期保持恒定；Ⅲ型又称为完全阻滞型，P 波和 QRS-T 波独立出现，P 波频率快而 QRS-T 波群频率慢。当心电图上出现 P 波时限延长，提示左心房增大，P 波振幅增加提示右心房增大。当心电图中 R 波振幅明显增加，提示左心室肥大，S 波加深可能存在右心室肥大。当机体存在低钙、低钾血症，体温过低或乙二醇中毒时，Q-T 间期存在延长。Q-T 间期的缩短多见于高钾血症、高钙血症或应用阿托品、β 受体阻断剂等。S-T 段的改变存在上移或者下移，S-T 段上移多见于缺血、梗死和心包炎等，下移主要见于心肌缺血、洋地黄中毒、K^+失调等。

（五）脑电监测

脑电双频指数（bispectral index，BIS）是通过脑电图（electroencephalogram，EEG）记录分解产生的数字，对脑电活动的幅度和频率进行同步分析（双谱分析），是复杂的 EEG 模式下的一个简单的描述。BIS 用于测量麻醉期间的催眠程度。在人，BIS 分值 100 表明完全清醒，70 意味意识谨慎，60、40、0 的值分别对应中度、深度和非常深的催眠状态。接受麻醉和手术的患者 BIS 维持在 40～60 是最佳水平。随机临床试验显示，BIS 的变化与皮肤切开后运动的可能性有很好的相关性。研究已经证实了 BIS 监测麻醉期间七氟烷、地氟烷、异氟烷的需求量下降。BIS 与丙泊酚给药期间镇静程度有很强的相关性，也可以预测丙泊酚诱导后的意识恢复。随着兽医临床的不断发展，已有一些研究评估了小动物麻醉过程中 BIS 的变化。

（周振雷）

第二节　麻醉前准备和麻醉前用药

一、麻醉前准备

（一）掌握病情

充分获得与患病动物相关的有价值的信息，能够帮助医生制订合理的麻醉方案。首先确定动物的病征。患病动物的物种、品种、年龄、性别、生殖状态称为病征。病征对麻醉方案的制订非常重要，影响麻醉方案、药物剂量及患病动物管理等多个相关操作。每一物种对麻醉药都有特定的反应，麻醉时必须考虑物种的显著差异性。不同品种间的解剖和生理差异，也会影响动物对麻醉药的敏感性。例如，短头品种犬的气管插管较为困难，在进行任何麻醉前、麻醉期间和苏醒期都必须密切监护确保气道通畅。短头品种犬通常需要使用较小的气管内导管。患病动物的年龄是需要考量的重要因素。幼年动物的血浆蛋白一般偏低，这将影响与蛋白结合的药物。肝糖原储存不足会使幼年动物容易出现低血糖。新生儿（2 周龄）或者幼年动物（2～8 周龄）肝脏的必要代谢途径发育不完全，代谢药物的能力不足。老年动物由于肝肾功能下降，不能很好耐受某些正常剂量的药物。这都可能造成麻醉的苏醒缓慢。体格检查必须确定患病动物的性别，尤其是为绝育手术制订的麻醉方案。生殖状态指患病动物是否已经去势或者绝育。未绝育的雌性动物发情时，子宫增大，血液供应增加。这会增加手术的时间、难度与风险。

还应了解患病动物的病史。了解既往病史，如患病动物是否正在接受或者最近接受过任何药物、保健品或者驱虫药治疗；患病动物是否有过敏史或者药物反应史。患病动物是否进行了常规的预防免疫；患病动物是否曾经或目前患有疾病，如果有，使用了什么药物治疗或手术治疗。应当记录目前或最近所使用的治疗药物和中草药，包括非处方药。某些药物能够与酶和电解质相互作用，影响酸碱平衡、癫痫发作的阈值、产生心律不齐的阈值、神经肌肉的传导、呼吸或心血管系统。一些药物如抗惊厥药、行为矫正药、影响自主神经系统的药物和抗生素会影响麻醉效果。有些药物能够直接与麻醉剂发生作用，如西咪替丁能够提高利多卡因的毒性，同时使用氨茶碱和氯胺酮治疗能够降低癫痫的阈值，比单独使用时的作用更明显。用药史也能够为患病动物的健康状况提供有用的信息。要特别清楚药物的药效、可能的不良反应，以及麻醉药和镇痛药与其他药物之间的相互作用。

通过与动物主人的交谈获得患病动物目前和既往病史信息，同时询问患病动物症状，有助于医生进行疾病的诊断和风险评估以及对患病动物的管理。如患病动物是否出现了厌食、呕吐、腹泻、咳嗽、多尿、多饮、里急后重或排尿困难，发生了行为改变、运动不耐受、昏厥或抽搐、出血等。要准确记录症状持续的时间、严重程度、频率，以及表现和特点等，制订麻醉方案时，可以估计患病动物目前的疾病可能增加麻醉并发症的风险。

（二）体格检查和评估

患病动物的体格检查包括体格评分、水合状态评估、意识水平、疼痛评分、心血管系统检查（心率与节律、心脏杂音检查、心电图检查）、呼吸系统检查（呼吸频率和特征）、腹部触诊与听诊、实验室检查（血常规检查、血液生化检查、尿常规检查、凝血功能检查）、影像学检查等。在选择麻醉方案时，主治医生应评估患病动物的基础数据，确定体况分级，选择合适的麻醉方案。

（三）动物准备

一般择期手术的动物，应提前 1d 住进动物医院，以便对动物做进一步观察和评估，也有利于动物适应医院的环境。麻醉前，动物禁食 12h，如果是胃肠手术，应禁食 24h。麻醉前禁饮 4h。病情严重不能麻醉和手术者，应住院治疗一段时间，待病情缓和，各系统功能处于良好状态时再进行麻醉手术；如急腹症，以及严重外伤或严重脱水、酸中毒者，应尽快补液、输血或给碱性药物治疗；休克动物应根据其病因，采取各种措施改善循环功能；呼吸系统感染者，应在控制感染后再行手术；严重骨折者，应等炎症减轻、体温正常时再手术。

（四）麻醉器械和药品的准备

为防止麻醉意外，麻醉前应对麻醉用具和药品进行检查。对可能出现的问题，应全面考虑，慎重对待，并做好各种抢救器械和药品的准备。

二、麻醉前用药

（一）抗胆碱能药

抗胆碱能药物（anticholinergics）能够可逆性结合毒蕈碱性受体，从而竞争性地抑制乙酰胆碱与毒蕈碱性受体的结合。提高乙酰胆碱的浓度，可以抵消抗胆碱能药物的作用。结合毒蕈碱性受体的乙酰胆碱数量增加会引起迷走神经兴奋，引起靶器官副交感作用，如心动过缓、支气管平滑肌收缩、泪液唾液产生过多、呼吸系统分泌物产生过多、胃肠道蠕动增加和瞳孔缩小。抗胆碱能药物有助于拮抗和预防这些副交感作用，因此得名副交感神经阻滞药。常用的药物有阿托品（atropine）和格隆溴铵（glycopyrrolate）等。麻醉前给药剂量：犬和猫，0.03～0.04mg/kg 肌内注射，0.02mg/kg 静脉注射。格隆溴铵：犬和猫，0.0075～0.01mg/kg 肌内注射，0.005mg/kg 静脉注射。这类药物应在麻醉前 20～30min 给药，可以静脉注射（IV）、肌内注射（IM）、皮下注射（SC）或气管内给药。气管内给药和静脉注射应用于急诊，起效快。如果手术计划中可能刺激到迷走神经反射（如眼心反射）并且没有禁忌证，谨慎给予抗胆碱能药物。这类药物都没有镇静作用，对中枢神经系统作用较小，可以导致心律不齐，不应应用于心率较快的动物（犬＞140bpm，猫＞180bpm）或存在心脏病的动物（充血性心力衰竭或肥厚型心肌病）。

静脉注射阿托品和肌内注射阿托品的起效时间分别约为 1min 和 5min，心率增加持续约 30min。其他身体系统通常会受到影响 1h 至几个小时，局部用药后的瞳孔散大可以持续 3d。阿托品给药后经常观察到剂量依赖性的心动过速，0.04mg/kg 静脉注射给药使心率增加 50%。先前存在高迷走神经张力的患病动物可观察到过度心动过速。犬偶尔也有室性早搏的报道。此外，阿托品也被推荐用于心肺脑复苏（cardiopulmonary-cerebral resuscitation，CPCR），在心肺衰竭前，静脉通路没有建立之前，可以通过气管插管给予阿托品，剂量为通常静脉注射剂量的 2～3 倍。

格隆溴铵的起效比阿托品稍慢，通常发生在几分钟内。在人，其作用的持续时间与阿托品相似，但在清醒的犬，心血管效应持续约 1h，比阿托品的作用时间长。格隆溴铵从血浆中清除较快，大部分以原形从尿液中排出。在人，与阿托品相比，格隆溴铵可以改善心血管系统参数，降低心动过速的风险。在犬，阿托品与格隆溴铵对心血管系统的作用相似。格隆溴铵主要用于围手术期治疗或预防心动过缓。由于阿托品作用时间较长，在有阿托品的情况下，格隆溴铵不作为心肺复苏的紧急药物使用。

（二）镇痛药

镇痛药（analgesics）主要是镇痛作用，明显减少诱导和维持麻醉药用量。尤其当与小剂量的安定药合用时，可减少全身麻醉药用量的 50%～60%。这类药物很多，可以用于镇痛、镇静，与其他药物联合，可用于诱导麻醉。阿片类药物是常用的镇痛药。阿片类受体有 μ、κ、δ 三种类型。每种受体有多个亚型。受体多样性导致阿片类药物作用效果多样。这类药物可以静脉注射、静脉输液、肌内注射、皮下注射、口服、直肠给药和经皮肤给药，也可以硬膜外注射，安全范围广，能够用于健康及虚弱的动物。

1. 阿片受体激动剂　由于其较好的安全性、有效性、耐受性和成本效益，吗啡一直是兽医临床广泛使用的镇痛药。吗啡是 μ 受体激动剂，但更高剂量也可以导致 κ-阿片受体激动剂效应。吗啡肌内注射 20min 后立即起效，如果是静脉注射，起效时间接近 5min，持续时间 3～4h。静脉注射吗啡时需要注意组胺的释放。吗啡对哺乳动物癌症的轻度至重度疼痛有效，随着剂量的增加，产生的镇痛效果也会增加。例如，单剂量（0.25mg/kg）肌内注射对犬皮下脂肪瘤切除术后的疼痛有效，但是全耳道切除术后需要立即使用 1mg/kg 剂量肌内注射控制术后疼痛。吗啡的亲脂性较低（辛醇/水分配系数约为 1.2），是单次硬膜外腔注射给药的理想阿片类药物，可提供长达 24h 的持续镇痛。吗啡对犬的副作用包括恶心、呕吐、给药后立即排便。长期给药，导致便秘、沉郁、喘息、体温过低、心动过缓（但对健康犬的心输出量无影响），减少排尿和尿液产生。吗啡可以导致轻微的呼吸抑制。对于有头部创伤或颅内压升高（有呕吐风险）的动物，应避免使用吗啡。吗啡不是患有呼吸抑制、严重呼吸系统疾病或接受其他导致呼吸抑制药物的动物的禁忌证，但应密切监控这些动物。吗啡恒速输液给药可以减少其对呼吸的抑制效应，但应避免高起始输注浓度。猫的副作用与犬的类似，其他副作用包括发出呼噜声、欣快、瞳孔散大等。猫体内吗啡的代谢主要是通过与硫酸盐快速结合。吗啡的终末半衰期约为 1h，与犬相似。其他 μ-阿片受体激动剂类药物不会明显促进组胺释放，且作用时间和功效与吗啡类似。这些阿片类药物包括羟吗啡酮、氢吗啡酮和美沙酮。芬太尼也不会引起组胺的释放，但是作用时间较短，静脉恒速注射或经皮肤给药比较合适。经皮肤吸收的普通贴剂现在已经商品化。

2. 部分阿片受体激动剂、激动–拮抗剂 丁丙诺啡属于部分 μ-阿片受体激动剂，其药效约为吗啡的 25 倍。丁丙诺啡可以静脉注射或输液、皮下注射、肌内注射，或通过口腔黏膜给药。丁丙诺啡的安全性非常高，但超治疗剂量给药也会对心血管和呼吸系统产生轻微的不良影响。丁丙诺啡给药较少产生恶心和呕吐，但这些副作用仍然可能发生。静脉注射丁丙诺啡后，在 20min 内起效，45～90min 药效达到峰值。丁丙诺啡镇痛作用的持续时间比吗啡长，作用持续时间为 4～8h，最长可达 12h。丁丙诺啡的口服（吞咽）生物利用度差，因此不作为常规给药的途径。在猫，口腔黏膜给药是常用的临床给药途径。猫的口腔 pH（8.0～9.0）与丁丙诺啡 pH（8.4）接近，丁丙诺啡可以很好地被吸收。口腔黏膜给药时，把药物喷洒到颊囊或舌下，这样便于吸收（防止首过效应），而不是喷洒到咽喉背部，因为喷洒到该部位，动物可以吞咽药物。丁丙诺啡适口性较差。当给予适口性较差的药物时，猫通常会流涎和吐泡沫，但猫经口腔黏膜给予丁丙诺啡之后，则不会出现这种现象。丁丙诺啡透皮贴剂已在一些国家使用，犬吸收缓慢（达峰时间为 48～60h），而猫的吸收较好。

布托啡诺是一种 κ-阿片受体激动剂和 μ-阿片受体拮抗剂。布托啡诺可以作为一种止咳药用于犬和猫。布托啡诺可以静脉注射、皮下注射、肌内注射和口服。起效时间为 10～15min，但是持续时间相对较短。对内脏疼痛和体表疼痛所使用的剂量和作用时间有差异，对不同种属动物的效能和作用时间也有差异。布托啡诺对犬的作用时间相当短（1～2h），止痛的功效有限，止痛作用时间短。对于猫，布托啡诺的止痛时间比犬长。与吗啡不同，布托啡诺可以作为一种止吐药，用于预防化疗引起的呕吐。布托啡诺的副作用与吗啡相似，但发生的严重程度较低。与其他 μ-阿片受体激动剂相比，对于马和猫，临床剂量的布托啡诺较少引起烦躁和中枢神经系统兴奋。大剂量的布托啡诺与其他阿片类药物一样，可能诱发共济失调、兴奋或烦躁不安。布托啡诺会降低马的胃肠蠕动，并可能导致肠梗阻和绞痛。尽管有潜在的胃肠道不良反应，在内脏疼痛和腹绞痛手术中，尤其是与 α_2 肾上腺素受体激动药联合使用时，布托啡诺仍是一种有效的镇痛剂。

纳布啡是一种μ-阿片受体拮抗剂和κ-阿片受体激动剂（类似于布托啡诺），偶尔用于兽医临床。犬和猫通常使用0.25～1mg/kg的剂量，可以肌内注射、静脉注射和皮下注射。纳布啡可以治疗轻度或中度疼痛。纳布啡的副作用较轻。但如果给马快速静脉注射或高剂量注射，可引起喘息、恶心、呕吐和中枢神经系统兴奋。与喷他佐辛（pentazocine）、布托啡诺和纳洛啡（nalorphine）相比，纳布啡产生的镇静作用较少。纳布啡引起胃肠道不良反应的概率低于其他阿片受体激动剂和拮抗剂。

纳洛酮（naloxone）是一种常用的阿片受体拮抗剂。它主要作为μ-阿片受体拮抗剂发挥作用，但对κ-和δ-阿片受体也会产生拮抗作用。纳洛酮对GABA拮抗作用可引起动物惊厥。纳洛酮的剂量为0.001～0.04mg/kg，静脉注射。建议使用最小剂量，每1～2min重复给药一次，直到达到预期效果（如烦躁停止或呼吸频率增加）。

纳曲酮（naltrexone）是μ-、κ-和δ-阿片受体的拮抗剂，通常用于逆转卡芬太尼对野生动物和动物园动物的效应，但也可有效逆转其他阿片类药物的作用。纳曲酮作用时间较长，至少是纳洛酮的两倍，因此比纳洛酮更适用于不可能重复给药的野生动物和动物园动物。

（三）安定和镇静药

安定（tranquilize）和镇静药（sedative）作为麻醉前用药可以使动物镇静，便于静脉插管，镇痛，减少手术刺激引起的交感神经反应，减少麻醉药用量以及促进麻醉诱导和苏醒平稳。药物的选择应考虑个体差异。在选择药物和剂量时，应考虑动物年龄、性格、病理过程、血容量状况等。

1. 吩噻嗪类（phenothiazine）　这类药物包括乙酰丙嗪（acepromazine）、丙嗪（promazine）、氯丙嗪（chlorpromazine）、三氯丙嗪（triflupromazine）、异丙嗪（promethazine）等。其中，乙酰丙嗪是目前兽医临床中使用最广泛的镇静药之一。乙酰丙嗪本身没有镇痛作用，经常与阿片类药物联合使用，产生镇静和镇痛作用。全身性的血管阻力和血压降低是使用乙酰丙嗪的主要不良反应。乙酰丙嗪经肝脏代谢，应谨慎用于幼年或老年以及肝功能障碍的患病动物，以防止苏醒时间延长。乙酰丙嗪对血流动力学的影响有显著的个体差异，对某些个体可能产生显著的影响。对清醒犬静脉注射0.1mg/kg乙酰丙嗪，其每搏输出量、心输出量和动脉血压下降了20%～30%；对清醒马静脉注射0.1mg/kg乙酰丙嗪，其平均主动脉血压下降20%～30%，心输出量下降10%～15%，对站立的马静脉注射0.04mg/kg乙酰丙嗪，其面部动脉血压降低，但掌指动脉血流没有变化。麻醉的犬和马的血压会降低。氟烷麻醉的犬静脉注射0.05mg/kg、0.125mg/kg和0.25mg/kg乙酰丙嗪，平均动脉血压分别降低了2.3%、9.4%和16.8%。麻醉的马静脉注射0.03mg/kg乙酰丙嗪，平均动脉血压下降达25%。显然，一旦麻醉，犬和马（可能还有其他哺乳动物）给予乙酰丙嗪后，血流动力学会发生显著变化。因此监测血压在临床麻醉中非常重要。乙酰丙嗪对呼吸系统的影响轻微，具有止吐作用，在给予各种阿片类药物前15min给予乙酰丙嗪可将呕吐发生率从45%降低到18%。

2. 苯二氮䓬类（benzodiazepine）　这类药物被称为轻度的安定药，包括地西泮（diazepam）、咪达唑仑（midazolam）、唑拉西泮（zolazepam）等。兽医临床常用地西泮和咪达唑仑。这类药物可以诱导轻度的镇静作用，但作用时间短，通常与其他药物联合使用提供可靠的镇静、肌松和抗痉挛作用。这类药物副作用表现为犬、猫、马可能会出现烦躁不安、兴奋、共济失调，在年轻健康的动物更容易发生。地西泮和咪达唑仑麻醉前给药剂量为：犬，0.2～0.4mg/kg，IV 或 IM；猫，0.2～0.4mg/kg，IV 或 IM；犬和猫，口服剂量高达 2mg/kg。苯二氮䓬类药物通常肌内注射或静脉注射。地西泮水溶性较差，一般不宜与其他注射液混合注射。地西泮静脉注射和肌内注射时能引起疼痛（pH 为 6.6～6.9，呈酸性）。地西泮可以与氯胺酮合用，临用前将两种注射液混合均匀，混合后立即注射。如果混合物出现变色和浑浊，则不应使用。唑拉西泮属于水溶性的苯二氮䓬类药物，它与替来他明均为舒泰（telazol）的组成成分。舒泰的作用类似于地西泮和氯胺酮的共同作用，但舒泰可以静脉注射，也可以肌内注射。苯二氮䓬类药物的作用可以用氟马西尼拮抗。

咪达唑仑 pH 小于 4.0，有很好的水溶性，能够通过血脑屏障，静脉注射后很快被吸收，生物利用度可达 90%，在血浆 15min 内达到峰值。大多数情况下，咪达唑仑对心血管系统的影响很小。给药后，犬给予 0.25～1.0mg/kg 的咪达唑仑，心率和心输出量下降 10%～20%。咪达唑仑-布托啡诺组合用于猫麻醉前给药，猫心率下降，心输出量下降 23%。咪达唑仑对血管舒缩中枢的作用，可以使血压下降。咪达唑仑经常用于减轻氯胺酮的中枢兴奋作用。诱导麻醉使用咪达唑仑可以减少诱导麻醉药（如丙泊酚或阿法沙龙）的所需剂量。使用咪达唑仑也可降低吸入麻醉药的最低肺泡有效浓度（MAC）。咪达唑仑还用于兽医临床治疗惊厥。

3. α_2 肾上腺素受体激动药（α_2 adrenoreceptor agonists）　α_2 肾上腺素受体分布于全身，如神经组织、大多数脏器、血管组织和血小板。当给予 α_2 肾上腺素受体激动药用于镇静和（或）镇痛时，α_2 肾上腺素受体的广泛分布可以导致多种效应。α_2 肾上腺素受体有 4 种亚型：α_{2a} 受体位于大脑皮层和脑干，是引起镇静和脊髓镇痛起效的主要受体，也会引起心动过缓和低血压；α_{2b} 受体位于脊髓和血管内皮细胞，激动后引起脊髓镇痛、血管收缩及外周介导的心动过缓；α_{2c} 受体也位于脊髓内，调节脊髓镇痛和体温；α_{2d} 受体的功能和分布与 α_{2a} 相似。α_2 肾上腺素受体激动药常用的药物有赛拉嗪（xylazine）、右美托咪定（dexmedetomidine）、美托咪定（medetomidine）、地托咪定（detomidine）等。这类药物能单独使用，也能与其他麻醉药和麻醉前用药联合使用，提供镇静、镇痛和肌松作用。这类药物也可以用于小手术和放射学检查时动物的镇静等，如外伤处理、绷带包扎等，作为麻醉前用药或与全身麻醉药使用，可以降低麻醉药的所需剂量。

这类药物是强效镇静剂，镇静效果呈剂量依赖性，与阿片类药物或苯二氮䓬类药物有协同作用，如右美托咪定与这两类药物中的任何一种联合使用均能产生更好的镇静作用，同时可以减少右美托咪定的用量。右美托咪定与乙酰丙嗪合用，可同时发挥两种药物的优点，可用于需要接受长时间麻醉（＞2h）的动物。不同于吩噻嗪和苯二氮䓬类药物，这类药物可提供镇痛作用，但镇痛作用持续时间短（赛拉嗪约 20min）。如果需要更长的镇痛时间，应该与其他药物（通常为阿片类药物）联合使用。这类药物对心血管系统影响显著，可导致心动过缓和心律不齐；也会抑制呼吸系统，降低潮气量和呼吸频率；减少胰腺分泌胰岛素，导致高血糖；下调体温调节中枢，导致低体温；干扰抗利尿激素的释放，增加尿量。在犬和猫，给予这类药物后，还会发生呕吐和胃臌气。这类药物避免用于老年、糖尿病、怀孕、新生儿等患病动物。α_2 肾上腺素受体激动药在肝脏代谢，代谢产物随尿液排出，因此使用这类药物的动物应有良好的肝肾功能。这类药物起效和持续时间相似，注射后，快速起效，持续 1～2h，若不用拮抗剂，动物完全恢复需要 2～4h。

赛拉嗪自20世纪60年代末开始用于兽医临床，最初用于牛，随后迅速扩展到其他物种。赛拉嗪剂量：犬，0.15～0.3mg/kg，IV、IM或SC；猫，0.5～1mg/kg，IV、IM或SC。静脉和肌内注射后，镇静和镇痛的起效很快。由于局部血管收缩后全身吸收减少，皮下注射通常镇静效果不佳。在犬和猫，赛拉嗪可与氯胺酮合用进行动物保定或小的外科手术。赛拉嗪可以作为麻醉前用药，提供良好的镇静，用于静脉插管和减少诱导麻醉药物的用量。赛拉嗪可导致动物心动过缓和心律不齐，应在适当的时候用抗胆碱能药物治疗（血压和心电图监测有助于确定是否需要抗胆碱能药物）。赛拉嗪联合氯胺酮和愈创甘油醚（这种联合用药称为“三合一用药”）用于马的静脉麻醉。牛对赛拉嗪敏感性高，所需剂量为马的1/10。

右美托咪定是美托咪定的右旋异构体，主要用于犬和猫，也用于其他物种。右美托咪定剂量：犬2.5～20μg/kg，IV、IM或SC；猫10～40μg/kg，IV、IM或SC。美托咪定目前除了作为野生动物捕获/保定用药外，已不再使用。美托咪定和右美托咪定都是有效的镇静剂/镇痛剂。右美托咪定广泛应用于小动物临床的麻醉，能够提供镇静、镇痛和抗焦虑作用等。恒定速率输注或硬膜外麻醉给药能够减少犬诱导和维持麻醉的药物用量。右美托咪定经常与阿片类药物联合使用以增强镇痛作用，也可以作为麻醉前用药，还可以单独作为镇静剂用于动物放射学检查，或与局部麻醉药联合应用于小手术。阿替美唑是美托咪定和右美托咪定最常用的拮抗剂。

（四）肌肉松弛药

肌肉松弛药（muscle relaxant，简称肌松药）又称骨骼肌松弛药。在小动物临床上，为便于手术操作，肌松药主要与麻醉药配合应用。肌松药主要在神经-肌肉接合部阻滞神经冲动的传导，引起骨骼肌松弛。肌松药适应证包括大型品种犬矫形术、关节脱位整复和腹腔手术、胸部手术、气管插管或解除喉痉挛等。但当动物患有呼吸系统、肝和肾疾病，青光眼或眼科手术（琥珀胆碱增加眼压），电解质（尤其钾或钙）不平衡时禁用肌松药。抗胆碱酯酶制剂，如使用了驱跳蚤和蜱的颈圈或喷雾剂等，不宜用肌松药，因这些驱虫剂可增强麻痹强度和延长恢复期。犬、猫多用琥珀胆碱、潘可罗宁。应用琥珀胆碱时，最好采用间歇静脉注射，维持肌松弛15～30min（犬）和2～5min（猫）。可追加应用，但剂量须减少。潘可罗宁作用时间为30～60min。若追加用量，其剂量应减少到初用量的50%～70%。这类肌松药用药过量可引起呼吸肌麻痹、自主呼吸丧失，甚至导致窒息死亡，故应用时应严格控制用药量。为安全起见，用药后，应施气管插管，以便辅助呼吸。

（五）麻醉前用药选择

应根据动物品种、年龄、性别、体况及麻醉方法等合理选用麻醉前用药，尤其当动物存在多种疾病时，更应视病情采用不同药物组合给药。疼痛明显的动物，麻醉前应给镇痛安定药；如表现呼吸系统症状（如呼吸困难、气喘或湿啰音）者，应使用抗胆碱能药，以减少呼吸道分泌物。发热动物、心脏病动物，心率超过140次/min，不宜应用阿托品。老龄、新生儿、瘦弱及怀孕动物，一般应减少用药量。

（周振雷）

第三节　全 身 麻 醉

一、吸入麻醉

挥发性麻醉药经呼吸道以蒸气或气体状态吸入而产生的麻醉，称吸入麻醉（inhalation anesthesia）。吸入麻醉药主要通过肺泡摄取和排出，较少通过肝肾清除，因而能迅速诱导麻醉，终止麻醉苏醒快。

（一）吸入麻醉药的可控性

吸入麻醉药的可控性较静脉麻醉好。可控性大小与麻醉药的血/气分配系数（麻醉药在血中溶解度）有关。任何吸入麻醉药在肺泡内的浓度与血液和中枢神经系统组织中的浓度要保持平衡状态。麻醉药血/气分配系数越小，在血液中溶解度越低，动脉血中药物浓度越高，则血液和中枢神经系统药物浓度与肺泡内药物浓度越易达到平衡，故诱导麻醉和苏醒快，可控性也越大。

（二）麻醉强度

吸入麻醉药的麻醉强度用最低肺泡有效浓度（minimum alveolar concentration，MAC）表示。MAC 指 50%动物在切皮、钳夹四肢或尾根无疼痛反应时在 1 个标准大气压（1atm[①]）下肺泡最低麻醉药浓度，一般以终末呼气麻醉药浓度（vol%）表达。MAC 越小，麻醉强度越大，此与麻醉药的油/气分配系数有关。

为了方便，吸入麻醉药在肺泡中的浓度通常用其 MAC 的倍数或分数（小数）表示。例如，犬安氟烷以 2.2%为 1MAC，当测定终末呼气安氟烷浓度（即肺泡安氟烷浓度）为 3.3%时，即为 1.5MAC，测定 1.1%安氟烷时，就用 0.5MAC 表示。

（三）常用吸入麻醉药

异氟烷、七氟烷是目前兽医临床上最常用的吸入麻醉剂。地氟烷在兽医临床偶尔使用，但需要一个专门的加热挥发罐。吸入麻醉剂会引起剂量依赖性和药物依赖性，抑制心血管系统功能，导致低血压（影响氧转运到组织）、心输出量减少和组织灌注减少，主要的作用机制包括直接的心肌抑制和交感神经活动的减少。吸入麻醉剂也抑制呼吸系统，主要表现为呼吸频率降低，通气不足导致高碳酸血症（影响酸碱平衡和颅内压）。吸入麻醉剂可降低体温，因为它们能抑制体温调节中枢，同时舒张血管，使更多的热量流失。

1. 异氟烷（isoflurane）　异氟烷是小动物临床使用最广泛的吸入麻醉剂，有轻度刺激性气味，可能不适合犬、猫面罩麻醉。异氟烷诱导麻醉和苏醒快，不到手术结束不能关闭挥发罐，停止异氟烷麻醉后只需几分钟，动物即可恢复意识。由于血/气分配系数小，麻醉师在麻醉过程中可以迅速改变患病动物的麻醉深度。调整异氟烷浓度，麻醉过浅或过深的动物

---

① 1atm=101.325kPa

通常很快（很短时间或几分钟内）就会做出反应。使用1.5%～2.5%浓度时，大部分动物可维持麻醉状态。其对心肌抑制作用较其他氟类吸入麻醉药为轻，不引起心律失常。异氟烷仅少量代谢产物（<1%）由肾排出，故对肝、肾等器官功能影响较小。

2. 七氟烷（sevoflurane）　七氟烷的麻醉强度比异氟烷小，但比地氟烷大。七氟烷无刺激性，适合于面罩和麻醉箱诱导麻醉。犬猫用七氟烷麻醉发生肾上腺素性心律不齐的情况比氟烷多，与异氟烷相似。七氟烷的血/气分配系数低于异氟烷，使其诱导麻醉和苏醒更为迅速。据报道，七氟烷面罩诱导麻醉的时间为5～7min（而异氟烷为6～8min）。在常见的家畜中，七氟烷的MAC为2.34%～2.58%。因此七氟烷的效能低于异氟烷，需要更高的浓度进行诱导和维持麻醉。七氟烷面罩诱导麻醉要求浓度达到4%～6%（异氟烷为3%～5%），维持麻醉浓度为2.5%～4%（异氟烷为1.5%～2.5%）。

3. 氟烷（halothane）　氟烷不燃烧，不爆炸，带有苹果香味，对呼吸道无刺激。其麻醉性能强，诱导快而平稳。小型品种犬和猫可用面罩或麻醉箱诱导麻醉。苏醒亦快，多数病例在停药后，很快恢复保护性反射和意识，在15min内就可站立。氟烷抑制心血管系统，心收缩力降低，心输出量和每搏输出量减少，引起血压下降和外周血管阻力降低。心率不受影响，但麻醉过深时，可使心动过缓，麻醉前可用阿托品纠正。氟烷可增强心肌对儿茶酚胺的敏感性，故氟烷麻醉时慎用肾上腺素。否则，血中儿茶酚胺含量升高，会诱发严重的室性心律失常、心动过速和室性纤颤。氟烷对呼吸有明显的抑制作用，使潮气量减少，呼吸频率增加；有扩张支气管作用，故麻醉15min后，气管插管的气囊需再充气。镇痛作用较好，肌松不够理想，对肝脏产生不良影响。氟烷麻醉时，吸入浓度可调至1.5%～2.5%，持续10～15min；一旦达到外科麻醉浓度，可调到1.0%～1.5%维持麻醉；以后根据动物呼吸、血压及心率等变化，进行调整，控制麻醉深度。

二、非吸入麻醉

非吸入麻醉（non-inhalation anesthesia）有许多优点，突出的是易于诱导，很快进入外科麻醉期，操作简便，一般不需特殊的麻醉装置。其缺点是不易控制麻醉深度、用药量和麻醉时间。用药过量不易排出和解毒，只有被组织代谢和由肾排出后才停止作用。

（一）巴比妥类（barbiturates）

1. 戊巴比妥钠（pentobarbital sodium）　该药为短时作用巴比妥类，主要作用是抑制中枢神经系统。由于有抑制脑运动区域的作用，故常用来抗惊厥。如单独用于麻醉，可静脉注射5%～6%戊巴比妥钠溶液，剂量为25～30mg/kg。麻醉作用时间为30min至2h，苏醒期6～24h。该药止痛作用弱，催眠作用强。在苏醒期，静脉注射葡萄糖或肾上腺素，会延长恢复期，称“葡萄糖反应”。该药苏醒时间长，且不平稳，目前临床上很少用此药进行麻醉。

2. 硫喷妥钠（thiopental sodium）　该药为超短时作用药物，脂溶性高，易透过血脑屏障，注射后迅速产生麻醉作用，故多用于诱导麻醉。又因药物很快进入脂肪组织，使脑组织和血液浓度显著降低，麻醉作用时间短。如追加用药量，可延长麻醉时间，但苏醒变慢。没有麻醉前给药的犬和猫的硫喷妥钠诱导剂量是15～20mg/kg，在10～15s内一次全部注完。诱导通常快速、平稳。用乙酰丙嗪、赛拉嗪、美托咪定、右美托咪定、地西泮或咪达唑仑、阿片类药物或者替来他明/唑拉西泮作为麻醉前给药，可以将诱导剂量降至 6～10mg/kg。该药镇痛和肌松效果较差，快速注射时，呼吸抑制明显，使呼吸减慢，甚或呼吸暂停，因此需人工辅助呼吸。麻醉过深，可引起心率减慢、血压下降和心律失常等。

（二）非巴比妥类

1. 氯胺酮（ketamine）　该药注射后对大脑中枢的丘脑-新皮质系统产生抑制，故镇痛作用较强，但对中枢的某些部位则产生兴奋作用，受惊扰时仍能觉醒并表现有意识的反应，这种特殊的麻醉状态称为分离麻醉。在这种状态下，动物表现出无意识，同时眼睛睁开，眼球震颤，肌张力过高和与手术刺激无关的肌肉运动。降低或消除氯胺酮苏醒时的不良反应，要应用安定药或镇静剂。对于犬的诱导麻醉，氯胺酮常与咪达唑仑或地西泮联合使用。对于猫，氯胺酮常与苯二氮䓬类药物、阿片类药物、乙酰丙嗪联合使用。

2. 舒泰（telazol）　舒泰由替拉他明（分离麻醉药）和唑拉西泮（苯二氮䓬类药）组成。该药物在溶液中不稳定，因此以粉末形式供应。对犬的全身麻醉，术前先皮下注射硫酸阿托品 0.1mg/kg，15min 后注射舒泰。诱导剂量：7～25mg/kg，肌内注射；或 5～10mg/kg，静脉注射。持续时间：20～30min。补充注射剂量：第 1 次剂量的 1/3～1/2，最好是静脉注射。对猫的全身麻醉，术前先皮下注射硫酸阿托品 0.05mg/kg，15min 后注射舒泰。诱导剂量：10～15mg/kg，肌内注射；或 5～7.5mg/kg，静脉注射。持续时间：20～30min。补充注射剂量：第 1 次剂量的 1/3～1/2，静脉注射。舒泰是一种多功能药物，可用于镇静、诱导麻醉和全凭静脉麻醉，可以静脉注射和肌内注射。肌内注射起效时间为 6～8min，静脉注射起效时间为 60～90s。舒泰可以和许多其他麻醉药和镇痛剂配伍使用：它通常与阿片类药物和其他镇痛药联合使用，可以在疼痛程度大的外科手术中产生较好的镇痛作用；乙酰丙嗪、噻拉嗪、右美托咪定、阿片类药物麻醉前给药能降低舒泰诱导的给药剂量，提高诱导质量，使麻醉苏醒平稳。由于舒泰主要由肝脏代谢并由肾脏排泄，因此对于具有明显肝功能障碍或肾功能障碍的患病动物禁用。它不可用于患有严重心脏疾病或肺功能障碍的犬和猫，由于舒泰可以穿过胎盘屏障并在新生儿中产生呼吸抑制作用，所以禁用于剖宫产手术。

3. 依托咪酯（etomidate）　依托咪酯又名甲苄咪唑，为咪唑类衍生物，是一种催眠性静脉全麻药。依托咪酯主要用于诱导麻醉，诱导苏醒迅速，作用机制与巴比妥类类似。依托咪酯临床使用剂量：犬和猫均为 0.5～4.0mg/kg，IV。依托咪酯静脉给药后，绝大部分与清蛋白结合，主要经肝脏代谢，其代谢产物随尿液排出体外。给药以后可能出现僵直、痉挛、呕吐等副作用，犬偶有发生过敏反应。另外，依托咪酯对肾上腺皮质影响较大，可导致醛固酮和皮质醇分泌减少，对于皮质功能低下的患者，应考虑补充皮质激素。依托咪酯是心律失常患者（胃扩张、肠扭转和子宫积脓）和心血管疾病患者（心脏收缩功能异常）所选择的药物。依托咪酯诱导麻醉时仅在每搏输出量、心率和心输出量上有少量变化，全身血管阻力及血压变化很小。肝肾血流维持稳定，对于肝肾受损的动物应用依托咪酯是非常好的选择，可确保维持主要器官的血流畅通。在依托咪酯诱导前 30s 至 1min 给予咪达唑仑（0.2～0.4mg/kg，IV）可降低与单独使用依托咪酯相关的干呕和肌肉抽搐的可能性。然而，如果麻醉前给予镇静剂或阿片类药物，则不需要在依托咪酯之前给予咪达唑仑来避免这种副作用。

4. 阿法沙龙（alfaxalone）　阿法沙龙是一种合成的神经活性类固醇麻醉剂。阿法沙龙通过与细胞表面γ-氨基丁酸A（GABAA）受体结合来调节神经细胞膜上的氯离子转运，从而诱导麻醉。阿法沙龙可以通过单次推注给药用于麻醉诱导，也可以通过重复间歇推注或恒速输液麻醉前给药。阿法沙龙临床剂量：犬，静脉注射诱导麻醉剂量为0.5～2.2mg/kg，恒速输注剂量为0.07～0.12mg/kg；猫，静脉注射诱导麻醉剂量为0.5～5.0mg/kg，恒速输注剂量为0.18mg/kg。静脉注射阿法沙龙对犬、猫产生剂量依赖性心血管系统抑制效应。给猫静脉注射15mg/kg和50mg/kg的阿法沙龙后，动脉血压、心输出量和心率下降。接受50mg/kg剂量的猫，收缩压明显下降，在15～30min内没有恢复到临床可接受值。对犬静脉注射6mg/kg和20mg/kg剂量的阿法沙龙，心率增加，而动脉血压和平均肺动脉血压下降呈剂量依赖性。然而，值得注意的是，当给犬和猫服用临床剂量的阿法沙龙（猫5mg/kg，犬2mg/kg）时，心血管系统参数无显著变化。在马、羊和猪身上使用临床剂量阿法沙龙的研究也证明其能维持心血管系统参数的稳定。

对犬和猫，阿法沙龙会产生剂量依赖性呼吸抑制，其中呼吸暂停是最常见的副作用。在犬，呼吸暂停的持续时间与给予阿法沙龙的剂量有关。犬和猫的呼吸频率、每分通气量和动脉氧分压均出现剂量依赖性下降。给予阿法沙龙50mg/kg的猫和给予6mg/kg、20mg/kg的犬的动脉二氧化碳分压升高。而给予2mg/kg阿法沙龙的犬既未出现呼吸暂停，也未出现动脉二氧化碳分压增加。临床剂量给药时，阿法沙龙对呼吸系统参数影响轻微。对犬静脉注射阿法沙龙诱导麻醉增加眼压。不同于丙泊酚和依托咪酯，静脉注射阿法沙龙不会引起注射痛。相较于丙泊酚，阿法沙龙麻醉后的苏醒时间更长，副作用主要表现为划水、僵硬、肌阵挛和发声。然而，这些症状持续不到2min，不会导致损伤，不需要治疗。肌内注射阿法沙龙联合右美托咪定和氢吗啡酮可使猫长时间苏醒延迟，兴奋，共济失调，因此不建议采用这种给药方式。对猫，临床剂量静脉注射阿法沙龙诱导麻醉，麻醉作用呈剂量依赖性。与丙泊酚相比，阿法沙龙麻醉的猫在苏醒期更容易出现划水和颤抖的症状，但总体平稳，与丙泊酚麻醉的猫相似。阿法沙龙有扩张血管的作用，所以应谨慎用于低血压动物或休克动物。

5. 丙泊酚（propofol）　丙泊酚的麻醉苏醒速度比其他诱导剂快。因其能使麻醉的动物快速恢复意识和较小的残留效应，丙泊酚成为人和动物麻醉最受欢迎的诱导麻醉剂之一。在大多数丙泊酚麻醉的动物（猫是例外），丙泊酚经过快速的肝脏代谢，产生无活性的水溶性硫化物和葡萄糖醛酸代谢物，随后由肾脏排出。对没有麻醉前给药的犬和猫，丙泊酚的诱导剂量是8～10mg/kg。镇静/镇定剂配合阿片类药物用作麻醉前给药可以将丙泊酚的诱导剂量减少到4～6mg/kg。在初始推注诱导后，可以通过间歇性推注丙泊酚来维持麻醉。与单独使用丙泊酚相比，犬在丙泊酚诱导前，静脉注射使用地西泮或咪达唑仑（0.2～0.4mg/kg），或美托咪定（1μg/kg），或右美托咪定（0.5～1.0μg/kg），或芬太尼（2μg/kg）可以节省大约33%的丙泊酚。该药非常适合恒速输液用于维持麻醉，静脉注射可能引起注射痛。为了减少注射痛的发生，丙泊酚应该注射到大的血管，在丙泊酚注射前，可以静脉注射小剂量的利多卡因以缓解注射痛。丙泊酚可以持续低剂量的恒速输注维持麻醉，能精确稳定地控制麻醉深度达数小时。除非麻醉时间很短，否则建议动物进行气管插管并供氧。丙泊酚不产生镇痛作用，因此丙泊酚麻醉的动物应给予镇痛剂。

丙泊酚起效时间一般为30～60s，单次推注的持续时间为2～5min，完全苏醒时间为20min（犬）和30min（猫）。丙泊酚最显著的心血管系统效应是降低动脉血压，全身血管阻力和心输出量也会下降，对心肌抑制和血管舒张作用呈剂量（血浆浓度）依赖性。尽管丙泊酚不会引起心律失常，但确实能增强心肌对肾上腺素诱发的心律失常的敏感性。与硫喷妥钠类似，丙泊酚会导致剂量依赖性呼吸抑制和诱导麻醉后出现呼吸暂停（有规律地出现暂时性的发绀）。呼吸暂停的发生率与给药的剂量和速率有关，快速注射使呼吸暂停更容易发生。若呼吸暂停超过 1min 或血氧饱和度低于 95%，动物应该进行气管插管并辅助通气。丙泊酚重复给药或长时间恒速输注可导致猫红细胞氧化损伤。研究发现，猫连续几天给予丙泊酚，出现海因茨体、面部水肿、全身性不适、厌食和腹泻。丙泊酚很容易穿过胎盘，但会迅速从新生儿循环中清除，对新生儿影响小，因而可用于犬剖宫产手术。

（周振雷）

第四节　局 部 麻 醉

一、局部麻醉药物的分类

局麻药可分为酯类局麻药和酰胺类局麻药。酯类局麻药在血浆中被水解或胆碱酯酶分解代谢，代谢产物中含有对氨基苯甲酸（PABA），该物质在少数机体中可诱发过敏反应。酰胺类局麻药则在肝脏内被酰胺酶所分解，其代谢产物不含对氨基苯甲酸，故过敏反应少。

1. 氨基酯类

普鲁卡因（procaine）：又名奴佛卡因（novocaine），使用安全，药效迅速，注入组织 1～3min 后即可产生麻醉作用。但药物易被各种组织中的酯酶水解，所以作用时间较短，一次给药可维持 0.5～1h。其麻醉效能较弱，黏膜穿透力很差，故不用于表面麻醉和硬膜外麻醉。浸润麻醉使用浓度为 0.5%～1%，传导麻醉浓度为 2%～5%，关节内麻醉浓度为 4%～5%。普鲁卡因代谢产物对氨基苯甲酸有对抗磺胺类药物的作用，使用时应注意。

苯佐卡因（benzocaine）：是一种脂溶性的局部麻醉剂，水溶性差，不可用于注射麻醉，外用可缓慢吸收，作用持久。该药也已在有鳍鱼类水产养殖中使用了 40 多年，用于对鱼类进行镇静，以进行标记、运输、手术等。其毒性仅为可卡因的 1/160～1/20。一般浓度为 6%～20%，浓度达到 20%的药剂通常在 30s 内产生效果，但需要 2～3min 才能达到足够的深度和强度，作用持续时间为 5～15min。有高铁血红蛋白病史者禁用。

氯普鲁卡因（chloroprocaine）：是一种起效快、效果确切、没有快速耐药性、毒副反应小的短效局麻药。由于此药全身毒性低于其他局部麻醉药，适用于浸润麻醉和硬膜外麻醉，不适用于表面麻醉。局部浸润麻醉用 0.5%～1%的溶液，硬膜外麻醉和臂丛神经阻滞均用 1.5%～2%的溶液，蛛网膜下腔阻滞用 5%的溶液。对氨基苯甲酸酯类药过敏的患畜禁用本药。据报道 3%氯普鲁卡因与 2%甲哌卡因相比，起效更快，对患有自然跛行的马的正中神经和尺神经阻滞提供了更好的镇痛效果。

丁卡因（tetracaine）：又名地卡因（dicaine），是一种强效、长时效的局麻药。此药黏膜穿透力强，适用于表面麻醉，一般不用于局部浸润麻醉。该药毒性较普鲁卡因强 12～13 倍，麻醉作用强 10 倍。该药点眼时不散瞳孔，不妨碍角膜愈合。角膜麻醉浓度为 0.5%，鼻、口腔、喉等黏膜表面麻醉，可用 1%～2%的溶液。在猫的治疗眼中给予 0.5% 盐酸丁卡因 2min 后，平均眼压显著降低。

盐酸丙美卡因（proparacaine hydrochloride）：主要用于眼科局部表面麻醉，通过降低神经元对钠的瞬间渗透性，稳定神经细胞膜，阻止神经电冲动的产生与传导，从而产生麻醉作用。该药起效迅速，约 20s 可达到充分麻醉的效果，可维持 15min 左右，使用浓度为 0.5%，用量为 1～2 滴。

2. 氨基酰胺类

利多卡因（lidocaine）：又名昔罗卡因或赛罗卡因（xylocaine），是中效局麻药，组织弥散性能和黏膜穿透力都较好，可用于各种局麻方法，作用出现时间快，能持久，一次给药可维持 1h 以上。毒性较普鲁卡因稍大，但对组织无刺激性。传导麻醉浓度为 2%，浸润麻醉浓度为 0.25%～0.5%，硬膜外麻醉浓度为 2%，表面麻醉浓度为 2%～5%。反复用药可产生耐药性。有研究表明利多卡因还具有抗菌性，2%利多卡因对手术伤口感染的常见致病菌金黄色葡萄球菌、铜绿假单胞菌的生长具有抑制作用。

甲哌卡因（mepivacaine）：是一种麻醉效能强，作用较迅速、持久，毒副作用较小的局麻药。该药化学结构与利多卡因相似，因此具有相似的临床效果，且麻醉效果较利多卡因高出 1.5 倍。用于浸润麻醉、神经阻滞和硬膜外麻醉，也用于表面麻醉。局部浸润麻醉浓度为 0.25%～0.5%，神经阻滞浓度为 1.0%～2.0%，硬膜外麻醉浓度为 1.5%～2.0%。用药后还能起到收缩外周血管的作用，在麻醉用药期间不需要额外使用收缩血管的药物（如肾上腺素）。

布比卡因（bupivacaine）：是一种长效局部麻醉药。其麻醉时间比盐酸利多卡因长 2～3 倍，持续时间为 3～10h，但起效较慢（20～30min），作用时间取决于用药的浓度和剂量。该药常被应用于神经阻滞和神经轴向麻醉（浓度为 0.125%～0.75%），可出现差异阻滞（无运动阻滞的感觉阻滞）。

罗哌卡因（ropivacaine）：是临床常用长效局麻药，具有麻醉和镇痛双重作用，对多数患者的拔管反应也有着显著的抑制作用。该药分子结构类似布比卡因，但与布比卡因相比，其具有心脏毒性低、感觉与运动阻滞分离的优点，适用于局部浸润麻醉和硬膜外麻醉，同时低浓度也用于蛛网膜下腔阻滞。

二、局部麻醉技术

（一）表面麻醉

传统表面麻醉（topical anesthesia）的定义是将穿透力强的局麻药施于黏膜表面，使其透过黏膜而阻滞位于黏膜下的神经末梢，产生麻醉作用。用于表面麻醉的局部麻醉药必须具有良好的黏膜通透性，以便轻松到达游离神经末梢。此外，为了促进通过黏膜后的药物弥散，局麻药用于表面麻醉时通常比注射麻醉时浓度更高。常用药物为 1%～2%丁卡因或 2%～4%利多卡因，滴眼常用 0.5%～1%丁卡因。眼、鼻、咽喉、气管、尿道等处的浅表手术或检查时常用表面麻醉，眼部用药液滴于结膜囊内，其他都可将药液涂布、填塞或喷雾于局部。近年来，表面麻醉的概念有所拓展，表面麻醉不光用于黏膜麻醉，一些局部麻醉药通过改变剂型或加入一些提高穿透能力的物质，也可以用于皮肤的表面麻醉。

（二）浸润麻醉

1. 切口浸润麻醉 切口浸润麻醉是将局部麻醉剂注射到计划的手术区域内和周围而

不是专门针对任何特定神经或神经系统结构附近进行麻醉的一种麻醉方法。局部浸润的方式有多种，如直线浸润、菱形浸润、扇形浸润、基部浸润和分层浸润等，可根据手术需要选择；也可用低浓度局麻药（0.25%普鲁卡因）浸润一层随即切开一层的方法将组织逐层切开。常用药物为0.5%普鲁卡因或0.25%～0.5%利多卡因。

局部浸润麻醉时应注意：①注入组织内的药液需有一定容积，在组织内形成张力，借压力作用使药物与神经末梢广泛接触，从而增强麻醉效果。②为避免用药量超过一次限量（大动物使用普鲁卡因时，其总剂量不应超过2g），可降低药液浓度，如用0.25%普鲁卡因。③每次注药前应回抽注射器，以防误注血管内。④药液中加入肾上腺素万分之0.05～0.1，可减缓局部麻醉药的吸收，延长作用时间。

2. 导管浸润麻醉　导管浸润麻醉可以灵活地留置导管，将导管嵌入手术部位附近或可用于连续输注局部麻醉药。它与传统的镇痛方案相比，优点是在缓解局部疼痛的同时，理论上还可降低全身副作用引发的风险。用于麻醉镇痛时，伤口导管应放置在手术区域最深处，如果可以看到切断的神经（如截肢后），导管可以放置在接近神经的位置，或者将导管直接放置在伤口处。放置导管时也可以通过单独的皮肤切口从皮肤背侧进入伤口。所有导管开窗应位于皮肤下。按照手术要求确定导管位置后，为防止导管移动，可用可移动缝合翼将导管固定在皮肤上防止导管移位或脱出。当有需要时，可在导管近端安装抗菌过滤器，并在出口处使用无菌敷料。浸润麻醉导管在动物体内不再需要时应及时拆除。

（三）传导麻醉

传导麻醉（conduction anesthesia）又称神经阻滞（nerve block）、区域麻醉或神经干麻醉，是在神经干、丛、节的周围注射局部麻醉药物，阻滞其冲动传导，使其所支配的区域暂时丧失痛觉的一种方法。传导麻醉只需注射少量麻醉药便可产生较大的无痛区域。传导麻醉使用药液常为2%利多卡因或2%～5%普鲁卡因，但其浓度及用量常与所麻醉神经的大小成正比。

1. 口腔神经阻滞

1）眶下神经阻滞　又称眶下孔或眶下管注射法，将麻醉药注入眶下孔或眶下管，以麻醉眶下神经及其分支，可麻醉上牙槽前、中神经，甚至上牙槽后神经，即可麻醉整个上颌牙神经丛。单侧眶下神经阻滞可用于阻滞部位同侧吻侧上颌牙齿、骨组织及软组织手术操作的镇痛；与拔牙同侧的眶下孔位于颧骨弓下方。在上颚第3前臼齿牙根背侧可以很容易摸到眶下孔的外侧骨边缘。眶下孔呈三角形，不论是口腔内或口腔外，在中大型犬都很容易触摸到。

适应证：提供上颚犬齿、臼齿和前臼齿拔牙术中和术后止痛，亦可以提供上唇和鼻孔周围区域的止痛作用。

方法：①经由口腔内或口腔外触摸方式确认眶下孔的位置，确定眶下孔后，使用优势手在水平面上向尾部推进针，保持其与硬腭平行（图1-1）。

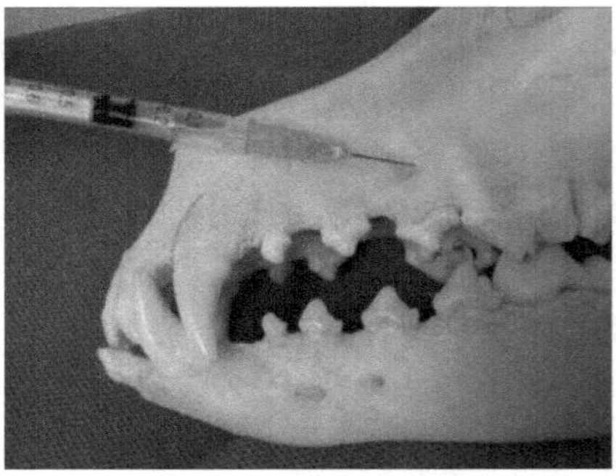

图1-1　眶下神经阻滞进针方向

②如果是上颚犬齿和门齿拔牙，将针插入前臼齿正上方的牙龈。局部麻醉剂浸润于神经离开眶下孔的区域。③如果要拔除上颚前臼齿和臼齿，应小心将针头向前推进与内眦等高的眶下孔处。需要注意在注射之前回抽针筒，以确保药物并非注入静脉。④可以混合0.15mL/4.5kg 的利多卡因和布比卡因，并注入眶下孔以达到神经阻滞。有研究表明，用于眶下神经阻滞的局部麻醉剂的量与神经阻滞的效果或持续时间没有显著相关。⑤可由降低吸入性麻醉剂的维持浓度来确认阻断效果，这是因为局部麻醉药若发挥阻断效果，便可以降低吸入性麻醉剂需求量。⑥眶下神经阻滞也可用于缓解鼻镜检查和鼻腔生检引起的疼痛反应。研究显示在鼻镜检查过程中，施行神经孔阻滞术的动物比没有接受阻滞术的动物较少出现心肺不良反应[心跳速率、呼吸速率和（或）血压急剧上升等]。

2）上颌神经阻滞　上颌神经阻滞可以通过三种不同的方法进行：可经皮、口内及眶下入路进行上颌神经阻滞。在一项猫神经阻滞对比研究中，与经皮入路相比，眶下入路的神经阻滞成功率显著更高。该入路可以阻滞同侧的所有上颌齿、口腔黏膜、颊部软组织和同侧嘴唇的神经传导。

适应证：提供上颌牙齿拔除、牙周治疗、牙髓治疗、骨折内固定、口鼻瘘修复、腭裂修复、软腭手术、肿瘤切除、上颌部分切除、上唇软组织手术、鼻腔镜等手术操作的镇痛。

方法：①使用注射针帽在距离注射针尖 8～10mm 处将注射针弯折约 45°。②注射针紧贴最后臼齿尾侧，在硬腭及颊侧黏膜之间的黏膜穿刺，注射针垂直于硬腭向背侧进针进入翼腭窝，如果进针遇到阻力，停止进针，稍后退注射针并小幅度调整进针角度后继续进针，在小型犬进针约 5mm，大型犬进针约 10mm（图 1-2）。将针头插入眶下管过深可能会导致穿透眼球，尤其是对于眶下管较短的短头犬和猫。注：颊侧指靠近脸颊的一侧，通常指外侧。③注射器抽吸无回血后，缓慢注射局部麻醉剂，根据动物体型选择局部麻醉剂注射体积。

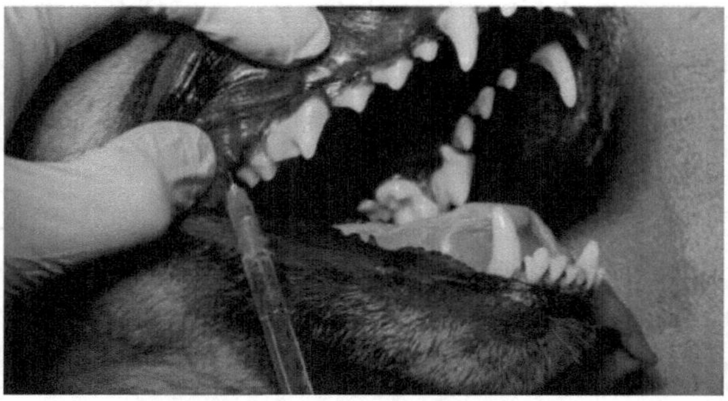

图 1-2　上颌神经阻滞进针方向

3）下齿槽神经阻滞　下齿槽神经阻滞提供下颌骨的整个牙齿承载区域和相关软组织（如牙龈、颊黏膜和牙槽黏膜及唇）的感觉阻滞。有两种下齿槽神经阻滞方法，即口内方法和口外方法。与口外入路相比，口内入路的下牙槽神经阻滞表现出更高的准确性，并可能提高临床疗效。

适应证：下颌牙齿切除，下颌骨切除术，肿块切除。

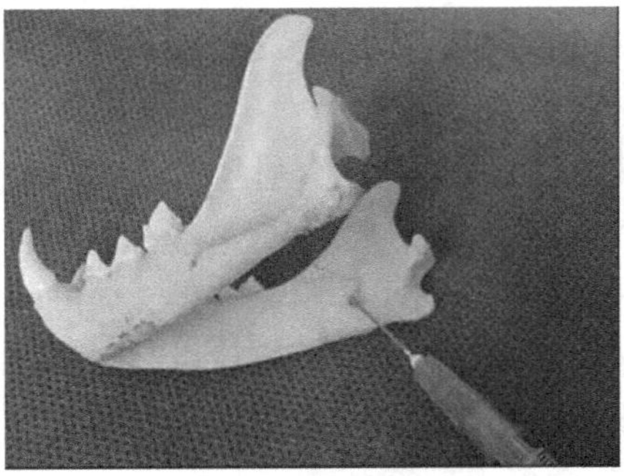

图 1-3　下齿槽神经阻滞进针方向

方法：①触摸到下颌切迹，在下颌切迹的中间定位垂直注射，沿着下颌骨入针，插入 5mm 左右（图 1-3）。②注射器抽吸无回血后，缓慢注射局部麻醉剂，根据动物体型选择局部麻醉剂注射体积。③猫可以通过眼眶后方进行定位。

4）颚神经阻滞

适应证：颚部手术。注意：并未阻滞齿部神经。

麻醉区域：硬腭黏膜

方法：①在第 4 前臼远中根与硬腭中线的垂直连线的中点定位腭大孔；在短头犬，在第 4 前臼近中腭侧根与硬腭中线的垂直连线的中点定位腭大孔。注：近中侧指某一颗牙齿靠近同侧第 1 切齿的一侧；腭侧指某一颗牙齿靠近硬腭的一侧。②注射针在腭大孔吻侧 2～3 个硬腭黏膜褶处穿刺硬腭黏膜，注射针与硬腭呈 30°～45°并平行于颅骨正中矢状面向尾侧进针，如果进针遇到阻力，停止进针，稍后退注射针后小幅度调整进针角度后继续进针，针尖应刚好到达腭大孔，不超过且不进入腭大孔（图 1-4）。③注射器抽吸无回血后，缓慢注射局部麻醉剂，根据动物体型选择局部麻醉剂注射体积。

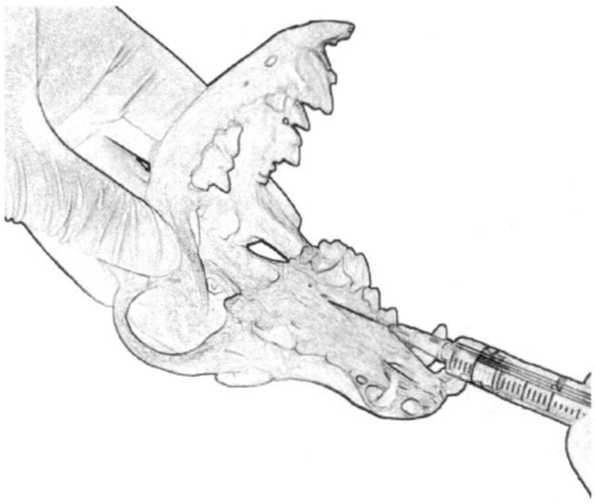

图 1-4　颚神经阻滞进针方向

2. 球后神经阻滞　球后神经阻滞最早于 1884 年在人的临床医学上提出，曾经是人临床眼科眼内手术运动障碍和麻醉的金标准。球后麻醉可以提供良好的眼外肌麻痹效果，有时还可以取代神经肌肉阻断剂。此方法不但能提供良好的镇痛效果，还可以减少围手术期全身给药的需要。临床中猫更容易受到常用全身镇痛药（如阿片类药物和非甾体抗炎药物）的不良影响，所以对于猫来说，这种方法显得更加重要。

适应证：眼球摘除术和眼睑手术（如睑内翻、睑外翻、楔形切除术、内外眦整形术）。提供眼科手术患畜术中和术后额外止痛。

方法：使用眼科手术钳稳定巩膜并向上和向内推动眼球，然后将适度长度（1～1.5in①）的 22G 针（可以使用脊髓针取代）插入下直肌，一旦穿过肌肉后应立即感觉到“爆裂”（pop）的感觉。随后以切向方向将针移动朝向上颚骨底部。在移动到上颚骨底部期间，针头略微向上朝向眼球后方，直到针到达眼球后空间。可自由移动针尖，眼球突出及可旋转表示针头位于正确的位置，此时注入 1mL 麻醉药物。

3. 前肢神经阻滞

1）臂丛神经阻滞　在犬中进行臂丛神经阻滞（brachial plexus block，BPB）的常用技术是采用特定解剖标志进行针定位的神经丛盲法[传统方法（TA）]。虽然已经有超声检

① 1in=2.54cm

查或电刺激定位进行 BPB 的新技术，但由于需要额外的设备或先进的技术水平，臂丛神经的盲法仍然经常使用。BPB 包括传统（traditional approach，TA）、垂直（perpendicular approach，PA）、腋窝（axillary approach，AA）三种入路，且三种技术提供的镇痛效果没有差异。

适应证：单侧肱骨远端、肘关节、前臂、腕关节的外科操作。

目标神经：肌皮神经、腋神经、桡神经、正中神经与尺神经（图 1-5）。

麻醉区域：前肢肱骨中央以下的区域。

方法：①在腋下触诊并鉴别第 1 肋骨。想象颈静脉与第 1 肋骨（R1）的相交点，并提前测量进针处到这一相交点平面所需要的进针深度。臂丛神经恰好位于这一相交点的前方。②在肩峰的前内侧进针，进针方向与颈静脉的后腹侧方向平行，角度严格平行于矢状面（图 1-6）。③将神经电刺激设定为 2mA 并逐渐降低，观察动物对神经刺激的反应（在注射前将刺激电流逐步降低到 0.2mA，防止束内注射）。④出现桡神经刺激的反应时（不超过预先测量的深度），回抽以避免插入静脉或胸膜腔。⑤注射 0.1mL/kg 的 0.5%布比卡因或 0.75%罗哌卡因。⑥针头退出 0.5～1cm，回抽，然后再注射 0.1mL/kg。不断重复第 6 步，直到在肩膀处注射最后的 0.1mL/kg。

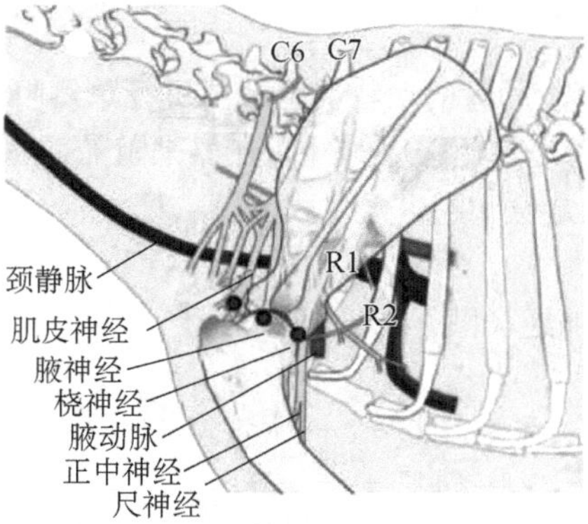

图 1-5　臂丛神经阻滞的解剖图

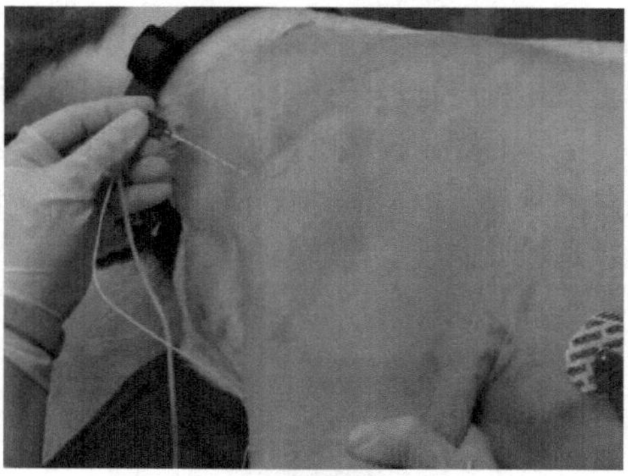
图 1-6　臂丛神经阻滞进针方向

2）*椎旁神经阻滞*

适应证：单侧肩胛骨、肩膀与上臂的手术，包括上肢切断术。

目标神经：第 6（C6）、第 7（C7）、第 8（C8）颈椎和第 1 胸椎（T1）的脊椎神经（图 1-7）。

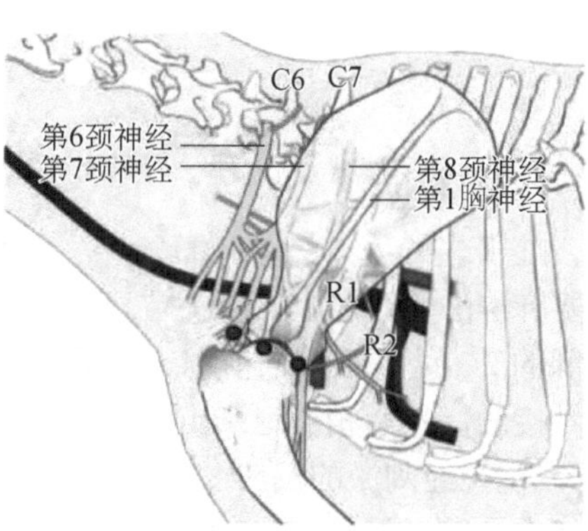

图 1-7　椎旁神经阻滞解剖图

麻醉区域：除肩膀区域上方的皮肤外的整个前肢。

方法：①动物侧躺，被阻滞的前肢朝上，向后牵拉肩胛骨。②触诊 C6 的横突，手指一直按着横突的侧面。③背外侧入路法，针头方向朝向后方横突的方向，针头经过横突的前缘（图 1-8）。④将神经刺激器刺激电流设定为 2mA 并逐渐降低，观察 C6 与 C7 脊神经腹侧支、肩胛上神经、肩胛下神经，以及肌皮神经的神经刺激反应（逐渐降低到 0.2mA 以避免束内注射）。⑤回抽以避免插入静脉或脊髓。⑥注射 0.1mL/kg 的 0.5%布比卡因或 0.75%罗哌卡因。

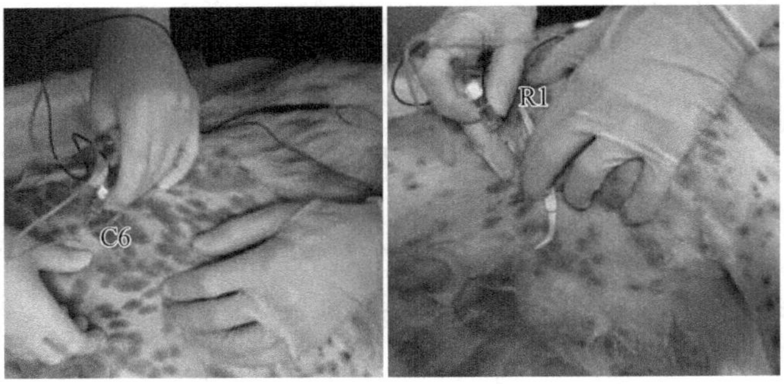

图 1-8　椎旁神经阻滞进针方向

注：椎旁神经阻滞只能用于可以触诊到 C6 与第 1 肋骨的动物，且只能进行单侧阻滞。

3）RUMM 神经阻滞　该技术的主要优点是可以使用一个神经阻滞器来阻滞臂丛的 4 条主要神经。RUMM 神经阻滞可使用传统解剖标志定位和超声定位技术。

适应证：涉及前肢腕部与腕部远端的外科操作。

目标神经：桡神经、尺神经、正中神经、肌皮神经（图 1-9）。

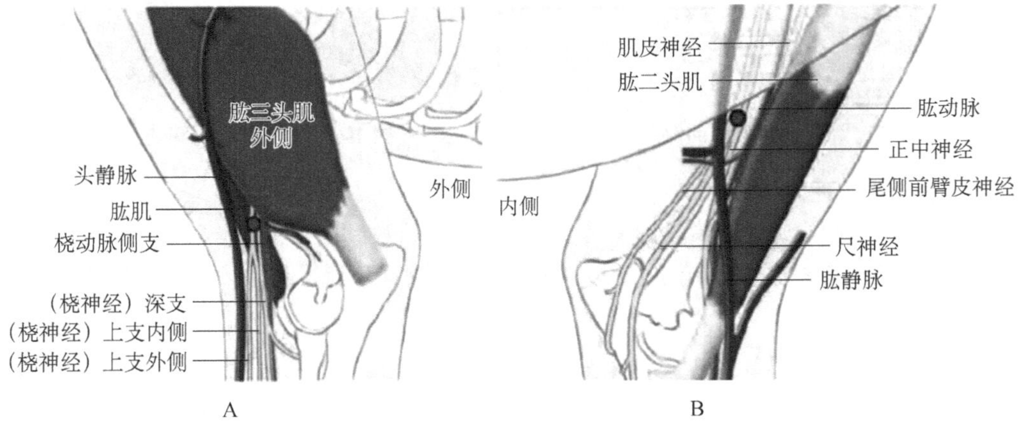

图 1-9　桡神经（A）、尺神经、正中神经与肌皮神经（B）解剖图

麻醉区域：腕部、掌部、趾部。

方法：①动物侧躺，需要麻醉的前肢朝上，肘关节屈曲 90°。②抓住肱骨前部，将拇指放在肱骨后部大转子到外上髁的 2/3 处，肱肌向前缩。从后方 45°进针，与肱骨长轴垂直。刺入肱三头肌的长头并与肱骨接触，然后稍微退一点（图 1-10）。③将神经刺激器刺激电流设定为 2mA 并逐渐降低，观察桡神经刺激的反应（在注射前逐渐将电流降低到 0.2mA 以避免束内注射）。④回抽以避免插入动脉。⑤注射 0.1mL/kg 的 0.5%布比卡因或 0.75%罗哌卡因。⑥将动物反转到另一侧侧躺，让另一人辅助将上面的前肢往后拉（需要麻醉的前肢在下面并

屈曲 90°)。⑦在肱骨中央触诊肱动脉，手指按住肱骨，将肱二头肌与肱动脉往前拉。在后方 45°进针，与肱骨长轴垂直，针头接触肱骨，然后稍微退一点。⑧如果有神经刺激器，观察正中神经/尺神经的刺激反应。⑨回抽以避免插入动脉。⑩在深部注射一半 0.15mL/kg 的 0.5%布比卡因或 0.75%罗哌卡因，剩下的一半边退边注射。

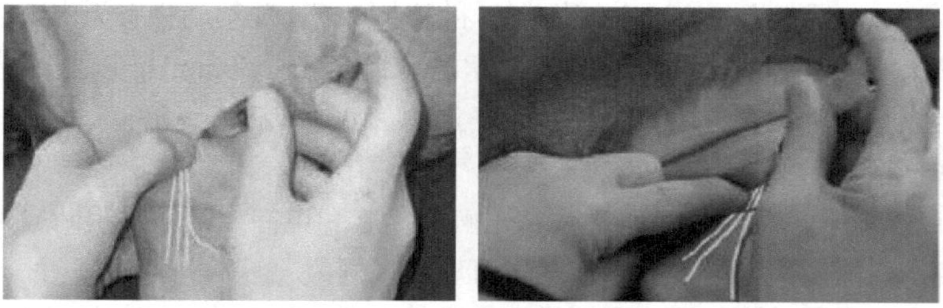

图 1-10　RUMM 神经阻滞进针方向

4）Bier 阻滞（静脉区域麻醉）

适应证：肢体远端不超过 90min 的外科操作，特别适用于出血量很少的外科操作。

目标神经：局麻药物通过扩散到外周静脉末端而发挥作用。

麻醉区域：前肢肘关节以下，后肢跗骨以下。

方法：见图 1-11。①术区与留置区剃毛备皮（如果毛发很厚则止血带区域也需要剃毛）。

图 1-11　Bier 阻滞

A. 找到最低肢体阻断压力（LOP）；B. 缠上加压弹性绷带；C. 使用袖带施加超过 LOP 50～100mmHg 的压力；D. 确定脉搏消失，灌注利多卡因

②尽可能远端安置静脉通道。③找到一个可触诊的动脉并用笔标记。④安置止血带，并调整止血带压力直到达到最低肢体阻断压力（limb occlusion pressure，LOP）（即触诊脉搏消失的最低压力）。⑤释放止血带，将止血带以下的肢体紧紧地扎上弹性绷带。⑥安置止血带，将压力设定为 LOP+（50～100）mmHg，并开始记录时间。⑦松开弹性绷带。⑧确认外周脉搏消失。⑨在 2～3min 内输入 0.6mL/kg 的 0.5%利多卡因，并观察动物有无中毒表现。⑩移除留置针。⑪ 在术中要留意并确保止血带压力超出动脉收缩压 50mmHg 以上。⑫ 在手术结束时慢慢解除止血带，观察有无中毒表现并做好止血。

4. 后肢神经阻滞

1）*股神经阻滞——腹股沟通路*　常用解剖标志和电神经刺激来阻断股神经，超声引导下经腹股沟上入路阻断犬股神经的技术也有成功案例。

适应证：配合坐骨神经阻滞，适用于涉及股骨远端、膝关节及肢体远端的手术。

目标神经：股神经和（或）其分支隐神经（图 1-12）。

麻醉区域：后肢的中间部分——股骨中央到第一趾骨。

方法：①动物侧躺，被麻醉的后肢在上方。②将后肢向后拉，触诊股动脉。③直接在背内侧的方向进针，神经位于股动脉头侧（图 1-13）。④将神经刺激器刺激电流设定为 2mA 并逐渐降低，观察神经刺激的反应，包括股四头肌抽动、髌骨抽动、膝关节伸展等（在注射前降低到 0.2mA 以避免束内注射），若缝匠肌抽动表示针头太浅。⑤回抽以避免插入动脉。⑥注射 0.2mL/kg 的 0.5%布比卡因或 0.75%罗哌卡因。

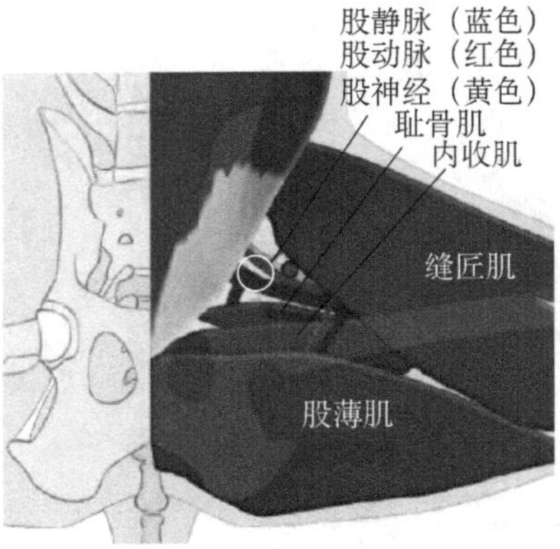

图 1-12　股神经阻滞——腹股沟通路解剖图

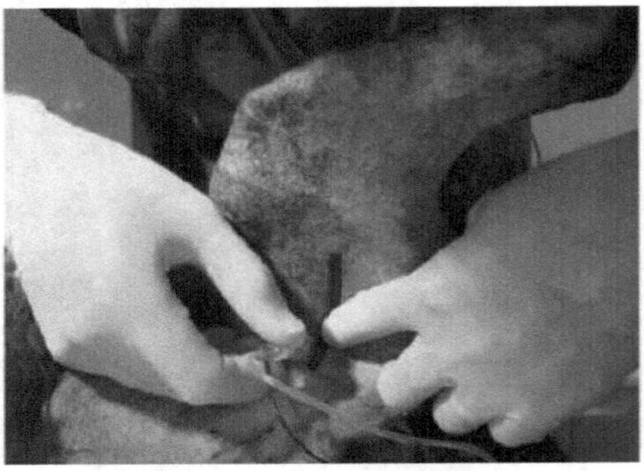

图 1-13　股神经阻滞——腹股沟通路进针方向

2）*股神经阻滞——髂骨前外侧通路*　一种阻断股神经的新方法，可以为接受手术的患畜提供充分的术中和术后早期疼痛缓解。

目标神经：股神经。

麻醉区域：半侧骨盆、股骨、股胫关节内侧、腕骨背内侧的皮肤、第 1 趾骨。

方法：①动物侧躺，需要被麻醉的后肢位于上方。②根据第 6 腰椎（L6）的位置画一条背腹横切动物的线，再从髂嵴的最前端画一条平行动物长轴的线，这两条线垂直相交（图 1-14）。③在相交点朝后内方向进针，角度为 30°～40°，穿过腰髂肋肌。④神经刺激器刺激电流设定为 1mA 并逐步降低，观察神经刺激的反应：股四头肌收缩（在注射前逐渐降低到 0.2mA 以避免束内注射）。⑤回抽以避免插入动脉。⑥注射 0.1mL/kg 的 0.5%布比卡因或 0.75%罗哌卡因。

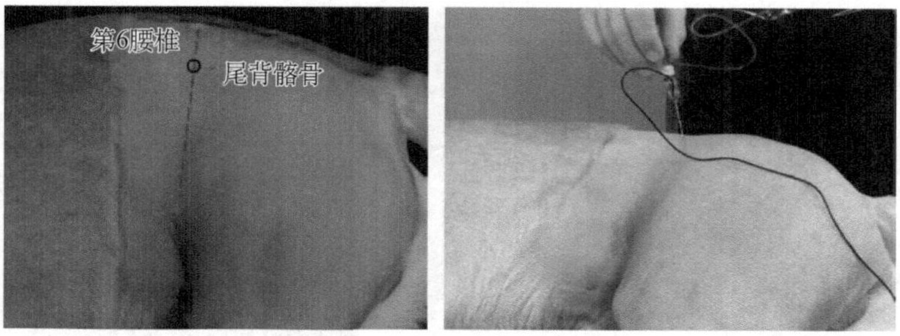

图 1-14　股神经阻滞——髂骨前外侧通路进针方向

3）坐骨神经阻滞——外侧通路　坐骨神经阻滞传统上使用解剖标志或电神经刺激器进行。有临床研究证明了超声引导坐骨神经阻滞的有效性。超声引导技术能够相对于靶神经精确定位针，并且可以真实地实时观察局部麻醉剂的扩散。

适应证：配合股神经阻滞，适用于涉及股骨远端、膝关节与肢体远端的手术。

目标神经：坐骨神经（图 1-15）分支——腓总神经、胫神经。

麻醉区域：后肢的外侧、背侧及后侧。

方法：①动物侧躺，需要被麻醉的后肢在上方，进针点位于股骨大转子（GT）与坐骨粗隆（IT）之间连线的股骨侧 1/3 处（图 1-16）。②垂直于皮肤进针。③神经刺激器刺激电流设定为 2mA 并逐渐降低，观察神经刺激的反应：腕关节背向屈曲（腓神经）、跖曲（胫神经）（在注射前逐渐降低到 0.2mA 以避免束内注射）。④回抽以避免插入动脉。⑤注射 0.05～1mL/kg 的 0.25%～0.5%布比卡因或 0.75%罗哌卡因。

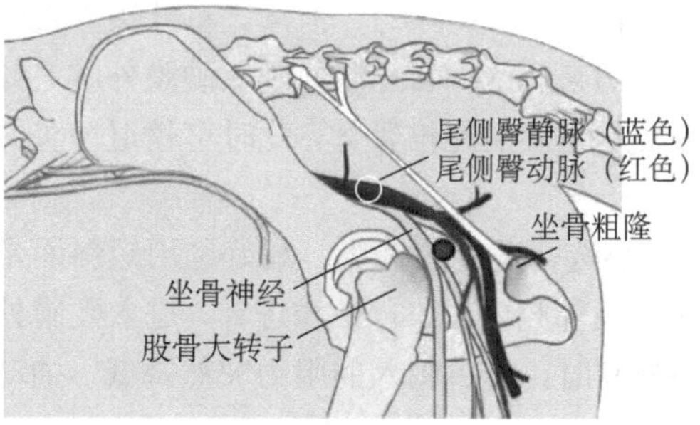

图 1-15　坐骨神经阻滞——外侧通路解剖图

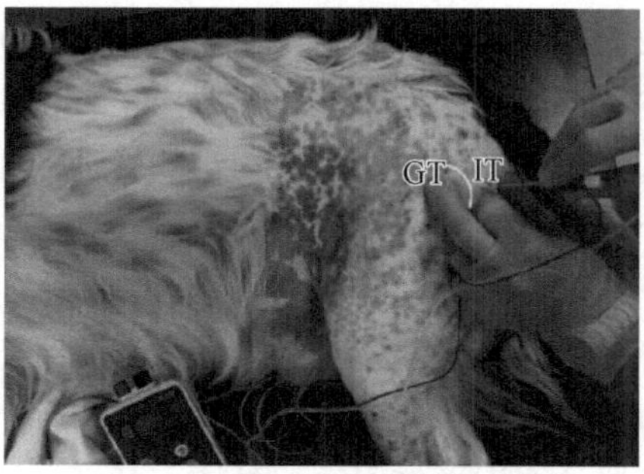

图 1-16　坐骨神经阻滞——外侧通路进针方向

4）坐骨神经阻滞——骶骨旁通路　在犬中椎旁腰丛神经阻滞联合骶旁坐骨神经阻滞使用 0.2mL/kg 的 0.5%布比卡因可使感觉和运动阻滞持续时间更长。

适应证：同坐骨神经阻滞外侧通路。

目标神经：同坐骨神经阻滞外侧通路（图 1-17）。

麻醉区域：同坐骨神经阻滞外侧通路。

方法：①动物侧躺，需要被麻醉的后肢在最上面，在髂嵴前背侧与坐骨粗隆之间画一直线，进针点位于靠近髂嵴的 1/3 处（图 1-18）。②沿着矢状面进针。③将神经刺激器刺激电流设定为 2mA 并逐渐降低，观察神经刺激的反应：腓肠肌抽动、指关节/腕关节的屈曲/伸展（在注射前降低到 0.2mA 以避免束内注射）。④回抽以避免插入动脉。⑤注射 0.1mL/kg 的 0.5%布比卡因或 0.75%罗哌卡因。

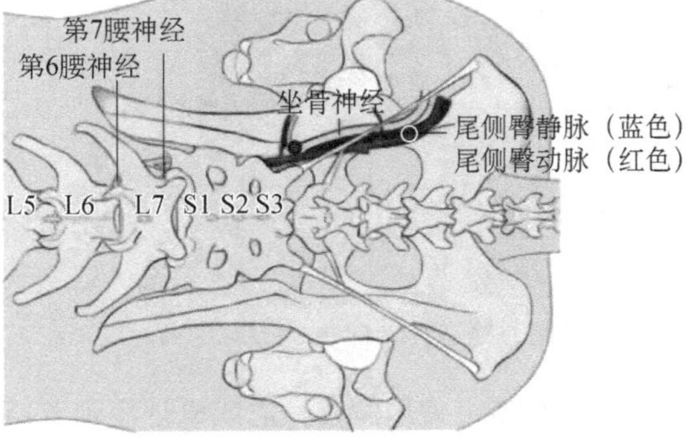

图 1-17　坐骨神经阻滞——骶骨旁通路解剖图

L. 腰椎；S. 荐椎

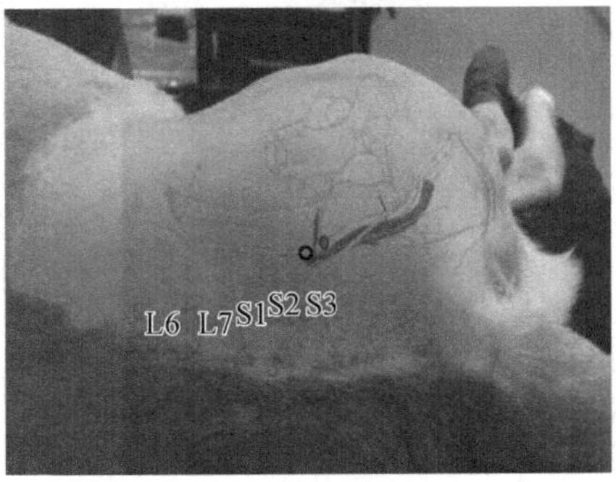

图 1-18　坐骨神经阻滞——骶骨旁通路进针方向

（四）脊髓麻醉

1. 硬膜外麻醉　将局麻药注射到脊硬膜外腔，阻滞部分脊神经的传导功能，使其所支配区域的感觉和（或）运动功能消失的麻醉方法。

1）*荐尾硬膜外麻醉*　由于牛、马第 1 尾椎与荐骨往往紧密连接，或与荐骨融合，其间隙较狭窄，不便注射操作，而第 1、2 尾椎的间隙较宽，位置也较易确定，所以多在第 1、2 尾椎间隙进行注射。确定第 1、2 尾椎间隙位置最简便的方法是：用一手举尾，上下晃动，用另一手的指端抵于尾根背部中线上，探知尾根的固定部分与活动部分之间的横沟（即在第 1、2 尾椎间隙），横沟与中线的相交点为刺入点。注射部位常规除毛、消毒。将针头垂直刺入皮肤，然后针尖稍向前方做 45°～60°倾斜，向前下方刺入 3～4cm 深即刺入硬膜外腔。针头刺入时可感到刺穿弓间韧带的感觉，再深入即可触及坚硬的尾椎骨体，此时可稍退针头并接上注射器，如回抽无血即可注入药液。

2）*腰荐硬膜外麻醉*　根据动物种类、个体大小选择适合的针头，最好选用短斜面带有管芯针的椎管注射针头，小心谨慎地把针头刺入硬膜外腔内。在背中线进针，进入硬膜外腔前，能感到刺穿弓间韧带的感觉。当针插入硬膜外腔时，针头刺入的阻力突然降低，抽动注射器活塞无液体回流即可注入药液。

2. 蛛网膜下腔麻醉　将局麻药注入蛛网膜下腔，阻断部分脊神经的传导功能而引起相应支配区域的麻醉作用。进针部位与硬膜外麻醉相同。注射方法是在针头到达硬膜外腔后，再将针头小心向下推进，在穿过硬膜及蛛网膜时，可感到第二次阻力，当阻力突然降低后可试行抽出针芯，若针尖已进入蛛网膜下腔，一般即有脑脊髓液流出。不见脑脊髓液流出时，可稍调整针头位置或接上注射器轻轻抽取，直至能抽出脑脊髓液，说明位置正确，即可注入药液。

（钟志军）

第五节　电 针 麻 醉

针刺麻醉（acupuncture anesthesia），简称针麻，由我国传统医学针灸疗法发展而来，是根据手术部位、手术病种等，按照循经取穴、辨证取穴和局部取穴原则，通过捻针刺激体表特定穴位来提高机体痛阈，以预防术中疼痛的麻醉方法。电针麻醉（electro-acupuncture anesthesia）是针刺麻醉的特殊形式，即在针刺穴位的基础上，以特定波形和频率的脉冲电流刺激代替手法捻针，与传统针刺相比具有更客观、准确、刺激量较大等优点。针刺麻醉与电针麻醉均通过影响生理性调节机制提高机体痛阈，与一般麻醉有所区别，因此，有人将其称为针刺镇痛与电针镇痛。

一、电针麻醉特点

1. 使用安全，适用范围广　全身麻醉药物在动物医学中广泛使用，但其对呼吸和心血管系统的抑制作用以及难以精确调控的麻醉深度，使得过量情况下的急救措施面临挑战。特别是在反刍动物中，麻醉过深可能引起贲门松弛，导致瘤胃内容物反流，进而引发异物性肺炎。相对而言，电针麻醉作为一种安全有效的替代方法，适用于动物各类疾病和手术的镇痛，且在危重病例中亦显示出其应用潜力。然而，若操作不当，如刺激量过大或针刺位置及方式不当，电针麻醉亦可能产生不良后果。

2. 生理干扰少，利于手术后恢复　电针麻醉对动物的体温、呼吸、心率等生理指标影响较小，动物在手术过程中始终保持清醒状态。在电针麻醉下，正经受瘤胃切开手术的反刍动物能大口地采食草料，手术结束后行走如常，术后采食、饮水均无异常。此外，电针麻醉不受强心、输液等干扰；可增加机体白细胞数目和活性，减少手术应激反应和手术后创口感染的机会。

3. 应用存在一定局限性　包括麻醉效果的不完全性、对内脏反应的抑制不足，以及可能引起的肌肉紧张等。这些局限性在不同动物种类和个体间表现出差异性。例如，牛和羊相较于马属动物，以及绵羊相较于山羊，显示出更好的麻醉效果。通过精确的穴位选择、熟练的针刺技术和优化的针刺参数，可以最大限度地克服这些问题或降低其影响。

二、电针麻醉的选穴

选穴的方法有：①根据经络理论，选择与手术区域相关的经络穴位，实现循经取穴。②结合中兽医学临床经验，选择传统上用于治疗相关症状的有效穴位。③依据神经解剖生理学知识，选择能够影响特定神经分布区域的穴位，以实现局部镇痛效果。

三、电针麻醉方法

1. 进针　穴位剪毛，用75%乙醇消毒皮肤。针具通常采用直径1～1.5mm的不锈钢圆针，长度按穴位要求的深度选用。进针时将针对准穴位，按穴位要求的角度刺入皮肤后，再将针捻转刺入至要求的深度。

2. 脉冲电流刺激　将脉冲式兽用针麻机上的输出电压及频率的旋钮分别调至“0”位，再将输出导线分别与针柄连接，然后开启电源，选择波型，调节频率及电压。一般兽用针麻机波型为双向尖峰波；麻醉时采用的频率为10～100Hz或200～300Hz。临床实践上通常先稍加电压，可见肌肉随刺激频率而收缩，然后加大频率至肌肉刚好表现强直性收缩，再逐渐加大电压，使达到患畜能耐受的足够强的刺激量，常为3～3.5V。诱导时间为10～30min。经针刺检验术部皮肤，如无疼痛反应即可进行手术。在麻醉期间，若固定频率不变，经过一段时间可能会出现痛阈降低，即电针适应现象，可通过改变频率（增加或减少）使痛阈升高。

3. 终止麻醉　手术结束时，将电流刺激的强度和频率逐渐降低，然后断电、拔针，患畜即可恢复行动。但在电针麻醉终止后针刺镇痛效应仍将持续一段时间，这种现象称为针刺麻醉后效应。

四、针药复合麻醉

电针麻醉/镇痛的诱导和恢复是由神经和体液共同参与的生理性调节过程，广泛应用于兽医临床及试验，具有生理指标干扰较小、不影响免疫功能、术后并发症少、无需禁食禁水等优点。但从临床麻醉效果及围手术期的疼痛管理角度评价，当前无足够证据证明针刺对麻醉要求中的意识丧失和肌肉松弛有效。为解决针刺镇痛不全、肌肉紧张及内脏牵拉疼痛等问题，针药复合麻醉（acupuncture-balanced anesthesia）应运而生，该法在针麻的同时，辅以其他麻醉药物或镇痛药物，克服单纯电针麻醉的不足，增强麻醉效果，又称针刺辅助麻醉（acupuncture-assisted anesthesia）。研究表明，针药复合麻醉具有以下优点：①针刺加强药物效果；②节省药物费用；③减少药物副作用；④缩短术后苏醒时间等。

（丁　一）

第六节　疼 痛 管 理

国际疼痛学会（International Association for the Study of Pain，IASP）在1979年提出并于2020年首次修订的定义指出："疼痛是一种与实际或潜在的组织损伤相关的不愉快的感觉和情绪体验，或类似的经历"。疼痛包含生理和情感两方面，前者指的是源自身体对实际或潜在损伤的反应的不愉快感觉，这种感觉可以表现为刺痛、钝痛或灼痛等。而后者不仅涉及物理上的疼痛，还反映了复杂的情绪反应，如焦虑、恐惧和沮丧等，这些情绪会加剧疼痛的感受。疼痛是大多数疾病的常见症状，通常伴随着神经自主活动、运动反射、心理和情绪反应，给患病动物带来痛苦。慢性疼痛作为一种被明确定义的疾病，是临床中的一大难题。疼痛影响着疾病的治疗、预后，以及患病动物的生活质量。

一、疼痛分类

（一）生理性疼痛和病理性疼痛

生理性疼痛是指生理状态下，伤害性刺激直接激活伤害性感受器引起的疼痛，又称为伤害性疼痛。这种类型的疼痛是身体对实际或潜在的组织损伤的正常反应，具有保护作用，为动物提供预警并避免进一步伤害。生理性疼痛通常与外部刺激（如创伤、炎症、手术等）有关，具有短暂性，并随着损伤的愈合而消失。它在生物学上具有重要的保护功能，是机体自我防护机制的一部分。

病理性疼痛按其起因又可分为炎性疼痛、神经病理性疼痛和功能性疼痛。炎性疼痛是指当组织受损（如创伤、感染、烧伤或手术）时，受损组织释放一系列炎症介质，如前列腺素、细胞因子、组胺和缓激肽等，诱发局部炎症，导致损伤部位产生强烈的原发性痛及周围的继发痛。神经病理性疼痛是由外周或中枢损伤或疾病（炎症、外伤、手术、癌症、代谢性疾病、免疫性疾病或感染等）引起的慢性疼痛。功能性疼痛是一种没有明确的器质性病变或病理损伤，但患者仍然体验到疼痛的情况。这种类型的疼痛通常与中枢神经系统的疼痛调节机制异常有关。这种异常可能导致疼痛感放大，即使在没有明显的外部损伤或炎症的情况下，仍然感觉到疼痛，如肠易激综合征。此外，情绪和心理因素，如焦虑、抑郁、压力等在功能性疼痛的发展和维持中可能起到重要作用。其疼痛是兼有炎性疼痛和神经病理性疼痛的复合类型。

病理性疼痛在临床上均表现为：①痛觉过敏（hyperalgesia），即痛阈降低，对伤害性刺激敏感性增强；②痛觉超敏（allodynia），即对疼痛刺激反应更剧烈；③自发性疼痛，即无刺激诱导而自发产生的疼痛。

（二）慢性疼痛和急性疼痛

慢性疼痛被世界卫生组织（World Health Organization，WHO）在 2018 年审议通过的国际疾病分类（International Classification of Diseases）第十一次修订本（ICD-11）中首次作为独立疾病列入分类目录。慢性疼痛定义为持续或反复发作超过 3 个月的疼痛，通常超出了预期的正常愈合时间。常见的引发慢性疼痛的疾病包括椎间盘突出、犬摇摆综合征、马尾综合征、骨质增生、髋关节发育不良、累-卡-佩氏病、骨软骨病、骨关节炎、滑液囊炎、肩周炎、腱鞘炎、血栓闭塞性脉管炎、溃疡、陈旧创伤、骨折不愈合及癌症等。

急性疼痛通常由突然的组织损伤或病理过程引起，是一种短期疼痛反应，通常持续时间不超过 1 个月。它是一种机体的警告信号，提示存在潜在的损伤或威胁，促使个体采取措施保护身体并促进愈合。常见的急性疼痛原因包括创伤、手术、急性炎症、胃肠扭转、肠痉挛、肠梗阻或套叠、顿疝嵌，以及分娩时的子宫收缩等。

（三）躯体痛和内脏痛

躯体痛通常由外部伤害或病理变化引起，常表现为局部的疼痛或不适。根据疼痛的来源和特征，躯体痛可进一步分为以下几类。①皮肤痛：发生在皮肤表面，由外部刺激（如割伤、烧伤、昆虫叮咬等）引起。通常表现为刺痛、灼热感或瘙痒。②肌肉痛：发生在肌肉组织中，可由过度使用、肌肉损伤或紧张引起。表现为肌肉的酸痛、僵硬或抽搐。③骨骼痛：发生在骨头或骨关节中，可由骨折、骨质疏松或关节炎引起。表现为钝痛、压痛或剧烈疼痛。④关节痛：发生在关节部位，可能由关节炎、滑膜炎或创伤引起。表现为关节的疼痛、肿胀和活动受限。⑤结缔组织痛：发生在结缔组织中，如腱、韧带等，可能由过度使用或损伤引起。表现为结缔组织部位的钝痛或刺痛。

内脏痛指的是体内脏器（如胃、肠、肝、胆、胰、心脏等）因膨胀、缺血或肌肉痉挛引起的疼痛。内脏痛通常表现为弥漫性、定位不清，其疼痛通常具有放射性，同时伴随其他症状，如恶心、呕吐、腹胀、排便异常等。

另外，还可按照解剖部位分为颈背痛、腹部痛、腰背痛、盆腔痛、前肢或后肢痛、会阴痛等。

二、疼痛对生理的影响

疼痛对机体各个器官系统均有影响。损伤部位不同，疼痛影响的偏重不同。

（一）神经内分泌系统

疼痛是引起神经内分泌紊乱的重要原因：①在疼痛的刺激下，下丘脑-垂体-肾上腺轴（hypothalamic-pituitary-adrenal axis，HPA）被激活。疼痛刺激通过感觉神经传递到下丘脑，下丘脑释放促肾上腺皮质激素释放激素（corticotropin releasing hormone，CRH）；CRH 促使垂体分泌促肾上腺皮质激素（adrenocorticotropic hormone，ACTH）；ACTH 刺激肾上腺皮质分泌糖皮质激素（如皮质醇）。皮质醇提高血糖水平，调节新陈代谢，并抑制免疫反应。②疼痛也会激活交感-肾上腺髓质系统（sympathetico-adrenomedullary system，SAM 系统）。疼痛导致交感神经释放去甲肾上腺素，肾上腺髓质释放肾上腺素。急性应激反应，儿茶酚胺的释放导致心率加快、血压升高、呼吸频率增加和血糖上升，以帮助机体应对疼痛。

（二）代谢系统

疼痛对代谢系统的影响主要通过激活神经内分泌系统来实现。持续的疼痛会导致代谢过程的改变，尤其是在长期或慢性疼痛的情况下。由于儿茶酚胺可抑制胰岛素的分泌和促进胰高血糖素分泌，后者又促使肝糖原异生和分解，最后造成血糖升高和负氮平衡。

（三）血液循环系统

急性疼痛可导致心率加快、血压升高，并促使血液从皮肤和内脏转移到骨骼肌、心脏和大脑等核心器官，以应对应激状态。这些反应短期内有助于保护机体，但若疼痛持续，可能对心血管系统造成长期损害，如心肌负担增加、心律失常和动脉硬化。此外，慢性疼痛可能伴随低度炎症，增加血液黏度和血栓形成的风险，进而加大心血管疾病的发生概率。剧烈的深部疼痛有时会引起副交感神经兴奋，使血压下降、心率减慢，甚至发生虚脱和休克。

（四）呼吸系统

术后疼痛常导致机体呼吸功能减退，延缓术后呼吸功能的恢复。尤其是胸、腹部手术，术后疼痛可引起胸、腹肌反射性收缩，导致浅快呼吸，肺泡通气量下降，进而引发低氧血症和二氧化碳潴留。此外，由于深呼吸减少，患者更易出现肺不张和肺部感染等并发症，且痰液排出不畅增加了呼吸道阻塞的风险。持续的疼痛还可能导致呼吸肌疲劳，引发呼吸困难。

（五）消化系统和泌尿系统

疼痛会激活交感神经兴奋，反射性抑制胃肠蠕动功能，胃酸分泌增加，进而引发胃肠功能紊乱，如恶心、呕吐、便秘和胃溃疡等。此外，疼痛还可能引发食欲缺乏，影响营养摄入。在泌尿系统中，疼痛可导致尿潴留和膀胱排空困难，增加泌尿系统感染的风险。长期的疼痛可能还会引发尿路痉挛，导致排尿异常。

（六）免疫系统

疼痛引发的应激反应会通过激活交感神经系统和释放皮质醇等激素，抑制免疫细胞的功能，削弱机体的抗感染能力，同时也不利于对肿瘤扩散的控制。慢性疼痛也会导致持续的低度炎症反应，增加炎性因子的释放，加剧组织损伤和疾病进程。

三、疼痛治疗

疼痛的产生过程包括疼痛信号的传导、传输、调制和感知。疼痛的产生始于感觉传导阶段。当组织受到机械、化学或热刺激时，受损组织释放前列腺素、细胞因子和氢离子等化学介质，这些介质刺激疼痛感受器（伤害感受器），将刺激转换为电信号。该电信号通过周围神经纤维（尤其是Aδ 纤维和C纤维）传导至脊髓。Aδ 纤维传递快速而锐利的疼痛，C纤维传递慢性、钝痛。神经冲动从背根神经节传至脊髓背角，进而传至脊髓上行中枢和大脑皮质，最终到达大脑。疼痛信号在脊髓和大脑的各层次可被调制，即增强或减弱，这涉及乙酰胆碱、血清素、去甲肾上腺素等神经递质与内源性阿片肽、P物质、八肽胆囊收缩素等神经调质的释放，这些物质改变了神经信号的强度，进而影响个体的疼痛敏感度。最终，疼痛信号在大脑皮层被处理和感知，形成疼痛的主观体验，这种体验受生理信号、心理状态、情感和注意力等因素的影响。

疼痛治疗基于以上环节进行单一或联合的干预或阻断。为了提高镇痛效果，现多采用超前镇痛、多模式或平衡镇痛以及时序性镇痛方法。①超前镇痛（preemptive analgesia）是一种疼痛管理方案，旨在于手术或其他疼痛刺激发生之前，通过使用镇痛药物来减少术后疼痛的发生和严重程度。该方案通过预先给予镇痛药物来干预疼痛的产生过程，从而降低疼痛信号的传导和中枢敏感性。②多模式或平衡镇痛（multimodal or balanced analgesia）是指联合使用不同作用机制的镇痛药物或技术，通过干预伤害性感受传导通路中的多个靶点或介质，以获得理想的镇痛效果。③时序性镇痛（sequential analgesia）是一种疼痛管理策略，根据疼痛的不同阶段和强度，依次使用不同的镇痛药物和方法。例如，术前使用强效的μ-阿片受体激动剂（如吗啡），术后则使用阿片受体的部分激动剂或拮抗剂（如丁丙诺啡、布托诺菲）来部分逆转μ-阿片受体的效应，以减少药物的副作用并延长镇痛效果。

（一）全身性给药治疗

1. 非甾体抗炎药　非甾体抗炎药（nonsteroidal anti-inflammatory drug，NSAID）的主要作用机制是通过抑制环氧合酶（cyclooxygenase，COX）的活性，来减少前列腺素的合成，从而达到抗炎和镇痛的效果。环氧合酶分为COX-1和COX-2亚型。COX-1主要存在于正常组织中，维持胃黏膜的保护、肾脏的血流和血小板的功能。COX-2主要在炎症反应中被诱导产生，负责前列腺素的生成。非甾体抗炎药可抑制COX-1和COX-2的酶活性，减少前列腺素的合成。前列腺素是一类在疼痛和炎症的形成中起重要作用的介质。抑制COX-1可能导致胃肠道溃疡、血小板功能异常、急性肾功能不全等副作用，因此，应优先选择那些对COX-1抑制较少、对COX-2抑制较好的选择性非甾体抗炎药。非选择性非甾体抗炎药，如布洛芬、双氯芬酸和吲哚美辛等，能够同时抑制COX-1和COX-2，有效减少前列腺素的合成，但可能产生胃肠道不适等副作用。选择性COX-2抑制剂，如美洛昔康和塞来昔布，主要抑制COX-2，对COX-1的抑制较少，因而降低了胃肠道副作用，但仍需关注其他可能的副作用，如心血管风险。

美洛昔康：可用于犬、猫、猪、牛，镇痛剂量小于抗炎剂量。犬，初次剂量为0.2mg/kg，随后每天0.1mg/kg。注射剂可用于术前和术后疼痛管理。猫，初次剂量为0.1mg/kg，随后每天0.05mg/kg（仅限短期使用）。通常不推荐对猫长期使用，因为长期使用可能引起肾脏问题。

阿司匹林：犬，常用剂量为10～20mg/kg，每天2～3次，用于急性和慢性疼痛及轻度炎症。猫，剂量为10～20mg/kg，每天一次。阿司匹林在猫中的使用需要特别小心，因猫对阿司匹林的代谢能力较差。

芬布芬：犬，初次剂量为5mg/kg，随后每天一次，剂量为5mg/kg。用于管理急性和慢性疼痛，如骨关节炎和术后疼痛。猫，不推荐使用芬布芬，因为其安全性尚未完全确定。

2. 阿片类镇痛药　此类药是目前治疗术后疼痛的标准用药，可与非甾体抗炎药、α_2受体激动药等联合使用。①吗啡，可采用多种途径，如IM、IV、SC，硬膜外腔、关节内给药，但静脉给药可能导致组胺的释放。使用剂量为0.1～1.0mg/kg，IM和IV注射给药间歇期为2～4h（犬、马），4～6h（猫）。②哌啶，剂量为3.5～10mg/kg，IM、SC给药。因其较强的组胺释放诱导作用，不做静脉注射；适用于各种剧痛的止痛，镇痛效果弱于吗啡，有抗胆碱能的效果。犬剂量为5mg/kg，镇痛维持时间45～60min；猫剂量为10mg/kg，镇痛维持约120min。③美沙酮，猫剂量为0.1～0.5mg/kg，其他动物剂量为0.1～0.4mg/kg，IM、IV、SC给药。作用类似于吗啡，镇痛维持时间长于吗啡。④阿片全碱，猫剂量为0.1～0.3mg/kg，其他动物剂量为0.2～1.0mg/kg，IM给药。该药作用类似于吗啡，与乙酰丙嗪合用有良好的安定镇痛效果。⑤芬太尼，芬太尼透皮贴剂可持续地释放芬太尼。⑥丁丙诺啡，剂量为0.005～0.02mg/kg，IM、IV、SC给药起效缓慢（约30min），但镇痛维持6～8h。

3. 催眠镇静药　在兽医临床中，常用于镇静和麻醉辅助用药，如地西泮、阿普唑仑、咪达唑仑、劳拉西泮、氯硝西泮等，长期使用易产生药物依赖。

世界卫生组织推荐使用疼痛的阶梯（analgesia ladder）管理方案。即第一阶梯：在轻微疼痛时，选用非甾体类药，如美洛昔康、阿司匹林、芬布芬等，或加辅助药，如地西泮。第二阶梯：对于轻、中度疼痛，非甾体药不能控制疼痛时，采用弱阿片药（如可待因）+非甾体药等。第三阶梯：疼痛仍难以控制时，采用强阿片类药（如吗啡）+非阿片类药。

（二）硬膜外镇痛

硬膜外镇痛主要用于治疗腰椎间盘突出，可减轻或消除因脊神经根受机械性压迫引起的炎症，或消除髓核突出后释放糖蛋白和类组胺等物质引起的神经根的化学性炎症，从而缓解症状。常将局部麻醉药（如盐酸布比卡因）与糖皮质激素合用。

（三）痛点注射

痛点注射主要用于慢性疼痛性疾病，如腱鞘炎、肩周炎、关节炎、韧带附着部炎症、腰肌劳损等。可在局部固定压痛点注药，每痛点注射1%盐酸利多卡因或0.25%盐酸布比卡因（0.5～5mL）+泼尼松（1～10mg）混悬液，每周1～2次，3～5次为一个疗程。

（四）针灸疗法

针灸疗法适用于急性、慢性疼痛治疗。电针疗法较为确实，较针灸法常用。

（丁　一）

第二章　软组织损伤

本章资源

第一节　创　　伤

软组织的开放性损伤称为创伤（wound），是机械性致伤因素作用于机体组织或器官，使受伤部皮肤或黏膜完整性破坏及深在组织与外界相通的机械性损伤。

一、创伤愈合与组织修复

（一）组织修复的本质

组织修复是一个动态的、主动的病理生理过程，其本质是恢复机体解剖结构的完整性和生理功能的正常运作。修复过程中，多种细胞类型发挥着关键作用。与创伤愈合密切相关的生长因子主要包括胰岛素样生长因子（insulin-like growth factor，IGF）、转化生长因子（transforming growth factor，TGF-α、TGF-β）、表皮细胞生长因子（epidermal growth factor，EGF）、成纤维细胞生长因子（fibroblast growth factor，FGF）、血小板源性生长因子（platelet-derived growth factor，PDGF）等。

（二）创伤愈合类型

1. 一期愈合　创伤一期愈合是一种较为理想的愈合方式。其特征是创伤处炎症反应比较轻微，再生修复过程迅速，愈合后无明显瘢痕和功能缺损。一期愈合条件是创缘、创壁整齐，创口吻合良好，无肉眼可见的组织间隙，创内无异物、坏死灶及血凝块，组织仍有生活能力，失活组织较少，没有感染。

2. 二期愈合　其特征是伤处炎症反应明显，常有感染化脓出现，肉芽组织增生并充填创腔，愈合后组织结构和功能可能有部分影响。二期愈合的条件是组织损伤严重、坏死组织多，创缘及创壁不整齐，创内有感染、异物和大血凝块。因此，临床上应采取合理措施，创造条件，争取达到一期愈合。

3. 三期愈合　三期愈合通常被称为延迟一期愈合，是指延期缝合的伤口愈合，伤口先保持开放 24～72h 或更长，通常是为了引流污染伤口的分泌物，确认无明显感染后予以缝合。

（三）创伤愈合的病理生理学基础

1. 凝血和炎症反应　凝血是创伤愈合的初始反应，它触发了一系列复杂的生物事件。凝血过程中产生的纤维蛋白肽和凝血酶不仅吸引巨噬细胞至损伤现场，还激活血小板释放关键的生长因子，如 PDGF、IGF-1 和 TGF-β，为细胞增殖和组织修复打下基础。纤维蛋白进一步激活巨噬细胞，促使其释放更多的细胞因子，参与并推进修复过程。

炎症反应紧随凝血之后开始，受损的内皮细胞释放细胞因子，启动炎症过程。这些细胞因子促进白细胞表达整合素受体，在组织补体因子、纤维蛋白肽、生长因子和细胞因子的吸引下，使白细胞附着于受损内皮并穿过血管壁进入受损区域。炎症介质，如组胺和激肽，引起血管的短暂收缩和扩张，增加血管通透性，使白细胞和血浆蛋白能够进入受损组织。

随着局部微循环受损，能量供应减少，组织氧分压（pressure of oxygen，PO_2）降低，而二氧化碳和乳酸水平升高，为炎症细胞的代谢活动提供了特殊环境。乳酸在这一过程中起到了至关重要的作用，它与纤维蛋白和缺氧一起，刺激巨噬细胞释放细胞因子和化学趋化物，进一步促进白细胞的招募和组织修复。

在损伤后的第 3～4 天，修复细胞根据氧和乳酸的浓度梯度，在创伤间隙中形成特定的空间分布。未成熟成纤维细胞和新生血管芽位于创缘附近，而成熟的成纤维细胞则位于更深层。这种分布反映了创伤区域形成了一个以高乳酸和酸性环境为特征的修复中心，而在创伤附近的未受损区域，由于供氧较为充足，更适合细胞外基质的沉积。

2. 纤维组织形成和基质沉积　在创伤愈合过程中，多种机制促进纤维组织形成（成纤维细胞增殖）。最初由血小板释放的 PDGF、IGF-1 和 TGF-β，以及随后由巨噬细胞释放的多种细胞因子均参与了纤维组织形成。正在分裂的成纤维细胞主要位于创缘，这里的氧分压是它们增殖的最佳条件。成纤维细胞可能源自多种细胞类型，包括平滑肌细胞、血管外膜细胞等，它们在创伤信号的诱导下转化为成纤维细胞，参与修复。

基质沉积：新分裂的成纤维细胞负责分泌胶原和蛋白聚糖，这些是结缔组织基质的主要成分，为创面的连接和张力提供物质基础。胶原的合成不仅由成纤维细胞的基本功能控制，还受到 TGF-β 和 IGF-1 等生长因子的促进。此外，研究发现，细胞外乳酸的蓄积也能直接刺激胶原基因的转录和胶原蛋白的沉积，这一过程与细胞内的腺苷二磷酸核糖（adenosine diphosphate ribose，ADPR）浓度有关。氧化性辅酶 I（又称烟酰胺腺嘌呤二核苷酸，nicotinamide adenine dinucleotide，NAD^+）脱烟酰胺产生 ADPR，ADPR 是胶原合成的抑制因子，而乳酸蓄积通过影响 NAD^+的可用性，间接降低 ADPR 水平，从而促进胶原 mRNA 的生成和胶原肽的合成。维生素 C 和铁等辅因子参与了胶原肽的羟化过程，这是胶原单体成熟的关键步骤。赖氨酸羟化酶则负责羟化前胶原中的赖氨酸，为胶原纤维的交叉连接打下基础，这一过程增强了胶原纤维的强度。维生素 C 和充足的氧是这一反应的必要条件，而局部氧浓度对酶的活性有显著影响。

3. 血管增生　新生血管形成是组织修复的基本特征。损伤后 2～3d，新生毛细血管芽开始从残存的小静脉上萌发，而到了大约第 4 天，这些新生的毛细血管变得清晰可见。这一过程受到血小板和巨噬细胞释放的化学趋化物的驱动，促使新生毛细血管向损伤区域生长并深入其中。在一期愈合的伤口中，新生血管迅速与对侧的血管网络融合，建立起跨越创面的血流通路，为修复区域提供必要的氧气和营养。相反，在未完全闭合或闭合不佳的伤口中，新生毛细血管主要与同侧的毛细血管融合，促进肉芽组织的形成，这是伤口愈合过程中的一个重要步骤。

在正常组织中加入内皮细胞趋化剂，可以诱发创伤性血管形成。在创伤部位可检测到血小板源性生长因子 BB（PDGF-BB）同型二聚体和一种特性尚不清楚的巨噬细胞源性生长因子。创伤部位血管形成是对局部能量供给不足的一种反应，血管发生机制显然类似于胶原沉积的调控机制。研究表明许多生长因子和细胞因子均能刺激血管形成，创伤部位最主要的血管生成刺激物是参与凝血反应的血小板衍生物，以后才受缺氧、高乳酸、纤维蛋白等调节。

4. 上皮形成　与成纤维细胞和内皮细胞一样，上皮细胞亦对很多相同的刺激做出反应。许多生长因子能调节细胞增生，如 TGF-β 能抑制上皮细胞分化，虽然它本身并不是这些细胞的促有丝分裂因子，但可促进有丝分裂发生。而 TGF-α 是上皮细胞的促有丝分裂因子。

在创伤愈合的过程中，创缘附近的正常上皮细胞在生长因子或细胞因子的引导下，通过有丝分裂进行自我更新。这些新生的上皮细胞沿着创缘向未愈合区域迁移，并在那里定居、增殖，形成新的上皮层。值得注意的是，在新生上皮细胞定居的区域，局部氧分压通常较低。研究表明，当局部氧分压达到 93.3kPa（700mmHg）且创面保持适宜的湿润环境时，上皮细胞的分化和鳞状上皮的形成最为迅速。

在这一过程中，鳞状上皮细胞产生的 TGF-β 发挥着关键作用，它通过抑制细胞分化，促进细胞有丝分裂，从而加速创面的上皮化。这一正反馈机制不断进行，直至创面完全闭合。

5. 胶原纤维的成熟和收缩　创伤愈合过程中，细胞外基质（extracellular matrix，ECM）的更新是一个精细调控的生物过程。成纤维细胞通过合成胶原单体并将其聚合，逐步替换原有的纤维蛋白基质。初始阶段，由于胶原纤维排列不规则，新生的基质较为脆弱，易于破裂。随着时间的推移，胶原纤维逐渐成熟，排列更加规整，赋予组织以柔韧性和抗张强度，从而克服了初期的脆弱性。

胶原纤维的成熟与重塑：纤维细胞和白细胞通过分泌胶原酶，促进胶原纤维的降解和重塑。这一过程在创伤愈合的早期阶段尤为活跃，随后逐渐减缓。研究表明，即使是简单的伤口，其基质的更新和重塑可以持续长达 18 个月。胶原纤维的重塑不仅涉及其物理特性的改变，还涉及其生物学功能的调整。尽管伴随着胶原的降解，但当净基质沉积超过降解时，愈合过程便趋于完成。值得注意的是，胶原降解过程对能量和营养物质的需求较低，但其对创伤部位的张力强度有显著影响。在某些组织（如结肠），胶原的适度降解甚至有助于增强组织的张力强度。

胶原纤维的收缩与张力：在创伤修复过程中，成纤维细胞不仅参与胶原的合成和重塑，还通过其收缩作用促进创面的收缩。这种收缩作用有助于减小创面面积，促进伤口闭合。成纤维细胞的移行和细胞膜的收缩作用使得胶原分子彼此靠近，并通过多种交叉连接机制形成束状排列。创面的收缩是一个动态的过程，它在开放性伤口和闭合性伤口中均有发生，尤其在皮肤松弛部位表现得更为明显。通过收缩作用，创面可以显著缩小，有时甚至达到 90%以上的闭合率。然而，这种收缩在某些情况下可能带来不利影响，如在面部或关节附近可能导致挛缩或狭窄。

胶原纤维的伸展与愈合：新生基质的张力可能超过其收缩力，导致正在愈合的伤口出现伸展现象。这可以解释为什么未被适当固定的关节韧带在愈合过程中可能出现松弛。持续的被动伸展会减弱创面的收缩力和张力，延长愈合时间，并可能给患病动物带来额外的痛苦。尽管经过塑形，创伤愈合的最终结果仍可能表现为瘢痕形成。

6. 愈合　创伤愈合的过程在某种程度上与恶性生长相似，但它们之间存在着本质的差异。创伤愈合是一个有序且可控的生物过程，而恶性生长则是无序且难以控制的。在创伤愈合中，生长因子的释放和作用受到严格的调控，确保在达到修复目的后，愈合过程能够适时地停止。在正常的愈合过程中，创伤局部的缺氧和乳酸性酸中毒是触发生长因子和细胞因子释放的主要因素。这些刺激因素在损伤部位新的微循环建立后逐渐消失，随之愈合过程也趋于完成。

局部结缔组织过度增生所致的瘢痕瘤和增生性瘢痕极易发生在色素沉着部位。这两种病变可能是机体丧失了对愈合过程正常调控的表现，其发生机制尚不十分清楚。增生性瘢痕具有自限性的特点，通常在一年左右会自然开始消退。烧伤愈合后的区域特别容易形成增生性瘢痕，这不仅与伤口的深度和愈合过程有关，还可能与该区域受到的机械牵引力和可能的再损伤有关。持续的炎症反应可能是导致这种情况的常见因素。

（四）创伤愈合的病理过程

1. 炎症反应阶段　创伤发生后此阶段即开始，常持续 3～5d，主要是血液凝固、血管和细胞反应、免疫应答、纤维蛋白的溶解。创伤后组织通过炎症反应清除损伤或坏死的组织（此过程又称为炎性净化），为组织再生和修复创造条件。各种动物炎性净化特点不尽相同：马和犬以浆液性渗出为主，分解液化过程明显，坏死组织清除迅速，但易引起吸收性中毒。牛、羊、猪则以浆液-纤维素性渗出为主，液化过程较弱，通过形成化脓性分离线使坏死组织脱离，净化过程慢，但不易引起吸收性中毒。

2. 组织增生阶段　创伤后约 3d，随着炎症反应的消退和组织修复细胞的逐渐增生，创面出现以肉芽组织增生和表皮细胞增生移行为主的病理生理过程。此时组织形态学的特征为毛细血管胚芽形成和成纤维细胞增生，并产生大量的细胞外基质。创伤后凝血块形成，纤维蛋白、纤维连接素沉淀并构成临时性细胞外基质，组织增生阶段即开始。基质中以巨噬细胞为主，然而 3d 之后在纤维蛋白和纤维连接素框架中出现成纤维细胞分裂、增生，合成胶原蛋白，并占主导地位，巨噬细胞释放大量生长因子诱导血管内皮细胞增生向管腔内生长，诱导血管生成。肉芽组织是指由毛细血管、成纤维细胞以及细胞外基质等构成的幼稚结缔组织。新鲜肉芽组织肉眼观察呈鲜红色、颗粒状，血管丰富，触之易出血。毛细血管的生成可为成纤维细胞的增生提供氧和营养，促使基质更新，合成胶原蛋白、糖蛋白等代替纤维蛋白和纤维连接素。肉芽组织形成的意义在于填充创面缺损，保护创面防止感染，减少出血，机化血块坏死组织和其他异物，为新生上皮提供养料，为再上皮化创造进一步的条件。

细胞外基质主要是透明质酸、硫酸软骨素、胶原以及酸性黏多糖等，主要来自成纤维细胞。以往人们一直认为细胞外基质没有什么活性，现已逐渐阐明细胞外基质通过细胞黏附受体激活某些细胞，而且是作为各种生长因子发挥作用的重要场所，但其他详细的作用还不十分清楚。

3. 组织塑形阶段　此期胶原的分泌和分解达到平衡。创伤后伤口内胶原的含量在 2～3 周达到高峰。塑形期胶原的合成和分解的速率均较高，但是胶原总量并不增加。胶原纤维细丝由随机分布到有序分布，其强度亦增加。胶原蛋白是伤口瘢痕中主要的分子结构，这点并不奇怪，因为胶原蛋白是皮肤、骨骼，乃至是机体所有组织中的基本结构蛋白。胶原在细胞内外多种因子作用下通过多种复杂的过程转变成缆索状结构；其结构中富含羟脯氨酸和羟赖氨酸。羟脯氨酸和羟赖氨酸的合成过程和胶原结构的交联稳定都需要维生素 C 的参与。胶原纤维有多种，体内以Ⅰ型为主，瘢痕中主要也是Ⅰ型胶原。另外尚有部分Ⅳ型胶原。其他类型的胶原见于基底膜、软骨等结构中。

（五）影响创伤愈合的因素

1. 创伤感染　创伤感染化脓是延迟创伤愈合的主要因素。细菌感染可损害细胞和基质，导致局部炎症持久不易消退，甚至形成化脓性病灶等，同时细菌毒素和有害的炎性产物的吸收降低了机体的抵抗力，影响创伤的修复过程。

2. 创内存有异物或坏死组织　当创内特别是创伤深部存留异物或坏死组织时，炎性净化过程不能结束，甚至形成化脓性窦道。

3. 血液循环不良　较重的休克使组织处于低灌流，细胞受到不同程度损害，伤后组织修复延迟。包扎或缝合过紧，会造成局部缺血。止血带使用过久，使远端组织缺血难以恢复。

4. 伤部不安静　受伤部经常进行有害的活动，容易引起继发损伤，并破坏新生肉芽组织的健康生长，影响创伤的愈合。

5. 营养不良　营养不良，特别是蛋白质、维生素以及微量元素的缺乏，会减缓细胞增殖和基质形成，或影响其质量。蛋白质的缺乏，特别是含硫氨基酸的缺乏，会影响肉芽组织的生长。长期缺乏蛋白质会导致动物切口愈合时间延长，纤维组织增生和张力强度下降。补充甲硫氨酸或胱氨酸能改善愈合过程。血浆蛋白的降低不仅影响血浆渗透压，可能导致伤口水肿，还会影响纤维组织的合成。当血清蛋白浓度低于3g/100mL时，创伤愈合会受到抑制。

维生素C对伤口愈合至关重要，缺乏时会阻碍细胞间质和胶原纤维的形成，增加毛细血管脆弱性，导致肉芽组织水肿和出血，影响愈合，及时补充维生素C可促进胶原纤维的生成。维生素A对上皮细胞的再生和皮肤健康至关重要，缺乏时会导致上皮细胞再生能力下降，皮肤变得干燥粗糙。维生素D缺乏可能减弱细胞的吞噬作用，减缓细菌感染的清除，增加感染风险。维生素K缺乏会导致凝血酶原浓度降低，增加创伤出血和感染的风险。B族维生素对细胞和酶功能至关重要，缺乏时会影响能量代谢和神经纤维再生。锌是上皮细胞和成纤维细胞生长所需的锌依赖性酶的组成部分，对这两种细胞的生长有积极作用。局部应用氧化锌软膏可以加快创伤愈合速度。

6. 激素类药物使用不当　皮质类固醇可减少蛋白质的合成，抑制正常的炎症反应，大剂量使用时可限制毛细血管新生、抑制成纤维细胞增生和降低上皮组织增生的速度。

7. 导致免疫功能低下的疾病　糖尿病等疾病，使中性粒细胞、单核巨噬细胞、淋巴细胞的功能降低，影响组织修复过程。

8. 环境温度　寒冷会延缓创伤愈合的速度，故冬季应注意创口处的保温。在适宜温度范围内，一般温度每升高10℃，创伤的愈合速度会增加1倍。

二、创伤的诊断

（一）诊断方法

1. 一般检查　了解创伤发生的时间，致伤物的性状，发病当时的情况和患畜的表现等，检查患畜的体温、呼吸、脉搏，观察可视黏膜颜色和患畜的精神状态。

2. 创伤检查 按由外向内的顺序，仔细地对受伤部位进行检查，注意伤口的形状、大小、污染情况、有无出血、异物存留及伤道位置、创围组织状态和被毛情况。对创围进行柔和而细致的触诊，以确定局部温度的高低、疼痛情况、组织硬度、皮肤弹性及移动性等。对于伤情严重者，需在适当保定动物或在药物镇静后，先对创围剪毛、消毒，然后应注意检查创伤的深度、创壁的肿胀情况、有无异物、血凝块及创囊的存在。必要时可用消毒的探针、硬质胶管等，或用戴消毒乳胶手套的手指进行创底检查，摸清创伤深部的具体情况。但胸壁透创严禁探诊，以防人为造成气胸。对于有分泌物的创伤，应注意分泌物的颜色、气味、黏稠度、数量和排出情况等，必要时可进行酸碱度测定和脓汁检查。对于创伤发生时间较长、已出现肉芽组织的创伤，应注意肉芽组织的数量、颜色和生长情况等。

3. 实验室检查 血常规可提示贫血、血浓缩或感染等。尿常规可提示泌尿系统损伤、糖尿病等。电解质检查和二氧化碳结合力（或血 pH）可分析水、电解质和酸碱平衡紊乱情况。血尿素氮、肌酐可提示氮质血症。血清胆红素、转氨酶等可提示肝功能降低等。

4. 影像学检查 X 线检查可明确创伤是否有硬组织的损伤发生，疑有胸腹部脏器损伤者，可明确是否有气胸、血气胸、肺病变或腹腔积气等，还可确定异物的大小、形状和位置。超声检查可发现胸、腹腔的积血和肝、脾包膜内破裂等。CT 检查可以诊断颅脑损伤和某些腹部实质器官的损伤。

5. 穿刺和导管检查 胸腔穿刺可证实血胸和气胸。腹腔穿刺或置管灌流，可证实内脏破裂、出血。导尿管插入或灌注试验，可辅助诊断尿道或膀胱的损伤；留置导尿管可计算每小时尿量。测中心静脉压可辅助评估血容量或心功能。心包穿刺可证实心包积血。

（二）注意事项

发现患畜情况危重，如窒息、大出血等，必须立即抢救，不应单纯为了检查而耽误抢救时机。检查步骤应尽量简捷，多项检查可同时进行。检查动作必须谨慎轻柔，切勿在检查中加重损伤。重视症状明显的部位，同时应仔细寻找比较隐蔽的损伤。例如，左下胸部伤有肋骨骨折和脾破裂，肋骨骨折疼痛显著，脾破裂早期症状可能被掩盖，但其后果更为严重。一时难以诊断清楚的损伤，应在对症处理过程中密切观察，争取及早诊断。

三、创伤的急救和治疗

（一）创伤的急救

急救的目的是挽救生命，在处理复杂伤情时，应优先解除危及患畜生命的情况，使伤情得到初步控制，然后再进行后续处理。必须优先抢救的急症主要包括心脏停搏、呼吸骤停、窒息、大出血、张力性气胸和休克等。常用的急救技术主要有复苏、通气、止血、包扎和固定等。

1. 复苏 心跳、呼吸骤停时，从现场开始行体外心脏按压、心肺复苏、人工呼吸。

2. 通气 呼吸道发生阻塞可在很短时间内使患畜窒息死亡，故急救时须解除各种阻塞原因，维持呼吸道的通畅。对呼吸异常的患畜，应迅速用手指掰开下颌，掏出或吸出口内分泌物和血液、血凝块等。呼吸道通畅后，应将患畜头偏向一侧或取侧卧位，将舌拉出。可进行气管插管，必要时进行气管切开。

3. 止血　大出血可使患畜迅速陷入休克，甚至致死，所以必须及时止血，注意出血的性质有助于对出血的处理。常用的止血方法有指压法、加压包扎法、填塞法和止血带止血法等。

1）*指压法*　用手指压迫动脉经过骨骼表面的部位，达到止血目的。前肢出血可压迫腋动脉或肱动脉，后肢出血可压迫股动脉等。指压法止血是应急措施，因四肢动脉有侧支循环，故其效果有限，且难以持久。

2）*加压包扎法*　一般小动脉和静脉损伤出血均可用此法止血。方法是先将无菌纱布或敷料填塞或置于伤口，外加纱布垫压，再以绷带加压包扎。包扎的压力要均匀，范围应够大。然后将受伤部位抬高，以增加静脉回流和减少出血。

3）*填塞法*　用于肌肉、骨端等渗血。先用1～2层大的无菌纱布铺盖伤口，以纱布条或绷带充填其中，再加压包扎。此法止血不够彻底，且可能增加感染机会。另外，在清创去除填塞物时，可能由于凝血块随同填塞物同时被取出，又可出现较大出血。

4）*止血带止血法*　一般用于四肢伤大出血，且加压包扎无法止血的情况。使用止血带时，接触面积应较大，以免造成神经损伤。止血带的位置应靠近伤口的最近端。止血带中以局部充气式止血带最好，其副作用小。在紧急情况下，也可使用橡胶管、三角巾或绷带等代替，但应在止血带下放好衬垫物。禁用细绳索或电线等充当止血带。使用止血带时应注意以下事项：①不必缚扎过紧，以止血为度；②应每隔1h放松2～3min，松开时伤口处要加压，以减少出血，且使用时间一般不应超过4h；③上止血带的患畜必须有显著标志，并注明启用时间；④松解止血带之前，应先输液或输血，补充血容量，打开伤口，准备好止血用器材，然后再松止血带；⑤因止血带使用时间过长，远端肢体已发生坏死者，应在原止血带的近端加上新止血带，然后再行截肢术。

4. 包扎　目的是保护伤口、减少污染、压迫止血、固定骨折和关节、敷料并止痛。最常用的材料是绷带、三角巾等，也可就地取材用干净毛巾、包袱布、手绢、衣服等包扎。

5. 固定　骨关节损伤时必须固定制动，以减轻疼痛，避免骨折端损伤血管和神经，有利于防止休克和安全送往医院救治。固定前可牵引伤肢和矫正畸形，将伤肢放在适当位置，固定于夹板或其他支持物上（可就地取材，如用木板、竹竿、树枝等）。固定范围包括骨折处远端和近端的两个关节，既要牢靠不移，又不可过紧。

（二）创伤的治疗

1. 清创术　用外科手术的方法修整创缘、切除创内所有的失活组织，消灭创囊、凹壁，扩大创口（或做辅助切口），保证排液畅通，争取使创伤达到一期愈合。

1）*术前准备*　创伤较轻、无生命体征改变者，做必要的药物过敏和创口周围处理。重大损伤合并休克者，应先积极抗休克，做临时止血。多发伤、复合伤宜急诊会诊迅速拟出手术方案。病情危急患畜直接送入手术室，边抢救边做术前准备，酌情及早预防性使用抗生素。

2）*保定和麻醉*　生命体征不稳定者，用气管内插管的全麻较为安全。小而浅的伤口，局麻即可。根据受伤部位选择合适的保定方法。

3）创围清洁　　先用数层灭菌纱布块覆盖创口，防止异物落入创内。后用剪毛剪将创围被毛剪去，剪毛面积以距创缘周围10cm左右为宜。创围被毛如被血液或分泌物黏着时，可用3%过氧化氢溶液将其除去，用70%酒精棉球反复擦拭紧靠创缘的皮肤，直至清洁干净为止。离创缘较远的皮肤，可用肥皂水和消毒液洗刷干净，最后用5%碘酊涂擦创围皮肤，70%乙醇脱碘。

4）创腔清洗　　揭去覆盖创口的纱布块，用生理盐水冲洗创腔后，持消毒镊子除去创内异物、血凝块或脓痂，再用3%过氧化氢溶液、0.1%新洁尔灭清洗。3种液体轮流蘸洗、冲洗，注意翻开皮瓣、肌间隙，将血凝块、污染物冲出来。创腔较浅且无明显污物时，可用浸有药液的棉球轻轻地清洗；创腔较深或存有污物时，可用洗创器吸取防腐液冲洗创腔。清洗创腔后，用灭菌纱布块吸去创内残存的液体。

5）清创　　常规消毒皮肤，铺无菌巾。清创应按照一定次序进行，一般由浅入深，一步一步进行，以免遗留死角。污染或不整齐的创缘应切除1～2mm。无血运的皮肤尽量整块切下备用。探查伤口，清理深在的异物、血凝块，要到达每一死腔和潜行间隙。深筋膜应沿肢体纵轴适当切开，以便更好地显露深层的组织，不应勉强暴露，造成清创不彻底。在肢体挫伤严重，或肌肉缺血时间长（如血管损伤重建后）的情况下，深筋膜的切开还有利于防止筋膜间隙综合征的发生。深层组织表面或间隙内的细沙、碎屑等异物，用注射器高压水柱喷射更容易将其清除，而不宜用刷子擦拭，因为可能使组织表面变得粗糙，造成新的擦伤、异物深陷。

肌肉的清创首先要判断其活力，参照肌肉颜色（colour）、循环情况（capacity of blood）、收缩力（contractibility）和肌肉韧性（consistency）“4C”标准，来指导对肌肉的清创。如肌肉色泽暗红无张力，切断时不出血，钳夹时不收缩，即表示肌肉无生机，应予清除。但在患畜有休克，或局部组织挫伤重时，往往只有肌肉的颜色是较为可靠的指标。重要血管先用无损伤夹阻断，重要神经做标记。有时需要松止血带，逐层组织循序渐进进行检查、观察血运，以确定和保留切除范围，避免遗漏或切除过多。再次用3%过氧化氢溶液、生理盐水冲洗，最后使用0.1%新洁尔灭或抗生素稀释液浸泡伤口10min以上。

6）创伤用药　　创伤用药的目的在于防止创伤感染，加速炎性净化，促进肉芽组织和上皮新生。常用的药物包括：0.1%新洁尔灭、3%～5%碘酊、2%龙胆紫、1%～2%鱼肝油汞溴红、聚维酮碘膏等。缝合皮肤前于伤口深部放置抗生素。

7）创伤缝合　　根据创伤情况，可进行初期缝合、延期缝合和肉芽创缝合。受伤在8h以内的清洁创或经彻底外科处理的新鲜污染创应尽早施行缝合。时间在8～12h的伤口，视污染、组织损伤程度、血供情况、清创结果，酌情预留小的胶管注入抗生素，粗胶管负压引流，争取伤口一期缝合。受伤超过12h的中、小伤口不予缝合也无妨。但对于大创口，为避免过多渗出和暴露太广，可选择部分闭合。创伤缝合后应注意局部和（或）全身抗菌消炎，以防止感染。若创伤口已发生感染或化脓，则不应缝合。对肉芽创，经适当的外科处理后，也可根据创伤的状况施行创壁接近的缝合，以加速愈合，减少瘢痕形成。

8）创伤引流　　当创腔深、创道长，且创内有坏死组织或创底潴留渗出物等时，需进行创伤引流，使创内炎性渗出物排出。纱布条具有虹吸特性，常作为引流物。作为引流物的纱布条，根据创腔的大小和创道的长短，可做成不同的宽度和长度。将纱布条浸以药液，如碘伏、中性盐类高渗溶液（炎性净化作用强，但刺激疼痛）等，用长镊子将引流纱布条的两端分别夹住，先将一端疏松地导入创底，另一端游离于创口下角。

临床上除用纱布条做主动引流之外，也常用胶管、塑料管做被动引流。换引流物的时间，取决于炎性渗出物的数量、患畜全身性反应和引流物是否起引流作用。炎性渗出物多时应每日 1 次，少时可隔日 1 次。当创伤炎性肿胀和炎性渗出物增加，体温升高、脉搏增数是引流受阻的标志，应及时取出引流物做创内检查，并换引流物。引流物也是创伤内的一种异物，长时间使用会刺激组织细胞，妨碍创伤的愈合。因此，当炎性渗出物很少时，应停止使用引流物，改用抗生素药膏或促进组织生长的药膏。对于炎性渗出物排出通畅的创伤、已形成肉芽组织坚强防卫面的创伤、创内存有大血管和神经干的创伤，以及关节和腱鞘创伤等，均不应使用引流疗法。

9）创伤包扎　创伤包扎，应根据创伤具体情况而定。一般经外科处理后的新鲜创伤均可包扎。创伤包扎不仅可以保护创伤免于继发损伤和感染，且能保温、保持创伤安静，有利于创伤愈合。创伤绷带常有 3 层，即从内向外由吸收层（灭菌纱布块）、接受层（灭菌脱脂棉块）和固定层（如四肢部用卷轴带或三角巾包扎，躯干部用三角巾、复绷带或胶绷带固定）组成。当创内有大量脓汁、厌氧性感染、腐败性感染，以及炎性净化后出现良好肉芽组织的创伤，一般不包扎，应采取开放疗法。

创伤绷带的交换时间应根据具体情况而定。当绷带已被浸湿而不能吸收炎性渗出物、脓汁流出受阻，以及需要处置创伤时，应及时更换绷带，否则可以适当延长时间。更换绷带时，应轻柔、仔细、严密消毒，防止继发损伤和感染。创伤换绷带包括取下旧绷带、处理创伤和包扎新绷带 3 个环节。

2. 全身疗法　是否需要全身性治疗，应根据具体情况而定。对伴有大出血和创伤愈合迟缓的患畜，应补充血容量，输入血浆代用品或全血。对严重污染而很难避免创伤感染的新鲜创，在局部清创处理、缝合后，应全身使用抗生素。对局部化脓性炎症剧烈或有全身症状的患畜，应使用抗生素或磺胺类制剂控制感染，必要时进行强心、输液、解毒等措施。对疼痛比较严重的患畜，应镇痛、镇静。

3. 物理疗法　合理地应用物理疗法可以加速创伤的炎性净化和组织再生，有利于创伤的修复。常用的光疗法有红外线、紫外线及激光疗法。常用的电疗法有直流电药物离子透入疗法（透入抗生素、碘离子、锌离子等），短波、超短波及微波电疗法等，也可使用特定电磁波治疗仪照射。

（江　莎）

第二节　烧　伤

一、病因与发病机制

烧伤是意料以外的高温（火焰、热液、蒸汽）、化学物质（强酸、强碱等）、电（高压电、雷电等）作用于组织，使细胞内的蛋白质（包括酶）发生变性而引起的热损伤（热液所引起的，亦可称为烫伤）。热损伤的程度取决于温度和作用的时间，表皮组织的坏死是 70℃作用

1s 或 50℃作用 3min，42℃作用 6h 可引起皮肤全层的坏死。

作用于机体局部组织的温度高于 58℃可发生液化坏死，高于 65℃则发生凝固性坏死。在液化的初期，组织结构看似正常，一段时间后，由于细胞酶的消化作用，核仁和细胞解体，坏死组织液化。凝固性坏死时，热损伤因子使细胞内的蛋白质凝固，多肽呈随机排列，蛋白质结构消失，细胞内蛋白质变得无功能。根据热源的温度和加热的时间，不同量的组织被毁坏，被毁坏组织的四周及其下方的组织虽仍然存活，但组织表面形成厚厚的凝固性痂壳。深部的热损伤，坏死组织与健康组织之间无明显的分界线，但有一条逐渐变化的较宽的中间损伤带，皮肤和其他组织的再生从部分损伤的组织开始而不是从健康组织开始，这是热损伤的愈合比同样深度的机械创伤愈合慢的原因之一。

二、分类与症状

1. 烧伤深度

一度烧伤：皮肤表皮层被损伤。伤部被毛烧焦，留有短毛，动脉性充血，毛细血管扩张，有局限性轻微的热、痛、肿，呈浆液性炎症变化。一般 7d 左右自行愈合，不留瘢痕。

二度烧伤：皮肤表皮层及真皮层的一部分（即浅二度烧伤）或大部分（即深二度烧伤）被损伤。伤部被毛烧光或被毛烧焦，留有短毛，拔毛时能连表皮一起拔下（浅二度烧伤）或只有被毛易拔掉（深二度烧伤）。伤部血管通透性显著增加，血浆大量外渗，积聚在表皮与真皮之间，呈明显的带痛性水肿，并向下沉积。浅二度烧伤者，一般经 2～3 周而愈合，不留瘢痕。深二度烧伤者，痂皮脱落后，伤面残留有散在的未烧坏的皮岛，通过它们的生长，经 3～5 周伤面愈合，常遗留轻度的瘢痕。

三度烧伤：为皮肤全层或深层组织（筋膜、肌肉和骨）被损伤。此时，组织蛋白凝固，血管栓塞，形成焦痂，呈深褐色干性坏死状态，有时出现皱褶。三度烧伤因神经末梢和血液循环遭到破坏，伤面疼痛反应不明显或缺乏。伤面温度下降。伤后经 1～2 周，死亡灭活组织开始溃烂、脱落，露出红色的伤面，极易感染化脓。三度烧伤愈合后，遗留瘢痕。

较大面积的二度和三度烧伤，除了局部变化外，常伴发不同程度的全身性紊乱。烧伤程度较重的病例，由于剧烈的疼痛，可在烧伤当时或伤后 1～2h 发生原发性休克，其特点是生活机能显著降低，表现出明显的全身症状等。若病理过程继续发展，从伤后 6h 开始，由于伤部血管通透性增高，血浆及血液蛋白大量渗出，伤后 36～48h 达高峰，造成微循环障碍，从而引起继发性休克。此时，血液显著浓稠，血沉缓慢，白细胞增数，少尿或无尿。伤后经 48h 左右，血浆渗出逐渐停止，并开始吸收，此时，由于坏死组织的分解产物及其毒素等被机体吸收，又可发生中毒性休克。所以在治疗大面积烧伤时，应重视早期防治休克。伤后 14d 左右，细菌容易侵入血液并发育繁殖，进而发生败血症。此外，重症烧伤于伤后可出现血尿或血红蛋白尿、肝脏解毒功能减退、酸中毒、胃肠功能紊乱、肺水肿、心力衰竭及进行性贫血等，在治疗中应予注意。

2. 烧伤面积　烧伤面积越大，伤情越重，全身反应也越重。小动物烧伤面积占全身面积的比例粗略估算：头颈部占 9%，前肢各占 9%，后肢各占 18%，躯干（包括背部、胸腹侧和腹部）的两侧各占 18%；或体表总面积=0.1× 2/3 体重；也可以用单耳估计法，如马单耳外表面积占全身总面积的 0.4%，以此估计烧伤面积。

三、急救与治疗

1. 现场急救　主要任务是灭火和清除畜体上的致伤物质，保护伤面，抢救窒息患畜，有条件者还应采取注射止痛药等防休克措施。

对火燃烧伤，首先要将患畜牵离火场，使其安静，防止乱跑助长火势，防止患畜再次冲入火场。同时也要防止患畜啃咬身上的火焰，以免发生口唇、鼻端及眼部烧伤。对畜体上的火焰，可就地取材，用水或用某些覆盖物灭火。对凝固汽油的火焰（红色火焰并带有大量黑烟），可用湿布覆盖或用水来灭火，但不可扑打灭火。灭火时，要注意保护伤面。呼吸道烧伤并有严重呼吸困难者，可进行气管切开。有条件者，应注射止痛剂。

2. 防治休克　中度以上的烧伤，患畜都有发生休克的可能，尤其体质衰弱、幼龄和老龄动物更易发生，应及早防治。伤后使患畜安静，应注意保温，必要时给予镇痛和安定药物，静脉内注射 0.25% 盐酸普鲁卡因液 200～300mL，同时应用强心剂。

为了增高血压，维护血容量，改善微循环，应补充液体，如患畜能经口饮水，可加适量的食盐，减少静脉内给液量。如患畜拒饮，可经静脉补以大剂量的液体，其数量可根据临床和血液化验决定。补液种类为胶体液、血浆代用品及电解质溶液。有酸中毒倾向时，可静脉内注射 5%碳酸氢钠溶液。

3. 伤面处理　及时合理地处理伤面是防治感染、预防败血症和促进创伤愈合的主要环节，一般应在抗休克之后进行。首先剪除烧伤部周围的被毛，用温水洗去沾污的泥土，继续用温肥皂水或 0.5% 氨水洗涤伤部（头部烧伤不可使用氨水），再用生理盐水洗涤、拭干，最后用 70% 乙醇消毒伤部及周围皮肤。眼部宜用 2%～3%硼酸溶液冲洗。

一度烧伤伤面经清洗后，不必用药，保持干燥，即可自行痊愈。二度烧伤伤面可用 5%～10% 高锰酸钾液连续涂布 3～4 次，使伤面形成痂皮，也可用 5%鞣酸或 3%龙胆紫液等涂布，或用紫草膏等油类药剂纱布覆盖伤面，隔 1～2d 换药一次，如无感染可持续应用，直至治愈。用药后，一般行开放疗法，对四肢下部的伤面可行绷带包扎。为了加速坏死组织脱落，特别是干痂脱落，可应用上述油膏。对三度烧伤的焦痂，可采用自然脱痂、油剂软化脱痂和手术切痂的方法。焦痂除去后，可用 0.1% 新洁尔灭等清洗，干燥后涂布上述油膏。如有绿脓杆菌感染，可用 2%春雷霉素液湿敷或 2%苯氧乙醇液、烧伤宁、10% 甲磺灭脓液，或用枯矾冰片溶液（枯矾 0.75～1g、冰片 0.25g，水加至 100mL）、4% 硼酸溶液、食醋湿敷。三度烧伤面积较大，伤面自然愈合时间较长，并因瘢痕挛缩，而影响机体功能，因此对其肉芽伤面应早期实行皮肤移植手术，以加速创面愈合，减少感染机会和防止瘢痕挛缩。

4. 防治败血症　应在伤后两周内，应用大剂量抗生素控制全身性感染。有败血症症状时，按败血症治疗。为增强机体抵抗力，应注意加强营养，供给适量能量与氨基酸。

5. 植皮术　见本章第四节相关的内容。

（范宏刚）

第三节　休　　克

一、概述

休克是一种严重的全身性病理状态，通常是机体无法维持足够的血液循环和组织灌注，导致细胞和器官功能障碍甚至衰竭。其主要特征是低血压、低血容量、组织灌注不足和细胞代谢障碍。休克的进展极为迅速并会危及动物的生命，因此，休克的诊断和治疗至关重要。

休克的标志是细胞氧供应不足以满足需求。最初，外围血管收缩，以将血流引向“重要器官”（大脑和心脏），导致受影响的血管床的灌注和氧气供应减少。犬的胃肠道被认为是休克器官，因其承受了血管收缩的主要压力。组织进入无氧状态，导致细胞代谢产物积累。随着 ATP 储备减少，细胞膜泵无法维持电化学梯度，导致细胞水肿。随着时间的推移，细胞开始死亡并溶解，导致炎症发生、自由基形成和局部凝血激活。随着细胞代谢副产物的持续积累，这些局部因素最终可能突破交感神经系统引起的血管收缩，导致血管扩张、全身性低血压、代偿失调，以及代谢副产物、细胞因子、自由基和活化的白细胞进入全身循环。

休克会诱发动物机体多种代偿机制。代偿机制的作用是维持核心器官的灌注并恢复血管容量。这些机制包括将体液从组织间隙转移到血管内。其主要发生在血容量低的休克状态，特别是低血容量性休克。交感神经系统（sympathetic nervous system，SNS）的激活，可促进去甲肾上腺素和肾上腺素的释放，加速心跳、血管收缩（可能优先影响某些血管床）和正性肌力作用。SNS 的激活还可使肾脏保留钠（因此也保留水分）。肾素-血管紧张素-醛固酮系统（renin-angiotensin-aldosterone system，RAAS）激活最重要的作用是使肾脏保留钠和水，以及促进外围血管收缩。抗利尿激素（antidiuretic hormone，ADH）的释放，促进水分保留和尿液浓缩。ADH 也是一种强效的血管收缩剂。

二、休克的阶段

代偿期：休克的最早期阶段是代偿期。在此期间，通过外周血管收缩，代偿机制能够维持重要器官的血流。临床表现为“典型”休克症状，包括黏膜苍白、脉搏细弱和四肢冰冷。由于交感神经系统的激活，出现心跳加快。由于血管收缩，血压通常为正常或偏高。需要注意的是，代偿的目的是维持血压，正常的血压并不意味着灌注是正常的。

失代偿期：随着时间的推移，身体要么能够“修复”血容量并恢复正常的体内平衡，要么进入失代偿性休克阶段。当原先收缩的局部血管床开始扩张时，就会进入失代偿期。血管扩张导致血液淤积和流向“非重要器官”。临床表现包括黏膜灰白、心动过缓，由于血管舒张导致的低血压，以及严重的精神状态改变，动物通常呈现嗜睡或昏迷状态。心电图可能显示心室性心律失常。重要的是要意识到，从代偿期到失代偿期可能在几分钟到几小时内发生，具体取决于损伤的原因和严重程度。

猫在休克时表现出的症状与犬明显不同。休克状态的猫通常表现为心动过缓、体温过低和低血压，即使在休克的早期阶段也是如此。尽管原因尚不清楚，但有文献记载猫在血管张力和对损伤的血管反应上有物种特异性。

对失代偿期休克动物的治疗可能会使休克临床症状消失，但由于炎症介质和自由基再次进入全身循环，引发弥散性血管内凝血（disseminated intravascular coagulation，DIC）和全身炎症反应综合征，最终导致多器官功能障碍，动物不久后可能会再次进入失代偿期。简言之，尽管进行了适当的休克治疗，但组织损伤过多，无法修复。

三、休克的分类与病因

1. 低血容量性休克　低血容量性休克是最常见的休克类型之一，其主要原因为出血（包括外部和内部）和脱水。脱水并不总是导致低血容量，但严重的脱水可能会导致低血容量。

2. 心源性休克　当心脏无法泵出足够的血液以维持灌注和氧气输送时，就会发生心源性休克。心源性休克包括扩张型心肌病、二尖瓣反流和心肌功能衰竭。

3. 梗阻性休克　梗阻性休克发生在血流受到阻塞时。通常是静脉回流受阻，尽管动脉阻塞（如鞍状血栓）也可能导致梗阻性休克。胃扭转、心包积液、静脉血栓和张力性气胸都是梗阻性休克的原因。

4. 分布性休克　分布性休克（血管扩张性休克）是多种类型休克的组合，通常是由败血症引起的，过敏反应也可能导致分布性休克。特征是外周血管扩张，临床表现包括强脉搏、黏膜充血、毛细血管再填充时间缩短和体温升高。由败血症引起的分布性休克也可能具有低血容量（由于液体丢失或组织水肿）、心源性（由于心肌功能障碍）和梗阻性（由于弥散性血管内凝血）休克的特征。

5. 缺氧性休克和贫血性休克　当氧气含量不足以满足组织需求时，会发生缺氧性休克和贫血性休克。缺氧性休克是指氧气无法进入血液，贫血性休克是指没有足够的红细胞携带氧气。缺氧性休克通常是肺部病变的结果。

6. 神经源性休克　神经源性休克是一种特殊形式的分布性休克。交感神经释放大量儿茶酚胺导致严重的全身性血管收缩，尽管血容量充足，但仍导致前向血流减少和休克症状。原因包括严重的脊髓或中枢神经系统损伤、头部创伤、癫痫持续状态、气道狭窄和阻塞。

7. 代谢性休克　代谢性休克是指细胞有足够的氧气，但无法利用这些氧气进行正常的代谢。代谢性休克通常是由三羧酸循环或电子传递链的中断引起的。原因包括低血糖、氰化物中毒或线粒体功能障碍（如败血症）。

四、病理生理机制

休克的发生机制复杂，涉及多种病理生理变化。①组织灌注不足。休克导致血液无法充分到达组织和器官，造成缺氧和代谢产物积累，细胞功能受损。②代谢紊乱。由于缺氧，细胞代谢由有氧代谢转为无氧代谢，产生大量乳酸，导致代谢性酸中毒。③炎症反应。特别是在感染性休克中，全身性炎症反应引发广泛的血管扩张、通透性增加和微循环障碍，加重组织缺氧。④器官功能障碍。随着休克的进展，心、肝、肾、肺和脑的功能逐渐受损，出现多器官功能障碍综合征（multiple organ dysfunction syndrome，MODS）。

五、临床症状

动物在休克过程中会表现出一系列特征性症状和体征。早期症状可见焦虑、烦躁、呼吸急促、心率加快、皮肤苍白或发绀、末梢冷凉。在进展期阶段，表现为血压下降、尿量减少或无尿、意识模糊或昏迷、脉搏细弱、四肢冰凉。在终末期，出现昏迷、心力衰竭、呼吸衰竭、多器官功能衰竭。

六、诊断与治疗

结合病史、临床表现和辅助检查可对休克做出诊断。休克的治疗应侧重于增加组织的氧气供给和摄取。方法包括提供充足的氧气、使用晶体液或胶体液增加有效循环量、通过输注血液制品增加血红蛋白浓度，以及使用药物增加心输出量。放置静脉导管建立血管通路，为了能够在短时间内输送大量液体，应选用口径大的短静脉导管。在无法建立静脉通路的情况下，可先放置骨内导管，直到可以放置周围静脉导管。

1. 供氧

流式供氧：流式供氧是一种快速简便的供氧方法，将管子放置在患病动物鼻部，可提供25%～45%浓度的氧气。此方法虽然快速简便，但需要人工持管，并且由于氧气的高流速可能会引起动物的不适。

面罩供氧：与流式供氧相比，面罩供氧的流速较低，但却能提供更高比例的氧气（以6～10L/min的速度输送，可提供35%～55%浓度的氧气）。要注意面罩的大小和形状必须适合。太松，氧气会泄漏；太紧，患病动物会重新吸入二氧化碳。面罩使用也可能会引起动物的不适。

鼻导管供氧：一旦患病动物病情稳定并住院后，可以在一侧或两侧鼻孔放置鼻导管，以提供长期氧气补充。单根导管可在100～150mL/（kg·min）的流速下提供30%～50%浓度的氧气，两根导管可将提供的氧气浓度提高到70%。

氧舱供氧：可提供40%～50%浓度的氧气。对于可能无法放置或无法忍受鼻导管的患病动物（如猫、短头犬种），氧舱是一个很好的选择。

2. 输液

晶体液：晶体液在救治危重患病动物中起着重要作用，但使用时应谨慎，晶体液过量使用会导致机体液体正平衡（液体过载），对患病动物是有害的。晶体液在输注30～60min后，60%～80%会从血管扩散到组织间隙中，因此，可能需要多次输注。

等渗晶体液：人医研究表明，大容量快速地补充0.9%生理盐水可能引起高钠血症和高氯血症。推荐使用更接近血浆中钠和氯水平的等渗晶体液，如乳酸林格液、Normosol-R和Plasma-Lyte。这些液体已被证明引起的并发症较少，同时也降低了死亡风险。

高渗盐水：高渗盐水是一种相对于血浆含有更高浓度钠和氯的晶体液，其注射量比等渗晶体液少。高渗盐水可增加血浆渗透压，使水分从组织间隙进入血管，从而扩大血容量。由此产生的体积扩张大于注射量，会迅速增加心输出量、心脏收缩力和平均动脉血压。这种效应可持续20min至3h。高渗盐水所需输注的体积较小，使其成为无法耐受大量液体患病动物（如头部创伤或心脏病）的理想选择。高渗盐水的浓度为7%～23%。浓度7%的高渗盐水在外周静脉中使用是安全的，剂量为 2.5～5mL/kg，注射速度不超过 1mL/（kg · min）。高浓度（如 23%）的高渗盐水使用时需要稀释，否则会导致溶血。与胶体液一起使用可延长高渗盐水的效果，浓度 23%的高渗盐水可按 1∶2.5 的比例与胶体液混合使用。高渗盐水会加重机体脱水，因此脱水动物应避免单独使用高渗盐水。如果在脱水的情况下使用，必须使用等渗晶体液以保持组织间隙的渗透压。

胶体液：胶体液含有大分子物质，这些物质不容易通过血管壁进入组织间隙，因此能够在血管内停留更长时间，提供更持久的体积扩展效果。胶体液通过增加血浆渗透压，将水分从组织间隙吸收到血管内，从而迅速提高血容量和心输出量。常用的胶体液包括：羟乙基淀粉（hydroxyethyl starch，HES）、明胶溶液、白蛋白、右旋糖酐。使用胶体液时应注意剂量控制，以避免液体过载和相关并发症。一般情况下，初始剂量为 10～20mL/kg。HES 类胶体液可能增加急性肾损伤风险，应密切监测肾功能，特别是在有肾功能不全或使用大剂量 HES 的情况下。HES 类胶体液可能干扰凝血功能，应在有出血风险的患者中谨慎使用，并定期监测凝血功能。某些胶体液，如右旋糖酐，可能引起过敏反应，使用时应有紧急处理措施准备。白蛋白成本较高，应在特殊情况下使用，如严重低蛋白血症患者。因此，在有凝血病或肾病的患者中使用胶体液时，必须考虑潜在的并发症。在兽医临床中，推荐在大量输注晶体液和 HES 之前，先给予患病动物升压药和正性肌力药以防止晶体液和 HES 带来的风险。

3. 输血　患病动物一般可以耐受 10%～15%的失血，但失血达到总血量的 20%，则需要输血。并非所有发生休克的动物都需要输注血液制品。如果凝血值升高，可以输注新鲜全血或新鲜冷冻血浆。

4. 支持疗法

儿茶酚胺：若患病动物对液体治疗无反应，推荐使用儿茶酚胺。心血管系统中存在多种儿茶酚胺受体。儿茶酚胺包括多巴胺、多巴酚丁胺、去甲肾上腺素、加压素和肾上腺素等。

抗生素：在怀疑或诊断为败血症的 1h 内应给予抗生素，延迟给予抗生素可能会增加患病动物的死亡率。因为在短时间内不可能确定所感染的病原体，推荐使用广谱抗生素。

胃肠保护剂：休克的患病动物常见黏膜损伤，这与应激相关的黏膜疾病有关。休克相关的低血容量、心输出量减少和血管收缩导致脏器低灌注和黏膜血流减少、胃肠蠕动减少和碳酸氢盐分泌减少，继而发生急性应激性溃疡。预防或治疗应激相关黏膜疾病的选择包括组胺 H2 受体拮抗剂、质子泵抑制剂和硫糖铝。组胺 H2 受体拮抗剂（法莫替丁、雷尼替丁）和质子泵抑制剂（奥美拉唑、泮托拉唑）可减少酸分泌。硫糖铝是一种胃肠保护剂，与盐酸接触时形成糊状物，黏附于溃疡部位形成屏障，防止胃酸对胃黏膜的进一步损伤。

止吐剂：为了防止休克动物出现呕吐，可以给予止吐剂（多拉司琼、马罗匹坦柠檬酸盐）。

5. 监测　在休克复苏期间和之后对患病动物的监测都非常重要。

体格检查：包括触诊脉搏并记录其强度，在触诊脉搏时听诊心脏并记录两者的不同步情况，注意观察黏膜颜色以及毛细血管再充盈时间，听诊肺部并注意呼吸频率和深呼吸的增加。

呼吸困难、呼吸急促、焦虑或不安预示缺氧。发绀也提示缺氧，但要注意，血红蛋白浓度＞5g/dL 时才能检测到发绀。如果血红蛋白浓度低于此值，缺氧动物不会出现发绀。

血液分析：红细胞压积（hematocrit，HCT）表示血液的潜在携氧能力。血液中的血红蛋白含量可以估算为 HCT 的 1/3（HCT 为 30%患病动物的血红蛋白含量为 10g/dL）。血红蛋白浓度＞8g/dL 需持续输氧。总蛋白应与 HCT 一起检测，当总蛋白浓度＜3.5g/dL 时表示胶体渗透压不足，应补充胶体液。

血乳酸的连续监测能够反映患病动物的灌注状态，并有助于指导液体治疗。氧气供给不足时会产生乳酸，当血乳酸水平升高时，已经存在低灌注，可根据血乳酸值估计低灌注的程度。正常血乳酸水平＜2mmol/L，血乳酸水平为3～4mmol/L表示轻度低灌注，4～6mmol/L表示中度低灌注，＞6mmol/L表示重度低灌注。一旦恢复灌注，血乳酸水平应迅速下降。

血压：血压监测对评估心血管的状态具有非常重要的意义。直接、有创的血压监测是金标准，但应用不广泛。间接、无创监测是临床中常用的方法，如多普勒超声或示波法。袖带大小应合适，犬的袖带宽度应为所选位置腿部周长的40%；猫的应为30%～40%。袖带太大会导致读数虚低，而袖带太小则会导致读数虚高。在动物侧卧时，应将袖带放置在与心脏水平的外周动脉上。如果动物的体温低或血管收缩，结果可能不准确。

心电图：在不影响患病动物的情况下，通过连续心电图监测评估动物的心率变化。如果心肌缺氧，可能会出现室性早搏形式的心律失常。动物的心率在180次/min以下的情况，通常不进行处理。

尿液分析：应密切监测尿量，犬可以放置导尿管；猫可以称重猫砂盒。如果没有放置导尿管或猫砂盒，可以在动物下方放置卫生垫并称重以监测尿量。液体治疗时尿量应至少为1mL/（kg·h），尿量减少可能预示肾功能下降，但也可能是液体使用量不足。除尿量外，还应密切监测尿比重（urinalysis specific gravity，USG）。肾功能正常的脱水动物，尿液会浓缩，USG＞1.045。接受静脉输液并已完全复苏的动物，USG为1.008～1.012（等渗尿），USG＞1.014表示液体使用量不足。

（范阔海）

第四节　植皮术和皮瓣术

一、植皮术

植皮术（皮肤移植）是将患病动物身体某个部位的皮肤完全分离，用于覆盖远端的全层皮肤缺损。植皮术通常用于修复较大的缺损且没有其他可行的修复方案的情况，如远端肢体的大面积缺损通常难以通过局部皮瓣来覆盖，而植皮术则提供了一个有效的解决方案。

（一）愈合过程

皮肤在移植到伤口时，由于缺乏血管连接，移植皮肤在移植后的36～48h内通过毛细作用从受体吸收释放的组织液（主要是血浆）来生存。在这期间，移植的皮肤略显发绀，直到受体的毛细血管与移植皮肤接触面血管结合并在其中萌芽，重新建立循环，这个过程称为血管吻合。之后，当未受干扰的毛细血管萌芽和重塑时，移植皮肤表面颜色开始从略带紫色变为粉红色。同时，成纤维细胞增殖并开始通过相对较弱的纤维蛋白层“支架”从受体向移植皮肤迁移。最终，受体和移植皮肤之间形成胶原桥，牢固地固定住可存活的移植皮肤，这个过程称为移植物成活。

（二）影响因素

确保受体伤口的理想移植条件以及遵守严格的包扎和术后护理，对于移植皮肤的最终成活，与实际的移植技术同样重要。因此，外科医生的首要任务是仔细检查伤口的状态是否适合进行移植，以及判断何时适合进行移植。伤口适合移植的状态包括伤口无异物，无失活组织，表面光滑，创面健康呈红色，无出血、炎症和脓性分泌物。

虽然移植皮肤需要良好血管化的受体才能存活，但肉芽组织的形成并不绝对必要。伤口适合移植时，可以考虑立即对新鲜的伤口进行植皮术，如不是手术创伤且没有炎症和出血的健康的肌肉或骨膜表面。然而，健康、粉红色、光滑、无渗出的肉芽组织是皮肤移植物成活的理想基质。慢性肉芽组织呈苍白色，血液供应相对较差，因此不适合进行植皮术，建议先将此类肉芽组织切除，等重新形成良好的创面时再进行植皮术。

液体（血液、脓液或血清）在移植物下的积聚会将移植物与创面分离，阻碍或延迟重新血管化，导致移植物死亡。创面的不平整会使移植物与创面接触不良，从而导致血管吻合的不一致。同样，创面上残留的上皮岛会阻碍其上方移植物的毛细血管生长。创面感染会引起纤维蛋白溶解，破坏暂时将移植物固定在床表的早期纤维蛋白支架。缺乏这种支架效应会阻止成纤维细胞的迁移，最终导致移植物与创面之间缺乏强有力的胶原固定。

需要注意的是，在移植物愈合的早期阶段，在牢固的胶原键形成之前，移植物和创面之间的任何运动都有可能会“剪断”重新血管化的脆弱毛细血管，从而大大增加移植物坏死的风险。正确的包扎、护理，以及限制动物的活动对于预防这种风险至关重要。

（三）适应证

植皮术常用于大面积的创伤或外伤、烧伤、感染导致的大面积皮肤丧失，以及需要皮肤移植来促进愈合的特定手术，最常见的是皮肤癌的切除。

（四）类型

1. 按来源分类

自体移植：供体皮肤取自同一动物的不同部位。

同种基因移植：供体和受体个体在基因上是相同的（如同卵双胞胎、单一近交系动物）。

同种异体移植：供体和受体属于同一物种（如犬→犬）。

异种移植：供体和受体属于不同物种（如牛软骨、猪皮）。

假体移植：用合成材料如金属、塑料或陶瓷替代丢失的组织。

同种异体移植、异种移植和假体移植通常用作临时皮肤替代物，即防止感染和液体流失的伤口敷料。随着身体开始排斥外来材料，它们最终需要被移除。自体移植物和某些形式的处理过的同种异体移植物可以永久保留，不会被排斥。基因改造的猪可以生产相当于同种异体移植的皮肤材料，罗非鱼皮在没有猪皮的地方作为一种实验性的廉价异种移植材料被使用，在兽医学中也有应用。

2. 按厚度分类 分层皮肤移植包括表皮和部分真皮组织，缺乏耐久性和毛发生长，且容易收缩，但容易成活，没有显著的移植物坏死风险。分层皮肤移植的一个优点是，即使是大面积的供体部位也能通过附属上皮再生迅速愈合，通常不需要手术缝合。

全层皮肤移植包括整个真皮以及表皮，在愈合过程的早期主要依赖于浆液浸润，并且毛细血管萌芽需要更长时间才能完全扩散和滋养真皮。因此，全层移植物的成活率可能不如分层移植物。此外，大多数全层供体部位缺损需要手术缝合。

复合移植是一种包含皮肤和下层软骨或其他组织的小移植。供体部位包括耳部皮肤和软骨，用于重建鼻翼缘缺损。

（五）手术步骤

1. 术前使用抗生素　所有肉芽床在某种程度上都被细菌污染，在术前可以进行细菌培养，以确保在移植过程中选择最合适的抗生素。如创面完全被健康的肉芽组织覆盖且无渗出，可在计划移植手术前的1～2d，在移植区域上涂抹磺胺嘧啶银霜（每日更换绷带）。在诱导麻醉时，静脉注射第一代头孢菌素抗生素，并每隔90min注射一次，直到手术完成，以保证在手术期间药物在组织中保持一定的浓度。手术后一般不需要系统性使用抗生素，但如果需要，使用时间不超过术后5～7d。

2. 皮肤移植供体部位选择　对于片状移植，选择一个周围有足够松弛皮肤的供体部位，以便在没有张力的情况下关闭供体部位。供体部位应位于不需要改变动物位置即可同时接触供体和受体部位的地方，并且供体部位应健康，无创伤、炎症或感染迹象。常见选择区域包括侧腹部，因为该区域皮肤厚度均匀，通常有足够的皮肤，不含皮下肌肉层，且止血相对容易。

3. 供体和受体部位的外科准备　在手术当天，对供体区域进行常规无菌准备。在剪毛之前，受体部位涂布无菌润滑凝胶，并用无菌纱布覆盖。剪毛后，将2%葡萄糖酸氯己定原液用生理盐水（1∶40）稀释成0.05%溶液，浸泡海绵后轻轻擦拭创面，常规无菌准备受体部位周围皮肤。

4. 手术过程　手术必须在严格的无菌条件下进行，采集的移植物和受体部位要保持湿润。在准备受体部位时，移植物可包裹在湿润的纱布垫中。也可以先准备受体部位，并用湿润的纱布覆盖，然后再采集移植物。使用片状移植物时，应将受体部位的上皮化岛进行锐性切除。此外，应完全控制创面的出血并清除任何组织碎片。根据需要，进行分层皮肤移植或全层皮肤移植。

5. 包扎　受体部位应仔细包扎，以确保移植物保持固定。绷带在任何时候都不能允许向移动。正确选择和应用绷带的三层对于确保移植物的存活至关重要。

首先，将三联抗生素软膏（油基）大量均匀地涂抹在非黏性或低黏性敷料上。抗生素软膏可以保持移植物湿润，并且可以抑制细菌繁殖。用皮肤钉或固定缝线将与移植区域外的皮肤重叠的接触层进行固定，以防止移动。用无菌自粘卷状纱布（如kerlix）将敷料固定在肢体或受区区域。最后，用弹性绷带（如elastikon）覆盖和保护包扎层，并用黏性胶带或弹性绷带将包扎固定在皮毛或皮肤上，防止滑动。

根据移植物区域的位置，如果需要额外的刚性和支撑，可以应用其他措施（如吊带、金属夹板、加固杆）来固定移植物和肢体。在大腿、骶骨或会阴区等难以包扎的区域，绑扎敷料可以非常有效地固定移植物。负压伤口疗法（negative pressure wound therapy，NPWT）可作为术前伤口维护和术后移植愈合的辅助方法。

（六）术后护理

避免过度或不必要的换药，以避免干扰移植物的关键早期愈合阶段。通常术后3～5d进行首次换药，其间如果包扎被污染、湿润或移位，则需提前更换。

换药时建议对动物进行镇静或麻醉，以避免在移除和重新应用包扎时对脆弱的移植物造成创伤。特别注意避免在更换接触层时提起或移动移植物。如果绷带层在更换时粘在一起，先用温热的无菌生理盐水浸泡，然后慢慢剥离分层。

每次换药时，仔细检查移植物，用无菌生理盐水冲洗，并根据前述方法重新包扎。存活的移植物呈粉红色或淡紫色。死移植物呈黑色或灰白色，通常不牢固地附着在创面上。要注意，在第一次换药时，移植物可能有些变色或苍白，这属于正常现象。

在愈合期间，需要对过度活跃的动物进行镇静，任何运动都可能导致内层绷带摩擦移植物，导致手术的失败。因此，在手术后的前5d，体力活动应绝对保持最低限度，并建议住院治疗，直到进行第一次换药。出院后，也应尽可能将动物限制在笼子里。术后约2周，移植物愈合完成，根据动物的活跃程度，可以不再包扎或只需轻度包扎，以防止动物运动或啃咬对手术区域造成伤害。

（七）风险

植皮术的风险包括：出血、感染、移植皮肤的丢失、神经损伤、移植物抗宿主病和异种移植的排异反应。

（八）新技术

1. 细胞治疗和组织工程

干细胞治疗：干细胞治疗在促进皮肤愈合和再生方面显示出巨大潜力。通过将干细胞与植皮术结合，可以加速伤口愈合，提高移植皮片的存活率和质量。

生物打印技术：3D生物打印技术正在成为植皮术的一大突破。利用生物打印技术，可以精确地打印出与缺损区域匹配的皮肤结构，减少手术时间和并发症。

2. 基因治疗

基因修饰：通过基因修饰技术，可以增强移植皮片的抗感染能力和愈合效果。例如，将抗菌基因或生长因子基因导入皮片细胞，可以显著减少感染风险并加速愈合。

基因编辑技术：CRISPR/Cas9等基因编辑技术的应用，为治疗遗传性皮肤病和提高植皮术的成功率提供了新的方法。

3. 生物材料的应用

生物相容性材料：研究人员开发了多种新型生物相容性材料，如胶原蛋白基质、纤维蛋白胶等，作为植皮术的支架材料。这些材料能够提供良好的细胞支持，促进皮片的生长和整合。

纳米材料：纳米技术在植皮术中的应用日益广泛。纳米材料可以通过提高药物传递效率和抗菌性能，显著改善伤口愈合效果。

4. 移植技术的发展

微创技术：微创技术的应用减少了手术创伤，加速了术后恢复。例如，利用内窥镜辅助的植皮术，可以在减少创伤的同时精确地完成皮片移植。

自动化和机器人辅助技术：自动化和机器人辅助技术正在逐渐应用于植皮术中，提高了手术的精度和效率，缩短了手术时间，减少了并发症。

二、皮瓣术

皮瓣术是一种用于修复缺损或重建身体部位的外科手术，涉及移动一部分皮肤及其下方组织（如脂肪、肌肉、血管），并将其移植到需要修复的区域。皮瓣与皮肤移植不同，因保留了原始血供，使其能够更好地存活和愈合。

（一）皮瓣的类型

1. 局部皮瓣　皮瓣来自缺损区域附近的皮肤和组织，通过旋转或滑动移动到缺损部位。局部皮瓣常用于面部或手部的小面积缺损修复。

2. 轴型皮瓣　皮瓣的血供来自特定的血管。这些皮瓣可以是局部的或远距离的，适用于需要大量血液供应的重建手术。

3. 游离皮瓣　皮瓣完全从供体部位分离，然后通过显微外科技术将血管重新连接到受体部位的血管。这种皮瓣用于远距离的组织重建，如乳房重建或四肢修复。

4. 穿支皮瓣　皮瓣的血供来自通过肌肉或其他组织的小血管（穿支血管）。这些皮瓣在保留功能性组织的同时提供了良好的血供。

（二）适应证

皮瓣手术常用于以下情况：修复由于创伤、肿瘤切除或感染造成的大面积组织缺损；重建面部、四肢或其他关键功能区的复杂缺损；修复慢性溃疡或压力性溃疡。

（三）手术过程

皮瓣术的步骤：根据缺损部位和皮瓣的类型，外科医生规划并标记供体部位和受体部位。在供体部位切取皮瓣，同时保留其血管供应。将皮瓣移动到缺损部位，并通过缝合或显微外科技术连接血管。缝合供体部位和受体部位，确保血供正常。

（四）术后护理

皮瓣术后的护理包括定期检查皮瓣的颜色、温度和毛细血管充盈时间，以确保血供正常。保持手术部位清洁，避免感染。根据手术部位和皮瓣类型，限制活动以防止皮瓣移位或血管损伤。定期复诊，监测愈合情况和皮瓣功能。

（五）风险和并发症

皮瓣术的风险和并发症包括血管血栓导致皮瓣血供中断和坏死；手术部位感染延缓愈合；由于血供不足，皮瓣可能坏死；供体和受体部位可能形成明显瘢痕；特别是在涉及肌肉皮瓣时，可能出现功能障碍。

（六）新技术

1. 血管化技术

预血管化：通过预先在供区建立血管网络，可以提高皮瓣的存活率和功能。例如，使用生长因子或基因工程技术促进血管生成，为皮瓣移植提供良好的血供基础。

血管组织工程：利用组织工程技术构建血管化的皮瓣支架，可以在移植前增强皮瓣的血供，减少术后坏死风险。

2. 先进的影像技术

成像技术：高分辨率的成像技术（如 CT、MRI 检查）在皮瓣移植术前评估和术中导航中起到了重要作用。这些技术可以精确定位皮瓣供区和受区的血管，帮助外科医生制订最佳的手术方案。

荧光成像技术：荧光成像技术可以实时监测皮瓣的血供和存活状态，及时发现和处理术后并发症，提高手术成功率。

3. 免疫调节和抗感染技术

免疫调节剂：使用免疫调节剂可以减少移植后排斥反应，促进皮瓣的长期存活。例如，应用免疫抑制剂或调节性 T 细胞可以有效控制免疫反应。

抗菌涂层：在皮瓣表面应用抗菌涂层可以减少感染风险，提高术后愈合效果。新型抗菌材料和涂层技术的发展，为皮瓣术提供了更好的抗感染保护。

4. 个性化医疗

精准医疗：基于基因组学和分子生物学的精准医疗技术，可以为每个动物个体量身定制最佳的皮瓣移植方案，提高手术效果和动物的生活质量。

个体化康复计划：结合术前评估和术后监测数据，制订个性化的康复计划，有助于加速动物的恢复，提高手术的整体效果。

（范阔海）

第三章 肿 瘤

本章资源

第一节 肿瘤的病因和转移

一、病因

肿瘤是机体在各种致瘤因素的作用下，局部组织的细胞异常增生而形成的新生物。良性的肿瘤一般称为“瘤”；恶性肿瘤来自上皮组织的称为“癌”，来自间质组织的称为“肉瘤”。所有癌症都是恶性肿瘤，但并非所有肿瘤都是癌症。肿瘤细胞有十大基本特征：持续的增殖信号、避免生长抑制、抵抗细胞死亡、无限复制的潜能、诱导血管生成、组织浸润和转移、避免免疫摧毁、促进肿瘤的炎症、细胞内能量异常、基因组不稳定和突变。癌症是导致犬、猫死亡的主要原因之一。因癌症死亡数占英国纯种犬死亡总数的 27%。在一项对 2000 只犬的研究中，约 23%的犬以及 45%的年龄大于 10 岁的犬死于癌症。犬、猫自然发生的恶性肿瘤为人类的肿瘤疾病研究提供了宝贵的比较医学的动物模型。乳腺癌是女性最常见的恶性肿瘤，乳腺也是未绝育母犬常见的发生肿瘤的部位。在对意大利 6743 例肿瘤样本的研究中，70%的病例是乳腺癌。对于母犬而言，乳腺癌、非霍奇金淋巴瘤的发病率最高；对于公犬而言，非霍奇金淋巴瘤和皮肤癌的发病率最高。其他犬、猫常见的肿瘤包括：肥大细胞瘤、黑色素瘤、软组织肉瘤、骨肉瘤和移行上皮细胞癌等。通过观察性研究，影响犬、猫肿瘤发生的风险因素包括环境暴露（空气污染、环境烟雾、杀虫剂）、激素和绝育状态等。影响猫肿瘤发生的风险因素还包括疫苗注射、猫免疫缺陷病毒和猫白血病毒感染等。

二、转移

肿瘤的发展和转移是一个复杂的过程，涉及细胞的增殖、分化、凋亡等多个方面。肿瘤细胞的特性决定了肿瘤的生长速度、浸润性和转移能力。转移是肿瘤治疗中最具挑战性的问题之一，因为转移是导致肿瘤恶化和复发的主要原因之一。肿瘤细胞的转移过程包括以下关键步骤：原发肿瘤细胞的侵袭、进入血管或淋巴管系统和远处器官定植。在这一过程中，肿瘤细胞需要克服免疫系统的攻击、缺氧环境等多种生存压力。肿瘤微环境在肿瘤生长和转移中起关键作用，其主要包括肿瘤相关细胞、细胞外基质、血管生成等因素。研究表明，肿瘤细胞的转移能力与一系列基因的异常表达密切相关。这些基因包括转移相关基因、凋亡相关基因、增殖相关基因等。通过深入研究这些基因的功能和调控机制，可以更好地理解肿瘤的发展和转移过程，为肿瘤治疗提供新的思路和方法。肿瘤生物学研究需同时关注肿瘤细胞自身特性及其与微环境的相互作用。这种综合视角对于深入理解肿瘤的生物学行为、转移机制及开发更有效的治疗策略至关重要。

（李　梦　郑慧华）

第二节　肿瘤的病理生理

肿瘤病理学是研究肿瘤形态学和组织学特征的学科，对于诊断、治疗和预后评估具有重要意义。肿瘤的形态学特征包括细胞形态、组织结构、细胞增殖活性等，这些特征可以帮助医生确定肿瘤的类型、分级和分期，从而制订合理的治疗方案。

一、形态学特征

肿瘤的形态学特征是指肿瘤细胞在组织学上的表现，包括细胞大小、形态、核分裂指数、核形态等。通过镜下观察肿瘤细胞的形态学特征，可以初步判断肿瘤的恶性程度和生长速度。

二、组织学特征

肿瘤的组织学特征是指肿瘤组织的结构和组织学特点，如肿瘤的间质成分、血管生成情况、炎症细胞浸润等。组织学特征可以反映肿瘤的生长模式和浸润性，对于评估肿瘤的侵袭性和预后具有重要意义。

三、分子病理学

肿瘤分子病理学研究肿瘤发生发展的分子机制，包括肿瘤相关基因的突变、表达水平和信号通路的异常等。通过分子病理学检测，可以更准确地确定肿瘤的分子亚型和靶向治疗的可能性。

四、临床应用

肿瘤病理学在临床中起着至关重要的作用，包括肿瘤的早期诊断、分子靶向治疗选择、预后评估和预防转移等方面。通过肿瘤病理学的研究和应用，可以为患病动物提供个性化的治疗方案，提高治疗效果和生存质量。

（李　梦　郑慧华）

第三节　肿瘤的诊断

一、病史调查

病史调查的主要内容包括动物基本信息（动物性别、年龄、品种、绝育或去势情况）、主诉、病程、免疫情况、饮食情况、生活环境、既往病史、家族史与遗传因素等。例如，患乳腺肿瘤的风险率与犬的年龄、品种等因素密切相关。但由于发情期、孕期和假孕期的母犬乳房常出现肿块，可能会影响犬乳腺肿瘤的判断，因此需要结合其他方法进行肿瘤的诊断。

二、临床检查

全面的体格检查对于评估肿瘤患病动物至关重要。应先通过视诊、触诊、叩诊和听诊等方法对全身进行全面检查。头部的检查包括眼、耳、鼻、口腔的评估，尤其应注意是否存在任何可见占位性肿瘤病变或溃疡。颈部和体表的外周淋巴结应进行仔细触诊，以确定是否有肿大、质地变化或疼痛等异常表现，这对于评估肿瘤是否已转移至淋巴系统非常重要。胸部的检查包括听诊心肺，评估心音和呼吸音是否存在异常，如心音异常或呼吸音减弱等可能提示胸腔内有肿瘤或转移灶的存在。腹部检查则通过触诊评估肝、脾、肾等脏器的大小、形状和质地，观察是否存在肿块或异常肿大。四肢、皮肤及其下方软组织的检查应特别关注肿块的出现，包括其大小、位置、质地、移动性、是否固定以及疼痛反应等。对于外周可触及的肿块，需记录其尺寸、形态及随时间的变化。此外，神经系统的检查不可忽视，特别是怀疑肿瘤可能影响神经系统时。神经学评估应包括动物的步态、姿势、反射和行为表现，以排查是否存在中枢神经系统或周围神经的病变。如果动物性情允许，应进行直肠指检。通过直肠指检，可以直接触诊前列腺、直肠壁、肛门腺以及周围组织，以检测是否存在异常。特别是在未去势的雄性犬中，前列腺的大小、形状和质地应被仔细评估，判断是否有前列腺肿大、变硬或不对称等情况，这可能提示前列腺增生、炎症或肿瘤的存在。对于肛门腺，指检可以评估是否有肛门腺囊肿、脓肿或其他异常的肿物，若触及肿块，还需进一步确认其性质，如质地、大小和是否伴随疼痛反应。

三、血液学检查

血液学是生理学、病理学和毒理学研究中的重要指标，包括血常规、血清生化检查和C反应蛋白（C-reactive protein，CRP）。这对于疾病的早期发现、及时诊断和治疗至关重要。血液检查、血清生化检查和ELISA检测对于判断患犬的体况有很大帮助，多数病情较轻、未发生转移或无全身症状的肿瘤病例，其实验室检查指标可能无异常。部分病情较重或者恶性肿瘤可能使患犬发生消耗性贫血，肿瘤破溃可使患犬发生失血性贫血及感染等血象，发生内脏器官转移患犬的血清生化检测结果可见相应转移器官的检查指标异常。因此血液学检查仅作为辅助工具评估患犬的综合体况、初步探索某些器官是否发生转移、判断患犬是否满足麻醉及外科手术条件等。仪器设备齐全的宠物医院，可结合影像学检查（如超声、X线、CT等）进一步明确诊断。

四、影像学检查

影像学检查是临床分期检查的重要手段，有助于明确肿瘤的位置、大小、形状及其与周围组织的关系。通过影像学检查，可以评估肿瘤的局部浸润程度和是否存在远处转移，有助于进行TNM分期（tumor node metastasis classification），对初步判断肿瘤的生物学行为有一定意义。X 线检查具有低成本、无创伤、操作简单等优点，对于一些边界清晰，与周围正常组织结构差异明显，尤其是有钙化灶的肿瘤，可对其范围、结构、密度、是否为囊性以及有无内容物等进行较为准确的检查。X 线检查对肿瘤发生肺部、骨转移判断灵敏，是兽医临床中诊断肿瘤的常规检查项目。但由于 X 线检查所得信息非肿瘤疾病的共性表现，对无上述特征的肿瘤诊断时效果较为局限，因而常与超声检查互为补充。

超声检查也具有成本低、无创伤的优点，且对于 X 线难以触及的深层肿瘤更有优势。其可测量肿瘤实际的大小、观察肿瘤形状及内部质地、探查肿瘤血供情况、较为准确地区分肿瘤为囊性或实质性类型，以及初步探查肿瘤是否浸润生长等。在判断转移方面，超声检查的优势是对淋巴结的定位，其已成为临床初步判断肿瘤良恶性的重要方法。另外，超声引导下穿刺也是细胞学检查时采样准确性的保障。

计算机断层扫描（computed tomography，CT）与磁共振成像（magnetic resonance imaging，MRI）检查是近年来不断发展的新兴影像学检查手段，CT 由于其较高的分辨率和三维成像能力，特别适合用于检测深部组织中的肿瘤，或进一步分析复杂区域（如胸腔和盆腔）的病变。MRI 可对神经、血管和软组织等结构进行高分辨率的检查。这两项检查可对 X 线难以查明的细节进行补充。

五、细胞学检查

细胞学检查包括脱落细胞学检查和细针抽吸细胞学检查，两者采样方法不同。脱落细胞学检查直接采集患犬异常体液，涂片染色后镜下检查随分泌物脱落的肿瘤细胞。对无异常分泌物的肿瘤，常用细针抽吸细胞学检查。通过细针穿刺肿瘤，退回细针时吸取肿瘤细胞进行涂片、染色、镜检，是一种对肿瘤细胞进行形态学检查，判断其来源及异型性，从而鉴别肿瘤类型的方法。但细胞学检查无法观察肿瘤的结构异型性，对于细胞异型性低、分化程度高的肿瘤，分型困难甚至不能分型。因此，细胞学检查仍有一定局限。但其具有可行性高，采样方便，对肿瘤的诊断具有一定特异性等优点，因此在兽医临床对肿瘤疾病的诊断中，应用十分广泛。综上所述，细胞学检查虽然可以初步判断某些肿瘤的来源及良恶性，但由于采样所致的天然局限性、肿瘤细胞的复杂性、技术人员水平不一等因素，细胞学检查仍无法对肿瘤进行明确诊断，甚至有时会造成误诊，但细胞学检查对肿瘤的临床诊断仍具重要意义。

六、病理学检查

组织病理学诊断是将患病动物经外科手术切除的异常组织进行固定、包埋、切片、染色后，在镜下进行组织学检查，以诊断疾病的方法。组织病理学诊断是肿瘤性疾病诊断的金标准。制备好的组织切片，可直接观察肿瘤与周围组织边界是否清晰、肿瘤组织的结构异型性、是否浸润生长等，还可对肿瘤细胞进行形态学检查，如肿瘤细胞异型性、细胞核分布、核分裂象等。通常，高质量的染色、良好的病理切片即可对肿瘤来源及良恶性做出判断，进而对肿瘤做出明确的诊断。肿瘤的病理学诊断内容通常包括组织学分类、分级两项，根据分类对该肿瘤进行命名，通过分级描述恶性肿瘤的生物学行为。

七、免疫组织化学检查及肿瘤标志物

随着肿瘤组织学研究的深入，一些具有复杂特性的肿瘤需要借助免疫组织化学技术进行辅助诊断，主要是利用抗原和抗体的免疫学反应在组织细胞中进行化学呈色反应，可对相应的抗原抗体进行定性、定量和定位。在肿瘤的诊断中主要是依靠抗体类型对肿瘤组织来源进行区分，从而确诊肿瘤。其中，抗体的表达量与临床分期和预后都显著相关，在临床肿瘤的鉴别诊断中发挥重要作用。目前，肿瘤标志物的类型主要包括癌细胞增殖和凋亡的标志物、肿瘤转移潜能标志物、血管生成标志物、环氧化酶和microRNA非编码小分子等。此外，肿瘤干细胞、循环肿瘤细胞、乳腺癌中的雌激素受体和孕激素受体等也是较为常见的肿瘤标志物。

八、分子生物学检查

分子生物学技术越来越多地应用到了肿瘤的病理诊断中，该技术从基因层面更加科学和准确地鉴定肿瘤，但其需要建立特异性的肿瘤基因标记库，以便及时准确地发现肿瘤组织的基因突变和表达异常。例如，有研究学者利用逆转录聚合酶链反应（RT-PCR）法检测患犬乳腺组织与对照组织中的*p53*、*VEGF*、*SF*和*NLRP3*基因水平，两组存在显著差异，可以作为乳腺肿瘤的鉴定方法之一。

九、基因重排技术检查

基因重排技术是通过拼接机制来改变基因组中相关基因的序列结构，从而实现明确基因差异表达的方式，其检测手段包括DNA印迹技术、PCR技术和荧光原位杂交技术等。有研究者在对世界卫生组织（World Health Organization，WHO）分类的犬、猫恶性肿瘤的临床病理学研究基础上，利用*IgH*基因的重排建立了恶性淋巴瘤的*IgH*基因重排检测方法，对淋巴瘤进行鉴别诊断。

（李　梦　郑慧华）

第四节　肿瘤的治疗

一、手术切除

对于局灶性病变，临床最常采用的仍然是手术切除。若是没有发生转移的肿瘤，且肿瘤与周围组织的界线比较清晰，手术切除对良性肿瘤有一定的治疗作用，但对恶性肿瘤基本无法治愈。手术切除的方法也不尽相同，包括边缘性切除（如用于治疗良性肿瘤或对恶性肿瘤进行活检）、根治性切除、为缓解症状的姑息性切除等。

二、放射治疗

放射治疗是抑制癌细胞增殖的一种治疗方法，简称放疗。立体定向放射治疗（stereotactic

radiotherapy，SRT）、图像引导放射治疗（image guide radiation therapy，IGRT）和调强放射治疗（intensity modulated radiation therapy，IMRT）等技术的应用，使得治疗更加精准，减少了放射治疗的副作用，并为不同部位的肿瘤提供了更好的放疗选择。在大多数情况下，当局部实体瘤无法通过手术获得有效控制，且手术会严重影响功能、外观或生活质量时，可考虑进行放射治疗。放疗单独使用适用于手术选择有限的部位，如鼻腔肿瘤、心基部肿瘤和一些脑部肿瘤。SRT 为无法进行手术的患者提供了治疗选择，尤其是针对以前无法通过传统放射治疗的部位，如腹部肿瘤。除了针对严重癌症的“治愈性”治疗外，放射治疗在晚期癌症的姑息治疗、治疗与内分泌腺瘤相关的内分泌病、作为淋巴瘤的辅助治疗中也发挥着重要作用。

三、抗激素治疗

抗激素治疗，也称为内分泌治疗，是使用激素拮抗剂治疗肿瘤的一种方法，即用药物降低雌激素效应、减少雌激素分泌。但在兽医方面，使用抗雌激素剂（他莫昔芬）治疗的效果存在争议，且该治疗可能会造成犬出现外阴肿胀、阴道分泌物等不良影响。此外，由于免疫组织化学检查较少、抗激素疗法的相关药物费用较高，以及药品管制严格等，兽医临床上对肿瘤的抗激素疗法应用并不广泛。

四、中兽医治疗

中兽医治疗，即采用中药治疗犬肿瘤。中药抗肿瘤具有靶点多、毒副作用低、便宜等优点，还可以避免各种外科手术风险，因此近年来受到国内外研究人员的广泛关注。尽管中医中的离子导入法能够减少药物的副作用，但其治愈周期过长，短期内并不能起到很好的效果。

五、化学治疗

化学治疗是通过化学药物达到治疗肿瘤的效果，临床上常作为清除肿瘤的辅助疗法，是一种比较常见的治疗手段，简称化疗。但许多化学药物的使用剂量、毒性反应对犬类机能影响很大，如可能会导致犬出现腹泻、呕吐甚至血液中毒现象，有的化学药物也会造成患犬出现神经性耳鸣和过敏反应，因此每次进行化学治疗之前应抽血进行血常规、血清生化等检查，确保患犬各项治疗均正常。

六、支持治疗

肿瘤的支持治疗包括多方面的措施，旨在为患病动物减轻症状、提高生活质量，并有效管理肿瘤及其治疗带来的并发症。疼痛管理是支持治疗的核心之一，通过使用镇痛药物、局部麻醉或神经阻滞等手段来缓解疼痛。此外，营养支持也至关重要，为动物提供高蛋白质、高能量的饮食，帮助其身体恢复。对于食欲缺乏或恶心的患病动物，可以使用促进食欲药物或止吐药来管理。抗炎治疗通过类固醇或其他抗炎药物来减轻炎症反应，从而进一步改善动物的生活质量。

七、常见肿瘤的治疗

1. 软组织肉瘤 软组织肉瘤（soft tissue sarcoma，STS）是源自间质组织的肿瘤，STS可以根据组织来源和表型进行亚分类，包括纤维肉瘤、血管周壁肿瘤、周围神经鞘瘤（非臂丛部位）、脂肪肉瘤、黏液肉瘤、多形性肉瘤、恶性间叶瘤和未分化肉瘤。在犬中，软组织肉瘤最常见于皮下组织，且发病率较高，占所有皮肤或皮下肿瘤的9%～15%。软组织肉瘤可以通过细胞学和组织病理学检查来进行诊断。软组织肉瘤的细胞剥离性差，在进行细针穿刺时不一定能够采集到诊断性样本，有时细胞学表现跟反应性或炎性组织的细胞学相似，因此在判断时需谨慎。根据组织的分化程度、分裂象和坏死程度，STS可分为低级（Ⅰ级）、中级（Ⅱ级）和高级（Ⅲ级）。较高的肿瘤等级通常与更具侵袭性的生物行为相关，表现为更高的局部复发率、更高的远处转移率以及更短的无病间期。

STS的治疗以手术切除为主，根据肿瘤的位置、大小、浸润程度、组织学分级和临床预期结果，手术方式包括边缘性切除、广泛切除或根治性切除。有研究称，边缘性切除后，低级肿瘤的复发率仅为7%（3/41），而中级和高级肿瘤的复发率分别为34%（14/41）和75%（3/4），但目前尚无诊断测试能够可靠预测肿瘤所需的切除边缘。因此一般建议在肿瘤外侧周围切除至少2～3cm的组织边缘，肿瘤下方至少切除一层筋膜。如果STS病例难以进行根治性切除手术，如考虑缩小手术边缘，建议将切除后肿瘤进行分级和边缘分析。对于未完全切除的软组织肉瘤，可选择积极监测、分期手术、广泛切除、放射治疗、化学治疗等治疗方式。对于Ⅰ级以及部分Ⅱ级STS，如肿瘤边界清晰、直径小于5cm，且位于肘关节或膝关节以下的肢端，如进行边缘性切除，可考虑进行积极监测。

对于未完全切除的STS，通过术后分次放疗，局部肿瘤控制和生存期效果良好。研究报告显示，STS未完全切除接受放疗的犬局部肿瘤复发率为16.7%～36.8%。以多柔比星为主的化疗在辅助治疗STS中的作用是存在争议的。在一项评估辅助使用多柔比星治疗高级别STS的研究中，与未接受辅助治疗的患病动物相比，其未显示出在复发、转移或总体生存率方面有显著的益处。除了常规静脉化疗，节拍化疗也在STS的治疗中有所应用。节拍化疗并非通过直接的细胞毒性作用，而是通过抗血管生成和某些免疫调节效应来抑制肿瘤生长。

2. 肥大细胞瘤 肥大细胞瘤（mast cell tumor，MCT）是源自肥大细胞的肿瘤，在犬中为第三常见的肿瘤亚型，也是最常见的恶性皮肤肿瘤，发病率为20.9%～22.4%。MCT的风险因素包括了年龄与品种倾向，但病因尚未明确，肿瘤的发展可能与*c-KIT*基因突变有关。大多数犬MCT发生于真皮和皮下组织中，并且呈现孤立性生长，最常见的发病部位是躯干部，约占皮肤MCT的37%，其次是四肢，约占32%。肥大细胞有着脱颗粒及随之释放组胺、肝素、嗜酸性粒细胞趋化因子和蛋白溶解酶的特征，因此大约一半患有肥大细胞瘤的犬还存在继发临床症状，可以观察到脱颗粒的情况，触诊后在相应区域可观察到红斑、水肿和丘疹形成。此外，伤口愈合延迟、凝血异常、低血压和循环衰竭也可能发生。细针穿刺是肥大细胞瘤诊断的基础，由于Diff-Quik染料可能不会对肥大细胞颗粒进行染色或仅进行部分染色，建议使用吉姆萨和甲苯胺蓝等染色剂。根据细胞学、组织病理学及淋巴结评估结合患犬有无全身症状，世界卫生组织将肥大细胞瘤分为0～Ⅳ期，根据有无全身临床症状（精神沉郁、胃肠道症状等）又分为a、b两个亚级。预后与临床分期、肿瘤复发史、组织病理学等级和增殖细胞核抗原Ki-67等相关。犬肥大细胞瘤的病理分级主要采用Kiupel分级（低/高级别）和Patnaik分级（Ⅰ～Ⅲ级），二者互为补充。

犬肥大细胞瘤的主要治疗方式是手术切除，以往建议无论组织病理学等级及预后如何，以周围正常组织3cm的边缘为界线、一个深度进行切除。后来有研究表明Ⅰ级或Ⅱ级肿瘤以2cm的侧缘和深的筋膜层为手术边界，即切除直径可达4cm进行切除，可为该疾病提供有效的局部控制。同样，有研究表明，在高级（或Ⅲ级）MCT的情况下，无论手术边缘如何都有很高的复发率（36%）。在最开始的手术干预中，建议进行相关的淋巴结切除术。区域淋巴结切除术在转移性淋巴结的情况下具有治疗潜力。此外，根据肥大细胞瘤病变所处位置，必须在每种情况下通过评估风险和收益规划手术方案，避免对病变的过度操作而导致肥大细胞脱颗粒的刺激及其随之而来的不良影响。

对于肥大细胞瘤病例，电化学疗法可以作为手术的替代治疗方法，建议在以下特定情况下使用电化学疗法：①作为单一疗法用于因肿瘤位置或数量（多个肥大细胞瘤）而难以手术切除的小肿瘤；②在手术过程中，针对由于肿瘤延伸或肿瘤位置而难以获得清洁切缘的情况；③作为边缘受损肿瘤或小病灶的替代治疗。

在多数研究中，长春花碱被认为是治疗犬皮肤肥大细胞瘤的一线药物，通常每1～2周以2.0mg/m²的剂量给药，同时可能会联合或不联合使用泼尼松。治疗时的剂量通常接近最大耐受量，以最大化药物对肿瘤细胞的毒性效果。在犬中，长春花碱的剂量依赖性毒性主要表现为嗜中性白细胞减少症，通常在给药后约7d达到最低点。作为第二种常用的辅助化疗药物，洛莫司汀推荐每21d使用60～90mg/m²。皮质类固醇也常用于辅助治疗，以减轻肿瘤周围的水肿和缩小肿瘤。

在肿瘤发展过程中，酪氨酸激酶受体家族参与了细胞增殖、分化、迁移、血管生成和细胞激活。为此，研发了小分子酪氨酸激酶抑制剂（tyrosine kinase inhibitor，TKI），这些药物通过竞争性抑制机制（可逆和不可逆）阻止ATP与受体结合，从而防止受体磷酸化及相关的细胞增殖和血管生成信号，以达到抗肿瘤的效果。目前，在兽医领域使用的TKI药物包括托西尼布和马西替尼，它们被批准用于治疗Ⅱ级和Ⅲ级不可切除或复发的肥大细胞瘤。研究表明，在治疗复发和转移性肥大细胞瘤的患犬时，每48h使用3.25mg/kg剂量的托西尼布，有34.5%的患犬出现3～4级不良反应，相比之下，使用2.5～2.75mg/kg剂量的不良反应较少，因其更高的安全性，患犬更容易坚持治疗，且治疗中断的可能性较低。但与化疗药物类似，TKI也有不利影响，包括胃肠道问题和嗜中性白细胞减少症。

3. 骨肉瘤　骨肉瘤（osteosarcoma，OSA）是犬中最常见的原发性骨肿瘤，占来源于骨骼的恶性肿瘤的85%。OSA大多数发生在桡骨远端和肱骨近端。这些部位与骨骼负载最大的位置相对应，推测这会增加应力、微创伤和骨重塑的风险。此外，大型和巨型犬种易患骨肉瘤，这表明与人类类似，身高在肿瘤发展中可能起到一定作用。OSA具有局部侵袭性，可导致骨溶解，甚至出现病理性骨折。肿瘤转移的常见部位包括肺部、骨骼及其他软组织。

在犬OSA治疗上，截肢手术是最主要的治疗方法。这种方法可以有效缓解由原发性肿瘤引起的疼痛，并防止肢体未来的再次疼痛。虽然截肢在很大程度上解决了局部问题，但由于骨肉瘤的高度侵袭性，单纯截肢往往不足以阻止疾病的进展，尤其是对早期的微转移和潜在的远处转移的控制。因此，截肢手术通常需要联合辅助治疗，如化疗或放疗，以延长生存时间。

对于某些犬来说，保肢手术是一个较为理想的选择，尤其是对于那些由于各种原因不适合截肢的犬。保肢手术的目标是切除肿瘤的同时保留肢体的功能。为了实现这一目标，通常会结合放射治疗，如立体定向体部放射治疗（stereotactic body radiation therapy，SBRT）或部分骨切除术。SBRT是一种高精度的放射治疗技术，通过向肿瘤部位定向照射高剂量辐射，可以有效减少肿瘤体积，减轻疼痛，并在某些情况下延长患病动物的生存期。然而，放射治疗后发生病理性骨折的风险较高，这需要在治疗前通过CT影像仔细评估骨骼的结构变化，以帮助预测病理性骨折的风险。除了SBRT，还有一种更为传统的低剂量分割放射治疗，主要用于缓解疼痛。但与SBRT相比，低剂量分割放疗的病理性骨折发生率较高。结合双膦酸盐的使用可能有助于减少或预防放射治疗后的病理性骨折，从而为动物提供一种更为安全的治疗选择。

化疗在犬骨肉瘤的治疗中起着关键作用，特别是在抑制转移性疾病方面。卡铂是当前的标准辅助化疗药物，通常在截肢手术后使用。然而，尽管卡铂能够延长生存期，但大多数犬的中位生存期仍不足一年。因此，研究人员正在探索新的化疗策略，如靶向治疗和药物组合，以期进一步延长生存期。在靶向治疗方面，一些研究正在探索影响肿瘤微环境的药物，如与双膦酸盐结合的多柔比星。这些药物能更有效地将化疗药物递送至肿瘤部位，减少正常组织的毒性，并提高化疗的疗效。

免疫治疗在犬骨肉瘤的治疗中显示出越来越大的潜力。通过增强犬的自身免疫系统来攻击肿瘤细胞，免疫治疗为那些难以治愈的动物提供了新的希望。一些免疫治疗方法已经显示出显著的临床效果。例如，使用表皮生长因子受体（epidermal growth factor receptor，EGFR）的肽疫苗可以诱导针对肿瘤细胞的免疫反应，提高犬的生存率。在一项研究中，接受这种疫苗的犬，在截肢和化疗后，显示出明显的免疫应答和生存时间的延长。

此外，基于细菌或病毒的免疫治疗也在进行中。使用减毒沙门菌作为载体的疫苗和嵌入*HER2*基因的减毒李斯特菌疫苗已经在一些研究中展示了它们的安全性和潜在的疗效。尽管这些疫苗的研究仍处于早期阶段，但它们展示了通过激活宿主的免疫系统来抗击肿瘤的可能性。

4. 淋巴瘤 淋巴瘤是起源于淋巴细胞的肿瘤，是犬中最常见的癌症之一，占犬造血系统恶性肿瘤的83%。中老龄犬易发病，发病年龄的中位数为6～9岁。淋巴瘤发生的原因是多因素的，目前无确切的病因。遗传因素、病毒、环境因素等曾被报道与淋巴瘤的发生相关，但无确切的因果关系。淋巴瘤的临床表现取决于肿瘤的位置。多中心淋巴瘤最常见，占犬淋巴瘤的80%。多中心淋巴瘤的症状为广泛性、触诊无痛感的淋巴结肿大，体重减轻、厌食、乏力和副肿瘤综合征也被报道过。胃肠道型淋巴瘤、纵隔型淋巴瘤以及淋巴结外淋巴瘤的临床症状与受影响的器官相关。淋巴瘤的临床诊断可通过细胞学进行初步诊断。组织病理学、流式细胞术和抗原受体重排的聚合酶链反应可用于淋巴瘤的免疫分型。影响淋巴瘤的预后因素包括病理组织分型、免疫分型、临床分期、发病位置、是否长期使用类固醇药物等。

淋巴瘤的推荐治疗方法是化疗。化学疗法旨在延长患病动物的寿命，其目标是改善其目前的生活质量。与人类相比，犬通常对化疗的耐受性良好，且副作用极小。大部分（约 80%）接受化疗的犬会出现轻度的副作用。最常见的副作用包括胃肠道不适，如恶心、呕吐或腹泻。很少有患犬需要住院以控制化疗的副作用。化疗的具体方案主要取决于淋巴瘤的位置以及免疫分型，分为多药化疗和单药化疗。多药化疗方案包括 CHOP、LOPP 和 MOPP。阿霉素是单药化疗的常用药物。对于高级别淋巴瘤，使用 CHOP 化疗的临床有效率为 80%～95%，临床缓解期的中位数为 8～11 个月。若使用单药化疗来治疗高级别淋巴瘤，临床有效率为 60%～70%，缓解期为 5～7 个月。

5. 乳腺肿瘤　乳腺肿瘤（mammary gland tumor，MGT）是常见的生殖系统疾病（图 3-1），容易通过常规体检发现。MGT 患犬通常有多发性乳腺肿瘤。犬恶性 MGT 的发病率约为 53.3%。MGT 多发于老龄、雌性和纯种犬。在第一次发情前绝育的母犬患乳腺肿瘤的概率为 0.5%，一次发情后再绝育的母犬发病率增加到 8%，而经两次发情后绝育的母犬发病率高达 26%。通过对组织中小管形成、核多形性和有丝分裂计数可评估确定 MGT 的组织学分级。肿瘤大小、淋巴结转移和肿瘤分期与预后相关。

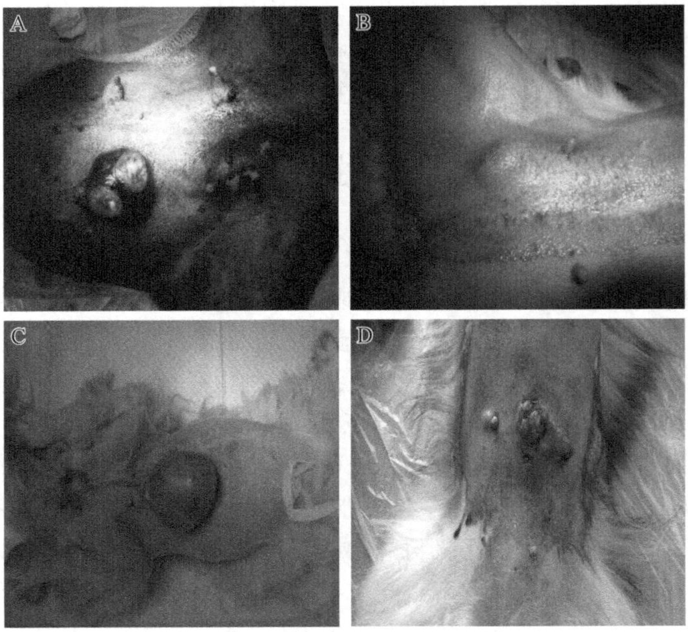

图 3-1　乳腺肿瘤

A. 肿瘤发生于犬后腹对右侧乳头。因患犬不适舔舐，形成破溃。B. 肿瘤发生于犬腹股沟对右侧乳头。肿瘤呈结节状。C. 肿瘤发生于犬左侧前后腹对乳头。肿瘤呈膨胀性生长。D. 肿瘤发生于犬双侧后腹对乳头。左侧肿瘤破溃，呈菜花状；右侧乳头为小结节

目前 MGT 的治疗以手术切除为主，常见的切除方式包括单个乳腺切除术、局部乳腺切除术、区域乳腺切除术、单侧乳腺切除术和双侧乳腺切除术。有研究发现，对于接受不同手术切除方式的患犬，它们的无病间隔期和总生存时间没有差异，但接受区域乳腺切除术的患犬在术后前两年的相对死亡风险略高于接受单侧乳腺切除术的患犬。也有研究表明手术范围很重要，58%接受区域乳腺切除术的犬，在余下同侧乳腺组织中出现了新的肿瘤。此外，有研究称对良性 MGT 患犬同时进行肿瘤切除和子宫卵巢切除术（ovariohysterectomy，OHE），

可以显著降低以后 MGT 发展的风险，并降低发生其他（可能）危及生命的子宫和卵巢疾病的风险。因此，对于单个肿瘤建议完全切除，对于活动性较弱或直径小于 1cm 的肿瘤能通过局部乳腺切除术进行充分治疗。广泛切除还没有明确的定义，但是对于较大的肿瘤，切除边缘可扩大至肿瘤外侧缘的 2cm。如果同时进行子宫卵巢切除术（OHE），应避免在开腹前意外穿透肿瘤包膜，以防止肿瘤细胞直接扩散，并在关腹后再进行肿瘤切除。对于多发性 MGT 患犬，可进行区域乳腺切除术、单侧乳腺切除术或双侧乳腺切除术。研究表明，接受不完全切除的犬的中位生存期为 70d，而接受完全切除的犬的中位生存期为 872d。

由于炎症性乳腺癌发展迅速且具有侵袭性，手术切除似乎不适用于本病。在一项关于 42 只炎症性乳腺癌患犬的研究中，只有 3 只犬进行单侧乳腺切除术，但组织学检查显示，这 3 只犬的手术边缘都有残留的肿瘤细胞。放疗可用于缓解炎症性乳腺癌患犬的临床症状。

基于肿瘤的激素依赖性以及其能减少复发率和延长生存期的潜力，可以对 MGT 患犬进行激素治疗。一项随机研究表明，特定犬群在接受孕激素受体拮抗剂（阿来司酮）治疗后的无病间隔期（DFI），症状得到改善。OHE 对 MGT 的益处尚不明确。一项前瞻性随机研究表明，当把所有患犬纳入分析时，OHE 并无益处，但是只纳入分析激素受体阳性的患犬时，OHE 对患犬的无病间隔期有所改善，但这种差异并无显著性。

化疗对于有转移和复发风险的患犬有重要意义。一些研究报告了单独或联合非甾体抗炎药化疗的患犬的预后改善。有研究称恶性 MGT 患犬术后辅助化疗（环磷酰胺和 5-氟尿嘧啶联合化疗）的中位生存期和无病间隔期显著延长。此外，有研究证明，围手术期接受去氨加压素治疗能显著提高组织学Ⅱ级或Ⅲ级乳腺癌犬的无病间隔期和总生存期。

6. 黑色素瘤 黑色素瘤是一种起源于黑色素细胞的恶性肿瘤，常见于犬，在猫中较为少见。犬黑色素瘤风险因素包括创伤、化学暴露、激素及遗传等，常发于中老年犬中，没有明显性别倾向。黑色素瘤在纯种犬中发病率更高，贵宾犬、雪纳瑞、苏格兰梗、金毛猎犬等易患。黑色素瘤可发生于不同解剖部位，如口腔、皮肤、手指、眼睛等部位，其中口腔和皮肤黑色素瘤最为常见。黑色素瘤临床症状与肿瘤解剖位置相关，如口腔黑色素瘤可见口臭、流涎、口腔出血、吞咽困难等临床症状。

对于发生于口腔、眼部、皮肤等部位的黑色素瘤，手术治疗是黑色素瘤最常见和最主要的局部治疗方式。手术切除边缘应尽可能宽，在肿瘤软组织边缘 2cm 和骨边缘 2～3cm 进行手术切除，通常预后良好；一项研究发现，几乎一半的口腔恶性黑色素瘤患犬存在下颌淋巴结转移，因此还需要切除区域淋巴结，尤其是在患有口腔黑色素瘤的患犬中。由于犬的口腔黑色素瘤常累及颌骨，因此需要使用 CT 确定肿瘤边界从而确定切除范围。对于发生于脚垫的黑色素瘤，可选择部分或完全切除受累脚垫；对于发生于指（趾）部的黑色素瘤，通常考虑在掌指关节或跖趾关节处进行截肢。此外，由于黑色素瘤转移可能性高，还应确认肿瘤是否发生远端转移并考虑全身性治疗。已发生转移或不能满足肿瘤切缘时，选择提高生活质量的姑息疗法，延长生存期。

放射疗法对于控制局部疾病和受累的区域淋巴结有效，可作为犬口腔黑色素瘤治疗中的主要治疗和辅助治疗方法，对控制较小的肿瘤效果良好。黑色素瘤对粗分割放疗方案敏感，治疗已取得一定的成功，但存在急性毒性风险。

黑色素瘤患犬常因为远端转移而死亡，因此通常建议使用全身疗法。多项研究表明恶性黑色素瘤对卡铂、顺铂等细胞毒性化疗药物具有耐药性，缓解率低，无生存改善证据；虽然单独化疗对于控制局部犬黑色素瘤几乎没有作用，但部分研究表明放疗与化疗药物联合应用可能会减缓疾病的进展、延长生存期。研究发现，放疗联合替莫唑胺可以延长疾病进展时间，而铂类化疗药物与放疗联合应用对疾病进展时间或生存期无显著影响。

免疫系统可以调节黑色素瘤的进展与转移，因此许多研究人员正在研发、使用能激活免疫系统的免疫疗法。抗肿瘤疫苗中的α-干扰素、IL-2、免疫刺激剂等生物制剂能够抗肿瘤激活，卡介苗可以激活免疫反应并诱导肿瘤消退，但存在肉芽肿、超敏反应等并发症，应用受限；一种异种人类 DNA 编码的酪氨酸酶蛋白疫苗（Oncept®犬黑色素瘤疫苗）已被用于Ⅱ期和Ⅲ期口腔恶性黑色素瘤患犬，这种疫苗耐受性较好，没有全身性不良反应，通常建议免疫治疗与局部治疗一起使用。尽管 Oncept 的疗效存疑，但考虑到黑色素瘤的高度转移性，且目前缺乏有效全身治疗药物，Oncept 仍然是一种可以考虑的适当疗法。

（李　梦　郑慧华　谢光洪）

第四章　眼　　病

本章资源

第一节　眼 科 检 查

一、一般检查

（一）病史调查

收集完整而详细的病史有助于临床医生快速而准确地形成诊断思路。

（1）动物的生活环境（室内饲养或室外饲养，是否发生远距离运输等）和饮食状况（食物类型及是否发生变化，是否进食生肉、食欲是否减弱等）。是否有重大疾病或外伤史，尤其是眼病史，也包括曾患眼病的类型。

（2）动物的全身健康状况，是否存在行为变化。

（3）眼部症状为单侧或双侧，双眼发病时是同时发生还是先后发生。

（4）眼病的发病速度及病程持续时间，病程时间长的动物病情是否存在变化。

（5）是否存在视力障碍。如果是，发现异常的时间在白天、晚上、熟悉或不熟悉的地方更明显。发现视力障碍的时间及发展程度。

（6）眼部分泌物的量及其性质。

（7）患眼是否存在疼痛表现（如自损、流泪、眼睑痉挛、第三眼睑上抬等）。

（8）患眼是否存在颜色异常（如水肿通常为蓝白色、充血为红色、色素沉积为黑色等）。

（9）患病动物的近亲、远亲有无眼病。

（二）远距离检查

可以在病史调查的同时进行，即在不接触患病动物及患眼的情况下进行远距离观察，这有助于临床医生掌握更多更准确的信息。远距离检查包括动物在陌生环境（即诊室）中的行为，是否不敢活动、拘谨，或撞到障碍物；全身及面部结构的状态及对称性，眼鼻是否存在分泌物，睑裂的宽度和长度，眼球的位置、大小、颜色及运动状态等。对于猫，可以让其暂时躲藏于猫包或航空箱中进行观察，避免患猫发生应激行为，影响后续近距离检查。

（三）泪液检查

泪液检查（Schirmer tear test，STT）必须在开始其他近距离眼部检查之前进行，因为过度操作眼睛及眼睑或使用各种眼药均会造成人为误差，对于一些敏感的眼睛，甚至光照都可能导致泪液产生增加，影响医生对基础泪液数值的评估。检查时需使用专门的无菌泪液检查试纸条。在打开外包装前将试纸条凹角处对折，然后拿出试纸将其置于下眼睑外侧 1/3 处，保持 60s 立即读数。正常犬的泪液测试结果应大于 15mm/min，但务必根据其他检查结果综合评估。例如，当犬患有角膜溃疡时，泪液产生量会病理性增加，若泪液测试结果仅达到 15mm/min，则意味着无角膜溃疡时，泪液量不足 15mm/min，仍提示可能存在干眼症。猫的泪液范围变化较大（9～34mm/min），需谨慎判读。

（四）眼科神经学检查

支配眼及眼周功能的脑神经（cranial nerve，CN）包括：①CN Ⅱ（视神经）：视觉和瞳孔对光反射的传入部分。②CN Ⅲ（动眼神经）：通过支配内侧、腹侧、背侧直肌和腹侧斜肌控制眼球运动，通过支配上睑提肌打开眼睑，缩瞳。③CN Ⅳ（滑车神经）：通过支配背侧斜肌（眼外肌）控制眼球运动。④CN Ⅴ（三叉神经）：控制面部和眼部的感觉传入，流泪，散瞳。⑤CN Ⅵ（外展神经）：通过支配眼球退缩肌和外侧直肌控制眼球运动。⑥CN Ⅶ（面神经）：控制眼睑闭合。

眼睑反射：通过轻触眼睑皮肤来观察动物能否完全闭合眼睑。其传入神经为三叉神经，传出神经为面神经。应分别对双眼的内眦及外眦进行检查，避免触碰到动物的角膜引起角膜反射。正常会观察到被测试眼的上下眼睑完全闭合。

威胁反应：由于威胁反应需要学习，这一检查适用于大于 10～14 周龄的犬、猫，但由于猫的行为特性，也需谨慎评估。检查者遮挡住动物的一只眼睛，使用手掌、手指或笔尖快速接近动物的被测试眼，注意避免触摸动物的睫毛、毛发或引发气流而刺激面部感觉。正常会观察到被测试眼的上下眼睑闭合。

瞳孔对光反射（pupillary light reflex，PLR）：首先在亮度适宜的地方观察双眼瞳孔的大小、形状和对称性。使用强光照射一侧瞳孔，确认该侧瞳孔的缩瞳情况，然后再次用强光照射同一侧瞳孔，确认对侧瞳孔的缩瞳情况。移开强光，等待双瞳孔恢复自然状态的大小。然后对相反侧瞳孔同法测试。正常可以观察到施加光照一侧的瞳孔立即缩瞳（直接对光反射），未施加光照的一侧瞳孔也会立即缩瞳，但程度较光照侧轻（间接对光反射）。需要注意的是，PLR 是一种皮层下反射，对视网膜功能的要求相对较低，因此 PLR 阳性不代表患眼有视力。

（五）眼压检查

小动物眼压（intraocular pressure，IOP）测量设备分为压陷式眼压计、压平式眼压计和回弹式眼压计。回弹式眼压计是目前临床中最常用的。角膜质地也会影响检查结果的准确性。检查过程中可对动物稍做保定，但一定要避免压迫动物的颈静脉和眼周，镇静或麻醉也会影响眼压判读。正常犬的眼压为 8～25mmHg，猫为 9～31mmHg，且应双眼对照比较，双眼眼压差不应超过 20%。

（六）眼部形态检查

应在黑暗条件下使用放大设备及不同类型的光源对眼部进行详细检查。临床中通常会使用裂隙灯生物显微镜进行检查，兽医常用的手持式裂隙灯通常可以提供 10 倍或 16 倍的放大，同时提供不同类型的光源（如裂隙光线、点光源、钴蓝光），以便进行一些特殊检查。

1. 眼附属器检查

1）眼睑　从远到近观察眼睑的位置、闭合功能、形状、运动、对称性、皮肤状态、眼睑缘与睑板腺开口。常见疾病包括眼睑肿瘤、眼睑内翻/外翻、异常睫毛、睑板腺炎、睑板腺囊肿等。

2）瞬膜（第三眼睑）　分别评估其位置、活动性、睑侧面、球侧面、结膜穹隆、软骨与颜色。常见疾病包括瞬膜腺脱出、“T”形软骨外翻、瞬膜肿瘤。

3）鼻泪管系统　分别评估上下泪点的外观（是否存在泪点缺失或泪点狭窄）、位置以及内眦泪阜处是否存在毛发引流问题。

4）结膜　分别评估睑结膜、球结膜及结膜穹隆的颜色、肿胀程度及表面形态，有时可在结膜穹隆中发现异物，如眼线虫、植物碎屑等。

2. 眼前节检查

1）巩膜　外侧巩膜的前半部分可透过半透明的结膜进行检查，其余部分则无法直接观察到。需评估其厚度、表面形态、轮廓、暴露面积及颜色，同时也应注意是否存在巩膜血管充血，这通常提示青光眼。

2）角膜　正常角膜是完全透明的，没有色素、血管。因此当角膜透明度改变时，即表示角膜内发生了病理变化。需评估其透明度、轮廓、表面形态与直径。如角膜颜色发蓝白色，通常提示存在角膜水肿，可能与角膜上皮损伤（角膜溃疡）或角膜内皮功能障碍相关。如角膜出现红色，通常为新生血管，提示角膜炎性疾病。角膜表面出现色素时，通常提示慢性病程，但不提示具体病因。

3）眼前房　眼前房是指位于虹膜和角膜之间充满房水的透明空间。需评估其深度变化、透明度以及是否存在异常内容物（如前房积脓、前房积血）。进行深度评估时，可利用裂隙光源。评估透明度则通常使用点光源，利用丁达尔效应的原理，评估房水闪辉。

4）瞳孔与虹膜　需同时检查瞳孔和虹膜，并且在散瞳前和散瞳后均进行检查。需注意瞳孔的形状、位置和运动状态，虹膜的形态和颜色。

5）晶状体　正常晶状体是清澈透明的，需使用裂隙灯评估晶状体的透明度和位置。在散瞳后也应进行外周晶状体的评估，避免瞳孔偏小、虹膜遮挡导致漏诊。

3. 眼后节检查　需要使用特殊的眼底镜，包括直接检眼镜和间接检眼镜。

1）玻璃体　正常玻璃体是透明的，需在散瞳后进行更完整的检查，可以评估其透明度，是否存在异常血管、渗出或液化现象。有时由于晶状体悬韧带断裂、玻璃体液化，可能在前房中也观察到玻璃体物质。

2）视网膜　需评估其颜色、血管形态、反光度及清晰度。当视网膜变薄时，透光度更佳，因此可表现出眼底反光增强。

3）视神经头　需评估其面积、外观及血管变化。

（七）房水闪辉

当动物出现葡萄膜炎导致血-眼屏障受到破坏时，血管内的蛋白质等会进入透明的前房房水内，造成光的散射。所以当使用点状光源或裂隙光源照射前房时，会看到丁达尔效应。

出现房水闪辉时一定提示葡萄膜炎，但房水闪辉阴性也可能存在葡萄膜炎。

（八）角膜荧光素染色

荧光素是一种水溶性染色剂，可以将所有亲水组织都染色。角膜最外层的上皮层和内层的后弹力层均有疏水性，其余为亲水组织，所以正常角膜或后弹力层膨出部位不会被荧光素染色，其他位置暴露时可以观察到荧光素着色。染色后应使用无菌生理盐水冲洗掉过多的染色剂，否则会存在假阳性，接着使用钴蓝光在放大设备下检查是否存在荧光反应。

（九）鼻泪管通畅性测试

正常情况下，在眼表滴入荧光素染液后，大多数犬、猫会在 5～10min 内观察到同侧鼻孔或口腔中有荧光素流出。但是荧光素通过所需的时间间隔变化很大，取决于动物的品种、鼻子长度、头骨构造和检测方法。

二、特殊检查

（一）实验室检查

可以从眼睑、角膜、结膜、第三眼睑、房水取样进行细胞学、组织病理学检查或微生物培养。眼表局麻后使用细胞刷、刮刀、棉签或细针抽吸，若动物不配合，应考虑镇静或麻醉后进行采样。

（二）超声检查

对于眼前节浑浊无法检查眼后节的疾病，眼部超声检查是非常有用的。除此之外，眼部超声也特别适用于视网膜脱离、晶状体脱位或破裂、晶状体浑浊、眼内肿物或异物、球后疾病的诊断，还可以指导眼眶和眼部病变的细针抽吸。

（三）房角镜检查

房角是角膜与虹膜之间的结构，负责排出前房房水，因此房角异常会导致青光眼的发生。但是由于角膜的全反射，房角无法通过肉眼直接观察到，因此可以借助房角镜的折射原理进行检查。房角镜检查应评估房角是否存在狭窄、阻塞、闭合等异常，也可以协助治疗青光眼。通常眼表局麻下即可进行，但不配合的动物需镇静后检查。

（四）视网膜电图

当光线照射视网膜时，不同光照强度、波长和光照时间会产生不同的视网膜电位差，这些电位差被记录后可形成视网膜电图（electroretinogram，ERG）。ERG 可以用来区分视网膜性失明和视神经性或中枢性失明。在无法进行眼底检查的白内障病例中，可在术前进行 ERG 检查以评估视网膜功能。

（五）CT和MRI检查

CT和MRI检查可以更好地定位眼眶和颅内病变，呈现更多组织细节，在一定程度上取代了头部X线检查。

（金艺鹏　韩春杨）

第二节　结膜疾病

一、结膜炎

结膜炎是指结膜出现炎症反应，其特征为充血、水肿、分泌物增多、白细胞浸润和滤泡形成（图4-1）。

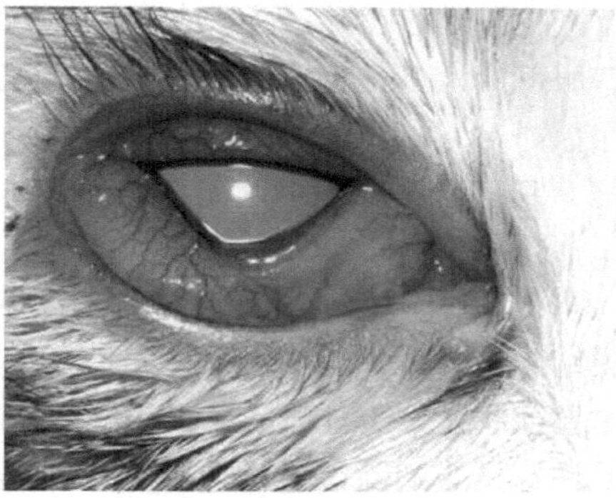

图4-1　结膜炎

（一）病因

见于物理性刺激（尘土、太阳、风等）；局部眼药刺激；眼睑疾病（异常睫毛、眼睑肿瘤和眼睑功能异常等）；感染性因素（细菌、病毒、真菌等）；寄生虫，最常见的为结膜吸吮线虫；过敏性，常见局部或全身性过敏反应疾病；干眼症等。

（二）症状

患眼结膜充血、水肿、出现滤泡，伴随浆液性或者黏脓性分泌物，可能出现不同程度的疼痛，有可能伴随出现眼睑痉挛。慢性结膜炎病例可能出现结膜增厚伴随不同程度的滤泡增生。部分病例可能存在呼吸道症状。

（三）诊断

因为原发性细菌感染在小动物中不多见，部分病原（衣原体和支原体等）需要特殊培养才能获得结果，所以细菌培养不是判断结膜炎病原的首选诊断方法。通常会在使用一段时间抗生素且效果不佳时选择细菌培养。对于猫疱疹病毒引起的结膜炎，因为无法确认野生型和疫苗病毒，且患猫可以间歇性排毒，核酸检测可能存在假阴性和假阳性。结膜抹片检查对于寻找结膜炎的病因和慢性病例的治疗都非常有价值，特别是可以用于初步确认结膜肿块是否为恶性肿瘤。结膜活组织检查需要使用局麻眼药，然后使用组织钳提起部分结膜、眼科剪去除少量结膜组织。结膜染色可以帮助识别是否存在结膜溃疡。

（四）治疗

如果存在全身性疾病需要在治疗结膜炎的同时治疗原发疾病。使用洗眼液彻底冲洗眼睛，从而清理过多的眼分泌物，防止出现眼睑炎、眼周皮炎以及眼睑和结膜粘连，还可以提高患病动物的舒适度。使用局部广谱抗生素或者多种抗生素联合用药，常用药物为新霉素、多黏菌素、氧氟沙星等，每日 3～4 次，对于个别严重病例可能需要每小时一次。糖皮质激素的使用需慎重，不应作为常规用药，也不应在没有明确诊断的情况下使用，对于传染性疾病如猫疱疹病毒、衣原体引起的结膜炎不要使用激素类药物。对于刺激或怀疑免疫介导引起的过敏性结膜炎、嗜酸性角膜结膜炎、角膜翳等需要使用糖皮质激素，可以选择地塞米松、泼尼松龙，每日 2～4 次，或者局部使用环孢菌素。对于病毒性结膜炎可以使用局部抗病毒药物，由于该类药物存在潜在副作用，当临床症状严重、持续或复发时，特别是当角膜受累（伴或不伴溃疡）时，才应考虑使用，可以局部使用碘苷、阿昔洛韦、三氟嘧啶等，该类药物每日 5 次以上，任何抗病毒药物治疗应在眼部病变消退后至少 1 周才停止使用。对于病毒性结膜炎还可以全身使用干扰素和口服赖氨酸（成年猫 500mg/次，每日 2 次），同时需要尽量减少患猫的应激。怀疑或确诊有衣原体、支原体感染的患猫应使用 3～4 周的多西环素，口服剂量为 10mg/kg 每日 1 次或 5mg/kg 每日 2 次。

二、皮样囊肿

皮样囊肿是指不当的位置长出正常组织的先天性异常，通常从结膜形成且常延伸超过角膜结膜交界处，其中包含正常的皮肤组织（如表皮、真皮、脂肪、皮脂腺和毛囊）。本病主要症状是位于外眦或角巩膜缘呈现毛发状的岛状结构，通常伴随泪溢和角膜炎等。治疗要进行结膜切除，通常选择旁开 1mm 切除全层结膜，视情况决定是否需要结膜缝合。如果病灶累及角膜，则需要进行角膜板层切除，根据角膜累及深度决定是否需要进行修补。

三、结膜撕裂伤

本病通常由外伤引起。在确保眼球没有穿透伤、角膜无溃疡的情况下，由于结膜愈合迅速，小的撕裂伤局部使用抗生素治疗即可；较大的撕裂伤需要生理盐水冲洗、移除异物后，使用 6-0 或 7-0 可吸收缝线连续缝合撕裂的结膜，配合眼部局部抗生素治疗。

四、木样结膜炎

木样结膜炎是一种罕见的犬结膜疾病，组织学检查可见结膜下存在一种典型的无定形、嗜酸性的透明物质，有可能累及上呼吸道、泌尿道和血管，年轻雌性杜宾犬可能有患病倾向。本病症状表现为双眼出现慢性假膜性结膜炎，并伴有眼睑和第三眼睑结膜的整体增厚。如果患犬存在先天性纤溶酶原缺乏，需要使用各种局部肝素、组织纤溶酶原激活剂和免疫抑制药物长期治疗，以及全身给予新鲜冷冻血浆和免疫抑制剂。对于病情较轻的患病动物，局部使用环孢菌素可有效控制眼部症状，必要时需全身使用免疫调节剂，但常见复发。

五、脂质肉芽肿性结膜炎

脂质肉芽肿性结膜炎是一种猫中不常见的起源于睑板腺的结膜炎。因为本病在白猫中更为常见，有时还与鳞状细胞癌有关，所以光照辐射可能是发病机制中的一环。本病常见于上眼睑，外观类似睑缘炎，眼睑内表面呈现结节性结膜炎。如果睑板腺破裂，则会引起明显的脂质肉芽肿反应。治疗先尝试温敷和全身性皮质类固醇（有时需要使用抗生素），如果效果不佳，建议手术切除腺体和累及的肉芽肿浸润。

六、结膜肿瘤

结膜肿瘤最常见的为鳞状上皮细胞癌，还包括血管瘤、血管肉瘤、乳突瘤、肥大细胞瘤等，常发生在眼睑或黏膜与皮肤连接处，可能为多发性病灶（图 4-2）。本病在幼年动物中可能与乳头瘤病毒有关；也可能作为单独的结膜肿瘤发生在老年犬，这种情况不太会与病毒相关。在年轻动物可见该肿物的自行消退。如果肿物引起眼部刺激，可以选择手术切除或冷冻治疗，或者选择口服阿奇霉素（10mg/kg，每日 1 次）。

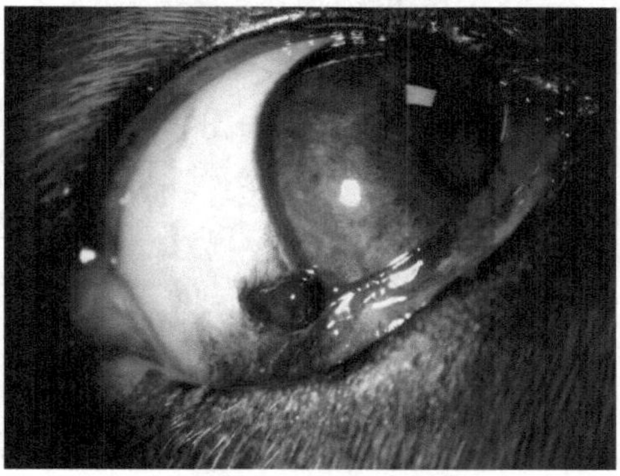

图 4-2　结膜肿瘤

（金艺鹏　韩春杨）

第三节　角膜疾病

角膜位于眼球前部，质地透明，具有屈折光线的作用。在组织学上，角膜由外向内依次分为角膜上皮层、前弹力层、基质层、后弹力层和内皮层。其中角膜上皮层的再生能力最强，损伤后可通过其基底细胞向上推移及邻近细胞增生而迅速修复，不留瘢痕。前弹力层是一层均匀一致、无结构的透明薄膜，无任何细胞，受到损伤后不能再生。基质层占角膜全层的 90%，由 200～250 层交错排列的胶原纤维板构成，而每层纤维板则由许多平行排列且直径相同的胶原纤维组成，是角膜基质保持透明性的重要条件。在胶原纤维板层中间含有为数较少的基质细胞，有合成和分泌胶原纤维的作用。基质层发生损伤后，因愈合形成的瘢痕组织中纤维排列紊乱，从而失去透明性。后弹力层是角膜内皮的基底膜，结构均匀一致且富有弹性，由内皮细胞合成分泌，损伤后能够迅速再生。角膜内皮层是由一层扁平的、规则镶嵌的六角形细胞构成，具有角膜-房水屏障功能和离子泵功能，以维持角膜的正常厚度和透明性。广泛的内皮损伤可导致角膜基质的严重水肿，内皮损伤的修复是通过伤口周围的内皮细胞移行和有丝分裂增殖完成的。

一、结膜瓣遮盖术

【适应证】结膜瓣遮盖术适用于大面积或全角膜损伤或溃疡的病例。

【麻醉与保定】全身麻醉，或全身镇静配合患眼表面麻醉。俯卧或侧卧保定，患眼在上。

【术区消毒】用抗生素眼膏点眼保护角膜，眶裂周围剃毛，用灭菌棉拭子清除毛屑。用 0.5%聚维酮碘液浸润的纱布刷洗眼周，再用无菌生理盐水浸润的纱布刷洗，依次顺序交替刷洗 3 次，之后用无菌生理盐水冲洗眼部，最后使用抗生素滴眼液冲洗眼表。

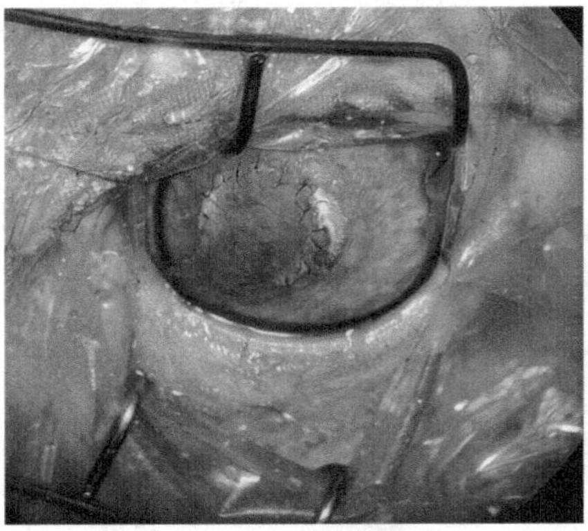
图 4-3　结膜瓣遮盖术

【术式】见图 4-3。沿角膜缘用眼科剪剪开球结膜，注意只剪开结膜而不要伤及巩膜结缔组织。钝性分离和剪开交替进行，根据角膜损伤的大小与位置，分离出足够覆盖损伤区域的结膜瓣。结膜瓣透明而有弹性，从眼球牵引时最好不要使其紧张。8-0 缝线结节缝合结膜边缘与健康角膜组织。角膜缺损上皮化时，要仔细切除上皮化的部分，使结膜瓣紧密贴合角膜的缺损部分。结膜瓣的制作方法有多种，各种方法都有效，原则是取得同样的目的和效果。

【术后护理】术后使用眼部抗生素滴眼液，每天 3～4 次。口服数天非甾体抗炎药，如美洛昔康[0.1mg/（kg 体重 · 24h）]；需佩戴伊丽莎白圈防止动物抓挠术眼，同时避免强光照射与剧烈运动。

二、第三眼睑遮盖术

【麻醉与保定】全身麻醉，或全身镇静配合患眼表面麻醉。俯卧保定，或侧卧保定，患眼在上。

【术区消毒】患眼常规消毒处理。

【术式】先将缝线穿过胶管。将上眼睑拉离眼球，在其外侧进针，穿过眼睑结膜于睑结膜和球结膜交界处附近出针。将第三眼睑用结膜镊提起离开眼球。从距其边缘 3～4mm 的眼睑侧向眼球侧进针，并做水平褥式缝合，这种缝合可以防止牵拉第三眼睑覆盖角膜时边缘向内折转（图 4-4A）。然后在上眼睑结膜缘进针，于眼睑皮肤处出针。以同样方法再缝合一针，然后两个线头分别与对应的线尾间隔预置的胶管打结（图 4-4B）。角膜覆盖一般可维持 10～14d，之后拆除缝线以观察角膜状态。

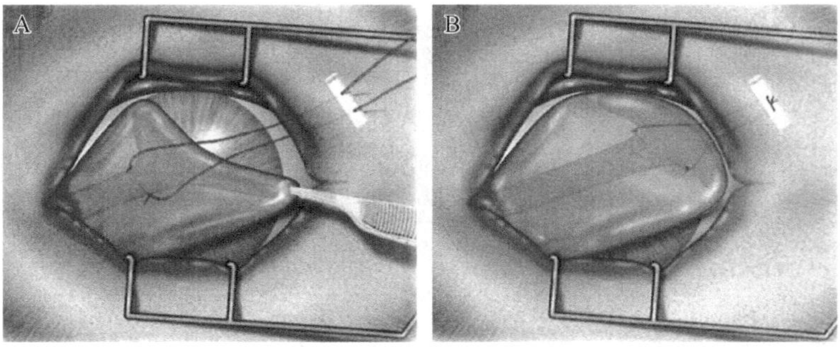

图 4-4　第三眼睑遮盖术

三、板层移植术

【麻醉与保定】全身麻醉，或全身镇静配合患眼表面麻醉。俯卧保定，或侧卧保定，患眼在上。

【术区消毒】患眼常规消毒处理。

【术式】用角膜环钻或角膜刀去除角膜中央病灶（如角膜坏死区域），角膜切口应垂直于角膜，以确保对合缝合并减少瘢痕形成。用 1×2 齿镊抓住角膜病变边缘并与下方清晰的角膜基质分离。从中央角膜缺损开始，在更靠近角巩膜缘侧，用角膜刀在角膜表面做两个延伸切口，类似“梯形”，延伸至角巩膜缘，并继续向结膜延伸。用 1×2 齿镊抓住这个角膜瓣尖端，并用角膜刀将其与深层基质分离。角膜移植皮瓣的宽度需大于缺损处 0.5mm，厚度需至少达到角膜厚度的一半。完全分离角膜结膜移植瓣，使其推进可覆盖缺损（图 4-5A）。使用 8-0 缝线结节或连续缝合角膜推进移植瓣和角膜，以同样方法缝合推进结膜瓣和两侧的角膜创口（图 4-5B）。

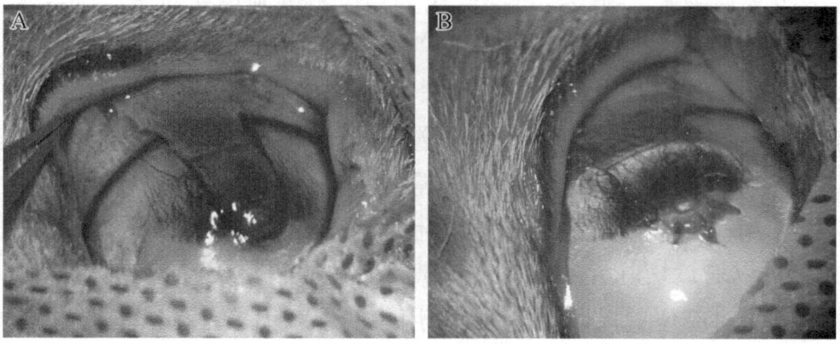

图 4-5　板层移植术

（金艺鹏　韩春杨）

第四节　眼 睑 疾 病

一、异位睫

正常位置的睫毛起源于眼睑缘真皮层，异位睫则是从睑板腺产生但从睑结膜处长出，可能会导致明显的角膜刺激。常见于西施犬、法斗、泰迪等。

（一）症状

常见症状包括泪溢、结膜充血、眼睑痉挛、长期且无法愈合的角膜溃疡。因为其毛发方向直接朝向角膜，异位睫更容易引起角膜溃疡。异位睫可能为单眼或双眼发病，更常见于幼龄犬的上眼睑（图 4-6）。

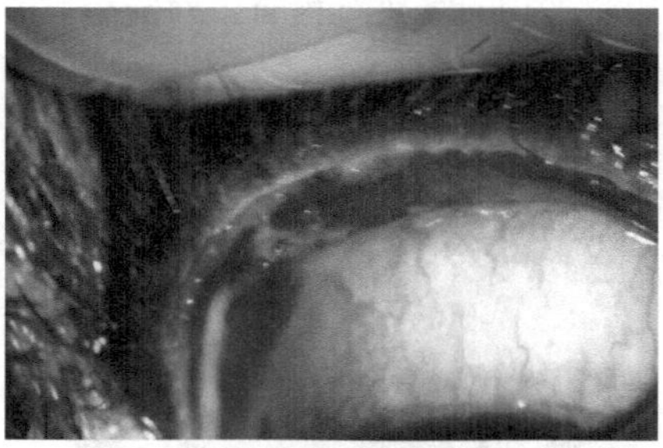
图 4-6　异位睫

（二）诊断

异位睫可能是白色或与睫毛颜色相同，需要在非常安静不动的动物上使用眼科专用放大设备才能观察到，甚至需要使用手术显微镜。

（三）治疗

异位睫的治疗方法包括冷冻、电解和切除，使用镊子拔除异位睫而不辅助进行其他方法仅能暂时解决症状，因为睫毛能在几周内重新生长出来，但是拔除毛发可以用于治疗性诊断该疾病。

1. 冷冻　该方法利用了毛囊相对于其他眼睑组织对冷冻治疗的显著易感性。一氧化二氮或液氮在冷冻探头上形成雪球，使其接触睑结膜来对下方的睑板腺进行冷冻。需要进行两次快速冷冻和缓慢解冻循环，循环结束后可以拔除所有看得见的异常睫毛。术后眼睑组织会产生明显的肿胀，毛囊会冷冻坏死，然而毛囊以外的眼睑组织相对较少或可再生。但是其他没有进行冷冻的位置可能会再次长出异常睫毛。围手术期可以使用局部及全身非甾体抗炎药进行镇痛并减少术后肿胀。眼睑缘可能会因为黑色素细胞坏死而出现脱色素，通常在 6 个月左右再生，但有时是永久性的。

2. 电解　该方法可以用于治疗数量较少的异常睫毛，但是没有冷冻治疗可靠和高效。连接直流电（1～5mA），将电解器针头置入异位睫处的睑板腺内，释放电流直到睑板腺沸腾出气泡（常为 20～30s）。随后拔出异常睫毛，应特别注意单个睑板腺中存在多处睫毛的情况。不能使用高频交流电进行电解脱毛，因为这会导致严重的坏死和眼睑瘢痕。

3. 切除　可以通过切除异常的毛囊、睫毛包括睑板腺治疗异位睫。需在放大设备下，使用霰粒肿钳固定住对应位置以防止出血，使用小的手术刀或 2～4mm 皮肤活检钻从睑结膜侧将异常睫毛、毛囊和睑板腺一并切除。为了确保异常的毛囊切除干净，可以去除全层眼睑，但需保持眼睑缘完整。结膜的切口无须缝合，按压即可止血。术后可以局部使用广谱抗生素眼药约 1 周。这个方法较为高效且不易复发，但需要注意的是，其他毛囊也可能出现异位睫，可以将此方法与冷冻治疗相结合。

二、双行睫

双行睫是指睫毛从睑板腺开口发出，与角膜平行并紧贴角膜，许多犬可见长而柔软的双行睫，尤其是泰迪、金毛、可卡犬。与异位睫的症状类似，本病可造成泪溢、结膜充血、角膜溃疡、眼睑痉挛等。但大部分双行睫较柔软，可能不会引起明显的临床症状。本病可使用眼科专用设备进行检查，对睑板腺开口进行确认。双行睫的治疗方法包括冷冻和电解脱毛，不推荐进行部分睑板腺切除术，因为术后易形成瘢痕造成眼睑内翻，同时眼睑缘瘢痕会破坏睑板腺。冷冻和电解脱毛方法同异位睫治疗方法。

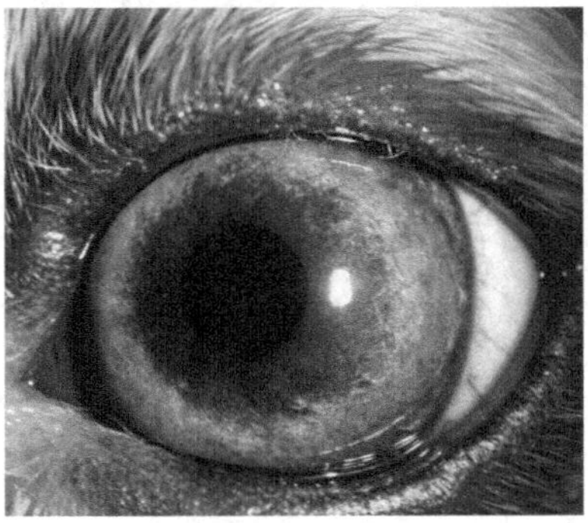

图 4-7　倒睫

三、倒睫

倒睫是指睫毛或毛发从正常的真皮层长出，但是方向错误并接触角膜（图 4-7）。常见于鼻褶、眼睑缺损或发育不全、眼睑内翻。短头品种犬如法斗、英斗、巴哥，短头品种猫如加菲、金吉拉等常见。

（一）症状

与异位睫和双行睫的症状相似，常见泪溢、结膜充血、眼睑痉挛、长期且无法愈合的角膜溃疡、角膜色素沉积等。但程度取决于引起刺激的毛发硬度、量、持续时间。

（二）诊断

鼻褶倒睫通常发生于短头品种，临床检查可发现动物的鼻褶毛发接触角膜，多为鼻侧区域的角膜。眼睑缺损常见于幼年猫，多发生于上眼睑颞侧区域，累及长度可能不同。临床检查可发现受累区域没有正常的眼睑边缘，外周皮肤的毛发可能接触球结膜和角膜。可通过评估眼睑边缘的位置来诊断眼睑内翻，若发现眼睑向内侧翻转，皮肤毛发接触眼表，即可诊断眼睑内翻。但眼睑内翻可能为原发性或继发性。原发性眼睑内翻是眼睑结构自身的异常，通常具有遗传性；而继发性眼睑内翻通常是结膜炎、角膜炎等眼部疼痛疾病导致了眼睑痉挛。由于治疗方案不尽相同，在诊断眼睑内翻的类型时应使用眼表面麻醉剂缓解眼睑痉挛，若眼睑位置自行恢复，则为继发性眼睑内翻，若眼睑痉挛缓解但眼睑仍为内翻状态，则为原发性眼睑内翻。无论哪种类型的倒睫，都应进行眼科检查评估角膜病变。

（三）治疗

倒睫的治疗取决于其类型及程度。鼻褶倒睫可选择鼻褶部分切除或全部切除。部分切除术即去除接触眼表区域的皮肤，可在一定程度上保留动物的品种外观特征。全部切除术即切除所有鼻褶区域，可更好地改善鼻褶皮炎问题，但外观影响更显著。轻度的眼睑缺损可通过长期药物治疗进行控制，推荐每日使用保湿润滑的眼药。但若缺损程度大，继发的眼表问题严重，则需手术干预，通常需要进行眼睑皮瓣矫形手术，如下眼睑转为皮瓣，甚至唇-睑皮瓣。眼睑内翻多需手术治疗。继发性眼睑内翻的动物，眼睑构型本身并无明显异常，因此通常仅需要进行眼睑暂时固定，以减少倒睫导致的眼表刺激加重。待原发病因解决后，眼睑痉挛消失，眼睑内翻也会自行缓解。对于原发性眼睑内翻的病例，则需要眼睑内翻矫形术。但也需要注意动物的头面部发育是否完全，因为发育期的动物其眼睑内翻的程度及范围仍可能发生变化。最经典的手术为Hotz-Celsus术式，在此基础上也有多种改良。无论哪种类型的倒睫，若引起角膜溃疡，也应遵循角膜溃疡的治疗原则。

（金艺鹏　芈春杨）

第五节　晶状体与眼房疾病

一、白内障

白内障是指多种眼病和全身性疾病引起晶状体浑浊及视力障碍的一种眼病（图4-8），小动物和马属动物较多发生。晶状体浑浊为蛋白质变性过程，一旦形成则无法逆转。

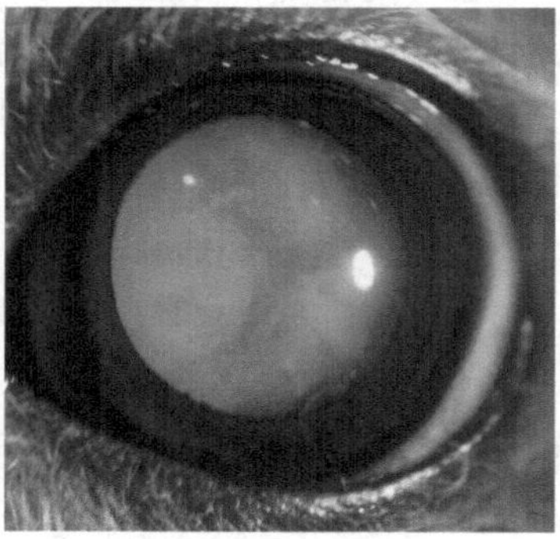

图4-8　白内障

（一）病因

晶状体呈双凸面，质软而富有弹性，位于虹膜与玻璃体之间，借晶状体悬韧带连于睫状体的睫状突上。晶状体前后最外层均为富有弹性的囊膜，前囊膜比后囊膜略厚，而前后两极最薄。晶状体中央为晶状体核，核与囊膜之间为晶状体皮质。晶状体核随着年龄增长而逐渐增大、变硬。晶状体无血管和神经，靠房水供给营养。如果房水质量发生改变或晶状体代谢障碍，晶状体即变浑浊，发生白内障。

（二）诊断

在临床主要是通过裂隙灯检查来进行白内障的诊断。白内障引起的视力障碍的程度取决于晶状体浑浊的范围和严重性。较小的浑浊可能对视力和行为没有影响。未成熟期白内障，晶状体弥散性浑浊，视力会下降，类似透过模糊的眼镜看东西。当双眼都处于成熟期白内障，患病动物会完全失明。在大多数情况下，是因为动物主人观察到患病动物因视力下降或失明引起的行为变化而来院就诊，如无法接球、在不熟悉的环境中撞物、胆小或不敢行动等。有时，动物主人会发现眼睛外观的改变，如眼睛发白，在光线昏暗瞳孔放大时更明显，或是晶状体诱导性葡萄膜炎（lens-induced uveitis，LIU）导致的眼部炎症迹象。在白内障快速发展的患犬，需结合全身症状及病史，排查糖尿病，因为高血糖会加速晶状体蛋白质糖化，促进白内障的形成，可能会在几周至几个月内迅速发展。由于猫晶状体生理代谢与犬不同，糖尿病患猫很少诱发白内障。在进行白内障的诊断时，确定患病动物在白内障发展期间或出现白内障之前，昼夜视力是否存在差异非常重要。若为核性白内障，在光线昏暗时瞳孔散大，患病动物可通过皮质区域看到物体，可能会出现光线暗时视力更好，光线强烈时，瞳孔缩小，视力减弱。若动物主人描述患病动物夜间视力下降，需同时排查是否存在进行性视网膜萎缩。

（三）治疗

白内障手术是将已经浑浊的完整晶状体或晶状体核与皮质进行摘除，以恢复患眼的光学通透性。囊内摘除术是将完整的晶状体摘除，但存在手术切口长、切口可能发生房水渗漏、玻璃体可能脱出等缺点。囊外摘除术是保留晶状体完整的后囊膜而仅除去晶状体前囊膜和皮质，具有手术切口相对较小、可维护房水与玻璃体间屏障而稳定玻璃体和虹膜的优点。超声乳化摘除术与人工晶状体植入术适用于白内障成熟过程中的任何阶段，具有手术切口小、术中眼压相对稳定和明显减少手术并发症的优点，但手术需要的超声乳化机等设备较昂贵，因此目前多应用于小动物临床，在大动物临床较多施行囊外摘除术。需在术前对动物行局部和全身检查，确定患眼无炎症及进行性全身性疾病，白内障处于成熟期或接近成熟期，且玻璃体、视网膜与视神经功能正常。

1. 白内障囊外摘除术

【术前准备】术前充分散瞳，应用1%阿托品滴眼，每天3次。或于术前1～2h使用2.5%～5.0%新福林和0.5%～1.0%托品酰胺滴眼，每5～15min滴眼1次，连用3次，可获得良好的散瞳效果。为避免或减少术中并发症，术前还需采取必要措施降低眼压，常用的方法是术前0.5～2h静脉注射20%甘露醇，每千克体重1～2g；或用纱布垫遮盖眼球后用掌心施压于眼球，每施压 20～30s 后放松 5～15s，加压时间一般需持续 3～5min。

【麻醉与保定】全身麻醉，配合患眼表面麻醉、眼轮匝肌麻醉。俯卧或侧卧保定，患眼在上。

【术式】先用金属开睑器撑开眼睑，或用缝线牵引开睑，必要时（如小眼球或小睑裂）可切开外眦，以充分暴露眼球。将闭合的 0.3～0.5mm 有齿镊放入眼球上方，在 12 点方位的角膜缘后约 10mm 处张开镊子，紧贴球结膜向下夹住上直肌，使眼球下转。接着在眼科镊后的上直肌下面穿过缝线，向上拉紧并用蚊式止血钳固定于创巾上，以维持眼球下转及固定状态。随后具体操作主要包括以下几个步骤。

1）*角巩膜缘切口* 先在结膜与角膜附着处做一小切口，经此切口潜行分离球结膜与巩膜的联系，沿结膜附着处 9～15 点钟方位做以穹隆为基底的结膜瓣。再于角膜缘后界或其后 1mm 的 10～14 点钟方位做垂直于巩膜面约 1/2 巩膜厚度的均匀性切开，前行分离至角膜缘前界或其前 0.5～1mm 透明角膜处，于中央底部用刀尖与虹膜平行向下刺一小孔，作为截囊针入口。

2）*截囊* 经上述穿刺孔向前房注入少量消毒空气或黏弹剂（如 2%甲基纤维素、透明质酸钠），以保持前房深度。将事先用 7 号一次性注射针头制成的截囊针小心插入前房，在晶状体前囊做直径适宜的开罐式环形切开；或行点刺法在前囊膜上先做数十个小点状切口，然后用针尖将环形分布互不连接的小切口连通而成大小适宜的前囊孔。

3）*挽核* 将上述穿刺孔扩大至 10～14 点钟方位，用黏弹剂注入针头轻轻松动晶状体核，然后左手持晶状体匙或显微镊轻压 12 点钟方位切口后唇，右手持斜视钩于角膜缘 6 点钟方位向眼球中心轻压，两手协调合力使晶状体核从角巩膜切口滑出。

4）*清除皮质* 先部分闭合角巩膜缘切口，可用连接 8-0～10-0 尼龙缝线的眼科铲形针对角巩膜缘切口行间断缝合。向前房插入注吸针头，一边灌注平衡液，一边抽吸皮质。注吸针头应位于虹膜平面向上或侧方，不可向后对着后囊膜注吸，以免后囊膜破裂。

5）*封闭切口* 用上述缝线将角巩膜缘切口完全闭合，注意缝针与创缘呈放射状，间距相等，缝线松紧适宜，线结埋入创缘巩膜侧。

6）*术毕处理* 球结膜下注射庆大霉素 2 万单位和地塞米松 3～5mg 的混合液，推移球结膜以覆盖创缘，亦可用 6-0 缝线间断缝合结膜创口。

【术后护理】患眼涂布抗生素眼膏，眼睑行暂时性缝合，术后 5～7d 拆除球结膜缝线。

2. 白内障超声乳化摘除术（phacoemulsification cataract extraction）与人工晶状体植入术（intraocular lens implantation）

【麻醉】吸入异氟烷进行全身麻醉，使用丙美卡因滴眼液点眼进行表面麻醉。为了在最佳状态下进行手术，建议使用神经肌肉阻滞剂，如静注阿曲库铵（0.2mg/kg 体重），以使眼球保持中央位，便于手术操作。

【保定】对于双侧白内障手术，犬、猫通常采用背侧卧位，头部用真空枕包裹，起稳定作用；如果进行单侧白内障摘除，动物的头部可以采用背侧或侧卧位。

【术区消毒】去除眼睑周围毛发，用 0.5%聚维酮碘溶液和无菌棉花或涤纶拭子清洁眼睑和角膜及结膜表面。用无菌盐水小心地冲洗角膜和结膜表面，用无菌涤纶拭子去除碎屑，术部覆盖创巾进行手术。

【术式】该手术的具体步骤如下（图4-9）。用角膜刀在角巩膜缘做一个3～5mm切口，允许插入白内障超声乳化头（图4-9A）。使用角膜刀或截囊针刺破前囊，以便于撕囊（图4-9B）。向前房充满黏弹剂以保证在超声乳化过程中维持前房形态（图4-9C）。用撕囊镊进行连续圆形撕囊（直径6～8mm）（图4-9D）。将超声乳化头小心地通过角膜切口，然后通过前囊撕开口进入晶状体皮质部（图4-9E）。超声乳化晶状体前皮质部和晶状体核（图4-9F）。如果需要使用劈核器将晶状体核劈成两半，则需要在角膜上另行开口插入。使用超声乳化头稳定细胞核，劈核器将核分成两半。劈核器尖端不应该延伸到晶状体核后方（图4-9G）。将晶状体核进行雕刻，分成四片，然后分别将其去除（图4-9H）。剩余的核和皮质通过平行雕刻而分裂（图4-9I）。将大部分晶状体碎裂并注吸，要小心注吸，以防吸出所有残留的物质，避免晶状体后囊膜撕裂（图4-9J）。通过人工晶状体植入器将人工晶状体植入晶状体囊（图4-9K）。用8-0或9-0可吸收缝线结节缝合角膜切口。

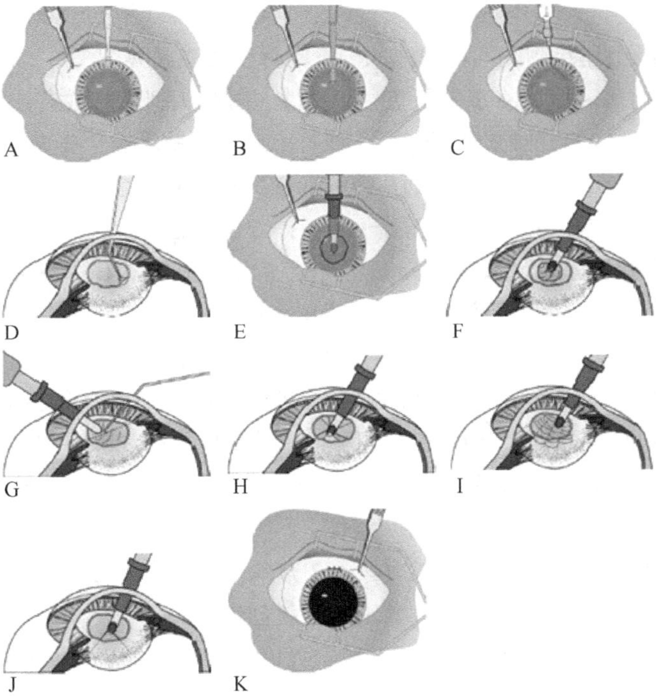

图4-9　白内障超声乳化摘除术与人工晶状体植入术

A. 做切口；B. 刺囊；C. 注入黏弹剂；D. 撕囊；E、F. 超声乳化；G. 劈核；H～J. 超声乳化；K. 植入人工晶状体

【术后护理】术后护理的主要目的是控制虹膜睫状体炎。手术后的治疗包括散瞳和局部使用抗生素及抗炎药物，如复方托吡卡胺滴眼液、泰乐菌素眼用凝胶与地塞米松滴眼液。在进行人工晶状体植入后，术后眼压（IOP）需要仔细的检测，术后前3个月发生青光眼的可能性高达40%～70%。这些动物的IOP升高可以局部使用0.5%噻吗洛尔，以及局部或全身性碳酸酐酶抑制剂。术后4～8周需要佩戴伊丽莎白圈，以防自我损伤。在术后前5～7d每天应检查术眼一次，术后2～4周应每周检查一次，然后每2个月检查一次

直到术后 6 个月。

二、青光眼

青光眼主要是由于眼房水排出受阻而致眼压增高引起的眼病（图 4-10）。以犬、猫和犊牛较为多见。

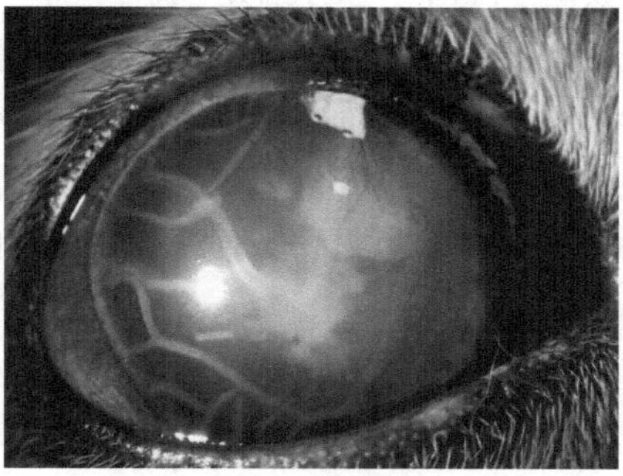

图 4-10 青光眼

（一）病因

前房角由角膜和虹膜、虹膜和睫状体的移行部分组成。前房角有细致的网状结构，称为小梁网，为眼房水排出的主要通道。在环绕前房角与小梁网邻近的巩膜组织内有巩膜静脉丛（即 Schlemm 管），其管壁由一层内皮细胞构成，外侧壁有许多集液管与巩膜内的静脉网沟通。眼房水经小梁网、巩膜静脉丛和房水静脉，最后经睫状前静脉进入血液循环。当眼房水因正常循环通道被破坏而积聚于眼内，即引起眼压升高。

（二）诊断

青光眼的诊断需综合考虑眼压测量、临床症状和眼部检查结果。房角镜检查是青光眼诊断过程中的重要组成部分，有助于评估虹膜角膜角的状态，区分开角型和闭角型青光眼，识别虹膜角膜角的阻塞程度，选择适当的抗青光眼药物，并监测治疗反应。正确解读房角镜检查结果对于及时诊断和有效管理青光眼至关重要，同时也需要详细记录病史，以评估另一只眼睛的潜在风险。

青光眼的临床表现与眼压升高的持续时间和严重程度相关。动物主人通常在眼压接近 40mmHg 时才会注意到眼睛异常。在青光眼的早期，可能仅有轻微症状，如偶发的球结膜充血，而在晚期阶段，视力丧失可能已无可挽回。在犬中，眼压大于 25mmHg，而在猫中大于 27mmHg，结合临床症状，可作为疑似青光眼的初步诊断依据。若眼压超过 20mmHg 且伴有其他症状或正在接受青光眼治疗，应高度怀疑青光眼。两只眼眼压差值超过 20%同样提示青光眼的可能。在进行青光眼的诊断时，需进行全项眼科检查，通过眼科检查可能发现青光眼相关的症状。

1）巩膜外血管充血　眼压升高导致巩膜外静脉充血，需与表面结膜血管充血区别开来，巩膜外血管更粗、颜色更深，结膜血管偏粉红色，覆盖在巩膜表面，具有一定游离性。

2）角膜和巩膜变化　包括水肿、牛眼（眼球增大）和 Descemet’s 条纹。眼压升高会损害角膜内皮的功能，导致角膜弥散性水肿。在慢性青光眼病例，较长时间的眼压升高会导致角膜和巩膜牵拉及眼球增大。角膜牵拉会出现角膜后弹力层线性破裂，表现出白色条纹，称为 Descemet’s 条纹。

3）前房深度变化　前房变浅可能指示青光眼的存在，尤其在猫，可能提示房水被引流至玻璃体腔，导致虹膜及晶状体向前移位。

4）瞳孔持续散大　瞳孔散大是眼压升高的表现，但并非特异性，需与其他症状综合判断（如虹膜萎缩、视网膜疾病等）。

5）晶状体变化　晶状体脱位或白内障可能与青光眼的发展相互关联，晶状体前脱位可能导致急性青光眼，青光眼后期眼球增大导致晶状体悬吊韧带断裂，会引起晶状体不稳定，玻璃体溢出、半脱位或全脱位。

在青光眼患病动物会观察到疼痛和行为改变。眼压急剧升高（50～60mmHg）可导致剧烈疼痛，表现为眼睑痉挛、活动减少、食欲缺乏、呕吐等。疼痛的长期存在可能被误认为是老化现象，而有效的治疗往往能显著改善动物的精神状态和生活质量。

临床诊断需区分青光眼与眼压测量中可能受到干扰的因素，如动物的配合度、过度保定、技术误差或设备故障。

（三）治疗

临床上常采取抗青光眼手术进行治疗。通过开放前房角或建立新的眼外、眼内房水排泄通道或抑制房水的分泌而使眼压降低，从而解除患眼疼痛及防止视神经和视力进一步受到损害。抗青光眼手术方法很多，应用较多的有解除瞳孔阻滞及开放前房角的虹膜周边切除术，建立新的眼外房水排泄通道的小梁切除术，以及减少房水生成的睫状体冷凝术。

【麻醉】全身麻醉，配合患眼表面麻醉。

【保定】俯卧保定，或侧卧保定，患眼在上。

【术式】常用的抗青光眼手术包括虹膜周边切除术、小梁切除术与睫状体冷凝术等。

1. 虹膜周边切除术　虹膜周边切除术适用于原发性虹膜膨隆型青光眼，以及虹膜后粘连引起瞳孔阻滞而继发的青光眼。手术目的是在虹膜周边部开一个小口，沟通前后房，使房水通畅地从后房流入前房，恢复前后房的生理压力平衡，减轻或消除虹膜膨隆，使前房角开放。具体操作如下：首先常规开睑，做上直肌牵引线，使眼球下转。在眼 12 点钟方位距角膜缘 5～8mm 处，与角膜缘平行剪开球结膜及巩膜，长度 8～10mm，做以角膜缘为基底的小结膜瓣（图 4-11A～C）。在结膜附着处之后 1～1.5mm 处，做 4～6mm 长角巩膜缘垂直半层切口，先在切口中央用 5-0 缝线预置一针缝线，再用刀尖在切口中央切开后半层，并扩大切口使内外层长度相等（图 4-11D～F）。因后房压力超过前房，虹膜常可自行脱出，否则将无齿虹膜镊伸入前房，夹住虹膜根部轻拉至切口外，并将虹膜剪与角巩膜缘平行剪除一小块虹膜全层组织（图 4-11G～J）。用虹膜恢复器轻轻按摩切口处角膜，使虹膜复位，再通过切口注入少量平衡生理盐水，恢复前房（图 4-11K）。结扎角巩膜缘预置缝线，将结膜瓣复位，用 5-0 缝线连续缝合球结膜创口（图 4-11L）。

2. 小梁切除术　小梁切除术适用于原发性或继发性开角型青光眼，以及小梁排水功能基本丧失的闭角型青光眼。手术目的是切除部分巩膜小梁组织，造成一个瘘道，使前房内房水经此瘘道引流至眼外，进入球结膜下间隙而逐渐被吸收，从而使眼压降低。具体操作为：常规开睑，做上直肌牵引线，使眼球下转，并如同前述做以上穹隆或角膜缘为基底的结膜瓣。在与角巩膜缘后界相距 6mm 处，做两条垂直于角巩膜缘的 5mm 长的巩膜半厚切口，再连接两切口两端。由此连线向着角巩膜缘方向以均等厚度剖切巩膜，直至角膜透明区内 0.5mm 处，即成以角巩膜缘为基底的 6mm×5mm 的巩膜瓣。为便于后面缝合巩膜瓣，在巩

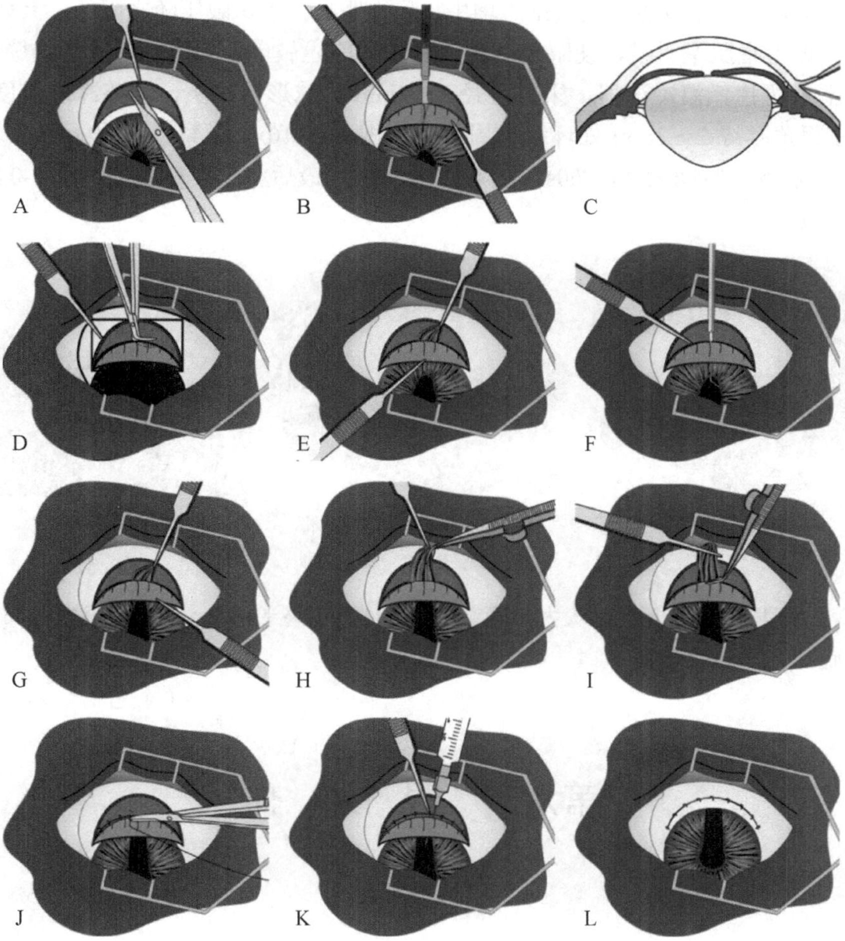

图 4-11 虹膜周边切除术

膜瓣两上角与邻近浅层巩膜间，分别以 5-0 丝线做预置缝线。掀起巩膜瓣，以角巩膜缘与角膜交界处后方 0.5mm 为前界，切除一条包括 Schlemm 管和小梁组织在内的深层巩膜，大小约 1.5mm×4mm。小梁切除后通常可见虹膜在切口处膨出，可用无齿虹膜镊夹住虹膜根部轻轻提起，如前述做虹膜周边切除。用虹膜恢复器轻轻按摩角巩膜缘，使虹膜复位。将巩膜瓣预置缝线打结，必要时增加结节缝合使其对合整齐。将结膜瓣复位，用 5-0 缝线连续缝合球结膜创口（图 4-12）。

图 4-12 小梁切除术

3. 睫状体冷凝术 睫状体冷凝术适用于先天性、顽固性、失明而又疼痛，或经其他抗青光眼治疗无效的晚期青光眼。手术目的是对睫状体相应的巩膜表面进行冷冻，直接破坏睫状体上皮及其血管系统，减少房水产生。但术后早期术眼常发生持续数天的剧烈疼痛，这与术后一过性高眼压及前色素层炎有关。术后早期常规应用降眼压药物、解热镇痛剂和皮质激素等，即可使症状缓解。3 个月后，睫状突萎缩变平，毛细血管消失，成纤维细胞和色素细胞增生，房水明显减少，眼压随之降低。具体操作为：常规开睑，做上直肌牵引线，使眼球下转，并如同前述做以上穹隆为基底的结膜瓣。常用液氮冷冻器或可控低温冷冻器，采用直径 2～3mm 的球形冷冻头，调整冷冻温度为−80～−60℃，在距角膜缘 2～3mm 处环绕半周巩膜面做大约 10 个冷凝点（图 4-13A），每点相隔 2mm，每点冷凝时间为 40～60s（图 4-13 B、C）。最后将结膜瓣复位，用 5-0 丝线连续缝合球结膜创口。

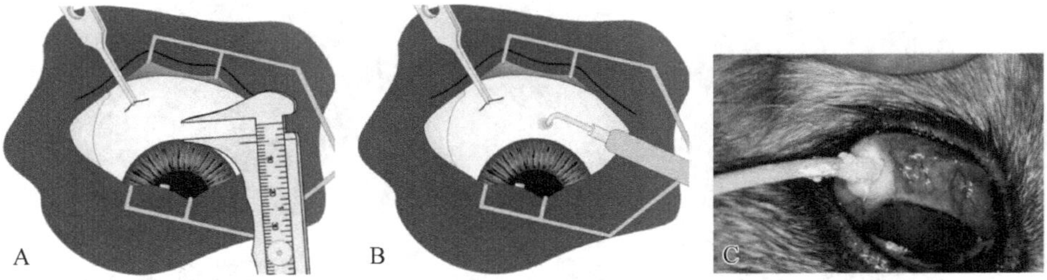

图 4-13　睫状体冷凝术

A. 测距；B、C. 分点冷凝

【术后护理】球结膜下注射庆大霉素 2～4 万 U、地塞米松 2～5mg，眼内涂布抗生素眼膏，然后施行第三眼睑遮盖术。

（金艺鹏　韩春杨）

第六节　眼　外　伤

一、局部解剖

眼球位于眼眶内，前部除角膜外有球结膜覆盖，中后部有眼肌附着，分别为上直肌、下直肌、内直肌、外直肌、上斜肌、下斜肌和眼球退缩肌，后端借视神经与间脑相连。眼球 4 条直肌起始于视神经孔周围，包围在眼球退缩肌外周，向前以腱质分别抵止于巩膜上、下、内、外表面。眼球上斜肌起始于筛孔附近，沿内直肌内侧前行，通过滑车而转向外侧，经上直肌腹侧抵于巩膜。眼球下斜肌起始于泪骨眶面、泪囊窝后方的小凹陷内，经眼球腹侧向外延伸抵于巩膜。眼球退缩肌也起始于视神经孔周围，由上、下、内、外 4 条肌束组成，呈锥形包裹于眼球后部和视神经周围，并抵止于巩膜。眼眶结构在不同物种中存在差异，在捕食性物种如犬和猫中，骨性眼眶在腹侧和背外侧方向是不完整的，因此被归类为开放式眼眶，这与灵长类动物、马、牛和羊的闭合式眼眶形成对比。犬和猫眼眶的背外侧部分由密集的胶原性眼眶韧带覆盖。在犬、猫中，猫眼球比犬眼球占据更多的眼眶空间，尽管在不同品种的犬中存在显著差异，短头品种犬的眼眶空间明显减小，导致这些品种更容易出现眼球突出。

二、定义

眼球及其眼附属器由于外来的机械性或化学性伤害而引起的各种眼部病理性变化，严重时可能导致眼球不可逆的损伤和致盲。

三、病因

眼外伤的病因主要与损伤发生的事件本身有关。常见的眼外伤的病因包括：猫抓伤、犬咬伤、头面部外伤（打伤、车祸、撞击、坠楼）、贯穿伤、化学灼伤等。其中，猫抓伤和犬咬伤经常会导致角膜损伤甚至穿孔；犬咬伤或头面部外伤可能会引起眼球脱出、眼内出血或眼球破裂；眼部贯穿伤可能会引起严重的眼内感染；化学灼伤即酸性或碱性物质接触眼部损伤角膜及结膜，可能导致严重的角膜损伤和眼内炎。对所有眼外伤的病例，都应尽可能尝试挽救眼球。

四、症状

眼外伤常见的临床症状包括眼部疼痛、视力下降以及一种或多种眼部或眼周组织异常。若损伤影响眼眶，可能出现眼球突出、眼睑闭合不全、眼眶骨折、眼眶肿胀、眼球运动受限或斜视；损伤影响眼睑，可能会出现眼睑撕裂、挫伤、肿胀或面神经受损；损伤影响结膜，可能会出现结膜肿胀、结膜下出血、结膜充血和结膜/第三眼睑撕裂；损伤影响前房或眼内，可能会出现角膜撕裂、角膜穿孔、虹膜嵌顿、前房塌陷、前房积血、瞳孔不等大、视力下降；损伤影响晶状体，可能会导致晶状体脱位/半脱位、晶状体破裂、白内障；损伤影响玻璃体及眼底，可能会出现玻璃体出血、玻璃体溢出、视网膜脱离、视网膜出血、巩膜破裂等。

五、诊断

对于经受眼部外伤的患病动物，在触碰眼球之前务必进行全面的临床检查，以避免二次损伤眼球。

眼球的任何部位以及眼附属器的组成部分都可能受到创伤的影响。眼球的损伤可能是闭合性的，即眼球的纤维层（角膜巩膜层）完整，但存在眼内损伤；也可能是开放性的，即角膜巩膜层出现全层伤口。在诊断时可以进行眼部的视诊观察整体情况，检查是否有眼眶变形、眼球位置或大小改变、是否存在活动性出血，若患病动物配合，可轻柔触诊眼周，检查骨骼是否连续，是否存在骨折的表现。随后需视情况进行眼科检查，确认眼压、角膜、结膜、前房、虹膜、晶状体、玻璃体以及眼底视网膜。当部分病例存在眼内出血或前房积血，由于血液影响透明度，无法对后节进行评估，可借助超声检查进一步评估。若怀疑有头面部骨骼或脑组织神经损伤，可能需高阶影像学的检查，如 CT 或 MRI 检查。在处理这些病例时，医生需要非常小心，以避免任何不必要的操作导致额外的伤害，并确保采取适当的措施来控制炎症和其他并发症，同时进行必要的治疗。

六、治疗

由外伤导致不同的眼部疾病，如角膜疾病、葡萄膜炎、晶状体疾病等，需采取相应的治疗方法。因眼外伤造成的眼球全脱出、全眼球炎、严重的角膜穿孔或继发眼内化脓感染无法控制时，应施行眼球摘除术，并可酌情开展义眼植入术。

1. 眼球摘除术

【麻醉】全身麻醉，或配合患眼眼轮匝肌麻醉。大动物也可行全身镇静配合球后麻醉。

【保定】俯卧保定，或侧卧保定，患眼在上。

【术式】手术要点主要是切断眼球与球结膜及 7 条眼肌的联系，切断视神经及邻近血管，分离眼球周围的脂肪组织，便可从眼眶内将眼球顺利摘除。常用的手术方法包括经球结膜眼球摘除术与经眼睑眼球摘除术。

1）经球结膜眼球摘除术　　适用于眼球脱出、严重角膜穿孔及眼球内容物脱出、角膜穿透创继发眼内感染但尚未波及眼睑的情况，具有操作简便、出血少、对动物外观影响小的优点，在临床上最常采用。具体操作见图 4-14：用金属开睑器撑开眼睑或用缝线牵引开睑，必要时（如小眼球或小睑裂）可切开外眦，以充分暴露眼球。用有齿组织镊夹持角膜缘邻近球结膜，在穹隆结膜上做环行切开。将弯剪紧贴巩膜向眼球赤道方向分离，分别剪断 4 条直肌和 2 条斜肌在巩膜的止端。继续用有齿镊夹持眼球直肌残端并向外牵引，用弯剪环行分离眼球深处组织，至眼球可以做旋转运动。然后将眼球继续前提，用小弯止血钳伸入球后，紧贴眼球钳夹眼球退缩肌、视神经及其邻近血管，在止血钳上缘将其剪断，即可取出眼球。尽量结扎止血钳下面的血管，以减少出血。连续缝合结膜，剪除眼睑缘，结节缝合眼睑。

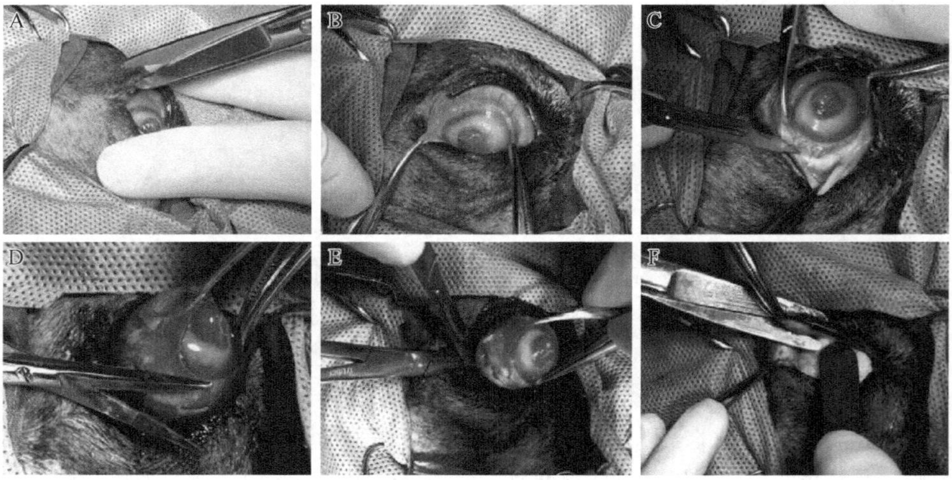

图 4-14　经球结膜眼球摘除术

A. 切开外眦；B. 暴露操作视野；C. 分离眼球组织；
D. 剪断眼球直肌残端；E. 取出眼球；F. 止血

2）经眼睑眼球摘除术　　适用于眼球严重化脓性感染或眶内肿瘤已蔓延到眼睑的动物，切除部分眼睑有利于手术创取第一期愈合。具体操作见图 4-15：上、下眼睑常规剪毛、消毒后，将上、下睑缘连续缝合，闭合睑裂。在触摸眼眶和感知其范围基础上，环绕睑缘做一椭圆形切口，依次切开皮肤、眼轮匝肌至睑结膜，但需保留睑结膜完整。一边用有齿组织镊向外牵拉眼球，一边用弯剪环行分离球后组织，分别剪断所有直肌和斜肌。当牵拉眼球可做旋转运动时，用小弯止血钳伸入球后，紧贴眼球钳夹眼球退缩肌、视神经及其邻近血管，在止血钳上缘将其剪断，即可取出眼球。尽量结扎止血钳下面的血管，以减少出血。当出血控制后，可将球后组织连同眼肌等组织一并结扎，以填塞眶内死腔。最后结节缝合眼睑皮肤切口，并做结系眼绷带或装置眼绷带。

【术后护理】术后可因眶内出血而引起术部肿胀和疼痛，或从创口流出血样液体，所以应视动物具体情况全身使用止血药、止痛药等。若眼部感染有扩散可能，应早期大量使用抗生素。术后3～4d炎性渗出物逐渐减少，可行眼部温敷以减轻肿胀和疼痛。

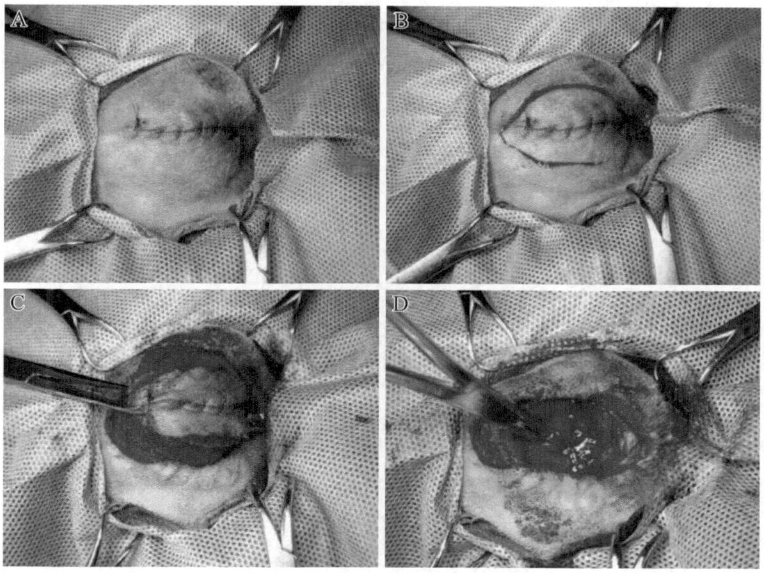

图 4-15 经眼睑眼球摘除术

A. 闭合眼睑；B. 做切开；C. 分离眼皮下组织；D. 止血

2. 义眼植入术

【麻醉】全身麻醉，或全身镇静配合患眼表面麻醉。

【保定】俯卧保定，或侧卧保定，患眼在上。

【术区消毒】用抗生素眼膏点眼保护角膜，眶裂周围剃毛，用灭菌棉拭子清除毛屑。用0.5%聚维酮碘液浸润的纱布刷洗眼周，再用无菌生理盐水浸润的纱布刷洗，依此顺序交替刷洗3次。用无菌棉拭子清洁第三眼睑内外两侧结膜，移除剩余的毛屑和分泌物。之后用0.9%无菌生理盐水冲洗眼部，注意眼睑内不能使用洗必泰。

【术式】手术要点主要是切开结膜，分离结膜后切开巩膜，通过巩膜切口将眼内容物取出，然后植入义眼（图4-16），最后缝合伤口。具体操作主要包括以下几个步骤。

（1）用眼睑撑开器撑开眼睑，根据需要可切开眼外眦，充分暴露手术视野。在眼球12点钟方向距离角巩膜缘5～7mm处按150°～180°切开结膜、用手术器械分离结膜，分离时巩膜上尽量不要残留眼球筋膜（也就是让筋膜尽量附着在结膜上）。之后在距离角巩膜缘4～5mm处用手术刀150°～180°切开巩膜。

（2）在巩膜切口处使用手术器械分离和摘除眼球内容物（葡萄膜、晶状体、玻璃体及视网膜）。巩膜切开至眼内容物摘除的操作会造成较多出血，同时使用吸引器吸引操作较容易。

摘除眼球内容物后用生理盐水小心冲洗眼球内部，确认无血凝块或组织残留。但过度清洗会损伤角膜内皮，所以要将冲洗力度控制在适宜的范围内。

（3）使用义眼植入器将灭菌后的硅胶义眼植入眼内。切记植入时如果巩膜切开的长度不够，勉强植入可能会造成巩膜破裂，因此遇到哪怕很小的异常，为了安全考虑，应扩大巩膜切口后重新植入义眼。

（4）最后用 5-0 号或 6-0 号可吸收缝线单纯结节或者单纯连续缝合巩膜切口处，再用 5-0 号或 6-0 号可吸收缝线单纯连续缝合结膜切口处。若切开过眼外眦，以同样的尼龙线在睑裂外侧 1/3～1/2 范围内部分缝合眼睑。

（5）术后建议住院一周，在此期间需配合使用抗生素和止痛药，拆线之前需 24h 佩戴伊丽莎白圈（防止自我抓挠），术后 14d 拆线。

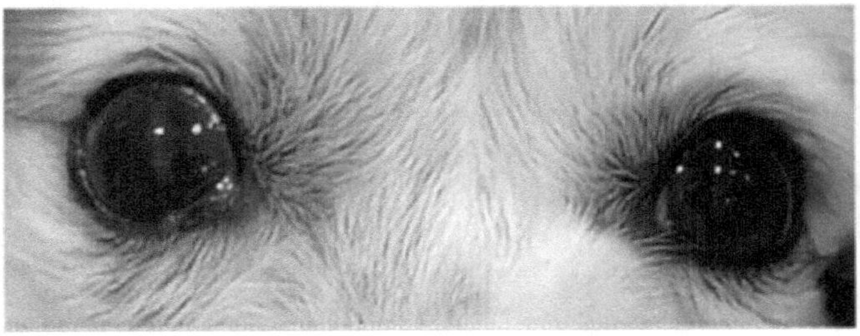

图 4-16　义眼

（金艺鹏　韩春杨）

第七节　色素层和视网膜疾病

一、色素层疾病

（一）局部解剖

色素层是指眼球壁层的中间层，也称葡萄膜。按解剖位置可将葡萄膜分为虹膜、睫状体、脉络膜。其中虹膜和睫状体可称为前葡萄膜，脉络膜也称为后葡萄膜。

虹膜中间的空洞即为瞳孔，通过控制虹膜上两类肌肉的变化，可以改变瞳孔的大小，进而改变进入眼睛的光量。虹膜括约肌相对较强，它主要由副交感神经支配，负责缩小瞳孔。瞳孔为圆形的哺乳动物的肌纤维束与瞳孔呈同心分布；而在瞳孔非圆形的物种中（如猫），肌肉的排列更为复杂。虹膜扩张肌主要由交感神经支配，负责散大瞳孔，它是一层起源于睫状体附近的放射状纤维，从虹膜根部一直延伸到瞳孔边缘。

睫状体在虹膜的后方。其后表面有许多褶皱，称为睫状突，继续向后的部分则称为平坦部。睫状突处延伸出睫状小带，连接至晶状体赤道部，将晶状体悬吊在眼轴中央，它还可以通过牵拉改变晶状体形状或前后位置，进而改变眼睛焦点位置。睫状体负责房水的产生，为眼结构提供营养，并帮助调节眼压。

脉络膜位于视网膜和巩膜之间。其血管极为丰富，滋养外层视网膜。对于视网膜血管较少的物种（如马、兔），视网膜在很大程度上依赖于脉络膜的血液供应。许多家养哺乳动物的内层毛细血管中有一层反光层——毯层。其反射特性让不同动物的眼底具有不同的颜色。另外，当光线经过视网膜后在毯层反射，二次经过视网膜可以提高动物在昏暗光线下的感光能力。

葡萄膜在维持血-眼屏障中起着关键作用，血-眼屏障限制了可进入眼内的细胞和蛋白质类型，有助于眼内介质的透明。血-眼屏障主要由血-房水屏障和血-视网膜屏障组成。

（二）分类

色素层疾病可分为先天性异常和获得性疾病。先天性异常包括瞳孔异常、持久性瞳孔膜等。获得性疾病包括葡萄膜炎、创伤、葡萄膜囊肿、肿瘤等。色素层疾病还包括虹膜萎缩。

瞳孔异常的类型包括形状异常、位置偏离、多瞳孔、无虹膜、虹膜缺损等。除先天性因素，也可能与外伤、瘢痕、萎缩等问题相关。虹膜粘连也可能使瞳孔变形。因此，瞳孔异常可能是其他异常的重要指示。

持久性瞳孔膜只是在发育过程中，覆盖在未来瞳孔上的间充质膜未被吸收，在出生6周后仍持续存在。它可能从虹膜延伸至虹膜其他位置、角膜、晶状体，进而导致角膜水肿、白内障，甚至引发视力问题。

虹膜缺损是一种先天性异常。虹膜萎缩是指老年动物虹膜逐渐缓慢进展的变薄，可能表现为瞳孔变形、虹膜出现空洞。通常均不需要治疗，但需注意如果虹膜的缺失范围较大，可能动物在强光下会出现羞明，太阳镜可提供一些帮助。

葡萄膜囊肿是起源于虹膜或睫状体后色素上皮的充满液体的卵圆形至球形结构。本病可能存在遗传基础，通常为先天性疾病，但可能观察到时动物通常已经成年。囊肿可能依附于虹膜，也可能游离在前房中。当存在瞳孔阻塞、影响视力、继发青光眼时，可考虑手术干预。

（三）葡萄膜炎

葡萄膜炎是指虹膜、睫状体、脉络膜的炎症。通常虹膜和睫状体的炎症会伴随发生，统称为前葡萄膜炎，脉络膜炎也称为后葡萄膜炎。

1. 病因 葡萄膜炎的病因非常多，可能是眼部因素，也可能与系统性疾病相关。眼部因素包括角膜溃疡、白内障、肿瘤等。系统性病因又分为感染性（细菌、真菌、病毒、原生动物、寄生虫）、免疫介导性、肿瘤、代谢性、创伤、毒素等。常见病因包括猫传染性腹膜炎、葡萄膜皮肤综合征、淋巴瘤、高脂血症等。

2. 症状 无论何种原因导致的葡萄膜炎，临床症状通常包括：羞明/眼睑痉挛，提示眼部疼痛；流泪；巩膜外血管充血或角膜周围睫状充血；房水闪辉；前房内游离炎症细胞；炎症细胞黏附于角膜内皮，即角膜后沉积物；前房积脓或前房积血；瞳孔缩小；眼压降低；虹膜前粘连或后粘连；虹膜肿胀；虹膜色素沉着；玻璃体浑浊；视网膜水肿、渗出或脱离。

葡萄膜炎可能导致很多后遗症或并发症，包括虹膜粘连、白内障、青光眼、视网膜脱离等。虹膜后粘连是指虹膜与晶状体前囊发生粘连，通常导致瞳孔形状不规则。粘连最初是纤维素性的，但后来变成纤维血管性的，难以分离。如果整个瞳孔周围形成粘连，就可能发生虹膜膨隆。这样一来，房水被困在虹膜后，导致虹膜向前隆起，继发青光眼。虹膜前粘连是指虹膜与小梁网或虹膜与角膜之间的粘连。房水通过虹膜角膜角的引流被迫减少，也会继发青光眼。葡萄膜炎后常发生白内障，可能是由于房水成分的改变影响了晶状体的营养供应。当对同时患有白内障和葡萄膜炎的动物进行检查时，必须确定是白内障导致的葡萄膜炎，还是葡萄膜炎引起的白内障。葡萄膜炎时，房水产生减少而流出增加，进而导致眼压降低。但如果眼压正常或升高，则可能有发生青光眼的风险。脉络膜炎导致炎症细胞渗出时可引起视网膜脱离。玻璃体内炎症形成收缩带也可能牵拉视网膜导致脱离。

3. 诊断 葡萄膜炎的诊断基于眼科检查时发现相关症状，如虹膜肿胀、充血，房水闪辉，瞳孔缩小，角膜后沉积物，前房积脓或前房积血，眼压降低，视网膜水肿、渗出或脱离。临床上，根据具体症状将葡萄膜炎按严重程度进行区分。轻度葡萄膜炎的表现包括轻度结膜充血，房水闪辉很轻甚至不明显，眼压降低；中度葡萄膜炎时则有更明显的结膜充血和房水闪辉，眼压可能降低也可能正常；重度葡萄膜炎的房水闪辉非常显著，伴有纤维蛋白渗出、前房积脓。

由于葡萄膜炎对视力的影响很大，病因也与很多全身性疾病相关，因此病因诊断也十分重要。一旦诊断出葡萄膜炎，应尽一切努力确定炎症的具体原因，才能开始最有效的治疗。通常需要进行彻底的病史询问、全面的体格检查以及其他诊断性检查，如全血细胞计数、血清生化、尿液分析、影像学检查等。

有学者根据葡萄膜炎的表现将其分为肉芽肿性和非肉芽肿性，这可能是临床上最实用的方法，因为可能有助于指导病因诊断。大多数肉芽肿性葡萄膜炎与微生物或外来物质有关，而非肉芽肿性葡萄膜炎常与物理、中毒性或过敏性原因有关。另外，还有一些经验性总结：存在角膜后沉积物的葡萄膜炎可能与眼内肿瘤、猫传染性腹膜炎、全身真菌病或眼内异物相关。同时累及前节和后节的严重葡萄膜炎常伴有系统性真菌病、淋巴肉瘤或葡萄膜皮肤综合征。伴有出血的葡萄膜炎病例常患有系统性高血压、眼内肿瘤、凝血病或蜱传疾病。

4. 治疗 无论葡萄膜炎的病因是什么，通用治疗包括控制炎症、预防并发症和缓解疼痛。对于明确葡萄膜炎病因的病例，积极治疗原发病则是更加重要的。

最常用的抗炎药为皮质类固醇，可局部给药、结膜下注射或全身给药。如果要局部给药，务必先确保角膜荧光素染色阴性。此外，如果未排除活动性感染性疾病，则不应进行全身免疫抑制治疗。不同程度葡萄膜炎的推荐用药如下。

（1）轻度葡萄膜炎：0.1%地塞米松或1%醋酸泼尼松龙眼药，每6～12h用药1次。

（2）中度葡萄膜炎：0.1%地塞米松或1%醋酸泼尼松龙眼药，每4～6h用药1次；泼尼松龙口服，0.25mg/kg，每日1次。

（3）重度葡萄膜炎：0.1%地塞米松或1%醋酸泼尼松龙眼药，每1～4h用药1次；泼尼松龙口服，1mg/kg，每日1次；曲安奈德，1～2mg，结膜下注射。

此外，还可以使用非甾体抗炎药，如氟比洛芬、舒洛芬、双氯芬酸等，通常可以每6～12h用药1次。全身性非甾体抗炎药通常根据不同物种的推荐剂量给药。

1%阿托品眼药具有散瞳和睫状肌麻痹作用。瞳孔散大可以使虹膜远离晶状体前囊，减少虹膜后粘连和继发性青光眼的风险。但需注意，散瞳后可能容易导致眼压升高，因此使用前应先测量眼压。另外，睫状肌麻痹即可减轻疼痛。

当进行眼科检查时发现，葡萄膜炎病例的眼压正常或升高，即可认为存在青光眼趋势。使用碳酸酐酶抑制剂（如布林佐胺、多佐胺）和β受体阻断剂（如噻吗洛尔）可降低眼压。但前列腺素衍生物（如拉坦前列腺素、曲伏前列腺素）会使瞳孔缩小，并加剧眼内炎症，因此不常使用。

（四）原发性葡萄膜肿瘤

1. 腺瘤或腺癌　这类肿瘤通常表现为单个肿块，从虹膜后突出进入瞳孔或穿过虹膜进入前房。肿瘤是否有色素取决于起源于色素性还是非色素性睫状体上皮。这类肿瘤很少导致眼压升高。通过裂隙灯、检眼镜、超声检查可以评估肿物的范围。较小肿瘤（不超过1象限的范围）的治疗包括手术摘除眼球或激光辅助破坏肿瘤和邻近的睫状体。虽然激光手术可以保留眼球和视力，但很难完全清除肿瘤。虽然肿瘤转移率不高，但如果肿瘤已经侵袭其他眼组织，存在青光眼或前房积血等风险，或者肿瘤很大，则更建议眼球摘除。如果肿瘤没有扩散到眼球外，预后较好。

2. 犬葡萄膜黑色素瘤　犬的黑色素瘤更常发生在虹膜和睫状体。这类肿瘤良性居多，但恶性肿瘤也曾见于虹膜、睫状体，较少见于脉络膜。肿瘤坏死可引起葡萄膜炎，还可能出现角膜浑浊、前房积血、继发性青光眼。如果肿瘤较小（不超过1象限的范围）并且是局限性的，可考虑局部切除或激光光凝术。但若肿瘤太大，出现临床症状（难治性青光眼、葡萄膜炎、前房积血）则建议眼球摘除术。如果有肿瘤穿透巩膜的迹象，则建议进行眶内容物剜除术。如果在肿瘤穿透巩膜之前摘除眼球，预后更佳。犬葡萄膜黑色素瘤的转移率不到5%。建议术后频繁复查（1年内每3个月检查1次，之后每年检查1～2次）。

3. 猫弥散性虹膜黑色素瘤　这类肿瘤多见于老年猫，通常首先表现为虹膜上单个或多个、扁平的色素斑，称为虹膜痣。这些色素可能在猫终生保持静止，也可能在数月至数年期间缓慢进展。有时虹膜表面的一些小角细胞不知不觉地转变为具有显著核仁的圆形细胞，并侵入虹膜基质，这标志着向弥散性虹膜黑色素瘤转变的开始。但临床上没有任何标志物可用于确定这种转化何时发生。因此，可参照以下标准进行手术摘除：虹膜基质明显增厚或瞳孔变形，累及睫状体、巩膜，继发青光眼、顽固性葡萄膜炎。猫虹膜黑色素瘤的转移率为20%～25%。但转移性病变的生长速度通常也非常缓慢，需要数年时间才能出现明显的病灶。如果肿瘤侵袭睫状体、巩膜，则预后相对较差。发生继发性青光眼也预示了中位生存期的缩短。

二、视网膜疾病

（一）局部解剖

视网膜是指眼球壁层的最内层，覆盖眼球后部大部分面积，是光信号转变为电信号的第一步。视网膜在功能上可以被视为一个具有三个神经元的感觉单元，即光感受器将视觉信号通过双极细胞传递到视网膜神经节细胞（retinal ganglion cell，RGC）上。而在组织学上通常分为 10 层。从外侧到内侧分别是：①视网膜色素上皮（retinal pigment epithelium，RPE）；②光感受器层；③外界膜；④外核层；⑤外丛状层；⑥内核层；⑦内丛状层；⑧神经节细胞层；⑨视神经纤维层；⑩内界膜。

其中第 1～5 层被称为外层视网膜，因为它们毗邻脉络膜。第 6～10 层被称为内层视网膜，因为它们毗邻玻璃体。视网膜色素上皮是视网膜的最外层，面对脉络膜。它被认为是视网膜的非神经元层，但在支持视网膜功能方面具有重要作用。第 2～10 层统称为感觉神经视网膜，因为它们处理神经元信号或视觉感觉。

视网膜的排布方向似乎不符合逻辑，光感受器是邻近脉络膜的最外层，而 RGC 是邻近玻璃体的最内层。然而，这种解剖结构被称为倒置视网膜。入射的光线必须通过 RGC 并穿过整个视网膜才能被外层的光感受器吸收，而它们产生的神经元信号必须再次穿过整个视网膜并通过内层 RGC 的轴突离开眼睛。有些学者认为这是眼部进化的结果，也有人提出这种解剖结构的原因是光感受器对代谢的高要求，因此需要把这些细胞放在它们的“私人”血液供应，即脉络膜旁。视网膜是体内代谢最活跃的组织，因此大多数物种的视网膜具有双重血液供应。外层视网膜的光感受器由脉络膜供应，视网膜的其余层通常由视网膜血管供应。

光感受器包括视椎细胞和视杆细胞。视锥细胞具有更强的视觉分辨能力，而视杆细胞主要负责运动检测。视杆细胞比视锥细胞对弱光和光照的微小变化更敏感，因此，在昏暗的环境和夜间发挥作用。视锥细胞则主要在高水平的光照下发挥作用。

视杆细胞和视锥细胞的外节含有感光分子或感光色素，可以吸收入射光粒子的能量。这些分子可以吸收一系列波长的光，每一类感光色素在特定波长或色相处有峰值吸收。感光色素由两部分组成，一种是发色团，另一种叫作视蛋白，它决定了感光色素将吸收光的波长范围，从而使眼睛能够感知光谱中的颜色。具有双色觉的物种有两种视蛋白，通常会忽略红色或绿色。与人们印象中认为的动物只有黑白两色的看法相反，大多数家养动物（包括犬）是双色的，猫甚至可能拥有三色视觉。

视盘也称视神经头、视乳头，指视网膜神经纤维层的 RGC 轴突大约偏转 90°，以视神经的形式离开眼睛的区域。视盘位于眼球后极的腹外侧。髓鞘决定了视盘的颜色、大小和形状。猫视神经纤维的髓鞘化在神经纤维离开眼睛后开始于视盘后方，因此视盘为圆形、深色；犬的髓鞘化通常在视盘水平开始，导致视盘表面往往呈白色至粉红色，但视盘的大小、形状和颜色各有不同。

眼底镜检查时可见从视盘放射出的血管是供应内层视网膜的血管。粗而直的血管是静脉，通常有 3 条静脉（上方、腹内、腹外），但也可能有 4 条或 4 条以上的大静脉。犬的视网膜静脉穿过视盘表面，通常形成一个血管环。猫的视网膜静脉在视盘边缘终止。动脉数量更多（10～20 条），通常比静脉更曲折。

（二）视网膜脉络膜炎和脉络膜视网膜炎

由于脉络膜与视网膜的距离很近，在血-视网膜屏障被破坏后，脉络膜的炎症常常延伸到视网膜，反之亦然。常见由真菌（如隐球菌病）或病毒（如猫传染性腹膜炎）引起的全身性感染，累及脉络膜并扩展至视网膜。视网膜脉络膜炎和脉络膜视网膜炎之间的区别是病因及结果的顺序，但临床上很难区分。无论炎症从哪里开始，最终都会导致血-视网膜屏障的破坏，最终影响视网膜和脉络膜。

（三）视网膜出血

视网膜和周围组织的出血常与许多全身性血管疾病相关，如血小板减少症、凝血异常、全身性高血压和全身性感染性疾病。通过检眼镜检查，有可能将出血定位到受累的层面，即视网膜下（视网膜和脉络膜之间）、视网膜内或视网膜前（玻璃体后皮质和内界膜之间）。定位有助于确定血液来源：视网膜下出血起源于脉络膜血管，而视网膜前出血和视网膜内出血起源于视网膜内层血管。

（四）视网膜脱离

视网膜脱离是指视网膜与脉络膜分离。更准确地说，感觉神经视网膜的脱离通常发生在光感受器层和 RPE 之间。因此，光感受器和 RPE 之间的紧密连接被破坏，严重和不可逆的变化可能很快就会发生。视网膜脱离公认有四种机制：胚胎发育异常、浆液性脱离（如猫传染性腹膜炎、高血压、血小板减少）、牵拉性脱离（如晶状体前脱位导致玻璃体前移）和孔源性脱离（液化的玻璃体通过视网膜裂孔进入视网膜下间隙）。常见的临床表现包括急性视力丧失、瞳孔散大。在临床检查时可能直接在晶状体后方观察到视网膜，当前节浑浊时，超声检查可见“海鸥征”。视网膜脱离的治疗包括药物治疗和手术治疗。应尽可能确定视网膜脱离的原因，并尽早解决原发病。药物治疗主要针对原发病因，而手术治疗多为激光视网膜固定术。

（五）视网膜病

视网膜病可分为遗传性或获得性。遗传性视网膜病包括发育不良、营养不良、变性和萎缩[如进行性视网膜萎缩（PRA）]。获得性视网膜病可根据具体病因再分类，如感染性、营养性、毒性等。大多数遗传性视网膜病始于进行性视杆细胞变性，在晚期影响视锥细胞。因此，各种疾病会引起相似的临床症状：进行性视力丧失、毯层反光增强、视网膜血管变化等。通过视网膜电图检查可以更准确地评估视锥细胞和视杆细胞的功能。遗传性视网膜病尚无有效治疗方法，但应对动物主人进行教育，以帮助动物适应视力减弱的过程。同时也应避免动物繁殖。

（六）突发性获得性视网膜变性综合征

突发性获得性视网膜变性综合征（sudden acquired retinal degeneration syndrome，SARDS）的典型表现为急性失明、瞳孔扩大，对红光无反应，但对蓝光有反应。最初眼底看起来是正常的，但几个月后可能会出现进行性视网膜变性的眼底镜征象。虽然 SARDS 是一种获得性疾病，但目前尚未确定其病因。最普遍接受的理论是与内分泌疾病相关，也有人提出与自身免疫性炎症相关。SARDS 导致的失明不可逆，目前尚无治疗方法。

（金艺鹏　韩春杨）

第八节　眼附属器疾病

一、瞬膜腺突出

（一）定义

瞬膜腺突出（图 4-17），又称为第三眼睑腺脱出，是指位于瞬膜球面的腺体向外翻转，越过瞬膜游离缘而脱出于内眦的一种眼病。因脱出的腺体呈粉红色或鲜红色球形软组织块，状如樱桃，故又称为“樱桃眼”。本病常发于幼年犬，可导致动物出现结膜炎、角膜炎甚至角膜溃疡等症状。本病多见于北京犬、沙皮犬、美国可卡犬、波士顿梗、贵宾犬、英国斗牛犬、巴萨特猎犬、比格犬等品种，猫偶见。

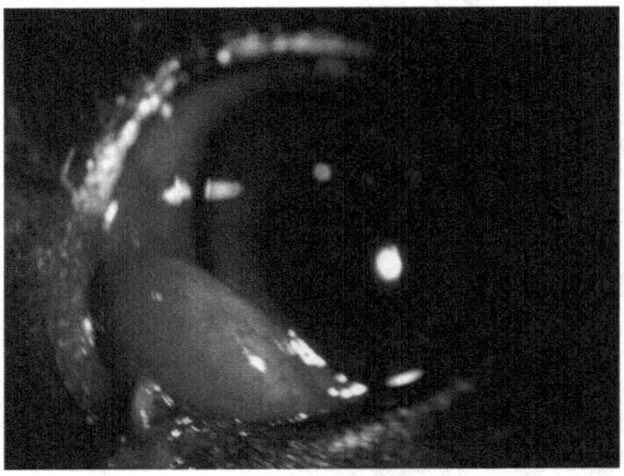

图 4-17　瞬膜腺突出

（二）病因

瞬膜即第三眼睑，是位于眼内眦的半月状结膜褶，内有一扁平的“T”形软骨支撑，软骨臂与瞬膜游离缘平行，而软骨柄则垂直于游离缘，末端重叠瞬膜腺基部。瞬膜腺大部位于瞬膜球面下方，被覆脂肪组织，其腺体分泌物在犬呈浆液黏液样，在猫呈浆液样，腺体分泌液经多个导管抵达球结膜表面，提供大约 30%的泪液。瞬膜具有保护角膜、除去角膜表面异物、分泌和驱散角膜泪膜及免疫等功能，其运动一般被动地受眼球突出或退缩的控制，即眼球向前使瞬膜退缩，眼球向后使瞬膜突出，因此认为瞬膜腺突出可能与连接瞬膜腺的眶周韧带松弛或腺体增生有关。此外，“T”形软骨发育异常或外翻，也会导致瞬膜与瞬膜腺突出。

（三）症状

瞬膜腺突出的动物单侧或双侧内眦处可见一粉红色或鲜红色球形软组织块，状如樱桃。因为瞬膜的所有表面都被结膜覆盖，所以瞬膜通常会表现出与结膜疾病类似的临床症状或病理反应，如充血、水肿和黏液样分泌物。

（四）诊断

在确诊时，要始终考虑将瞬膜肿瘤或瞬膜“T”形软骨外翻作为瞬膜腺突出的鉴别诊断。同时需要做完整的眼科检查，以确认可能存在的并发症。腺体长时间脱出可能会导致腺体本身及附着的结膜干燥、发炎、继发性感染，出现腺体体积增大、“T”形软骨外翻、泪液量降低，甚至可能继发干眼症。此外，其他疾病导致出现瞬膜异常突出，可能与眼眶疾病、眼球大小/位置改变以及神经系统疾病相关，如眼眶占位性病变（肿瘤）、眼球萎缩、脱水、霍纳综合征等，需要与瞬膜腺突出区分。

（五）治疗

对瞬膜腺突出进行保守治疗通常无效，需根据脱出类型，合理采用瞬膜复位、固定或切除术等手术治疗方法。需要注意的是，摘除瞬膜腺后的犬易患干眼症，因此，建议临床上应首选复位和固定腺体的手术方法进行治疗，避免盲目摘除。

【麻醉与保定】全身麻醉，或全身镇静配合患眼表面麻醉。俯卧保定，或侧卧保定，患眼在上。

【术区消毒】患眼常规消毒处理。

【术式】

1. 瞬膜复位术　见图 4-18。用有齿结膜镊提起瞬膜并向外翻转，在瞬膜腺球面沿着脱出腺体的两边做两条平行切口，延伸至瞬膜腺全长，注意不要全层切穿眼睑。将眼睑牵拉至覆盖眼球的位置，暴露瞬膜的睑面。用 5-0 或 6-0 缝线，将第一个结锚定在瞬膜的睑面，即在球面切口末端的正对面。将结打在睑面可以有效防止缝线结尾摩擦刺激角膜。之后缝线穿过瞬膜至球面切口的末端。将瞬膜朝外牵拉，暴露球面。从刚才出针的位置（其中一条球面切口的末端）开始，对合两个切口，做简单连续缝合。在两切口交界处的组织就像结膜上皮细胞一样最终能够在腺体周围愈合。确保在囊袋的切口两端留一个开口，使腺体中的泪液可以从此处流出。完成囊袋两边的切口闭合后，将缝线再次穿过瞬膜球面到睑面，将瞬膜牵拉至覆盖眼球，暴露睑面。将缝线拉至睑面，在睑面打结，防止线结摩擦角膜造成损伤。即使进行了瞬膜腺复位，术后仍有一定概率复发。

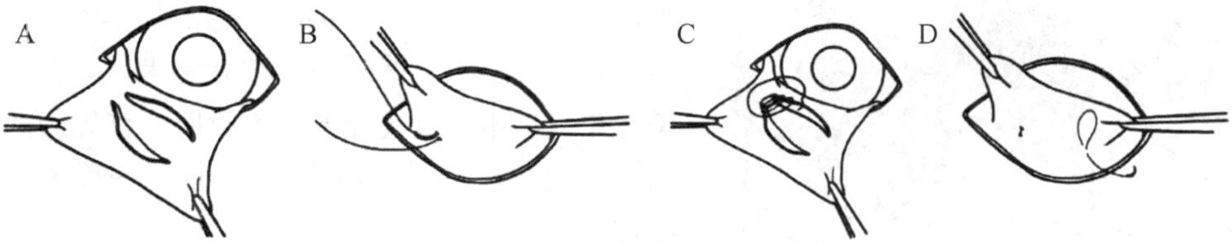

图 4-18　瞬膜复位术

A. 牵拉露出瞬膜眼球侧，在瞬膜球侧面，围绕瞬膜腺做梭形切口；B. 在瞬膜睑侧面打结；C. 在瞬膜球侧面做连续缝合；D. 在瞬膜睑侧面收尾打结

为确保瞬膜腺不会再次突出，可另外使用瞬膜固定术（图 4-19）。此手术的目的是将全部瞬膜固定而非瞬膜腺本身（因为瞬膜腺在上述手术中已经复位到正常位置）。通过将缝线穿过瞬膜的三个边缘，再从下眼睑腹侧皮肤穿出，来达到瞬膜固定于眼眶缘骨膜处的目的。要避免固定瞬膜腺本身，因为这样会损伤腺体，导致长期的敏感与功能丧失。用手触摸下眼睑腹侧眶缘，在此处做一与瞬膜等宽的小切口，暴露出骨膜，用 3-0 PDS 缝线，将缝线锚定在切口外侧缘的骨膜，从皮下穿过，经下眼睑外侧的瞬膜基部穿出。缝线经过瞬膜内部组织的侧缘，在游离缘的侧面出针。将缝线绕一圈，再次从瞬膜球面入针，沿着游离缘经过瞬膜组织，从内侧出针。再一次，将缝线绕一圈，从游离缘内侧组织进针，沿着瞬膜内侧缘，从下眼睑下方的瞬膜基部内侧出针。接下来，缝线经过下眼睑皮下，从皮肤切口的内侧出针。将缝线固定在骨膜。完成以上操作后，简单结节缝合皮肤切口。

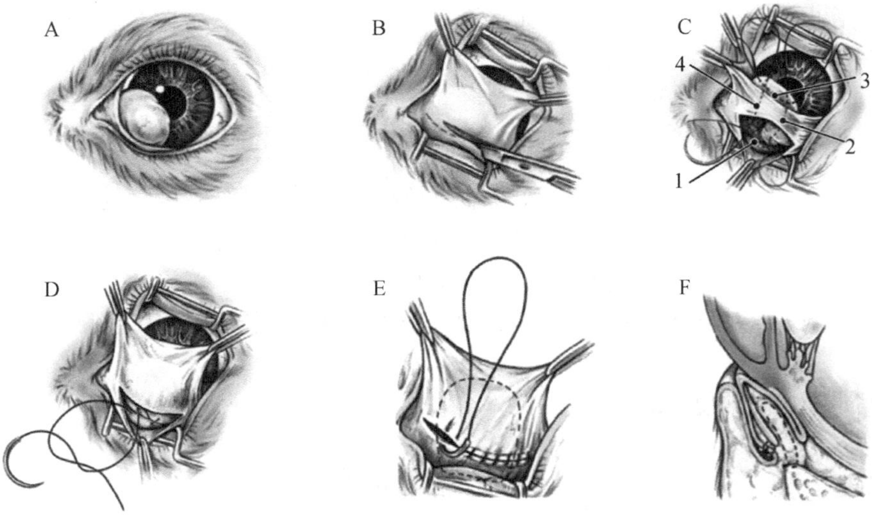

图 4-19　瞬膜固定术

A. 瞬膜腺突出；B. 在瞬膜睑侧面，围绕瞬膜腺做切口；C. 分离腺体周围组织；D. 固定瞬膜腺；E. 缝合切口；F. 突出的瞬膜腺被锚定缝合在瞬膜软骨上。

1. 骨膜；2. 瞬膜睑侧面结膜；3. 瞬膜腺；4. 瞬膜睑侧面结膜

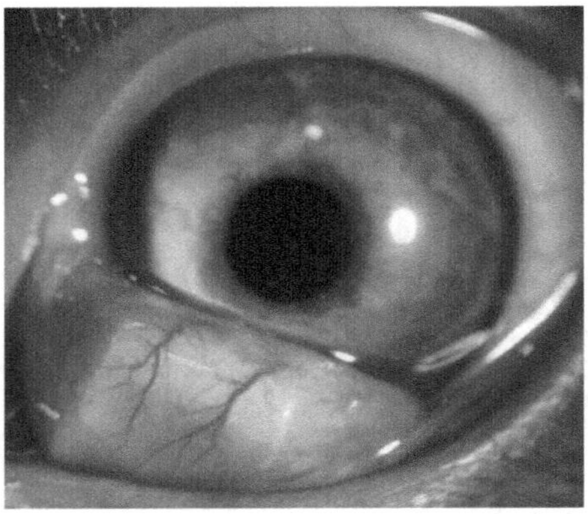

图 4-20　“T”形软骨外翻

2. 瞬膜“T”形软骨切除术　主要用于“T”形软骨外翻引发的瞬膜腺突出的治疗。“T”形软骨外翻可发生于单侧或双侧，表现为瞬膜游离缘向外卷曲且表现为结膜表面充血，眼部分泌物增多（图 4-20）。这类疾病通常发生于瞬膜较松弛的幼年犬，包括大丹犬、圣伯纳犬、德国牧羊犬、德国魏玛犬、纽芬兰犬、德国短毛波音达犬、寻回犬和英国斗牛犬。本病偶见于猫。治疗时，首先用两把有齿结膜镊牵拉瞬膜游离缘，将卷曲的瞬膜展平覆盖眼球。在变形的软骨边缘主动手侧做一个小切口。切口不应位于瞬膜球面，以减少瘢痕组织对角膜的刺激。利用手术剪分离卷曲的软骨，注意避免误伤球结膜或角膜。用显微鼠齿镊夹持卷曲的软骨边缘，用手术剪彻底剪除弯曲部位。为防止软骨两端移动，可以将两个部分缝合。8-0 缝线连续缝合或结节缝合切口，缝合时应注意保持瞬膜游离缘的弯曲度（图 4-21F）。

3. 瞬膜切除术　适用于经瞬膜复位术治疗无效且引发严重角膜、结膜损伤的情况，也用于瞬膜肿瘤的切除等。常规手术方法为左手持有齿镊提起腺体，右手持小弯止血钳钳夹腺体基部，停留数分钟后用手术刀沿着止血钳上缘将腺体切除。如有出血，用干棉球压迫眼内角止血。此法虽然简便，但用于增生较大的瞬膜腺，往往在切除腺体后其基部出血很多，用干棉球压迫止血无效。因此最好采用如下方法：左手持有齿镊提起腺体，先用一把止血钳尽量向下夹住腺体基部，再用另一把止血钳反方向同样夹住腺体基部，然后固定下方止血钳，顺时针转动上方止血钳，约 10s 后腺体自然脱落。此法几乎可以达到滴血不出的效果，即使少量出血，用干棉球压迫也迅速奏效。

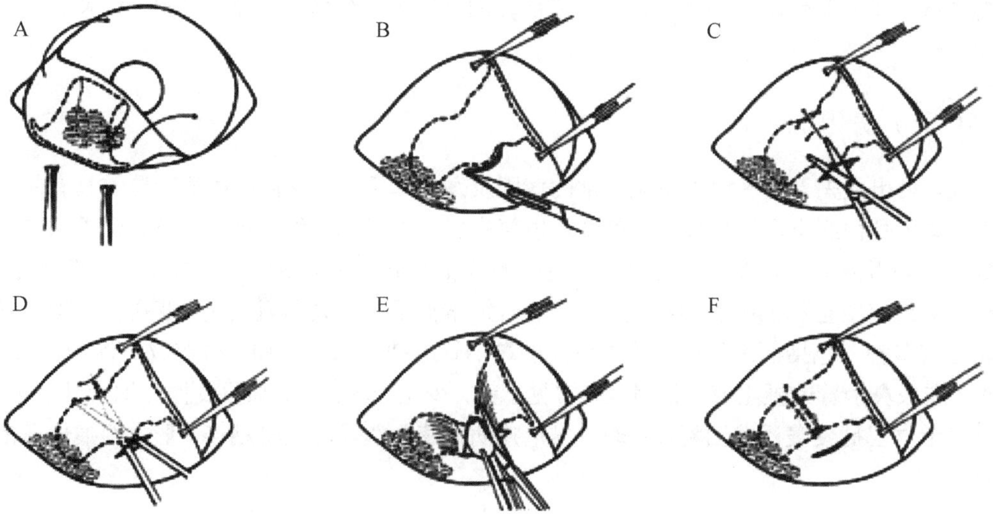

图 4-21 瞬膜"T"形软骨切除术

A. 牵拉出瞬膜，让弯曲的"T"形软骨完全暴露；B. 在瞬膜睑侧面，围绕弯曲的"T"形软骨做切口；C、D. 分离弯曲的"T"形软骨；E. 剪除弯曲的"T"形软骨；F. 缝合切口

【术后护理】术后使用眼部抗生素眼膏，每天 3～4 次。瞬膜复位术、固定术与"T"形软骨切除术，术后应避免使用局部皮质类固醇类药物，这会延迟伤口愈合导致腺体脱出复发率上升；术后口服数天非甾体抗炎药，其中，瞬膜复位术、固定术与瞬膜切除术可给予美洛昔康[0.1mg/（kg 体重·24h）]，"T"形软骨切除术可给予卡洛芬[4mg/（kg 体重·24h）]；佩戴脖圈防止动物抓挠术眼。

二、鼻泪管系统疾病

（一）局部解剖

鼻泪管系统是一个薄壁导管组织，组成部分包括上、下泪点、泪小管、泪囊、鼻泪管，它将多余的泪液从眼表排出引流到鼻腔前庭或口腔。犬泪点呈椭圆形开口，大小约为 1mm×0.3mm，泪点长轴平行于睑缘，距离上、下眼睑内眦 2～5mm，位于睑结膜边缘，泪点是上、下泪小管的开口。犬泪小管直径 0.5～1.0mm，长约 4.0mm，泪小管穿过眼轮匝肌在内眦腹侧汇合形成泪囊，泪囊位于泪骨的泪窝内。向下延伸为鼻泪管，鼻泪管穿过上颌骨的内侧面管道，终止于鼻点，鼻点通常位于鼻腔外腹侧，位于鼻腔内距鼻镜约 1cm 处，约 50%的犬鼻泪管有第二开口，位于口腔内切齿后面犬齿水平的硬腭处。鼻泪管直径约 1mm，不同品种犬的鼻泪管长度差异很大，短头犬的鼻泪管很短，通常会将泪液引流至咽部。鼻泪管管腔由假复层柱状上皮覆盖。

（二）分类

鼻泪管系统疾病的分类包括先天性、发育性和获得性异常。其中先天性鼻泪管异常包括先天性泪点闭锁或小泪点、泪点和泪小管移位，泪小管和鼻泪管闭锁，以及泪管积液；发育性鼻泪管异常是指许多短头品种和玩具犬存在的泪溢问题，泪溢的原因是面部的发育异常；获得性鼻泪管异常包括创伤性撕裂、瘢痕性鼻泪管梗阻、泪囊炎、异物梗阻，以及肿瘤的侵袭和压迫。

（三）病因

犬、猫出现先天性鼻泪管系统异常的病因及发病率不详。发育性鼻泪管异常具有品种特异性，短头品种或小型玩具犬在面部结构发育中出现内眦毛发综合征，造成鼻泪管系统引流不畅，因为近内眦处轻度下眼睑内翻，造成泪点和泪小管向腹侧移位，内眦处睑缘向内卷，造成部分泪点阻塞和泪小管的狭窄。泪痕综合征常见于玩具犬和短头犬。获得性鼻泪管异常的病因有多种，包括面部创伤或骨折引起的鼻泪管撕裂；由于异物（分泌物、沙子、灰尘、植物）造成鼻泪管的梗阻或者泪囊炎，常见于犬，少见于猫；犬、猫原发性鼻泪管肿瘤罕见，曾有报道淋巴瘤侵袭诱发泪囊炎；幼龄猫疱疹病毒感染继发鼻泪管粘连，形成瘢痕性鼻泪管梗阻。

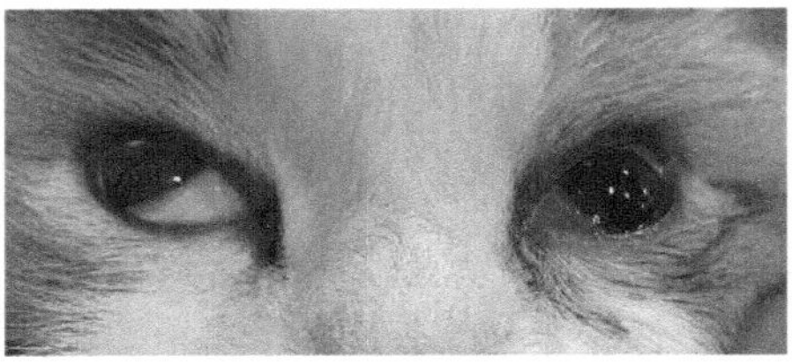

图 4-22　鼻泪管阻塞

（四）症状

鼻泪管系统疾病的临床表现常见泪溢、泪点黏脓性分泌物、结膜炎、鼻腔分泌物、内眦腹侧部位肿胀、泪点异物和内眦处形成瘘道。其中，泪溢是最常见的临床症状，通常继发于鼻泪管的引流不畅。黏性分泌物和结膜炎通常继发于泪囊炎（图 4-22）。

（五）诊断

由于鼻泪管系统结构的隐蔽性，仅有泪点易于暴露，其他部分均在皮下或鼻腔内穿行，因此不能直接显露。对鼻泪管系统疾病的诊断主要包括两部分：影像学检查进行结构成像，以及排泄性试验检查引流功能是否异常。鼻泪管系统的成像检查包括：内窥镜检查、放射泪囊造影术，以及其他断层成像技术，如核磁共振泪囊造影术和 CT 泪囊造影术，断层成像技术可帮助医生检查鼻泪管引流系统。鼻泪管系统的引流功能性试验包括：荧光素流通试验（琼斯试验）和鼻泪管冲洗试验。

荧光素流通试验是一种快速、简单的诊断方法，也是临床中检查鼻泪管系统引流功能最常使用的方法。将一滴荧光素滴入结膜囊，荧光素应该通过鼻泪管，在同侧鼻腔或者口腔检查到荧光素。但是检查者也应该明确，即使荧光素流通试验失败，也不代表鼻泪管系统结构性梗阻，可能与头面部结构相关，影响了鼻泪管系统的引流功能。

鼻泪管冲洗试验需要准备 24 号静脉导管，预先在 2mL 注射器中抽好洗眼液。在结膜表面滴入一滴丙美卡因眼表局麻药，将静脉导管经泪点插入泪小管内，注入少量洗眼液，同时观察对侧泪点。当洗眼液经对侧泪点流出时，手指压迫对侧泪点，经泪小管继续注入洗眼液。如果鼻泪管通畅，洗眼液将从鼻孔中流出，或者当洗眼液流入咽部时引起吞咽反射。如果正向冲洗失败，则进行逆行性鼻泪管冲洗，通常逆行性冲洗需要全身麻醉。诱导麻醉后，经鼻孔插入静脉导管，使用洗眼液逆行性冲洗。鼻泪管在鼻腔内的开口，位于鼻腔腹侧和外侧壁的交界处。

（六）治疗

发育性鼻泪管异常病例的治疗，建议对下眼睑近内眦处进行眼睑内翻矫正术，使用Hotz-Celsus手术技术，切除三角形的眼睑皮肤。如果同时伴有内眦毛发引流和内眦韧带过紧问题，建议进行内眦成型术，内眦成型术也可以减小短头品种的睑裂，缓解暴露性角膜结膜炎的发病。内眦成型术的手术方法如下：识别上、下泪点，在上、下泪点内侧的睑缘垂直切开眼睑皮肤，保留泪小管。分离内眦韧带，使其脱离附着的内侧眶骨，在内眦处做箭头形状的楔形切除术。使用6-0眼科缝线"8"字缝合睑缘，结节缝合皮肤。

对于外伤引起的泪小管撕裂病例，可以在上泪点或下泪点留置导管，向内注入空气，检查气泡泄漏的部位，判断泪小管断裂处，并利于医生将留置导管穿过断裂部位。配合使用手术显微镜操作，将断裂导管周围的组织进行吻合修复，最后缝合眼睑皮肤。使用抗生素滴眼液每日4次，持续用药约3周，直到留置导管取出。

泪囊炎和泪囊内异物的治疗方法包括：正向或逆向的鼻泪管冲洗，视情况进行分泌物的培养，根据需氧培养和厌氧培养结果使用3周抗生素。如果病情严重，可能需要进行泪囊的切开清创或泪囊摘除术。

（金艺鹏 韩春杨）

第九节 干 眼 症

一、定义

充足的泪液与眼附属器共同覆盖暴露的眼球，对于良好的视觉、营养保护角膜以及正常的眼部功能起到重要的作用，泪液又称为眼前泪膜。其本身又分为三层结构，最外层是薄薄的一层油脂，是由Zeis腺和睑板腺分泌；第二层（中间层）为水溶液层，其由多个腺体分泌，主要是泪腺和第三眼睑腺；第三层（最内层）是黏液层，黏液中的主要成分黏蛋白是由结膜杯状细胞分泌。

犬、猫眼泪成分中的一种或多种成分缺失，是最常见的泪液分泌功能异常，称为干眼症，通常会继发角膜和结膜的干燥和炎症，因此又称为干燥性角膜结膜炎（keratoconjunctivitis sicca，KCS）。当泪液中的水溶液分泌减少时，表现为泪液的数量下降；当泪液中的脂质或者黏蛋白减少时，表现为泪液的质量下降。犬干眼症的发病率为1%～2%，猫少见发病。

二、病因

干眼症的病因可以分为先天性病因和获得性病因。先天性腺泡发育不良疾病具有品种特异性，通常见于小型犬，而且多是双眼同时发病，表现极度干眼。获得性病因是由于眼部疾病或全身性疾病引起的。

眼部原因包括：自身免疫性疾病、药物作用、放射性治疗、眼眶损伤、眼部手术或肿瘤疾病，临床检查中常用到的阿托品散瞳剂会降低泪液量，作用时间约 5h。第三眼睑腺是重要的泪液分泌腺体，进行第三眼睑腺摘除术，可以造成医源性干眼症，尤其是干眼症高发品种犬如斗牛、西施、查尔斯、巴哥等，对这些犬种进行第三眼睑腺摘除，其发生医源性干眼症的风险会更高。第三眼睑的脱垂、创伤、炎症反应，面神经和三叉神经的损伤都有可能引起干眼症，泪液的分泌减少是巩膜内义眼植入术的术后长期并发症。

全身性病因包括：神经性、代谢性、感染性以及全身性药物的作用，如全身使用磺胺类药物会对泪腺造成腺体毒性，引起泪液生成减少。犬干眼的感染性病因包括犬瘟热病毒感染、慢性睑结膜炎等。如果患犬有系统性疾病如糖尿病、甲状腺功能减退或肾上腺功能亢进，都会减少泪液生成，最终引起干燥性角膜结膜炎。

三、症状

干眼症的临床症状根据发病时间长短有所不同。急性干燥性角膜结膜炎病例，患病犬会有急性眼部疼痛、轴向角膜溃疡，化脓性炎症反应会造成角膜基质层的软化溶解、后弹力层膨出，最终角膜穿孔。

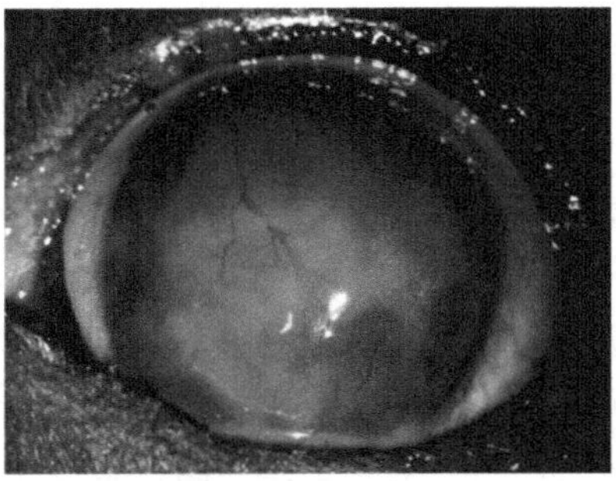

图 4-23　干眼症

大部分干眼症病例都是渐进性发展，通常经过数周至数月逐渐加重。最初症状为患眼红肿，间歇性出现黏液性或脓性分泌物，由于干眼症早期的临床症状没有明显特异性，通常容易被误诊为眼表刺激或细菌性结膜炎。随着干眼症病程加重，角膜表面无光泽、结膜充血严重且眼部持续出现脓性分泌物。如果干眼症病例没有得到准确诊断和合理治疗，角膜会出现大量新生血管和色素沉着（图 4-23），也可能会伴发角膜溃疡，积聚的分泌物可能会造成眼睑及皮肤发炎，如果病情恶化，会出现持续性睑痉挛。

四、诊断

干眼症的诊断包括评估泪膜的质和量两个方面，其中泪液检查（STT）可以检测泪液的数量，而泪膜破裂时间（tear film break-up time，TFBUT）记录间接反映泪膜的质量。

泪液测试主要检测泪膜中水溶液层的成分，该检测方法使用标准的无菌吸水滤纸，在打开塑封包装前将近端表线进行折叠再将其取出，减少触碰弯折近端，这样既保证了无菌的要求又减少手上油脂干扰影响泪液的分泌。将其放于结膜囊内 1min，记录滤纸湿润的长度，以毫米计数，单位为 mm/min。泪液测试又分为 STT Ⅰ（未使用局麻药，测试基础泪液值和反射性泪液值总和）和 STT Ⅱ（使用局麻药，测试基础泪液值）。健康成年犬的 STT Ⅰ 值为（18.66±4.47）～（23.90±5.12）mm/min，通常认为 STT Ⅰ 值大于 15mm/min 为正常的泪液量，当测试犬 STT Ⅰ 值小于 5mm/min 时，可以直接诊断为干眼症；STT Ⅰ 小于 10mm/min 时且具有临床症状，也可以诊断为干眼症。

使用荧光素钠染液进行泪膜破裂试验，检测泪液中黏液量的多少，从而评估泪膜的稳定性。泪膜破裂试验可以检测泪膜均匀覆盖角膜的时间，间接反映了泪膜中黏蛋白以及脂溶液的质量。其原理为将荧光素均匀分布于泪膜后，记录泪膜破裂从角膜表面分离的时间。使用洗眼液湿润荧光素钠染色试纸条，然后点触每只眼背侧球结膜一次并闭合眼睑。待犬眨眼数次后，将眼睑打开开始计时，使用裂隙灯放大 16 倍在钴蓝光下观察背外侧角膜，当出现第一个泪膜破裂点（干燥点）时计时结束，具体看到的就是在黄绿色荧光泪膜表面有深色黑点出现。健康成年犬其平均 TFBUT 值为（19.7±5）～（21.53±7.42）s，而泪膜黏液层分泌不足的犬，泪膜破裂时间通常小于 5s。

五、治疗

干眼症的治疗首选是药物治疗，具体的用药选择需要根据患病动物的实际情况，包括干眼症的病因、症状的严重程度以及动物主人遵医嘱的能力。药物治疗通常包括：泪液刺激剂、人工泪液、抗生素、抗炎药和黏蛋白溶解剂。泪液刺激剂是促进泪液分泌的药物，包括两类治疗药物：免疫抑制剂和拟胆碱能药物。常用的免疫抑制剂药物为环孢素眼药和他克莫司眼药，由于大部分干眼症的病因为免疫介导性，环孢素眼药是治疗干眼症的首选用药，使用方法为每天 2 次持续数周至数月。拟胆碱能药物通过刺激副交感神经，刺激泪腺分泌更多泪液，常用药物为毛果芸香碱滴眼液，可以口服或局部滴眼用药。

由于唾液和泪液具有相似的渗透压和 pH，唾液可以作为泪液的替代品，因此，对于药物治疗 8 周以上无效果的顽固性干眼症病例，可以进行腮腺管移植术。动物全身麻醉，或全身镇静配合患眼表面麻醉。侧卧保定，患眼在上。用抗生素眼膏点眼保护角膜，眼周及同侧面部剃毛，用灭菌棉签拭子清除毛屑。用 0.5%聚维酮碘液浸润的纱布刷洗眼周、面部及口腔，再用无菌生理盐水浸润的纱布刷洗，依次刷洗 3 次，之后再用无菌生理盐水冲洗眼部、面部及口腔，最后使用抗生素滴眼液冲洗眼表。如果患病动物有牙结石，需要先进行超声洁牙术。手术方法为使用 2-0 聚丙烯缝线插入腮腺管，在腮腺管乳头周围做直径 6mm 的环形切口，切开黏膜到达黏膜下层。小心分离腮腺管乳头，钝性分离腮腺管导管至充分游离。使用蚊式止血钳，从口腔颊侧切口穿透至腹侧结膜穹隆，形成一个皮下隧道，切开腹侧结膜穹隆。将游离腮腺管导管及乳头牵引至结膜穹隆开口，避免扭转导管，确保没有张力，使用 7-0 或 8-0 可吸收缝线将腮腺导管乳头周围的口腔黏膜与结膜穹隆结节对合缝合。取出留置在腮腺管内的缝线。使用 5-0 可吸收缝线连续缝合，闭合口腔黏膜创口。

（金艺鹏 韩春杨）

第五章　头部疾病

本章资源

第一节　耳　病

一、耳血肿

耳血肿（aural hematoma，othematoma）是耳部组织受到外力作用后，血管破裂、出血而形成的肿胀。本病多发生于耳廓内侧面，也见于耳廓外侧面或两侧。各种动物均可发生，但多见于猪、犬和猫。

（一）病因

外耳瘙痒或炎症刺激时动物摇头、抓耳、拍打耳朵，或在墙壁及其他物体上摩擦所致。相互斗咬、寄生虫感染、异物和肿瘤刺激也可诱发此病。

（二）症状

耳廓一侧局部突然出现肿胀，触诊有波动性、弹性和疼痛反应。白色或浅白色毛皮者肿胀呈深红色至紫褐色。数天后因出血凝固，析出纤维蛋白，肿胀周围呈坚实感，触诊有捻发音，中央有波动，局部升温。穿刺可排出红色液体。耳廓局限性小血肿可因搔抓和甩耳扩展至整个耳廓。肿胀阻塞听道时，可引起听觉障碍。血肿感染后可形成脓肿。

（三）治疗

1. 穿刺疗法　仅适用于局限性小血肿。可用细的皮下针头穿刺抽出积血，再用耳绷带压迫局部以制止局部出血，绷带维持 7～10d。此法简便，但绷带保持和护理困难。

2. 手术疗法　大的血肿可用切开缝合法进行治疗。但如血肿发生时间短，可暂不急于手术，待血肿形成较大或 10～14d 后手术治疗。过早手术，术后出血较多。对于小血肿，手术部位可在血肿波动表面近耳尖端部（垂耳动物）或近耳根部（竖耳动物）。动物全身麻醉，耳道内塞入棉球以防血液等进入耳内。耳廓两侧除毛、消毒，于肿胀最明显处切一与血肿等长的切口，略剪去切口两侧皮缘，以利于术后排液。用止血钳钳夹灭菌的纱布块经切口进入血肿腔内清除血凝块。切口不做缝合，但在原血肿表面用三棱针穿透耳廓全层做水平钮扣缝合，以消除血肿腔。缝合时，先在耳廓凸面进针，穿过耳廓全层至凹面，再从凹面进针穿过凸面，并在凸面打结。大血肿已无波动感者，于肿胀最高处做“十”字成直线切开，排除积血和凝血块，较大血管仍出血时结扎，较小出血点用止血棒点凝，拉地式缝合。术后患耳用绷带包扎，3～5d 拆换。术后第 10 天拆除缝线。

二、外耳炎

外耳炎（otitis externa）是指发生于外耳道的炎症。炎症常累及对耳轮和耳廓，也可通过鼓膜影响中耳。本病常发于犬、猫，且垂耳或外耳道多毛品种犬更易发生，但牛、马等役用动物也可发生本病。

（一）病因

机械性损伤及细菌、真菌和寄生虫感染是外耳炎的几种常见病因。不正确洗耳引起的耳外伤、耳内异物（如毛发、耳垢、泥土、水或其他异物）、外耳畸形及新生物等，尤其是垂耳或耳廓内被毛较多时使水分不易蒸发而导致外耳道内长期湿润，耳基部肿瘤形成溃疡，湿疹、耳根皮炎的蔓延等诸多原因都可刺激外耳道皮肤，引起外耳炎。此外，耳螨也是一种重要的病原。炎热、潮湿可增加本病的发病率。耳炎也是过敏性皮炎的一个特征。

（二）症状

患外耳炎的动物，患耳垂下，摇头摩擦或搔抓病耳，引起耳破溃、充血，过分摇头导致耳血肿。外耳道疼痛或破溃、被毛潮湿，常流出淡黄色浆液性或脓性分泌物，粘连耳被毛，并散发异常臭味。由于炎症引起疼痛，指压动物耳根部较为敏感。病久或未治疗的外耳炎，其耳道上皮肥大、增生，可引起外耳道阻塞，从而使动物听力减弱。体温间或升高，食欲不振。

（三）诊断

大多数外耳炎易诊断。可根据临床症状、检耳镜检查做出初步诊断，若要确定病原需进行微生物分离培养和鉴定。显微镜检查时，若发现小点状白色或肉色物体蠕动则为耳螨感染。

（四）治疗

1. 局部处理 动物镇静或麻醉后，剪去耳廓及外耳道入口的被毛，用温灭菌生理盐水或0.1%新洁尔灭清洗耳垢及其分泌物。防止清洗液进入中耳，用小镊子缠卷湿棉花擦拭清除，大块耳垢或其他异物可用耳匙轻轻刮除。分泌物深者，可用3%双氧水清洗耳道。最后用干脱脂棉球吸干。对于细菌性外耳道炎，可用抗生素溶液滴耳；真菌性外耳道炎，可向耳道内涂抹杀真菌膏剂，直至耳道内鳞屑消失；寄生虫感染时，可用伊维菌素等驱虫药进行治疗。

2. 手术治疗 动物全身麻醉，侧卧保定。患耳朝上，耳、耳外侧、耳腹侧及面部广泛地除毛、清洗及消毒。用注射器和细的聚乙烯管吸取消毒液反复冲洗外耳道，并用脱脂棉球吸干外耳道内的液体。外耳道切除术有3种，即外侧耳道切除术、垂直耳道切除术和全耳道切除术。应根据外耳道病情选择适宜的手术方法。

外侧耳道切除术适用于耳道上皮轻度增生或垂直耳道外侧面有小型肿瘤病灶的患病动物。它不能用于治疗水平耳道阻塞或狭窄，或伴发中耳炎的动物，或患有严重上皮增生的动物。手术目的是打开外耳道，降低耳道内湿度及温度，也便于水分及分泌物排泄，用钝头探针探明外耳道方向及垂直范围。从耳屏处沿直外耳道做一“U”形皮肤切口，其长度超过直外耳道一半。分离皮下组织、耳降肌和腮腺背侧顶端，显露直外耳道软骨。由耳屏做“U”形皮肤切口，向下剪开其软骨至水平外耳道。切除远端 1/2 软骨瓣制作排水板，同时切除皮瓣。水平耳道和垂直耳道瓣之间的韧带通常起到铰链作用，使排水板保持平坦，但对于某些病例，在排水板腹侧面的软骨上划一些口有助于保持平坦。用可吸收或不可吸收单股缝线缝合上皮组织和皮肤。从水平耳道开口处开始缝合，然后缝合排水板。最后，将垂直耳道内壁的头侧和尾侧缝合至皮肤。再将直外耳道软骨创缘与同侧皮肤创缘结节缝合。

当整个垂直耳道发生病变但水平耳道正常时，可进行垂直耳道切除术（vertical ear canal ablation）；当肿瘤局限于垂直耳道时或对于某些患慢性外耳炎的动物，也可选择垂直耳道切除术。动物的摆位和准备同外侧耳道切除术。做“T”形切口，其水平切口与耳屏上缘平行并位于耳屏上缘正下方。从水平切口的中点处，做一条延伸到水平耳道位置的垂直切口。牵拉皮瓣，分离疏松结缔组织，并显露垂直耳道外侧面。用手术刀经外耳道周围的软骨继续扩大水平切口。尽可能多地切除耳廓内侧面的病变组织，但是避免损伤耳大动脉的主要分支。用弯梅氏剪环绕垂直耳道的近端和内侧面进行分离。分离时，尽量靠近耳道软骨，避免意外损伤面神经。使整个垂直耳道从所有肌肉和筋膜附着处游离。在水平耳道背侧 1～2cm 处横断垂直耳道，切下的耳道做组织学检查。在头侧和尾侧切开剩余的垂直耳道，制作背侧瓣和腹侧瓣。向下翻转腹侧瓣，并用可吸收或不可吸收单股缝线将其缝合至皮肤上形成排水板。将背侧瓣缝合到皮肤，并用可吸收缝线缝合皮下组织。然后“T”形缝合皮肤。

全耳道切除术（total ear canal ablation，TECA）适用于对适当的药物管理无反应的慢性外耳炎患病动物，或耳软骨严重钙化和骨化的病例，或严重上皮增生蔓延到耳廓或垂直耳道之外时。该手术常用于外侧耳道切除术失败的动物，并且对耳道严重狭窄的动物也有利。水平耳道肿瘤可以通过 TECA 进行治疗。动物侧卧，垫入毛巾抬高头部。耳廓及周围皮肤做消毒手术准备。做“T”形切口，其水平切口与耳屏上缘平行并位于耳屏上缘紧下方，从水平切口中点处做一条延伸至刚超过水平耳道位置的垂直切口。牵拉皮瓣，分离疏松结缔组织，并显露垂直耳道的外侧面。用手术刀环绕垂直耳道开口处继续扩大水平切口。用弯梅氏剪或电刀环绕垂直耳道的近端和内侧面进行分离。分离时，尽量贴近耳道软骨，避免意外损伤面神经，避免损伤垂直耳道内侧的耳大动脉的主要分支。辨认从水平耳道后腹侧经过的面神经。如果面神经被卷入增厚、钙化的水平耳道组织内，应从水平耳道上小心地分离面神经，并继续分离至外耳道水平。用手术刀、咬骨钳或梅氏剪切除水平耳道在外耳道上的附着处，但是仍要注意面神经的位置。切除整个耳道，从外耳道周围或刚进入外耳道处采集深部培养样本。切除的耳道做组织学检查。确保清除该区域内所有的上皮组织，否则会形成慢性瘘管。缝合前用无菌生理盐水冲洗该区域，彻底止血后，在外耳道远端安置橡皮引流管，引出体外，固定在皮肤上。最后用可吸收缝线缝合皮下组织，然后“T”形缝合皮肤。

术后护理包括保持引流通畅、局部包扎、止痛、装颈枷等，并配合全身抗生素治疗，控制感染。术后 3～4d 拔除引流管，术后 10～14d 拆线。

3. 中兽医治疗　中兽医学认为本病多为外因风湿热邪的侵袭，内因肝胆二经郁热，外邪内热邪毒壅塞耳窍所致，治疗当以热解毒燥湿为主。因此，对化脓性外耳炎的治疗，经外科处理后，滴入洁尔阴洗液原液 3～5 滴，每天 1～2 次。洁尔阴洗液的主要药物有蛇床子、黄柏、苦参、苍术等，其中黄柏、苦参、蛇床子清热解毒、燥湿，苍术健脾燥湿，用于治疗本病，正中病机。

（董海聚）

第二节　唾液腺囊肿

唾液腺囊肿（sialocele）是指因唾液腺或导管受损，唾液渗入周围组织并被肉芽组织包裹形成囊状结构的一种病理现象。根据囊肿部位不同，可分为颈黏液囊肿（cervical mucocele）、舌下腺囊肿（sublingual gland cyst）和咽黏液囊肿（pharyngeal mucocele）。本病主要见于犬，也可发生于猫等动物。

一、病因

唾液腺囊肿的形成通常与唾液腺（包括舌下腺、颌下腺、腮腺和颧腺）及其导管受损有关，包括导管的外伤、炎症或破裂等原因。而舌下腺囊肿较为常见，通常由于动物在咀嚼过程中，腺体或导管被骨骼、鱼刺或草籽等异物刺破引发。

二、症状

临床症状与囊肿部位密切相关，早期症状不明显，但随着囊肿增大，颈部或下颌区可能出现无炎症、波动感的肿块。舌下腺囊肿表现为进食困难、口腔出血及一侧舌下囊泡状肿胀。囊肿破裂时，血液可能进入口腔，严重时挤压可见舌下或上颌前臼齿区溢出灰色或褐色的无味黏稠液。咽黏液囊肿较少见，但可引起舌运动障碍，导致呼吸与吞咽困难。触诊时通常无痛，但囊肿持续增大或感染时可引发疼痛。囊肿破溃后，蛋清样液体流出，肿块暂时消退，但易复发。严重呼吸障碍病例需紧急处理。

三、诊断

诊断唾液腺囊肿可通过触诊和穿刺，穿刺通常能抽出淡黄色或血色的黏稠液体。为了与异物引发的浆液血液囊肿区分，可使用过碘酸希夫染色法（PAS）。临床上需将唾液腺囊肿与脓肿、肿瘤等疾病区分，尤其是颌下腺和腮腺囊肿需与颈部潴留囊肿（如甲状舌管囊肿、鳃裂囊肿）鉴别。手术切除是唾液腺囊肿的首选治疗方法，效果良好，可有效预防复发。

四、治疗

唾液腺囊肿可以通过非手术和手术方法治疗。非手术方法如穿刺排液和压迫，适用于早期病例，对于咽部或舌下囊肿引起的呼吸困难，可以通过抽吸或切开排液缓解症状，但若无效则需手术治疗，因为反复穿刺可能导致感染或纤维化。手术治疗常用方法：①造袋术（marsupialization）适用于舌下腺囊肿和咽黏液囊肿，通过切除囊肿前壁并将边缘与口腔黏膜缝合，建立永久性引流通道。②摘除囊肿及相关唾液腺，以实现彻底根治。

接下来介绍颌下腺-舌下腺摘除术。动物全身麻醉并侧卧保定。在下颌骨后缘的颌下腺区域做皮肤切口，避开上颌和舌面静脉。切开颈阔肌，暴露并切开颌下腺纤维囊，将其与单口舌下腺分离。结扎腺体背内侧的动脉（耳部大动脉分支）和静脉后，继续沿舌下腺向口侧分离。使用止血钳将颌下腺沿二腹肌腹侧向头侧牵拉，暴露舌下腺及其管道，直至显露舌神经。如有需要，可切开二腹肌以充分暴露舌下腺，但临床上较少涉及。向后牵拉已分离的腺体，结扎并横断颌下腺和舌下腺的导管。若切开二腹肌，应使用水平褥式缝合或十字缝合对其进行缝合。最后，使用可吸收缝线间断缝合包囊、肌肉、皮下组织，并对皮肤进行结节缝合。必须彻底切除舌下腺以防复发。

（董海聚）

第三节　咽部疾病

一、短头综合征

本病是指由于解剖结构异常如鼻孔狭窄、软腭过长等引起的短头品种犬和猫的综合征。

1. 病因　短头品种的颅骨结构异常导致鼻和鼻咽通道缩短和压迫。额外的黏膜增生和继发性上气道塌陷，导致多节段阻塞和所谓的短头性阻塞性气道综合征的发生。

2. 症状　由于空气通过上呼吸道时阻力增加，出现呼吸音增强、打鼾、吸气费力、发绀甚至昏厥等。症状随患畜运动、兴奋性增加以及环境温度升高而加重。此外，还可能伴有吞咽困难、呕吐和反流等症状。

3. 诊断　可通过呼吸系统检查评估疾病的严重程度。透视、CT 和内镜检查评估呼吸道的静态和动态阻塞，并排除吸入性肺炎（图 5-1）。

4. 治疗　消除导致临床症状加重的诱因。对于解剖缺陷，可以尝试手术矫正。手术治疗通常包括扩大狭窄鼻孔和腭成形术，以改善通过鼻咽和声门的气流。

鼻孔狭窄的动物可以在 3～4 月龄时进行手术矫正，早期矫正可以起到延缓病程发展的作用。对于塌陷严重的动物，可以进行永久性气管造口术。药物治疗可以使用短效糖皮质激素抗炎（如泼尼松，开始时剂量为每天 0.5mg/kg）。

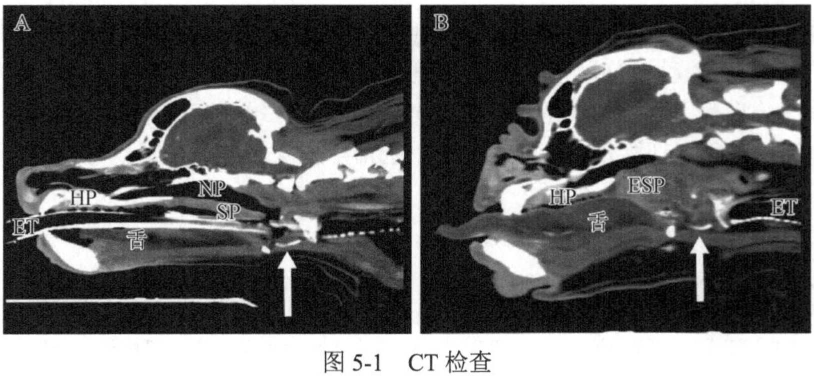

图 5-1　CT 检查

中头犬（可卡犬）（A）和短头犬（斗牛犬）（B）CT 图像，箭头表示甲状软骨的腹侧面。注意 B 与 A 的不同之处：软腭部（ESP）增厚和拉长、鼻咽（NP）部舌头过大和气道狭窄。HP. 硬腭；SP. 软腭；ET. 气管插管

二、喉麻痹

喉麻痹是指吸气时杓状软骨不能正常外展，导致胸腔上呼吸道出现梗阻的一种常见的单侧或双侧呼吸系统疾病。犬比猫更容易表现出临床症状，主要发生在年龄较大（>9 岁）的大型犬和巨型犬。

1. 病因 先天性喉麻痹与遗传有关，发生在某些品种，如哈士奇、斗牛梗和德国牧羊犬。获得性喉麻痹是由喉返神经或喉内肌损伤引起的，最常见的原因是多发性神经病、多发性肌病、医源性创伤、蜱虫叮咬性麻痹等。发病原因不确定者，传统上被归类为特发性。患有特发性获得性喉麻痹的犬可能患有进行性全身性特发性多发性神经病，喉麻痹是这种病症的早期临床体征之一。

2. 症状 早期症状包括声音改变和轻微的咳嗽及呕吐。严重的气道阻塞导致呼吸窘迫、发绀和虚脱，吞咽困难或与周围神经病变相关的后肢无力。剧烈运动，环境温度或湿度增加使临床症状恶化，导致慢性疾病的急性加重。随着呼吸频率增加，覆盖杓状软骨的黏膜变得发炎和水肿，气道进一步阻塞。

3. 诊断 对怀疑喉麻痹的犬应进行完整的神经系统检查和本体感觉定位评估。胸部 X 线检查评估肺功能。对于出现吞咽困难或呕吐的犬，造影检查排除食道功能障碍或巨食道。在浅麻醉条件下进行喉部检查，通过喉镜、口腔视频内窥镜喉镜、经鼻喉镜、超声检查（回声喉镜）或 CT 检查直接观察喉部。检查结果包括杓状软骨外展失败、喉入口狭窄等。这是一个综合诊断，通过多种方法的结合去判断。

4. 治疗 初始治疗旨在改善通气、减少喉水肿和最大限度地减少动物的应激。治疗方案包括补充氧气和给予短效类固醇激素（地塞米松 0.1～1mg/kg IV）和镇静剂（乙酰丙嗪 0.02mg/kg IV），也可考虑给予丁丙诺啡（0.005mg/kg IV）或布托啡诺（0.2mg/kg IV）。患犬通常由于过度呼吸而体温过高，还应采取降温措施，如用冷水润湿皮毛和使用风扇。如果呼吸窘迫不能缓解，应考虑插管或临时气管切开术。保守治疗的目标是通过改变环境、减少日常运动、减重和使用药物以减轻喉肿胀，提高生活质量。对于猫的蜱虫叮咬性麻痹，可以给予蜱虫抗血清、氟虫腈喷雾以及对症治疗。

单侧杓状软骨侧移术（lateralization of the arytenoid cartilage）是首选技术，但也可以进行双侧声带切除术、部分杓状软骨切除术，降低喉内气流的阻力。

（郭庆勇）

第四节 齿 病

一、牙周病

牙周病（periodontal disease）是指由于牙菌斑细菌引起的牙周组织（牙龈、牙周韧带、牙槽骨和牙骨质）感染和炎症，以及宿主对细菌损伤的反应，是成年犬、猫最常见的疾病之一。

1. 病因 口腔微生物群是动物体内仅次于肠道微生物群的第二大微生物集落。牙菌斑是由细菌及其副产物、唾液、口腔杂质和少部分上皮细胞、炎症细胞聚集产生的生物膜。

牙菌斑引起的局部慢性感染和慢性炎症反应会导致牙周组织出现一系列病变，包括软组织炎症和骨组织丢失。

2. 症状　根据牙周病的波及范围和严重程度，可将牙周病分为牙龈炎和牙周炎。

牙龈炎的临床症状是牙龈红肿、口臭，在探查、刷牙或咀嚼时可能会出现牙龈出血。

牙周炎是牙龈炎的延续，随着牙龈炎的发展，口腔炎症变化加剧，口腔内渗出物增加，牙齿上逐渐覆盖结石，牙龈红肿，有附着组织丧失，牙龈萎缩和牙周袋加深。牙周炎继续发展会导致牙齿松动，继而牙齿脱落。

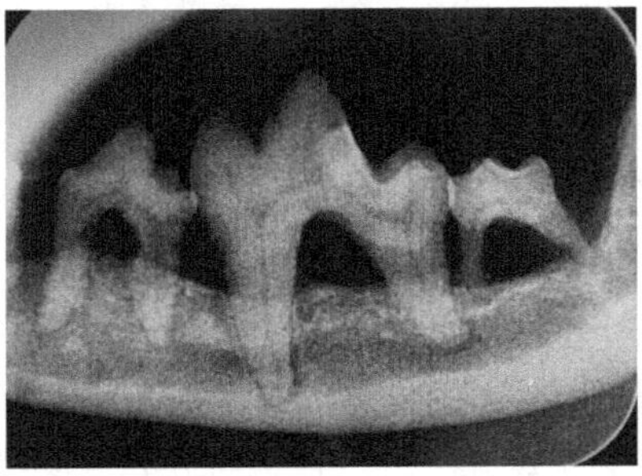

图 5-2　犬牙周炎 X 线片

3. 诊断　根据动物的病史，非麻醉状态下的视诊可以观察牙龈及周边口腔黏膜的状态，初步诊断牙龈炎。对于怀疑牙周炎的病例，需要对动物进行全身麻醉，使用牙周探针探查牙周袋深度，并拍摄牙科 X 线片确定牙槽骨的丢失程度，进而确诊牙周炎（图 5-2）。

4. 治疗

1）*家庭预防保健*　对于牙龈炎，可以由动物主人在家进行日常口腔护理，包括刷牙和使用口腔保健药物，主要目的在于控制牙菌斑的产生。常用药物包括葡萄糖酸氯己定等化学药品，以及褐藻提取物等生物活性物质。

2）*药物治疗*　使用抗生素和抗菌药物控制口腔感染，能够缓解口腔炎症反应，可作为围手术期治疗的辅助手段。常用药物包括阿莫西林克拉维酸钾 12.5～25mg/kg，口服，2 次/d；恩诺沙星 5mg/kg，口服，1 次/d。

3）*手术治疗*　轻度牙周炎，可进行超声波洁治术和龈下刮治术，清除牙结石和龈下牙菌斑，恢复正常牙周微环境。严重牙周炎的病例，需要去除坏死的牙骨质和息肉，称为根面平整术。牙槽骨丢失过多，牙齿出现松动，则需要拔牙术，防止感染进一步蔓延。

二、牙结石

牙结石（dental calculus）是牙菌斑矿化的产物。牙结石附着于牙齿表面和牙周袋内，引起包括颊黏膜、牙龈、牙周韧带、牙骨质、牙槽骨等周边组织的感染和炎症。

1. 病因　牙结石的产生是一个缓慢的过程。动物口腔内的适宜环境使得口腔内微生物群落始终处于活跃状态，牙菌斑也持续产生。随着牙菌斑的不断矿化，硬度也在不断提高，牙结石随即产生。牙结石层的外侧不断覆盖新的牙菌斑层，导致牙结石的范围和厚度不断增加。

牙结石表面的牙菌斑中需氧菌为优势菌，内层牙结石和牙周袋内的牙结石处于厌氧环境，因此厌氧菌为优势菌。牙周袋内的微生物从处于持续变化的状态，由细菌联合体引起的牙周组织病变也会不断变化。

2. 症状　牙结石覆盖牙齿表面，将导致牙齿失去正常光泽，呈现粗糙的棕色和褐色外观。严重的牙结石通常会刺激牙周组织，导致牙龈增生、牙龈萎缩、牙龈出血等症状。牙结石会刺激颊黏膜和舌，导致黏膜溃疡、化脓、流涎等情况发生。由于牙结石的本质是矿化的牙菌斑，细菌代谢产物有很刺鼻的异味，患病动物口臭严重。

3. 诊断 牙结石的诊断较为容易，凭视诊就能判断是否有牙结石，以及牙结石的严重程度。牙结石根据其覆盖牙冠的表面积进行分级，牙结石覆盖面积不超过 1/3 为 1 级，1/3～2/3 为 2 级，2/3 以上为 3 级（图 5-3）。牙结石视诊和分级仅能评估牙结石的外观，其对于牙周组织的影响和牙周病变的程度需要麻醉拍摄 X 线片进行评估。

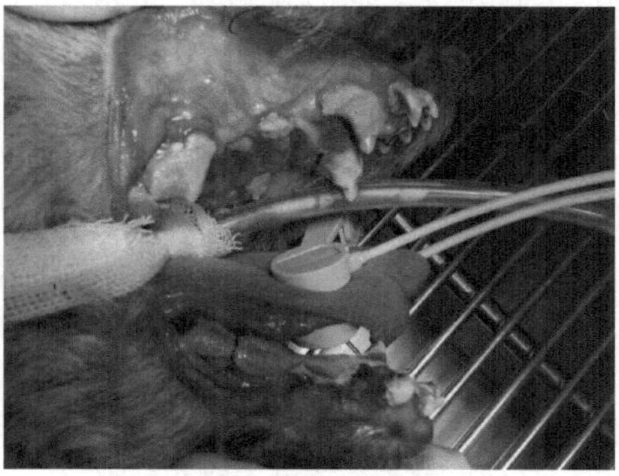

图 5-3 犬 3 级牙结石

4. 治疗

1）*药物治疗* 使用抗生素和抗菌药物控制口腔感染，能够缓解口腔炎症反应。常用药物包括阿莫西林克拉维酸钾 12.5～25mg/kg，口服，2 次/d；恩诺沙星 5mg/kg，口服，1 次/d。

2）*手术治疗* 坚硬的牙结石难以脱落，需要进行机械去除。对患病动物进行吸入性全身麻醉，咽部塞入填塞包阻隔水和污物进入后方。使用超声波洁治器刮触牙结石表面，通过超声震动和空化作用将牙结石从牙齿表面清除下来。洁牙机工作尖在超声震动过程中将产生大量的热，需要喷水进行降温，单颗牙洁治时间不要过长，否则可能导致牙齿的热损伤。牙周袋内的牙结石和坏死组织需要使用牙科刮匙等手动器械仔细清除。超声洁治完成后需要对牙齿表面进行抛光。

三、乳齿滞留

乳齿滞留（persistent deciduous tooth）是指乳齿到了一定时期以后应该脱落却持续存在于口腔中。小型犬的犬齿和切齿高发，猫较少发生。通常情况下，犬的乳切齿和乳犬齿在 3～4 个月被恒切齿和恒犬齿替换，如果超过 5 个月，口腔内仍有乳切齿或乳犬齿残留，且没有任何松动和脱落的迹象，即可定义为乳齿滞留。

图 5-4 犬乳犬齿滞留

1. 病因 乳齿滞留的病因尚不明确，但本病具有一定的遗传倾向性。一些小型犬，如迷你贵宾犬、马尔济斯犬、约克夏犬高发。尤其是切齿、犬齿（图 5-4）等齿根较为细长的单根齿是发生滞留的高发齿。这可能是由于乳齿齿根较细，恒齿在萌发的过程中不能很好地将乳齿齿根“顶”出口腔。

2. 症状 滞留的乳齿大多位于恒齿的颊侧或远中侧，可以单颗发生，也可以多颗发病。在恒齿萌发期，可能由于乳齿占位，恒齿萌发异常或者咬合异常。如果占位导致牙性咬合不正，不沿着正常方向萌发的恒齿很有可能损伤对侧颌的黏膜，导致黏膜损伤、溃疡、大面积感染；或者与对侧颌的牙齿“打架”，导致咬合不良、异常磨损、齿折等。乳齿滞留时间较长者，在乳齿和恒齿之间的缝隙处产生牙结石，该处发生牙周炎的可能性更高。此外，啃食硬物时，未脱落的乳齿更易发生齿折，导致出血和牙髓炎。

3. 诊断 乳齿滞留需要与赘生齿（多生牙）相鉴别，同样是牙齿增多，但是赘生齿均为恒齿，结构更为相似。排除赘生齿和年龄因素，乳齿滞留可以通过问诊和视诊快速诊断。

4. 治疗 最理想的方式是将其拔除。但是拔牙的时机应考量。如果影响恒齿生长，则应尽快将其拔除。如果暂时没有影响咬合，建议等恒齿发育完全后再拔除乳齿，防止拔牙过程中损伤恒齿尚未发育好的牙根。乳齿和恒齿的牙根非常近，应使用专用的乳齿牙挺，沿着乳齿牙根一侧挺牙，避免附带损伤。乳齿牙根非常容易折断，如果其残根较小，离恒齿较近，考虑残根可以自行吸收，不建议盲目扩大损伤拔除残根。由于乳齿拔牙通常采用微创拔牙，且创口较小，可以不缝合黏膜。

四、慢性龈口炎

猫慢性龈口炎（feline chronic gingivostomatitis）是一种口腔溃疡性和（或）增生性病变，典型病变位置是腭舌褶，其病程长，治疗难度大，复发率较高。

1. 病因 猫慢性龈口炎目前仍未明确病因，但随着研究的不断深入，现普遍认为本病是由于抗原刺激引起的不适当免疫反应造成。其本质上可能是多因素导致的，可由不同的抗原刺激引起，包括病毒感染如猫杯状病毒、疱疹病毒和白血病病毒、免疫缺陷病毒等；以及非感染性因素，如局部的口腔微环境，牙科疾病，如牙菌斑、牙结石、牙吸收等；甚至包括超敏反应，食物过敏、环境刺激等过度反应都可能与猫慢性龈口炎的形成有关。

2. 症状 患猫通常表现为口腔疼痛、食欲减退、喜好软质食物，精神沉郁或有攻击性、社交回避，还可能出现体重减轻、口臭、流涎、被毛色泽暗淡和杂乱等临床症状。患猫口腔黏膜肉眼可见广泛性红肿甚至出血，而且通常呈对称性。溃疡的外观和大小会有所差异，一般呈现为直径 0.2～1cm 的肉芽瘤样，有时还伴有舌面溃疡。口腔炎症范围超出牙龈界限扩散至齿槽黏膜、唇黏膜，通常集中在口腔的尾部，特别是腭舌褶（腭舌弓外侧），并沿颊部和口部向口腔延伸，呈溃疡性和（或）增生性病变。口腔疼痛会直接导致猫咀嚼行为减少，动物主人往往难以进行家庭口腔护理，进一步导致牙菌斑、牙结石的形成与加剧，黏膜感染加重，使口腔的疼痛感更加剧烈从而形成一个恶性循环。

3. 诊断 病史调查对诊断猫慢性龈口炎有非常重要的作用，因此应做到越详细越好。首先，应问询并记录患猫的年龄、品种、性别、平时的饮食情况和家庭猫咪成员数量，以及患猫有无流浪史等情况。其次，还应记录患猫历年的免疫情况、既往病史以及慢性龈口炎首次发病的时间；在此之前是否有药物治疗，如有用药应记录具体的药物名称及用药频率，包括患猫对药物治疗的效果如何；还应包括实验室检查数据，是否有暴露于传染病等情况。

通过视诊和触诊观察患猫临床表现和体格有无异常，其临床症状通常是由于口腔黏膜炎症引起的疼痛造成，患猫表现为进食不安、咀嚼异常，甚至不食；病程较长者体重明显下降，极度消瘦；口腔黏膜红肿，内有异味，流涎严重，甚至口角带黏稠分泌物（图 5-5）。当口腔内病变增生非常严重时，甚至会妨碍舌头的收缩。尽管本病导致的口腔黏膜病变非常严重，但通常为口腔局部症状，不会波及全身，体温通常不会升高。对于性格较温顺的动物，可以进行基础的口腔检查，重点查看口腔黏膜状态、牙结石分级评估、流涎情况和触碰口腔时是否有疼痛感等。

深度口腔检查需要镇静或全身麻醉。一般结合病史、临床症状和口腔病变即可得出初步的诊断结果。患猫的血常规检查可能会出现白细胞升高，包括轻度至中度的嗜中性粒细胞增多，伴随轻度的核左移现象、轻微的淋巴细胞减少，高球蛋白血症也是一种重要和常见的临床表现。患猫进行相关病毒检测对于治疗方案的选择和判断预后也十分重要，主要包括猫杯状病毒、疱疹病毒、猫免疫缺陷病毒和猫白血病病毒的检测。组织病理学检查可见患猫口腔黏膜及黏膜下层被大量浆细胞和淋巴细胞浸润，有时可存在中性粒细胞及嗜酸性粒细胞。

图 5-5　猫慢性龈口炎

4. 治疗　猫慢性龈口炎的病因尚未确定，药物治疗和手术治疗效果都不尽如人意。

1）*药物治疗*　猫慢性龈口炎目前尚无特效药，药物治疗主要是通过给予不同的药物进行持续的医疗管理，包括控制细菌、病毒的感染，进行免疫抑制或免疫调节以缓解症状。常用的药物有干扰素、抗生素、类固醇、镇痛药和免疫抑制剂等。大部分症状轻微的病例在得到适当的药物处理后病情会稍加改善，但单纯药物治疗的临床效果通常不尽如人意，且停药后容易复发。长期使用激素类药物甚至会导致多尿多饮、继发性糖尿病等副作用，并且随着时间的推移其治疗效果会逐渐降低，甚至最终难以控制炎症的进一步发展。

2）*手术治疗*　常见治疗方式包括洁治术、半全口/全口拔牙治疗和激光治疗等。目前普遍认为拔牙术是猫慢性龈口炎治愈率最高、最有效的方法，也是临床通常采用的治疗方法。

五、牙髓炎

牙髓炎（pulpitis）是指牙髓发生感染、坏死导致的以疼痛、根尖周脓肿、瘘管为主要特征的疾病。

1. 病因　外伤性齿折、牙齿异常磨损等疾病可导致牙髓腔直接暴露，使外界的病原菌和感染因素进入髓腔，导致牙髓腔内软组织感染、坏死。此外，当发生牙釉质发育不良、牙釉质缺失、牙周炎时，感染因素也可通过牙本质小管或副根管进入牙髓腔引发牙髓炎。

2. 症状　由于牙髓腔内有神经、血管、淋巴管等组织，因此牙髓炎发生初期会伴有剧烈疼痛、出血等症状。患病动物表现出偏口咀嚼、拒食、抓挠面部、行为焦躁等症状。当牙髓炎通过根尖周小管蔓延至根尖周组织，可导致根尖周脓肿，进而发展为面部脓肿、面瘘。

3. 诊断　当动物有牙外伤史，视诊发现牙髓腔暴露，表现进食疼痛、触诊疼痛，或根尖周部位有经久难愈的脓肿灶时，应怀疑牙髓炎。

本病确诊需要在动物全身麻醉的状态下，使用牙科探针探查牙髓腔是否暴露。大动物可进行确实保定后使用开口器撑开口腔检查。拍摄牙科 X 线片，评估牙髓腔直径、根尖周组织密度（图 5-6）。对于已经发生面瘘的病例，可逆向冲洗观察面部破溃部位是否与牙槽窝相

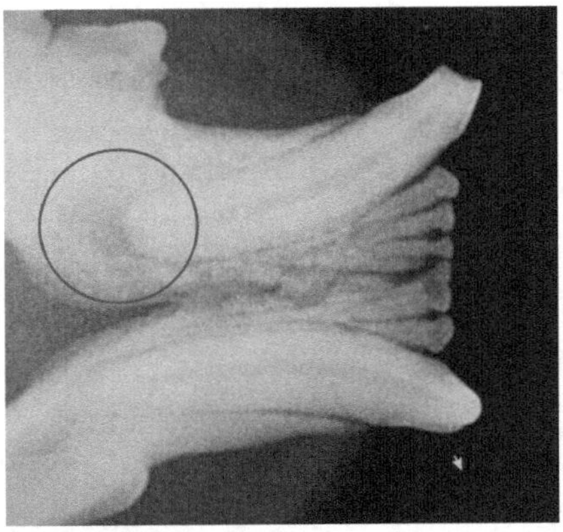

图 5-6　猫犬齿根尖周炎（圈为患侧）

通。当出现对应结果，则可确诊牙髓炎。

4. 治疗

1）根管治疗　牙齿硬组织丢失较少，牙周组织状态较好，尚可保留牙齿功能时，优先选择根管治疗。通过开髓、拔髓、根管预备、根管填充、封固等一系列操作，使用人工材料填充牙髓腔，去除感染因素，达到治疗目的。

2）拔牙　对于有严重牙周炎、面瘘的患病动物，或根管治疗后不能保留患齿功能的病例，应选择拔除患齿。牙周组织健康的病例，需要在拔牙后缝合牙龈黏膜，闭合拔牙窝。牙周严重感染的病例，需要彻底清创、冲洗后闭合拔牙窝，并于术后给予广谱抗菌药物控制术后感染。

六、牙吸收

牙髓细胞吸收性病变（feline osteoclast reabsorption lesion），通常称为牙吸收，是猫的第二大牙科疾病，并且其发病率随着年龄增长而增加。临床上常表现出疼痛、不适、食欲下降、流涎等，猫通常会掩盖隐藏症状，故牙吸收通常难以及时诊断。

1. 病因　牙吸收的具体病因尚无定论，如牙周病、日常饮食、机械性破坏、牙齿发育缺陷、品种和病毒性因素等都被认为是导致牙吸收的基础，但是这些因素都没有被证明是导致牙吸收的直接因素。

2. 症状　晚期牙吸收通常导致牙髓腔暴露，因此患猫表现为疼痛、流涎、口臭、食欲下降、精神沉郁、牙齿缺失、牙釉质骨质界处出现空洞缺损、牙冠断裂、牙龈炎等。下颌第 3 前臼齿为最常发病的牙齿。猫对于疼痛的耐受度较高，很多病例不易被主人察觉，发现时已经出现了牙齿缺失。

3. 诊断　视诊和牙科探针触诊只能对病变严重的个体进行诊断，即病变已延伸至牙冠，并导致牙冠已出现明显空洞。X 线片可确诊牙槽骨内牙根部的病变（图 5-7）。

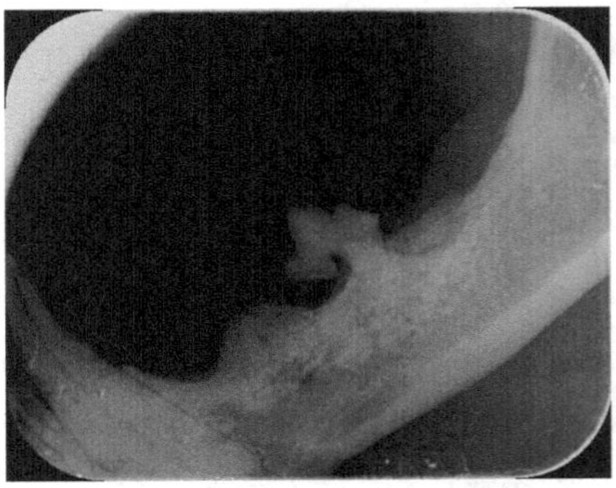

图 5-7　猫牙吸收 X 线影像

4. 治疗　针对牙吸收的治疗，都是为了减少猫疼痛，并且防止病情进一步加重。但迄今为止，还没有方法可以阻止自发性牙吸收的发展和恶化。

1）保守治疗　保守治疗主要针对临床检查中症状不明显，仅能在 X 线片上观察到病变，猫未出现不适或者疼痛的情况，此时可以考虑采用此法。但大多数牙吸收病例，通常是在病变很严重时才得到确诊，所以临床上很少采用保守治疗。

2）拔牙　随着牙根吸收并被骨样组织替代，患有牙吸收的牙齿质地脆弱通常难以完全拔除。除了需要术前使用 X 线检查病变，术后还需要 X 线检查确保整颗牙齿被拔除。

3）牙冠截除　当牙根被彻底吸收时，通常不可能拔除所有的牙齿结构，此时需要进行牙冠截除。术后需要定期进行 X 线检查，确保牙根部位正在被吸收，并且愈合良好。

七、口鼻瘘

口鼻瘘（oronasal fistula）是指口腔和鼻腔之间出现的异常通道。严格意义上，口鼻瘘不是一种疾病，而是一种临床表现。

1. 病因　引起口鼻瘘的原因有很多，主要包括先天性原因和后天性原因。

先天性口鼻瘘主要由腭裂、唇裂等发育问题引起，是胚胎发育过程中两侧硬腭和唇未能融合导致的异常裂缝。裂口的边缘通常较为平整，但是形状不规则。

后天性口鼻瘘最常见的原因包括牙周炎、外伤（猫高空坠落综合征）、侵袭性肿瘤和拔牙术后并发症（图 5-8）。由牙周炎等慢性原因引起的口鼻瘘通常边缘光滑，由黏膜覆盖；由外伤等急性原因引起的口鼻瘘通常边缘平整，创缘为新鲜创或者轻度感染创。

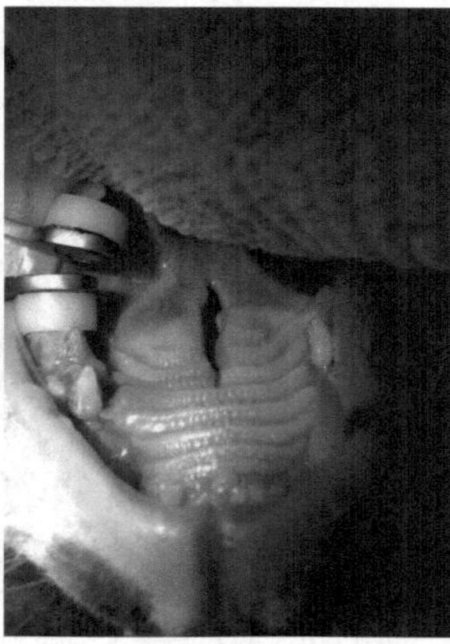

图 5-8　猫外伤性腭裂导致的口鼻瘘

2. 症状　口鼻瘘发生后，食物和水可能从口腔进入鼻腔，动物呼吸时气体可能从鼻腔进入口腔，导致一系列相关症状，如鼻呼吸音异常；鼻腔分泌物增多或产生脓性分泌物；鼻腔或口腔出血；鼻腔细菌或真菌感染；进食或进水时咳嗽、打喷嚏；气管炎、支气管炎、异物性肺炎等。

先天性口鼻瘘在动物出生后即可表现出相应症状，尤其在吸吮乳汁时经常出现打喷嚏、咳嗽等症状，鼻孔可喷出泡沫性乳汁。当动物误吸入下呼吸道，可引起气管炎、肺炎，严重者危及生命。

后天性口鼻瘘有急性发作和慢性发作。急性发作通常由外伤引起，或者出现于其他疾病的早期阶段，动物出现鼻分泌物增多、打喷嚏、鼻腔出血等症状。当急性期过后，转为慢性过程，表现为脓性分泌物、感染、气管炎和肺炎等。

3. 诊断　先天性口鼻瘘和外伤性口鼻瘘都能观察到明显的腭缺损，比较容易诊断。慢性感染、肿瘤等引起的口鼻瘘，常常由于观察不到明显的瘘管开口而被误诊。当出现口鼻瘘的症状后，应对动物进行全身麻醉，仔细探查口腔内的疑似部位，并对疑似瘘口进行逆向冲洗，当鼻腔流出冲洗液，即可确诊。

4. 治疗　口鼻瘘保守治疗通常效果不佳，必须通过手术方法封闭口鼻通路。对于外伤引起的腭裂，可在创缘两侧修剪出新鲜创，分离硬腭黏膜后，通过十字减张缝合进行修补。对于慢性口鼻瘘或者黏膜缺损较大的先天性腭裂，需要进行黏膜瓣移植手术修补缺损组织。由于口腔内黏膜面积有限，且无法提供理想的愈合环境，因此口鼻瘘修复术通常需要大面积黏膜分离，缺损较大者可能需要多期手术进行修复。手术结束后最好安置食道饲管，给口腔创造安静的愈合环境。如果伴有鼻腔内感染，在手术的同时还要做好抗菌治疗，常用药物包括阿莫西林克拉维酸钾 12.5～25mg/kg，口服，2 次/d；恩诺沙星 5mg/kg，口服，1 次/d。

八、舌下腺囊肿

舌下腺囊肿（sublingual gland cyst）是舌下腺管道的阻塞导致唾液在腺体内积聚形成囊肿。导管阻塞可能由结石、感染、肿瘤、手术或其他原因引起。

1. 病因　舌下腺是口腔内的一对腺体，位于口腔底部，舌的下方，是产生唾液的重要腺体之一，负责分泌唾液以帮助消化和湿润口腔，有助于食物的咀嚼和吞咽，并保持口腔的湿润和清洁。舌下腺分泌的唾液通过舌系带基部两侧的导管及开口排放至口腔内。当导管或导管开口由于各种原因发生狭窄、堵塞，唾液排出障碍时，腺体和导管就会发生肿胀。

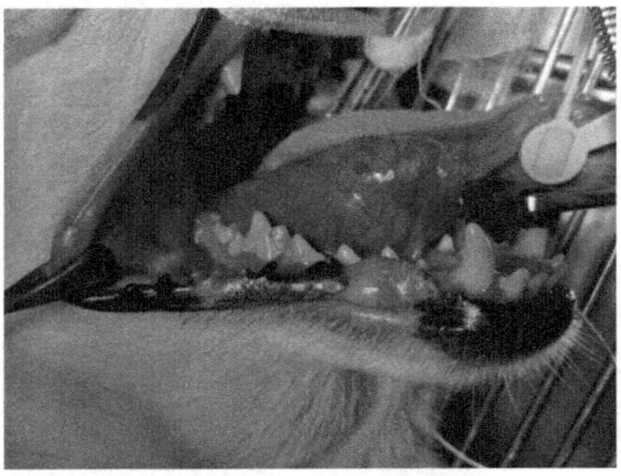

图 5-9　犬右侧舌下腺囊肿

2. 症状　舌下腺囊肿通常单侧发生（图5-9），但也有可能双侧发生。非完全堵塞时，可见舌下腺导管轻度肿胀，舌系带周边呈水肿样透明外观。完全堵塞时，舌下腺及导管显著增大，舌活动能力降低，影响咬合和进食。

当腺体和导管增大到臼齿咀嚼面时，可能出现导管破溃，黏稠状唾液外泄，囊肿症状可暂时恢复。待破溃口愈合后，如果导管开口仍处于闭合状态，囊肿将复发。

3. 诊断　通过视诊可进行初步诊断。但此病应与舌下腺肿瘤相鉴别，需要进行超声检查，并在镇静或全身麻醉后进行细胞学检查来进一步诊断。

不完全堵塞和完全堵塞初期并不容易区分，可在麻醉后进行导管探查。

4. 治疗

1）*保守治疗*　对于不完全堵塞或由于炎性肿胀引起唾液排泄障碍的病例，可尝试进行保守治疗。保守治疗的方法包括消除病因、消炎消肿、导管疏通。如果保守治疗无效，不建议反复抽吸囊肿内容物，因为这种操作很可能导致感染。

2）*手术治疗*　严重的囊肿或经保守治疗无效的囊肿，需要进行手术治疗，手术分为口内造袋术和腺体切除术。口内造袋术是将肿胀导管的吻侧切开，将导管内壁黏膜和舌黏膜进行缝合，形成一个“假性瘘”，让唾液可以无障碍地流入口腔。腺体切除术常用口外腹侧通路，为了更好地判断腺体和囊肿的位置和范围，可将生物染料注入囊肿内。沿下颌中线偏患侧切开皮肤，分离皮下组织和肌肉，直至看到腺体和囊壁外侧，根据着色将腺体和导管完整剥离，随后逐层关闭切口。剥离时应注意保护血管、腺体导管等重要组织。本病手术切除存在一定的复发风险，可能需要多期手术。

（张欣珂）

第六章　枕、颈部疾病

本章资源

第一节　腮　腺　炎

腮腺炎（parotitis）是指腮腺及其导管在致病因素的作用下发生急性或慢性炎症。本病各种动物均可发生，无年龄差异。

一、病因

本病主要是在某些外力因素下，腮腺及其导管发生损伤后感染，导致腮腺炎的发生，也可继发于咽喉炎、鼻炎、颈静脉炎、喉囊蓄脓等疾病。某些传染性疾病如马腺疫、牛结核病、牛放线菌病、犬瘟热等，亦可引起继发性腮腺炎症。早期研究认为腮腺炎病毒在人与动物之间尚无跨物种传播的风险。2021 年有学者研究发现，蝙蝠源人畜共患传染病——副腮腺炎病毒 3（achimota pararubulavirus 3，AchPV3）与已知的副腮腺炎病毒 AchPV2 的附着蛋白的进化关系最为紧密，具备跨物种感染人及啮齿动物和鼬鼠等实验动物的能力。

二、症状

急性发病时，局部脓肿明显，外耳道的下方、颧弓下方或下颌支后侧出现疼痛、肿胀及局部增温，触之敏感。一侧性发病时动物头向健侧偏斜，双侧发病时头颈伸直，严重时因继发咽喉组织炎症而致不同程度的呼吸困难、采食咀嚼障碍、食欲减退或废绝，反刍动物还伴有反刍迟缓症状。或因局部肿胀压迫致面神经麻痹。严重者出现全身症状，如体温升高。

部分患病动物因累及腮腺导管开口处黏膜，常伴有流涎或吞咽困难。腮腺脓肿破溃者因脓汁漏入口腔中而导致口气恶臭。经久未治的腮腺脓肿进一步累及皮肤发生炎症出现溃烂，进而导致腮腺瘘管的形成。慢性腮腺炎患部呈坚实、无痛性肿胀，其他症状均不明显。

三、诊断

可根据腮腺局部区域脓肿性表现或出现瘘管等临床症状，以及面部 X 线、B 超检查诊断。注意鉴别属于原发性还是继发性，同时注意与腮腺囊肿、颌下腺囊肿等病进行区别。

四、治疗

轻、中度感染并有肿胀时，治疗原则以抑炎消肿为主，可配合物理疗法对病灶进行热敷或超短波治疗，并采用青霉素盐酸普鲁卡因封闭或醋酸强的松龙注射液进行局部注射，注射时不能伤及腺体。

严重感染并伴有全身症状时，治疗原则以去除病灶、抗菌消炎为主。对于未局限化病灶，可按感染创进行清创手术并配合全身性抗生素治疗；若腮腺脓肿已经成熟，可按脓肿摘除术进行治疗，手术创腔较大者，可用收敛药物对创壁进行腐蚀收敛后再闭合创腔；对腮腺瘘管，可考虑腮腺部分摘除或全摘除术，闭合创腔时注意消灭死腔。无论执行何种手术，术后均应进行引流护理，同时配合全身抗生素治疗。

慢性腮腺炎可以常醋调制的复方醋酸铝散涂患部，结合物理疗法或局部涂布鱼石脂软膏、1%樟脑软膏等进行治疗。临床报道，灌服板蓝根、活血败毒汤、普济消毒饮等中兽药方剂亦有治疗效果。

（孙　娜）

第二节　气 管 塌 陷

气管塌陷（collapsing trachea）是软骨结构异常或占位性因素压迫导致气管软骨松弛变形，进而使得气管腔狭窄或闭塞。

一、病因

原发性气管塌陷病因尚不清楚，软骨基质退化，软骨细胞退行性减少进而使软骨失去韧性无法维持气管腔形态是本病的原发性病理基础。本病与遗传性因素、营养性因素、变态反应性因素、气管疾病等有关。例如，过度肥胖或过劳导致呼吸负荷增加，引发动力性塌陷。慢性支气管炎症导致气管肌肉、软骨结构异常，使得管腔变形扁平化导致管腔狭窄。本病也常发生于占位性病变的压迫，如肿瘤进行性压迫。

二、症状

本病通常由背腹侧发生，根据管腔狭窄的程度，可将其分为 4 个等级。

Ⅰ级塌陷：气管软骨环结构形态正常，仍可以维持“C”形状，但气管背膜呈现下垂，气管腔缩小 20%～25%。

Ⅱ级塌陷：气管软骨环结构形态出现异常，呈现轻度到中度的扁平化，气管膜增宽，下垂明显，管腔容积减少 45%～50%。

Ⅲ级塌陷：气管背膜几乎与气管软骨部的黏膜接触，气管软骨几乎扁平，管腔减少约 75%。

Ⅳ级塌陷：气管背膜与气管软骨部黏膜相贴，气管软骨扁平，可向背侧反转。

颈部气管和胸部气管发生塌陷时，其共同特点是均会降低气管有效腔体积继而导致呼吸时伴有高气道阻力。因局部解剖差异，两类塌陷又有各自的特点，颈气管的异常软骨环主要表现为吸气时的塌陷，而胸气管的异常软骨环主要表现为呼气时的塌陷。无论何部位的塌陷，在未得到有效治疗介入时，气道阻力渐进性增加将进一步引发慢性缺氧，从而导致右心室负荷加重，引发扩张型或肥厚型心肌病。

本病常发生于1岁前或中老年期的动物，以犬发病常见。临床表现主要包括病理性呼吸音、呼吸困难、运动不耐受、发绀、昏迷甚至窒息而亡。临床症状的严重程度常与动物的年龄、体型、环境或罹患其他疾病有关。呼吸症状随动物的年龄增长而加重，如出现哮喘、干咳、咳嗽及喘鸣等呼吸性杂音，咳嗽反复发生。当动物在饮食状态、兴奋状态或运动负荷增加时病理性呼吸音表现更加明显。湿热或环境中存在刺激性气体时也会加重其临床症状。患病严重的动物伴有可视黏膜发绀、扩张型或肥厚型心肌病。

三、诊断

本病发病早期无典型症状，犬精神、食欲多不受影响且对症治疗后有所改观，故容易漏诊。病史调查时，应特别注意考虑患病动物的品种、营养状态、幼龄阶段的呼吸状态、是否有外伤史等情况。发病风险较大的犬种有狮子犬、约克夏犬、博美犬、马耳他犬和吉娃娃犬。此外，外伤、畸形或管腔内外异物亦可导致气管塌陷。临床上诊断的带有呼吸异常的气管塌陷病例报道多集中于1岁前后和中老年时期（6～8岁）。

一般性检查过程中，通过视诊观察临床症状，要注意病理性呼吸音、运动耐受状况以及心肺功能。静息状态下症状若不明显，可进行牵遛运动，可见呼吸急迫、咳嗽加重，大多数患病动物还表现出明显的“禽鸣”音，听诊时气管呼吸音粗厉。通过触诊检查评估颈部气管段的软骨形态，触诊可发现气管背腹扁平，寰枕关节伸展时呼吸困难可能明显，注意触诊过程中是否引发阵发性咳嗽。听诊检查的过程中，注意鉴别呼吸音是否正常或心音是否正常。

影像学检查主要采取X线检查方法。拍摄时，应该在吸气和呼气时分别拍摄。常以胸廓入口处的气管腔直径与胸廓入口直径的比值（TD/TI）、胸廓入口和龙骨突中间的气管腔直径与第3肋骨处的气管直径的比值（TT/3R）来进行衡量。若TD/TI＜0.2、TT/3R＜3时，则认为存在气管发育不全。此外，大部分病例可见肺脏纹理略粗，同时要结合心肌病影像特征进行评估。若CT检查，可见胸腔入口处气管内径狭窄，测量气管最窄处横截面显著减少，且气管周围无可见异常肿物压迫，则提示气管原发性塌陷。

气管内窥镜常用来检查气管、主支气管在呼吸过程中的运动变化情况。检查时，使动物处于轻度麻醉状态，内镜重点观察气管软骨环形态是否正常，异常软骨环造成的气管塌陷程度可根据塌陷分级特征进行评估。若伴有感染性疾病，可进一步取气管分泌物进行培养，有助于后期抗生素的选择。

特殊性检查则可通过心电图特征进行评估，发生气管塌陷时，随着病程的延长表现出扩张型心肌病或肥厚型心肌病特征，如心律失常、P波压低或增宽、V、QRS波增宽或波形不完整、S-T段压低等表现。

本病注意与可以引起咳嗽和呼吸困难的其他疾病进行鉴别诊断，如短吻综合征、支气管肺炎、喉塌陷、喉麻痹、心丝虫病、慢性心瓣膜疾病、气管狭窄和气管瘤或异物等。

四、治疗

本病的治疗以纠正软骨环异常为主要原则，对症治疗呼吸道症状，可通过保守药物治疗和气管塌陷纠正手术进行治疗。

（一）保守疗法

气管塌陷程度为Ⅱ级及以下、临床症状表现轻微的患病动物应限制其运动，避免因剧烈运动或过度兴奋引起症状加重，同时避免环境气候刺激。若患病动物还伴有呼吸急促、呼吸喘鸣、血氧浓度降低等呼吸道症状，应及时输氧缓解症状。可通过给予药物进行对症治疗来缓解病情。

对于伴有持续性咳嗽的动物，应进行镇咳治疗，可联合使用双氢可待因和布托啡诺作为镇咳药和镇静药，控制持续性咳嗽症状；抗生素类药物可选择氨苄青霉素、头孢类、林可霉素、恩诺沙星等；扩气管药常选择氨茶碱，可扩大气道管腔内径，降低呼吸阻力，帮助恢复并维持正常呼吸功能。也可选择皮质类固醇类药物（如地塞米松、泼尼松等）或镇静类药物（如乙酰丙嗪、安定等）。无论选择何种药物，建议配合输氧、控制肥胖等措施以巩固改善症状的效果。同时，注意动物生活的环境应当无烟且远离其他对呼吸道有刺激的物质和过敏原。值得注意的是，药物保守治疗只能缓解症状，无法从根本上治愈，气管塌陷及其并发症仍然处于进行性经过状态。

（二）手术疗法

临床上常用手术包括气管背膜折襞术和气管支架植入术。但是要注意，手术前应评估动物心肺状态、喉麻痹状态，以确保手术风险降至最低。

1. 气管背膜折襞术　气管背膜折襞术（dorsal tracheal membrane plication）适用于Ⅰ级和Ⅱ级气管塌陷的患病动物。由于此时患病动物的软骨环尚处于正常的“C”形状态，因此可通过恢复气管背膜的紧张性达到纠正的目的。术前要注意检查是否伴有上呼吸道阻塞、软腭过长、喉麻痹、喉塌陷等症状，应尽量纠正排除或缓解上述病变，以确保气管矫正术的有效实施。术前用药可给予敏感类抗生素和适量的激素类药物，以防止黏膜肿胀。一般不使用阿托品，除非需要抑制过多的气管分泌物。

动物进行仰卧保定，枕部垫高。麻醉常选择吸入式麻醉，手术过程中助手要配合术者防止后续气管支架安置操作时破坏气管插管。切口选择沿颈腹中线，从喉头切至胸骨柄处，若胸段气管发生病变，则继续进行胸骨切开术。经右侧分离暴露气管背侧面，用不可吸收缝线对气管背膜做水平间断褥式缝合。常规清理创口并闭合。

2. 气管支架植入术

1）外支架植入术　外支架植入术（external stent，placement of intraluminal or extraluminal prostheses）是通过植入环状支架以达到支撑变形的气管软骨的目的。植入的环状支架材料可选择短截的聚丙烯注射器筒、高密度多孔聚乙烯材料等，将材料处理成矩形条，并于支架材料边缘处钻 3～5 个缝合固定用的小圆孔。植入时将支架弯曲为“C”形包裹于异常软骨环处以纠正恢复软骨环的原有形态，根据实际需要，一般放置 3～5 个支架，注意支架弯曲后的内径应与需要支撑的气管软骨环大小接近一致。术前准备、保定与麻醉同气管背膜折襞术。

颈腹侧切口与气管背膜折襞术相同，可用于颈部气管和胸段前 3～4cm 气管的支架术。

暴露气管，注意不要损伤其背外侧血管和神经。在气管和返喉神经及右侧甲状腺动脉间分离筋膜组织，开口环置于气管的背侧，以包裹气管 2/3～3/4。将丝线穿过开口环上的小孔，并与气管软骨邻近组织或软组织缝合固定。肉芽组织也能够在固定环状支架生长。若胸段有其他气管病变，则切口应沿至右侧第 5 肋间隙，并通过此肋间隙进入胸腔，再进行支架手术。

2）内支架植入术　该术式是通过在气管内植入钛镍合金自扩张式支架治疗。通过颈胸部左侧位 X 线检查，确定所需的支架长度与直径。背腹位保定，吸氧 10min 左右。常规吸入麻醉，维持自主呼吸。于钛镍合金气管支架上涂抹利多卡因凝胶，拔出气管插管后插入气管支架安置系统，X 线检查确定气管支架位置，缓慢推动活塞，释放气管支架；待气管支架完全释放后抽出推送器，再次 X 线拍摄放置位置。植入 3～5h 后，观察动物呼吸症状是否改善。

植入后 1 周内需要密切观察患犬的反应，同时使用吸入雾化治疗，缓解其异物性干咳并降低因支架植入所致的气管出血、肉芽组织增生、气管炎等并发症发生的概率。已有的研究结果表明，钛镍金属气管支架使用期限为 2～4 年，且随气管功能的改变可能会出现滑脱等现象，故需要植入新的气管支架，如滑脱或断裂的气管支架危及患犬生命，则需手术取出。

（尹　伟）

第三节 食管疾病

一、食道异物阻塞

食道异物阻塞（esophageal obstruction by foreign bodies）是食道被异质团块完全或部分阻塞的一种食道疾病。按阻塞程度分为完全阻塞与不完全阻塞；按阻塞部位分为颈部食道阻塞、胸部食道阻塞、腹部食道阻塞。

（一）病因

原发性食道阻塞通常发生于采食块状食物、误食尖锐性异物或其他异物时，因咀嚼不充分、吞咽过急或卡入食道黏膜中而导致异物滞留于食管中。继发性食道阻塞，常继发于异食癖、食道狭窄或食道憩室、食道麻痹、食道炎等疾病。

（二）症状

急性期表现为采食中突然发病，停止采食，恐惧不安，头颈伸展，吞咽困难，食物反流，过度流涎，坐立不安等症状。反刍动物因食道异物阻塞引发瘤胃臌胀。发病动物饮欲增加，鼻腔逆流出饮进的水或食糜。随着病程的发展可引发食道黏膜损伤而出现食道炎甚至食道气管瘘，表现出肺炎、疼痛、食欲下降等。严重病例亦可出现呼吸窘迫、发热等症状。

（三）诊断

外部触诊可感到阻塞物；胸部食道阻塞时，在阻塞部位上方的食道内积满唾液，触诊能感到波动并引起哽噎运动。用胃导管进行探诊，当触及阻塞物时，感到阻力，不能推进。X

线检查可显示阻塞部呈明显的异物密影，同时可能伴有食管扩张、肺炎或气管变形；食道造影检查显示阻塞部位或程度，但是伴发食道气管瘘的患病动物禁用造影检查。内窥镜检查更容易探查到阻塞的异物及位置。

本病要注意与其他可能造成食道内容物回流的疾病相鉴别，如食道肿瘤、原发性食道炎、胃食道套叠、食道憩室、食道裂孔疝、巨食道症等疾病。

（四）治疗

本病的治疗原则是解除阻塞、消除炎症、加强护理和预防并发症。

1. 非开创疗法　对于咽后食道起始部阻塞的病例，使用开口器、咽喉镜等可明显观察到异物，术者可徒手或配合手术夹钳类器械将异物取出。具有软质内窥镜设备时，可在内窥镜指导下取出异物。当阻塞部位发生在颈部与胸部食道时，应根据阻塞物的性状及其阻塞程度，采取相应措施。

1）挤压疏导法　在近咽喉段颈部的块状阻塞物，可以手掌抵于阻塞物下端，朝咽部方向挤压，将阻塞物挤压到口腔，进而排除阻塞；若为软质食糜阻塞可用双手手指从左右两侧挤压阻塞物，将阻塞物压碎，促进阻塞物软化，使其自行咽下。

2）下送疏导法　即将胃管插入食道内抵住阻塞物，徐徐把阻塞物推入胃中。主要用于胸部食道阻塞和腹部食道阻塞。当阻塞物是颗粒状或粉状饲料时，可插入胃管，用清水反复泵吸或虹吸，以便把阻塞物溶化、洗出或者将阻塞物冲下。

3）通噎疏导法　通噎疏导法是中兽医治疗食道阻塞的传统方法，主要用于治疗马的食道阻塞。其方法是将患马缰绳拴在左前肢系凹部，使马头尽量低下，然后驱赶患马前进或上下坡，往返运动20～30min，借助颈部肌肉收缩，使阻塞物纳入胃内。如果先灌入少量植物油，鼻吹芸薹散（芸薹子、瓜蒂、胡椒、皂角各等分，麝香少许，研为细末）更能增进其效果。另外，还可试用促使食道蠕动的药物或催吐药物等。

4）内镜疏导法　具备内窥镜（也称内镜）条件的情况下，可在内镜的引导下，将带有气囊的导管远端通过异物远端，将气囊充气至扩张食管的程度，再小心操作将导管推出，以带出异物。若异物为尖锐性物体，则利用抓钳进行操作移除异物。

多数食道异物阻塞可通过非开创方法去除。操作时避免使食道的脆弱区域破裂而引起气胸。避免强行将牢固嵌入食道壁的物体否则导致食道穿孔或使穿孔扩大。但嵌入物为鱼刺、鱼钩等尖锐物体时应谨慎，避免撕裂血管。疏导操作后应再进行检查，确定食道未发生黏膜损伤等情况。

2. 开创手术疗法

1）颈部食道阻塞手术治疗　大动物行站立保定或侧卧保定，固定头部并保证头颈充分伸展，局部浸润麻醉或全身麻醉。犬、猫可选择仰卧保定或侧卧保定，全身麻醉。

侧卧保定时，手术切口可选择上方切口和下方切口，切开皮肤长度一般为5～15cm，需要结合动物体型、阻塞位置等因素确定。上方切口是沿颈静脉的上缘，在颈静脉与臂头肌之间，切开皮肤，此处切口是距离主手术食道的最近手术径路。下方切口在颈静脉下方沿着胸头肌上缘做切口，当食道伴有严重损伤时多采取下方切口，能确保创液更加顺利排出。切开皮肤后，钝性分离下层筋膜，注意保护周围组织神经。锐性分离肩胛舌骨肌、深筋膜及周围结缔组织，显露食管。

仰卧保定时，沿颈部正中线切开皮肤，切口从咽向后延伸至胸骨柄。依次分离皮下组织、颈阔肌、胸骨舌骨肌，显露气管，牵拉气管暴露食道。注意保护周围的甲状腺、喉神经和颈动脉鞘以及血管。牛、马、驼等大动物还可以选择在胸头肌、气管之间做切开为手术径路，切开皮肤和浅筋膜之后，上提胸头肌，锐性分离深层筋膜。再钝性分离气管和肌膜间的结缔组织，显露食道。

食道显露后，仔细牵引并用灭菌纱布隔离。观察阻塞区域的组织活力，以选择食道切开术或部分食道切除术。取出异物后，用铬制肠线对食道壁全层采用连续缝合法，然后再对纤维膜及肌肉层采用间断伦伯特缝合，注意内翻组织不可过多，以免造成管腔狭窄。行部分食道切除术后，以双层缝合方法端端吻合食道断端。先以单纯间断缝合法吻合前壁食道外膜和肌层，腔外打结。再以同法缝合同侧壁的食道黏膜和黏膜下层，管腔内打结。然后吻合后壁食道的黏膜下层和黏膜，最后吻合后壁的肌层和外膜。

2）*胸部食道阻塞手术治疗*　对于阻塞部位在胸腔部前段的动物进行侧卧保定，全身麻醉。右侧卧保定时，可经第 3 或第 4 肋间做切口。按组织层次依次横断背阔肌、横断或钝性分离腹侧锯肌和斜角肌，切开肋间肌。利用肋骨牵引器显露合适术野，于纵隔的背侧与头臂干之间确定食道的位置。左侧卧保定时，切口选择在右侧第 4 和第 5 肋间进行，其余操作与右侧卧时相同。

胸腔后部食道阻塞的动物，右侧卧保定，在第 8 或第 9 肋间间隙做手术切口。依次横断或牵开背阔肌、前外侧锯肌、腹外斜肌和肋间肌。横断肺韧带并将后部肺叶前移，在主动脉的腹侧小心操作，显露食道。注意区分并避免损伤位于食道后侧部位的背侧和腹侧迷走神经分支以及周围血管。

3）*经胃手术取出异物*　阻塞物发生在贲门附近可采用此法。仰卧保定，全身麻醉。以胃切开术式显露胃大弯，常规隔离。在胃大、小弯间少血管部纵向切开胃壁，创缘用舌钳牵拉固定，防止胃内容物浸入腹腔。术者手指通过胃壁切口伸入贲门探查，触及异物后以长钳夹持异物并取出，常规闭合胃部切口还纳腹腔，闭合手术通路。

反刍动物食道梗塞发生在近贲门处时，可先行瘤胃切开术，再从瘤胃内用手指或使用长钳沿食管沟进入胸部食管以夹取梗塞物。

4）*术后护理*　术后使用抗生素 5～7d 以防止感染，术后禁食 2d，通过输液维持机体需要。3d 后可饮少量温糖盐水，5d 后可进流食。1 周后正常饲喂，但食物中不应有粗大、坚硬的块状物。术后 8～10d 拆除皮肤缝线。

二、巨食道症

巨食道症是由先天性或后天性因素引起的食道肌肉运动能力减弱或消失，导致食物阻塞食道而使食道异常扩张，引发颈段或胸段食道发生明显膨大的综合征。巨食道症是犬、猫常见的食道扩张病症，可发生于颈段食道和胸段食道两个部位，胸段食道的发病率高于颈段食道。

（一）病因

本病发生与犬、猫品种有关，先天性巨食道症多发生于德牧、拉布拉多、腊肠犬、大丹犬等品种，要做好基因筛选或合理繁育计划制订工作。其发病原因尚不明确，有研究报道与迷走神经传入功能障碍相关，其发病机制可能是控制食道功能的吞咽中枢传入或传出异常或肌肉神经疾病导致食管蠕动功能丧失。后天性巨食道症的发病原因较多，如严重食道肌无力、神经功能异常、机体免疫功能紊乱、激素分泌失调、炎症和中毒等因素。食道狭窄处食物滞留，易导致食管壁迟缓和扩张，常成为诱发本病的主要原因。有报道称，约26%的无全身性肌无力的巨食道症犬抗乙酰胆碱受体抗体滴度呈阳性。另有学者收集调查了2014～2018年拉脱维亚和澳大利亚共计398例犬巨食道症病例，发现后天特发性巨食道症可能与某种商品粮有关。

（二）症状

巨食道症临床上多发生于犬、猫出生后至3月龄之间，其中以30日龄左右最为多见。本病发生之初，可见到食物和水经口鼻流出，时间和频率不定，随着病程的延长，出现反复吞咽和吞咽困难，呕吐频率增加，呕吐物中混有大量黏液，并发出恶臭难闻气味。病程持续，进一步导致患病犬、猫严重营养不良、胃肠道臌气和脱水明显。随着病情日趋加重，常随咳嗽或呼气时吐出带有泡沫的呕吐物，偶伴有血丝。精神萎靡，逐渐开始厌食，行走无力，鼻头干燥，皮肤弹性较差，出现发热、口角流涎和呼吸急促等症状，在给予止吐、健胃和促肠蠕动药物后，症状无法缓解。有研究统计，76%的犬巨食道症无潜在疾病，中位生存时间为90d。吸入性肺炎是巨食道症的一个重要临床后遗症，应在并发前及时确诊，为治疗争取充足时间，同时其也是巨食道症造成死亡的最主要原因之一，且与犬、猫寿命显著缩短有关。有吸入性肺炎和无吸入性肺炎的巨食道症犬的中位生存时间分别为16d和589d。如无法改善反流问题，反复造成吸入性肺炎通常预后较差。

（三）诊断

患病犬、猫一般有间歇性呕吐病史。观察临床症状时，食物反流是典型症状。可使用pH试纸对呕吐物进行酸碱度测定，pH在7.0左右，可初步判断病变位于食道。采用X线对患病犬、猫的颈胸部食道正位和侧位进行检查，可见食道处明显扩张，中段较为显著且呈粗大的带状阴影，心影左移。钡餐造影检查时可运用动态观察方法评估食道动力。用注射器从口腔缓慢灌服100mL硫酸钡制剂。分别于灌服后的0.5h、1h、2h、4h、8h行胸腹部侧位拍摄X线片。对比不同时间点硫酸钡制剂在食道的滞留情况判断食道异常扩张部位与程度。发生巨食道症时，胸前段食道内仍含高密度不规则异物。由于膈肌处食道狭窄，硫酸钡制剂无法进入胃内，随着时间的推移造影剂积留面积增大但未排入消化道下一段。继发吸入性肺炎时，左侧肺叶呈现中高密度影像，部分患病动物左肺中叶呈现实质化影像。

（四）治疗

目前，对巨食道症无特异性治疗方法。先天性巨食道症通常预后不良，几周内便因出现严重感染或营养不良而死亡。后天性巨食道症可在基础疾病治愈后有所改善。治疗原则为调节水电解质和酸碱度平衡，抑制胃酸、控制反流，抗感染、补充能量，维持机体稳态和肺部氧气交换水平，做好日常饮食护理和健康指标监测。

后天性巨食道症主要采取对症治疗的方法。确诊后，对于臌气明显的动物，先行穿刺放出腔内气体以缓解胸腔、腹腔压力，有利于食糜后移进入消化道后段，也有利于改善呼吸状况。患病犬、猫禁食2～3d，但不禁水。以复方电解质液补充体液，纠正电解质紊乱，同时补充能量。利用奥美拉唑等药物保护胃黏膜，同时进行消炎治疗，防止吸入性肺炎。在每次喂食前口服药物，上午口服胃复安促进食道蠕动，晚上注射阿托品或口服胃动力增强药物减轻唾液分泌和反流症状。但考虑到吞咽障碍，临床上应谨慎使用口服药物。饲喂时可借助直立饮食使前体抬高，采取站立式饲喂方式。每次饲喂适量即可，不宜饱腹。若为部分食道扩张的动物，可在发病早期施以食道断端吻合术。但手术治疗常预后不良，常见并发症包括犬、猫食管裂孔、食管黏膜坏死和死亡。

（李宏全　尹　伟）

第七章　胸部疾病

本章资源

第一节　乳　糜　胸

各种原因导致胸导管结构损坏，流经胸导管回流的淋巴乳糜液外漏并积聚于胸膜腔内，称为乳糜胸（chylothorax）。由于动物肺部不能正常扩张，表现为呼吸困难、咳嗽等典型症状。乳糜是食物中的脂肪消化吸收后从肠道淋巴管收集，并经乳糜池和胸导管进入前胸静脉系统的淋巴液，富含甘油三酯、蛋白质、脂溶性维生素和淋巴细胞，这种液体的脂质含量高，因而呈乳白色。

一、病因

乳糜胸是淋巴液从胸导管渗漏到胸膜腔所致，犬、猫均可见。根本原因是乳糜液产生与排泄的失调。外伤、纵隔肿瘤等阻塞胸导管，是最常见的原因。纵隔部、膈肌及心脏等外科手术后或胸导管及其分支管壁受肿瘤、炎症、真菌性肉芽肿等压迫、浸润、糜烂及坏死、咳嗽、呕吐使胸腔内压变化，脆弱的淋巴管及扩张的淋巴管分支破裂等均可诱发本病。胸导管和前腔静脉联系不佳，胸导管静脉开口部形成血栓，纵隔部胸导管形成囊泡等也可发生本病。

乳糜胸的形成主要包括三个方面：乳糜液生成增加或回流受阻，弥散性淋巴管异常，创伤。创伤引起的犬、猫乳糜胸很罕见，而胸导管愈合迅速，所致的乳糜胸通常无需治疗就能在 1～2 周内缓解。

二、分类

1. 先天性乳糜胸　先天性遗传因素可能诱发乳糜胸，该类型的病例极为少见，存在着品种的易发性，纯种猫、阿富汗猎犬、马士提夫犬等此种类型乳糜胸的发病率相对较高。

2. 创伤性乳糜胸　创伤性乳糜胸分为手术性（如开胸术）和非手术性（如车祸、摔伤等），该类型的乳糜胸一般是暂时性的，破裂的胸导管会在 1～2 周内愈合。

3. 非创伤性乳糜胸　非创伤性乳糜胸主要由纵隔肿瘤、心肌病、心丝虫病、心包疾病、右心衰竭、肺叶扭转、膈疝、纵隔真菌性肉芽肿、全身淋巴管扩张、慢性呕吐或咳嗽和静脉血栓等引起。恶性肿瘤是非创伤性乳糜胸最常见的病因，胸腔内的肿瘤压迫胸导管，形成梗阻，梗阻部位因为压力过大而破损，导致乳糜进入胸腔，进而产生乳糜胸。

4. 特发性乳糜胸　无法确定潜在病因的乳糜胸称为特发性乳糜胸。特发性乳糜胸的病因可能是淋巴结增生、胸部纵隔肿瘤、淋巴系统疾病、丝虫病、淀粉样变性等。

三、症状

最常见的症状为呼吸困难和咳嗽，主要是由胸腔积液限制肺扩张导致的气道压迫所致。胸膜腔积液较多时会导致呼吸急促或呼吸困难。其他症状还包括体重减轻、食欲减退、呕吐、嗜睡、反胃、心音减弱、支气管音增强、心动过速，甚至出现运动不耐性和流涎等。

乳糜胸的早期症状类似胸腔积液，症状不明显。随着病情加重，动物出现胸闷、呼吸困难等症状，抽出乳糜液后动物不适感减轻，但无法根治，乳糜会继续在胸腔内积聚。因为乳糜液中含有机体的营养物质（蛋白质和脂肪）和淋巴细胞，病情发展到后期，将导致动物血浆蛋白降低，免疫力下降，机体消瘦，身体水肿，病情严重的个体产生心血管功能障碍，呼吸衰竭，危及生命。

四、诊断

乳糜胸的诊断首先是基于胸片上胸腔积液的征象及通过胸腔穿刺术获得的液体进行细胞学和生化检查确定为乳糜，然后再通过一系列检查确定潜在的病因。若不能诊断出病因，则为特发性乳糜胸。

乳糜胸最常见的临床症状为呼吸困难和咳嗽。临床检查包括观察体表有没有外伤，精神状态，肺呼吸音的情况，心音、体温、呼吸和脉搏情况。淋巴液丢失，淋巴细胞和血小板数目偏低。X线和超声检查观察胸腔积液的情况。CT检查胸导管的损伤情况。胸腔穿刺抽出胸腔积液，乳糜渗出液是乳白色或淡粉色，浓稠。当胸腔积液中的甘油三酯含量远高于血清甘油三酯时，可诊断为乳糜胸。

五、治疗

原则上，应首先鉴别和纠正发病的根本原因及原发病。

（一）保守疗法

乳糜胸的保守疗法包括胸膜腔清除术、饲养管理和药物治疗。随着保守疗法的显效，胸腔穿刺术的间隔会逐渐延长。当临床症状没有改善或难以忍受时，可以考虑手术治疗。

1. 胸膜腔清除术 动物出现呼吸困难时，进行胸腔穿刺引流，或者留置胸腔引流管。胸膜腔清除术可以缓解呼吸困难，提高患病动物的舒适度。该方法不能根治乳糜胸的潜在病因，仅是缓解病情。反复引流有多种不良反应，包括脱水、体重减轻、低蛋白血症、低钠血症、高钾血症、免疫力下降和限制性胸膜炎。最初胸腔穿刺可用针头，若需每天引流则要设置引流管。

2. 饲养管理 低脂饲料可减少通过胸导管的乳糜流量，从而使胸导管损伤能自发愈合。低脂饮食，使用最多的是中链甘油三酯油，它可以绕过肠道淋巴循环，直接被吸收到门静脉。

3. 药物治疗 药物治疗可选择奥曲肽或芦丁。奥曲肽是一种生长抑素类似物，可通过减少胸导管的渗出来治疗乳糜胸，可用于治疗动物特发性乳糜胸。芦丁的化学名称为苯并吡喃酮，可增加淋巴管对水肿液的摄取，降低血管通透性，增加组织巨噬细胞的活性和数量，从而促进水肿液中蛋白质的清除，用于特发性乳糜胸的非手术治疗。

（二）手术治疗

慢性乳糜胸可导致低蛋白血症、免疫缺陷、脱水和体重减轻。此外，乳糜是一种刺激物，长期暴露于胸膜腔可导致危及生命的胸膜炎和心包炎。当保守治疗超过 4 周仍持续产生大量胸腔积液时，则必须进行手术治疗。

1. 胸导管结扎术　胸导管结扎术是目前治疗犬、猫特发性乳糜胸成功率最高的手术方案。肋间开胸术胸导管结扎已成为治疗小动物特发性乳糜胸最常用的手术技术。胸导管结扎的目的是在导管进入胸腔的入口处封闭该导管，从而形成新的胸膜外淋巴静脉连接，这些新的连接允许乳糜绕过胸导管，防止胸腔内乳糜流动和随后泄漏到胸膜腔。胸导管结扎术的并发症包括持续出现乳糜、血清/血液积聚等，通常原因为没有完全结扎胸导管或其分支，淋巴管注射亚甲蓝有助于术中确认，术后乳糜液产量不断降低，心肺功能逐渐恢复则表示预后良好。胸导管结扎术最常见的并发症是术后持续的胸腔积液，可以是乳糜或非乳糜的。

2. 乳糜池消融术　单独胸导管结扎术成功率较低，而配合乳糜池消融术，在犬上成功率很高。胸导管结扎后，乳糜池的压力增大，可能产生侧支淋巴管而绕过结扎位置。有报道证实健康犬胸导管结扎结合乳糜池消融术成功产生替代的腹部淋巴血管连接。

3. 大网膜填塞术　主要机制是通过大网膜将胸腔内积液吸收。大网膜有一个很大的吸收表面积，从而减少胸腔内积液，达到一个动态平衡。但在选择病例方面需要谨慎，术后能度过 3d 危险期，方算成功。有些体质虚弱的动物，在术后易发生死亡，特别是心肺功能不良以及在抽完胸腔积液后食欲缺乏、精神不佳的动物。

4. 乳糜池和胸导管栓塞术　乳糜池和胸导管栓塞术为一种消除乳糜正向流入胸导管的技术。氰基丙烯酸酯胶与造影剂混合从肠系膜淋巴管注入，在胸导管处造成栓塞，阻止乳糜液流入胸导管。

5. 胸膜固定术　胸膜固定术是指在胸膜壁层和脏层之间产生粘连，有效地消除了胸膜间隙。它已被用于治疗动物的自发性气胸和慢性胸腔积液，包括特发性乳糜胸。可以通过将滑石粉或四环素注入胸膜腔来产生炎症反应，并诱导粘连的形成。然而，这种方法的并发症很常见，包括胸膜疼痛、发热、低蛋白血症和体重减轻。这种治疗方法要慎用。

6. 微创技术　利用胸腔镜手术进行胸导管结扎的微创治疗方法已在临床应用。

（马玉忠）

第二节　动脉导管未闭

动脉导管未闭（patent ductus arteriosus，PDA）是指由于胚胎期肺动脉主干和降主动脉相连的动脉导管在出生后未能闭合所致的一种先天性心脏疾病，是犬、猫最常见的先天性血管畸形，其发病率占先天性心脏疾病的 25%～36%。

一、病因和病理

PDA 是犬最常见的先天性心脏缺陷病之一，病因不清，可能与多基因遗传有关。动脉导管发自左第 4 动脉弓，连接左肺动脉和降主动脉。由于胎儿期的肺没有呼吸功能，肺呈不张状态，因此右心室的血液排入肺动脉后，绝大多数经动脉导管流入主动脉，供给后躯的需要。出生后，由于体循环阻压突然升高而肺循环阻压明显降低，右心室排入肺动脉的血液进入肺脏，而流经动脉导管的血液越来越少。因此，动脉导管通常在出生后的数天至 2 周内逐渐封闭。

由于体循环动脉阻力比肺动脉大 5～10 倍，动脉导管的血液分流通常由主动脉流向肺动脉，使肺动脉流量增加，可致连续心杂音。已氧合的血液由主动脉流入肺部，再经左心房回到左心室及主动脉。左心室负荷过重引起心房、心室扩张，心肥大及肺水肿。

二、症状

动物患动脉导管未闭的症状主要取决于动脉导管分流的血量和肺动脉血压的高低。轻度的动脉导管未闭时多不出现症状。但是中等以上的动脉导管未闭呈现发育不良、运动耐力下降、咳嗽、呼吸困难等左心功能不全的症状，左侧第 3 肋间肺动脉区触诊有持续性震感，听诊可闻杂音，左侧心基区更明显。

三、诊断

根据临床症状，结合心电图、心血管造影等做出诊断。心电图显示，第Ⅱ导联的 R 波波幅显著增大，而 P 波增宽，并出现房性期前收缩、房性心动过速以至房颤等心律失常图形。X 线影像显示左心房、左心室、升主动脉增大，肺血管阴影增多、增大。应注意与主动脉口狭窄及主动脉与肺动脉间的纵隔缺损区别诊断。

四、治疗

1. **药物疗法**　呈心功能不全的病例，可口服异羟基洋地黄毒苷，同时应用利尿剂（速尿，1～2mg/kg，每隔 8～12h 内服、静脉或肌内注射）。伴发呼吸器官感染或其他感染症时，可应用抗生素 3～4 周。当病情好转后，立即采取外科手术闭合动脉导管。如果伴发肺高血压时，一般预后不良。

2. **血管介入疗法**　国外兽医界已开展经导管动脉栓塞治疗此病，即经皮进入股动脉，在透视导向下，在未闭的动脉导管内安置环或线圈，以阻塞未闭的动脉导管。

3. **手术疗法**　动物右侧卧保定，采用吸入性麻醉，正压通气。于左侧第 4 肋间做开胸术。犬和猫的动脉导管较宽，但相对短。注意辨认左迷走神经，用小止血钳仔细钝性分离动脉导管上的脂肪和筋膜，充分显露动脉导管。分别结扎在导管两端，可不必切断。为防止血压发生急剧变化，应先暂时闭锁导管，如心脏未出现异常现象，才可结扎导管。用可吸收缝线结节缝合心包，除去胸腔内纱布。常规闭合胸壁。

（胡长敏）

第三节　持久性右主动脉弓

持久性右主动脉弓（persistent right aortic arch，PRAA）是犬在胚胎期主动脉弓发育异常而形成的先天性血管畸形，属于犬先天性发育异常，猫发生较少。

一、病因和病理

犬的胎儿期背部动脉通常起于左侧第 4 鳃状弓，位于食管和气管左侧。若右侧第 4 鳃状弓像背部动脉一样存在，左动脉导管保留动脉韧带，食管被夹在韧带、心基、肺动脉和气管形成的一个环状结构内。

二、症状

上述异常结构引起食道狭窄，常表现为断奶后开始饲喂固体食物时，患犬出现食物反流，以后可发展成进食后短时间内反呕出吃进的食物，大便较少，小便正常，这种发育异常只有通过手术分离并剪断主动脉弓残迹来治疗。

三、诊断

触诊可见颈部食道膨大，质地柔软。随后进行钡餐造影。灌服钡餐后即进行颈、胸侧位 X 线拍摄，可见有大量钡餐滞留于颈、胸部（心基部前方）食道内，呈两个圆锥形阴影。

四、治疗

手术是治疗该病的最有效方法。患犬右侧卧保定，常规术部剃毛消毒。手术切口定位左侧第 4、5 肋间，切口长度约与肋骨等长。分别切开皮肤皮下肌肉层，沿肋间剪开胸膜，用括创器扩开术野，暴露左侧胸腔，用浸有生理盐水的纱布向后隔离肺的心叶和间叶。用 Foley 导管插入食道胸腔后段，导管气囊内注入生理盐水约 15mL，使气囊充盈，然后将导管向前轻轻回抽，直至感觉到有阻力时即为持久性右主动脉弓韧带所在部位。在胸腔内确认病变部位后，在其四周做 4 点牵引，切开纵隔膜，将纵隔膜切口展开。用线或拉钩将迷走神经向背侧牵引，将膈神经向腹侧牵引，显露左主动脉弓韧带。用弯止血钳由后向前仔细分离动脉韧带，使其与食道分离。将两根缝线分别尽可能靠近主动脉和肺动脉打结。于两结扎线间剪断动脉韧带，然后分别向两侧牵引两侧的动脉韧带结扎线，在主动脉和肺动脉之间分离食道上的残留组织，必要时将食道与部分组织游离。将 Foley 导管继续回抽，反复多次，直到充盈气囊的导管可以顺利进出食道。

剪断结扎线并抽出牵引线，拔出导管，取出胸腔内的填充纱布，检查肺组织的恢复状况直到恢复原状。留置胸导管，由第 4 肋皮肤做切口，第 5 肋后胸部肌肉肋间组织做切口，切口大小仅能容导管通过，导管末端沿胸壁伸入胸膈三角区。常规闭合肋间切口，抽出胸腔内渗出的血液和气体直到形成负压，检查气密性，缝合皮肤，固定胸导管，胸导管末端连接三通以便术后抽吸渗出液。

（胡长敏）

本章资源

第八章 腹部疾病

第一节 胃部疾病

一、瘤胃酸中毒

瘤胃酸中毒是由于突然超量采食谷物等富含可溶性糖类的先质，引起瘤胃内急剧产生、积聚并吸收大量乳酸等有毒先质，所致的一种急性消化性酸中毒。以瘤胃内积滞（充满）酸臭、稀软的内容物，重度脱水，食欲废绝和瘤胃蠕动停止，高乳酸血症和病程短急为特征。本病可发生于各种反刍动物。

（一）病因

过食谷物类饲料，如大麦、小麦、玉米、水稻、高粱；块茎、块根饲料，如土豆、甜菜、甘蓝等；酿造副产品，如酒糟；面食品，如生面团、黏豆包；水果类，如葡萄、苹果、梨等；糖类及酸类化合物，如淀粉、乳糖、果糖、蜜糖、葡萄糖、挥发性脂肪酸、乳酸、酪酸等。精料超量是相对的，主要原因在于精料的突然变更。

（二）发病机制

富含碳水化合物的饲料进入瘤胃后，在纤毛虫和细菌的作用下，急剧发酵产生大量挥发性脂肪酸，pH 下降，H^+浓度增加 10 多倍。肽链球菌、丙酸菌首先合成乳酸，pH 达 6 左右，接着牛链球菌、乳酸杆菌开始大量繁殖，乳酸的生成有增无减。糖和氨基酸、肽助长了乳酸的生成。当瘤胃液 pH 下降到 5 或以下时，消化纤维素的纤毛虫和细菌死亡，牛链球菌的活力也显著减退，几乎变为单一的乳酸杆菌增殖，绝大多数糖基被酵解为乳酸。此时分解乳酸的细菌只剩下艾氏巨型球菌，还受高糖、肽的抑制，因而乳酸分解障碍。

乳酸的生成多、分解少，结果乳酸蓄积。从正常时的 10mmol/L 增加到 150mmol/L 甚至 240mmol/L。乳酸一方面使瘤胃的蠕动降低，在几小时内形成内容物积滞，同时使瘤胃内微生物区系遭到破坏，乳酸又能损伤胃壁，加快有机酸的吸收，导致前胃弛缓性麻痹、瘤胃炎。蓄积的乳酸还能提高瘤胃内的渗透压，引起体液回渗，导致瘤胃内容物稀软、机体脱水、少尿、血液浓缩。乳酸大部分直接经胃壁吸收，大量乳酸入血，超过组织利用能力，血液 pH 下降（从 7.35～7.45 猛降到 7.00），引起乳酸血症。血液 pH 下降，使血压降低，组织供血不足，葡萄糖无氧酵解产生更多乳酸，全身性乳酸中毒。动物出现精神沉郁、食欲废绝、瘤胃蠕动停止、脉搏增数和体温升高。进入肠道的乳酸和未发酵的碳水化合物，使肠道菌群发生紊乱，肠道内酸度和渗透压升高，造成肠壁特别是小肠和盲肠出血甚至坏死。

（三）症状

最急性型：精神高度沉郁，极度虚弱，侧卧而不能站立，双目失明，瞳孔散大，体温低下（36.5～38℃），重度脱水（8%～12%），腹部显著膨胀，瘤胃停滞，内容物稀软或水样，瘤胃 pH 低于 5，可至 4.0，无纤毛虫存活。循环衰竭，心率 110～130 次/min，微血管再充盈时间延长（5～10s），通常于发病后短时间内死亡（3～5h），死亡的直接原因是内毒素中毒性休克。

急性型：食欲废绝，精神沉郁，瞳孔轻度散大，反应迟钝，消化道症状典型，磨牙虚嚼不反刍，瘤胃膨满不运动，触诊有弹性，冲击性触诊有震荡音，瘤胃液的 pH 为 5～6，无存活的纤毛虫。排稀软酸臭粪便，有的排粪停止，中度脱水（8%～10%），眼窝凹陷，血液黏滞，尿少、色浓或无尿。全身症状重剧，结膜暗红，微血管再充盈时间延长（3～5s），后期出现神经症状，步态蹒跚，或卧地不起，头颈侧曲，或后仰呈角弓反张状，昏睡或昏迷。若不及时救治，多在 24h 左右死亡。

亚急性型：食欲减退或废绝，瞳孔正常，精神委顿，能行走而无共济失调，轻度脱水（4%～6%），全身症状明显，体温正常，结膜潮红，脉搏加快，微血管再充盈时间轻度延长（2～3s），瘤胃中等充满，收缩无力，触诊瘤胃内容物呈生面团样或稀软，pH 为 5.5～6.5，有一些活动的纤毛虫。常继发或伴发蹄叶炎或瘤胃炎而使病情恶化，病程 24～96h 不等。

轻微型：呈消化不良体征，类似前胃弛缓，多能自愈。

（四）诊断

根据有过食谷物饲料的病史，严重的脱水，瘤胃内容物稀软，腹泻轻微，瘤胃 pH 显著下降，全身症状重剧而体温并不升高，不难诊断。

（五）治疗

治疗原则：彻底清除酸度过高的瘤胃内容物，及时纠正脱水和酸中毒，逐步恢复胃肠功能。

1. 保守疗法 瘤胃冲洗，利用双胃管或粗胶管冲洗，排出内容物；一般用 1∶5 石灰水、1%盐水或碳酸氢钠溶液或自来水反复冲洗，直至瘤胃内容物无酸味，或呈弱碱性为止。该法疗效显著。

补液补碱，5%碳酸氢钠溶液 3～6L、葡萄糖盐水注射液 2～4L，静脉注射。先超速注射 30min，再平速输注，危重患畜首选。

灌服治酸药或缓冲剂，$Mg(OH)_2$ 或 MgO 或 $NaHCO_3$ 或 CBM 250～750g，水 5～10 L，牛一次灌服；单用对轻症或亚急性有效。

2. 手术疗法 对于保守疗法无效的病例，采取瘤胃切开术，彻底冲洗和清除内容物，然后加入少量干草，耗资费时，且对瘤胃内 pH 为 4.0～4.5 的病例，效果不良。

二、防治

日粮构成相对稳定，变更饲料要逐渐过渡；精料内添加缓冲剂和制酸剂；将已经适应高碳水化合物饲料的动物瘤胃液移植到尚未适应的动物，使之迅速适应。

三、皱胃变位

皱胃的正常解剖学位置改变，称为皱胃变位（abomasal displacement）。皱胃位于腹腔腹侧和瘤胃与网胃的右侧。皱胃通过瘤胃下方移到左侧腹腔或瘤胃壁左侧，位于瘤胃与左侧肋弓之间，称为左方变位。皱胃向后上方顺时针扭转，位于瓣胃后上方、肝与右腹壁之间，称为右方变位（皱胃扭转）。左方变位多见于产后的奶牛、水牛，公牛和牛犊较少发生；公、母奶牛与水牛均可发生右方变位。

（一）病因

关于皱胃变位的发病原因，目前有两种假说，一是皱胃弛缓，二是皱胃机械性移位。

皱胃弛缓的假说：当皱胃弛缓时，胃腔积液，在重力的作用下移至瘤胃腹侧与腹底壁之间，排空障碍，皱胃内气体积聚，结果带动皱胃继续向上移动，位于瘤胃与左侧肋弓之间，发生左方变位。或是皱胃弛缓时，排空障碍，皱胃内积聚大量气体，气体带动皱胃向上移动，位于肝和右腹壁之间，发生皱胃右方变位。临床上可导致皱胃弛缓的原因较多，主要包括分娩期的努责、乳牛高产、脓毒性乳腺炎或子宫炎所致的毒血症、瘤胃消化不良、过食高蛋白质和高脂肪的日粮、胃溃疡、迷走神经麻痹、难产、生产瘫痪、酮病等。

皱胃机械性移位的假说：子宫妊娠后，其胎儿逐渐增大，并逐渐将瘤胃向上、向前推移，因皱胃内液体较多，在重力的作用下趁机向下、向左移动，位于瘤胃的下方。当母牛分娩时，胎儿产出，腹内压骤然降低，瘤胃恢复原位而下沉，将皱胃压挤于瘤胃的下方。此后，因皱胃大量积气，气体带动皱胃向上、向左移动，发生皱胃左方变位。若围产期发生皱胃弛缓，皱胃积气，皱胃在产后很难自动复位，促使发病率升高。公牛配种和母牛发情而爬跨其他母牛时，可发生类似的现象，导致皱胃变位。胸廓深、腹围大的牛，易发病。妊娠期若由皱胃溃疡或网胃炎导致皱胃与瘤胃左侧壁或左侧腹壁粘连，皱胃在产后不能自动复位，而发生变位。

临床上，皱胃弛缓和机械性移位常同时存在，且皱胃弛缓始终是主要的。饲喂大量谷类日粮、缺乏纤维饲料，造成皱胃内不饱和脂肪酸的大量蓄积，以及某些物质的慢性中毒（如玉米淀粉渣中高含量的亚硫酸），均是生产中导致皱胃弛缓的常见问题。

（二）症状

皱胃左方变位通常发生在产后数日内，1～2 周显现症状。发病初期表现厌食，在数天内时好时坏，有的完全拒食，大多数患牛拒食精料，但可食少量干草或其他块根饲料。粪便通常量少，排便迟滞，有时出现一过性腹泻，有时便秘与腹泻交替；粪便多呈糊状或油灰状，深绿色。可伴发或继发酮病。真胃听诊有带金属音调的流水音或滴落音。叩击肋骨，在皱胃嵌留部位附近腹壁进行听诊，有类似叩击金属管所发出的共鸣音（钢管音）。血检可见低氯血症、碱储偏高、血液浓缩等代谢性碱中毒和脱水指征。

皱胃右方变位大多数在产后数周内发病，属以瓣皱胃孔附近为固定点发生扭转。从右侧看是顺时针方向，导致幽门完全阻塞，发生脱水、碱中毒、休克。临床上表现为突然发生腹痛，踢腹，背下沉；心跳加快；烦渴贪饮，眼球下陷；瘤胃蠕动缺乏，粪便黑色，柏油状。由于皱胃充满气体和液体，右腹冲击式触诊，可听到振水音。右腹部听-叩诊，也可能听到叮当音或钢管音。直肠检查，在右腹部触摸到臌胀而紧张的皱胃。

（三）诊断

皱胃左方变位：早期诊断比较困难。产后不久发病，皮肤及呼气有酮体气味（必要时做尿酮检查），粪便少而软且呈油灰状，两侧腰旁窝均不饱满，左腹最后几个肋间的中部听-叩诊呈现钢管音，可诊断为皱胃左方变位。必要时可做可疑皱胃区的穿刺检查（胃液 pH 1～4）。

皱胃右方变位：依据右侧最后肋弓及肋弓后方明显的臌胀、右侧腰旁窝听-叩诊有金属音、冲击式触诊振水音、直肠检查摸到扩张而后移的皱胃，多数病例可以确诊。

在诊断时必须与原发性酮病和创伤性网胃炎区别。原发性酮病用葡萄糖疗法能立即见到疗效，近日不复发，尿酮体强阳性。创伤性网胃炎在站立或运动时，可表现特殊姿势，胸壁疼痛、白细胞总数及分类检查有诊断意义。

（四）治疗

1. 皱胃左方变位治疗

1）*滚转复位法*　饥饿数天，限制饮水，使患牛左侧横卧，再仰卧；以背轴为中心，先左转 45°，回到正中，再向右转 45°，回到正中。如此摇晃 3～5min，突然停止，恢复左侧横卧姿势，转成俯卧，站立，运用巧妙时可以痊愈，适用于皱胃左方变位，但易复发，70%的成功率。

2）*保守疗法*　静脉注射钙制剂，皮下注射新斯的明，盐类泻剂；增强胃肠的运动性，消除皱胃弛缓，促进气、液的排空。

3）*手术整复法*　对于变位已久，特别是皱胃已和腹壁或瘤胃发生粘连时，必须采取手术疗法。手术疗法采取左侧腹壁切开，放气、排液、减压、整复及右侧腹壁做皱胃固定术，其操作方法如下。术前准备：对瘤胃积液过多的牛应先进行导胃减压，对有脱水和电解质紊乱的牛应进行补液和纠正代谢性碱中毒。动物六柱栏内站立保定，速眠新麻醉注射液 1.5～2.0mL 肌内注射，3%盐酸普鲁卡因腰旁神经传导麻醉。选择左肷部前切口进行手术。

手术方法为切开皮肤 20～25cm，依次切开皮肌、腹外斜肌、腹内斜肌、腹横肌和腹膜。用牵开器开张创口，显露臌气积液的皱胃。做皱胃预置固定线，用长的 10# 缝线于皱胃的大弯上做 3 个浆肌层水平钮扣缝合，3 个水平钮扣缝线的线尾用止血钳暂时固定在创巾上。皱胃放气、排液减压。在皱胃大弯上先做一个荷包缝线，线尾不抽紧，在线圈中央切开皱胃，迅速向皱胃腔内插入直径 8～10mm 的灭菌乳胶管，抽紧荷包缝线，乳胶管另一端放低，排出皱胃内液体和气体，使皱胃减压，便于整复。气体、液排完后，抽出排液管，抽紧荷包线，消毒后准备整复。

在右侧腹壁上穿系皱胃固定线整复皱胃。术者手持皱胃壁上的预置固定线线尾，经瘤胃下方绕到右侧腹腔，确定该预置缝线与右侧腹壁相对应位置后，用手指在腹内向外推顶，指示助手在右腹壁的对应处剃毛、消毒和局部浸润麻醉，并对皮肤做一 1cm 小切口。助手用止血钳经皮肤小切口向腹腔内戳入，使止血钳端进入腹腔，与此同时，术者手指在腹腔内保护戳入腹内的止血钳钳端，以防损伤腹内脏器。术者指示助手开张止血钳，在助手开张止血钳的同时，术者将线尾送入止血钳的钳嘴内，并命令助手钳夹缝线，一旦正确夹上缝线后，命令助手缓缓牵引，将缝线拉出体外，但暂不拉紧，然后在距第一根固定线皮肤出口处的 4～5cm 处再做第二个皮肤小切口并按同法引出第二根固定线及第三根固定线。3 根固定线都引出体外后，术者手退入左肷部腹腔内，用手推送皱胃经瘤胃下方进入右侧腹腔，与此同时，助手提起 3 根固定线，同时同力向腹外牵拉，使皱胃在推送和牵拉的配合下复位。术者手检查 3 根固定线拉紧后是否缠绕上肠管或网膜，皱胃复位是否正常。若固定线缠绕上肠管应当放松固定线，解除其缠绕后再拉紧。总之，在确信皱胃复位正常、固定线对内脏无缠结的情况下，指示助手拉紧 3 根固定线，在 3 个皮肤小切口内打结。打结方法是，先在皮肤小切口内各放入一根长 1.5cm 烟卷粗的无菌纱布卷，将线结打在纱布卷上，剪去线尾，皮肤小切口缝合 1～2 针，到此皱胃已牢固地固定在右侧腹底壁上。常规闭合手术切口。

术后护理：术后 4～6d 内，使用抗生素，纠正脱水和代谢性碱中毒，使用糖皮质激素控制炎症的发展，使用兴奋胃肠蠕动药，以恢复胃肠蠕动，可适当应用缓泻剂，以清除胃肠内滞留的腐败内容物。只要精心护理，其手术治愈率很高。

2. 皱胃右方变位治疗　药物和滚转不能矫正，一经确诊，立即实行开腹整复手术。术前准备、保定和麻醉与皱胃左侧变位方法相同。选择右肷部中切口，切口长 20～25cm。依次切开皮肤、腹外斜肌、腹内斜肌、腹横肌和腹膜。打开腹腔后，常常从切口内流出较多的淡红色腹水，腹水中常混有纤维素絮块，表明皱胃扭转后发生炎性渗出。遇此情况，在做腹腔探查时应详细、仔细和谨慎，以防扭转的部位破裂。术者手伸入腹腔内，寻找皱胃，判明其变位的方向及严重程度，若皱胃臌气积液，可先在皱胃壁上做荷包缝合，在线圈中央切开并插入导管后，抽紧荷包缝线，通过导管放出皱胃内积液及积气。待皱胃内减压后，拔出导管抽紧荷包缝线，然后整复皱胃。为防止整复的皱胃再度变位，可在皱胃大弯上做 2～3 个水平钮扣缝线并在右侧腹壁上固定，其缝线引出腹壁的方法可参考皱胃左方变位的皱胃固定线引出法。闭合腹壁切口及术后护理要点参考皱胃左方变位。

四、犬胃扩张-扭转

犬胃扩张-扭转（canine acute gastric dilatation-volvulus）是指突然发生胃扩张并沿长轴扭转，导致胃和十二指肠变位，贲门和幽门阻塞，胃内过度积气、积液或积食的一种病理状态。单纯性胃扩张可发生于各种品种和年龄的犬，但最常发生于过食后的幼龄犬。胃扩张-扭转则多见于 2～10 岁的深胸型大型犬（如德国牧羊犬、圣伯纳犬、巨型贵妇犬、杜宾犬、爱尔兰塞特犬），中、小型犬（如沙皮犬、巴吉度犬），雄犬比雌犬的发病率高。

（一）病因

气体或液体在胃内的聚积，使胃扩张；过食与过饮后剧烈运动。此外，肠梗阻、原发性胃功能紊乱、呕吐、应激等可促发本病。

（二）症状

突然出现干呕，流涎，烦躁不安，沉郁；腹前部逐渐膨大，腹部叩诊呈鼓音；脾范围扩大；腹痛，弓背；胃体积增大，压迫膈肌，抑制肺功能，动物表现为呼吸急促或困难，坐立张口呼吸；有的虚弱或虚脱。患犬常心律不齐，心动过速，脉搏较弱，毛细血管再充盈时间延长，可视黏膜苍白。

（三）诊断

主要根据临床症状、X线检查或胃导管检查来确诊。

X线检查：在X线检查前先对患病犬进行输液治疗和胃内减压。正常犬的胃部侧位X线片见幽门位于胃底部的腹侧，背腹位X线片则位于腹中线的右侧。患胃扩张-扭转的犬，侧位X线片见胃内充满大量气体、液体或固体食物；幽门位于胃体的前部，软组织折叠后好像把胃腔分出一个室，胃呈倒"C"形（折叠是幽门向头侧、背侧、左侧移位而引起的）。背腹位X线片见幽门位于腹中线的左侧，充满气体。腹腔液或腹腔气体的出现，提示可能有胃穿孔。

临床上要注意鉴别诊断。单纯性胃扩张时，胃导管插到胃内，腹部臌胀可以减轻；胃扭转时，胃导管插不到胃内，因而不能减轻腹部胀满；肠扭转及脾扭转时，胃导管插到胃内，腹部臌胀仍不能减轻，且即使胃内潴留的气体消失，患犬仍逐渐衰弱。

（四）治疗

1. 术前处理 首先应稳定病情，对患犬采取输液治疗；然后，进行胃内减压。若动物呼吸困难，应先行胃减压疗法，后进行输液治疗，或者二者同时进行。尽早对胃进行复位和固定术。

1）*药物治疗* 早期进行抗休克治疗，可输注乳酸钠林格液或林格液，使用地塞米松和抗生素药物。呼吸困难的动物，应给予吸氧。由于酸中毒和碱中毒均可出现，应根据血气分析结果调节酸碱平衡。如果心律不齐十分明显，可用利多卡因进行治疗。

2）*胃内减压* 首选插入胃导管法，其次为用套管针穿刺减压。插入胃管前，用油润滑胃管；测定由鼻端至最后肋骨的距离，以确定胃管插入的长度，避免管太长损伤胃壁。若胃管插入困难，可适当旋转或使犬呈坐或仰卧姿势，可能会容易进行。插入时用力适度，防止损伤食管和胃壁。不温顺的动物可采用镇静剂。临床上，胃导管是否能插入，并不能证明胃扭转的有无。胃内减压后，应用温水洗出胃内容物。若胃内容物中有血液，表明胃发生坏死，应立即手术。若胃管不易插入，可用16～18号套管针减压后再行胃插管。腹部叩诊，在鼓音明显处刺入针头，避免刺伤脾。

成功进行胃内减压的动物，可静注胃复安0.2～0.5mg/kg，加速胃的排空，并在用药后1h

重新进行 X 线影像评价。轻度的胃扭转可能经过上述措施复位。若胃内减压或排空不成功，应尽早手术。

2. 手术治疗　患病动物经输液治疗和适当减压，病情稳定后，应立即手术。

1）保定与麻醉　犬实施仰卧保定，可以选用多种麻醉方法，如非吸入全身麻醉配合局部浸润麻醉，或吸入麻醉等。对有心律不齐的患犬，可应用利多卡因；如果出现心动过缓，可以用阿托品。麻醉期间施行人工辅助或控制呼吸。

2）切口定位与腹壁切开　从剑状软骨突到脐后做腹中线切口。依次切开皮肤，显露腹中线。左手持有齿镊夹持腹中线并上提，右手持手术刀经腹中线向腹腔内戳透腹膜后退出手术刀。用钝头手术剪经小切口扩大切口并打开腹腔，也可在手指或镊子的导引下切开腹中线和扩大腹中线切口。

3）整复　打开手术通路后，应根据大网膜的位置确定扭转的方向。如果大网膜覆盖在胃的腹面，则为顺时针扭转；否则为逆时针扭转或单纯性胃扩张。根据幽门的位置可判断扭转的程度。顺时针扭转时，若幽门转至腹腔左侧贲门正背面，则胃扭转大约 180°；逆时针扭转或单纯性胃扩张时，幽门位于腹腔右侧，幽门在贲门背侧时为逆时针扭转，幽门在贲门腹侧时为单纯性胃扩张。

在确定胃扭转的方向和程度后，术者牵拉幽门和胃大弯，旋转胃至正常位置。若胃扩张使复位困难，可做胃穿刺或切开，用吸引器排出胃液及胃内容物。顺时针胃扭转时需通过覆盖在胃腹侧面的大网膜将胃复位。排出胃内容物时，应注意隔离，以防污染腹腔。扭转的胃复位后，应注意检查胃有无坏死（常开始于胃底部）。若胃浆膜呈蓝绿色至灰色、蓝黑色或黑色，没有弹性，则表明胃组织严重淤血，可能有梗死或坏疽，此时可做胃壁全层切开进一步确定（坏死组织的动脉不出血或见少许血液）。若有坏死，应做胃部分切除术；若坏死面积太大或发生于贲门，则建议做安乐死。另外，还应注意检查胃脾韧带是否扭转，整复脾至正常位置。

4）部分胃壁坏死的处理　坏死多发生在胃大弯部，对坏死胃壁应做部分切除术，应采取以下手术操作。①用纱布隔离胃周围的组织器官，结扎进入欲切除胃壁的动脉、静脉。②用手术刀在切口部位刺一小切口，刺透胃腔，然后用手术剪扩大切口。③使用吸引器抽出胃内容物，以减少溢出。④剪除坏死部分，修整切口边缘。⑤用 2-0 或 3-0 可吸收性缝线，对胃壁切口行两层缝合。第一层缝合为全层连续缝合或康奈尔缝合，术部用抗生素生理盐水冲洗后，第二层再对浆膜肌层行连续或间断伦伯特缝合。

3. 术后护理　禁食禁水 24～48h，48h 后若动物不呕吐，可供给少量的水和食物。饲喂低蛋白质、低脂肪的食物。第一天每 4～6h 给予一次少量食物，以后 2～3d 进食次数减少，进食量逐渐增加。若动物术后长期呕吐或有其他并发症影响进食，应做肠内或肠外营养支持。根据每天所需的维持量及因呕吐和腹泻丢失的液体量总和补给等渗液体，同时补充氯化钾。胶体液和晶体液联合应用，以减少晶体液的用量。

应用非甾体抗炎药。对有中等或严重胃黏膜损伤的动物使用抑制胃酸分泌的药物，如雷尼替丁。对持续性术后呕吐或胃排空延缓的动物，应用促胃动力药，如吗丁啉。

发生胃坏疽、胃破裂和腹膜炎的动物，多数情况下预后不良。

（刘焕奇）

第二节　肠 道 疾 病

一、肠梗阻

肠梗阻（intestinal obstruction），又称肠便秘、肠秘结、肠闭结、肠阻塞或肠内容物滞留，是指肠运动与分泌功能紊乱，肠内容物积滞不能下行，使某段肠管发生完全或不完全阻塞的一种急性腹痛病。临床上以剧烈腹痛和明显的全身症状为特征。直肠检查（大动物）或腹部触诊（小动物）可摸到秘结的肠段。

（一）病因

1. 物理性因素　粪便秘结、肠内异物、肠道寄生虫、肠道肿瘤、肠套叠、肠绞窄、肠扭转、肠嵌闭、肠粘连、肠炎和疝等，使肠腔闭塞，引起肠管的机械性梗阻。

2. 功能性因素　支配肠壁的神经功能紊乱或者毒素刺激引起的肠壁肌功能障碍，使肠蠕动丧失或肠痉挛，以致肠内容物不能正常运转；肠系膜血栓使肠管血运障碍，继而发生肠蠕动障碍，使肠内容物不能正常运转。

（二）症状

动物的种属、梗阻的程度和部位不同，其临床表现各异。一般完全性梗阻，多呈中度或重度腹痛，口腔逐渐干燥，24h 后舌苔灰黄，口臭难闻；初期排零星粪便，被覆黏液，数小时后排便完全停止；肠蠕动音先亢进后减弱或消失；初期除食欲废绝、脉搏增数外，全身状况尚好，但 8～10h 后全身症状明显加重，结膜潮红不洁，脉搏细速。不完全性梗阻，腹痛多轻微，个别呈中度腹痛；口腔不干或稍干，舌苔薄灰或不显舌苔，口味不大，排便迟滞，粪便稀软、色暗而恶臭，有的排便完全停止。

马继发胃扩张后呼吸促迫，继发肠臌胀时腹胀，继发肠炎和腹膜炎时体温升高。病程一般为 1～2d，也可拖延至 3～5d。小肠和小肠结肠阻塞比大肠各部阻塞的病情发展快且严重；大肠各部阻塞，尤其是不完全性阻塞的病例，症状缓慢而轻微，病期可达半个月之久。

牛在初期出现急性腹痛，两后肢交替踏地，成蹲伏姿势，或后肢踢腹；拱背，努责，成排粪姿势，严重者常卧地不起。直肠检查，肛门紧缩，直肠空虚，直肠壁上有少量粪屑或黏液。

在猪和绵羊，腹胀、不排粪、食欲完全停止。幼猪结肠末端梗阻时可能出现高度臌胀，常于 3～6d 死亡。

小动物的肠梗阻部位越接近胃，其呕吐及相关症状越急剧。表现为食欲减退，厌食，呕吐，剧烈腹痛，腹部僵硬，抗拒触诊腹部；迅速消瘦，精神沉郁。体格小者，多能触诊到阻塞物，常在梗阻肠段前方触及充满气体和液体的扩张肠管；肠套叠时，可触及“香肠”状物体。

（三）诊断

首先根据腹痛、肠音、排便及全身状况等临床表现和发病经过，分析判断是小肠梗阻还是大肠梗阻，是完全性梗阻还是不完全性梗阻；然后通过直肠检查（大动物）、腹部触诊（小动物）、腹腔探查、X线加造影剂检查和超声检查确诊。

凡是发病急、腹痛剧烈、排便很快停止、肠音迅速消失，且全身症状明显或迅速加重的，通常为完全阻塞性梗阻；很快继发胃扩张的，多为小肠梗阻；继发肠臌胀的多为大肠梗阻。

凡是发病缓、腹痛轻，12h后尚能排少量粪便，不继发胃扩张和肠臌气，且全身症状不明显的，通常为不完全性梗阻。

（四）治疗

纠正全身性生理紊乱和解除梗阻。分为保守治疗和手术治疗两种。

保守治疗的原则是镇痛、通便减压、强心、补液、防止休克、止吐和对症治疗。通便治疗是在补液的基础上投予硫酸镁或硫酸钠及皮下注射小剂量新斯的明，牛、马等大动物可灌服硫酸钠500～800g，配成8%浓度，经3～4h再灌服食盐250g，常水25 000mL，10～14h就可使便秘通畅，中、小动物要酌情减量。然而，这种疗法必须在便秘确诊的基础上才可进行。结肠便秘还可采用温肥皂水做深部灌肠。直肠便秘可尝试直肠检查掏出结粪，或采用温肥皂水边灌肠，边试行掏出结粪。

当采用上述手法和泻剂等内科治疗方法不能疏通时，尽早进行手术治疗。

1. 肠梗阻开腹疏导术　顽固性梗阻经药物治疗或直肠内按压无效时采用本法。大动物腹侧壁切口时一般采取柱栏内站立保定，取腹底壁切口行后躯半仰卧保定或仰卧保定，行腰旁神经干传导麻醉，并配合局部直线浸润麻醉。小动物一般采取侧卧或仰卧保定，采用全身麻醉。

牛的十二指肠乙状弯曲梗阻采用右肷部前切口；十二指肠髂弯曲和空肠梗阻采用右肷部中切口；回肠梗阻采用右肷部后切口；结肠袢梗阻采用右肷部中切口。犬的小肠梗阻采用脐前腹中线切口。马的小结肠、骨盆曲梗阻采用左肷部中切口；马的胃状膨大部梗阻采用右侧肋弓下斜切口；马的盲肠、左侧结肠和犬的结肠梗阻采用脐后腹中线或腹中线旁切口。

手术方法为局部常规剃毛消毒后，切开腹壁，打开腹腔。五指并拢，紧贴腹壁，按腹腔探查术的操作要领，伸手入腹腔，探查并寻找到梗阻的肠段。对结粪实施隔肠按压和（或）向其内注入药液，使结粪松软散开，疏通肠腔。按压时，使梗阻部贴于腹壁，各指并拢，以指腹轻柔而有力地按压结粪，压碎结粪后将粪块驱散至梗阻部远端的肠腔内。按压有困难时，可边注入药液边按压。对胃状膨大部、盲肠及其他大肠、结肠广泛性梗阻或结粪过硬时，可向结粪内注入5%碳酸氢钠溶液或液体石蜡等。注射时，术者将连接有胶管的针头带入腹腔，插入结粪内；胶管的另一端在腹腔外，连接注射器注入药物。随着药液的不断注入，结粪逐渐松软。一处松软后，将针头移至其他硬固结粪处，直至各处结粪均松软为止。最后加以轻轻按压，使之疏散。注入药液的量取决于结粪的硬度与范围；注药时不可用力过猛，以免药液溢出流入腹腔。梗阻疏通后，常规闭合腹腔。

2. 肠侧壁切开术　顽固性梗阻行疏导术无效或肠管有坏死倾向（但是尚未坏死）时，行肠侧壁切开术。保定、麻醉和手术通路同肠梗阻开腹疏导术。马属动物在左肷部腹壁切开后显露腹腔内脏，牛、羊、鹿等反刍动物在右肷部腹壁切开后显露腹腔内脏，在切口内可直视十二指肠髂弯曲，检查髂弯曲部有无闭结点。

当有闭结点时，将闭结部肠段拉出切口外，进行肠侧壁切开。当髂弯曲肠段臌气积液时，表明十二指肠第三段或空肠袢有闭结，术者左手自臌气积液的髂弯曲向后转入网膜上隐窝间口上部，再向前即为十二指肠第三段。向闭结部肠内注水或注油后，将闭结点物向近心端推移至髂弯曲部后再进行肠侧壁切开。当十二指肠乙状弯曲部梗阻时，应将闭结点向十二指肠远心端推移，使其进入髂弯曲肠段，再将闭结点肠段拉出腹壁切口外进行肠侧壁切开术（图 8-1）。

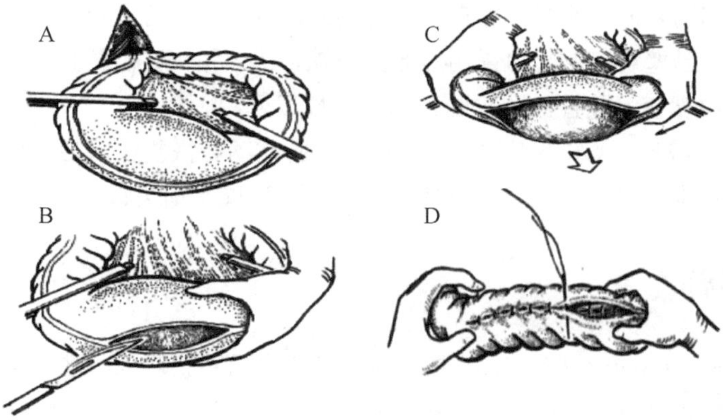

图 8-1 肠侧壁切开术

A. 闭结点两侧用肠钳固定；B. 在纵带上做切口；
C. 切口与地面呈 45°，两手压挤粪团，使其自动滑出；D. 切口双层缝合

当牛的空肠和回肠梗阻时，术者左手向骨盆腔方向伸入，寻找双层网膜吻合缘，将双层网膜吻合缘向前拨动，左手经网膜上隐窝间口进入网膜上隐窝内，自总肠系膜结肠袢的周缘，沿着空肠的前、腹、后顺序探查。手在臌胀的肠袢内侧做鱼尾状摆动，当闭结点撞击指端时，便可发现闭结部肠段。手抓持闭结部肠段，经网膜上隐窝间口拉出切口外隔离固定。当空肠前部的某些肠段不能经网膜上隐窝间口拉出时，可将双层网膜切开，然后拉出空肠闭结部肠段。

双层网膜切开的方法：在网膜预定切开线的两侧分别系两根牵引线，结扎网膜切开线上的血管。切开大网膜浅层；然后按同法切开大网膜深层。深、浅两层网膜上的牵引线由助手牵引或用创巾钳暂时固定在腹壁切口两侧，术者的手经网膜切口伸入腹腔内，探查闭结点肠段并引出腹壁切口外，隔离固定后进行肠侧壁切开术。

犬经脐前腹中线切口切开腹壁后，将大网膜向前拨动，即可显露十二指肠、空肠和回肠。开腹后小心地将闭结部肠段牵引至腹壁切口外，用浸过生理盐水的纱布覆盖保护并隔离腹腔。用两把无损伤肠钳暂时闭合闭结点两侧的肠腔，以免肠管蠕动使其内容物溢出造成污染，由助手把持两侧肠钳固定。在结粪最膨隆肠壁大弯处纵行切开，以便取出结粪。切口的长度以能顺利取出梗阻物为原则。助手自切口的两侧适当推挤阻塞物，使阻塞物由切口自动滑入器皿内，一次或分次取出结粪，以防术部污染。

缝合前用生理盐水清洗切口，用消毒液消毒切口缘，转入肠切口的缝合。用 1～2 号丝线或 3-0 号肠线进行全层连续缝合，第一层缝合完毕经生理盐水冲洗后，转入连续伦伯特缝合或库兴内翻缝合。犬、猫的小肠腔较细，肠壁切口经双层缝合后可能造成肠腔狭窄，易继发肠梗阻；为了避免肠腔经缝合后变得狭窄，可采用压挤缝合或简单间断缝合。除去肠钳，检查有无渗漏，如有渗漏需补针。用生理盐水冲洗肠管，涂以抗生素油膏、将肠管还纳腹腔内。牛的空肠经双层网膜切口牵引至切口外进行肠切开时，肠管仍需经网膜切口还纳回腹腔内，然后分别连续缝合双层网膜切口。常规关闭腹腔。

肠侧壁切开术的手术过程分为无菌手术和污染手术两个阶段。从切开肠壁起至缝合全层肠壁止，为污染手术阶段（因取结粪及肠内容物外溢，污染术者的手臂及所使用的器械，故所使用的器械需单独存放）；除此之外均为无菌手术阶段。当缝合全层肠壁后，对其进行清洗消毒，应重新洗手消毒，更换污染的器械及敷料。切开肠壁时应在肠系膜的对侧纵行切开，不能横切。若局部肠管淤血明显，应在健康处切开，以利于缝合及愈合。为使切口平整，力争一次直线切开。肠壁切口的止血采用纱布按压法，不可钳夹，以防损伤肠组织。肠钳固定不可过紧，肠钳钳嘴套上胶管，防止肠管的压迫性坏死。

术后禁食 36～48h，饮水不限。当出现排粪、肠蠕动音恢复正常后方可给不易消化的优质饲草、饲料。对术后已出现水、电解质代谢紊乱及酸碱平衡失调者，应静脉补液。

二、肠套叠

肠套叠（intestinal intussusception）是一段肠管伴同肠系膜套入与之相连续的另一段肠管内，形成双层肠壁重叠现象。依据套入的层次，分为一级套叠、二级套叠和三级套叠。

一级套叠如空肠套入空肠、空肠套入回肠、回肠套入盲肠、盲肠尖套入盲肠体、小结肠套入胃状膨大部、小结肠套入小结肠等。二级套叠如空肠套入空肠再套入回肠、小结肠套入小结肠再套入小结肠等。三级套叠如空肠套入空肠，又套入回肠，再套入盲肠等。

套叠部分短者，可能自然复位；套叠部分长者，肠管和肠系膜紧张，牵引导致剧烈腹痛，套叠肠段痉挛收缩，不能自然复位，造成肠腔闭塞，消化功能障碍，局部肠管发生淤血、水肿，若不及时手术复位，则套叠肠段发生坏死，常导致中毒性休克，此时手术成功率较低。

（一）病因

由于相邻肠管蠕动性或充盈度不一所致，任何能引起肠蠕动增进的刺激均可能引起肠套叠：饮用冰冷水，或采食冷冻食物；肠道寄生虫刺激；肠道异物或炎症刺激；饱食后剧烈运动如奔跑、跳跃等，因惯性作用使得充盈肠管突入邻近空虚肠管。

（二）症状

突然腹痛不安，踢腹，摇尾，频频起卧；后肢站立时，背部低沉，特别是胸腰椎关节部分。发病后 12～24h，腹痛减轻或消失，患病动物精神委顿与虚脱，食欲废绝。通常体温正常，当肠坏死及腹膜炎时，体温升高 1℃左右。脉搏每分钟 80～120 次。呼吸浅表，有喘息现象。有些病例，仅表现腹部不适感和里急后重。初期阶段排粪减少，粪便内带有一些黏液，随后排粪越来越少，排出的一点点粪中常带有血凝块或鲜血丝，也有的排出的少量粪便颜色呈煤焦油样。犬、猫小肠套叠时，常有呕吐现象。

直肠内常蓄积少量棕褐色胶冻样粪便，或带有血凝块的少量粪便。对犬、猫等小动物直肠检查可进行腹壁触诊，可摸到如香肠状的肠管，指捏该肠管，疼痛明显，手感坚实而不硬，而套叠部周围肠管空虚、松软。

（三）诊断

由于腹部症状与其他肠变位相似，区别诊断比较困难。但在肠套叠时，随腹痛发作后呈现背部下沉，而较快地排出一些黏液样或松馏油样粪便；且直肠检查可发现肠系膜紧张、牵引及圆柱状肿胀肠段，可以初步诊断。X线造影检查，可见造影剂在套叠部位受阻影像。若应用腹腔镜检查更有助于确诊本病。必要时可做剖腹探查术。

（四）治疗

肠套叠的初期可试用温水高压灌肠法进行复位，但由于肠套叠肠段都有不同程度的淤血与水肿，温水灌肠复位多不能奏效，因此，只要临床确诊发生了肠套叠，就应紧急手术进行救治。

马、牛、犬等动物发生肠套叠后，在套叠部肠管尚未发生坏死前，可进行肠套叠整复术。若套叠部肠管已经发生了坏死，即应进行坏死肠管切除吻合术。肠套叠发生后，动物因腹痛、出汗以及套叠部肠管的渗出和套叠前方肠管扩张积液、呕吐等，动物出现水、电解质代谢紊乱和酸碱平衡失调。为提高整复手术的治愈率，术前应给予纠正，并静脉注射地塞米松和氯霉素；在大动物，用胃管导胃以减轻胃肠内压。

反刍动物可采用局部麻醉并配合使用止痛、镇静药物，或浅全麻配合局部麻醉；马、犬采用全身麻醉。马属动物进行右侧卧保定；反刍动物在六柱栏内站立保定或左侧卧保定；犬进行仰卧保定。采用左（马）右（牛）肷部中切口，犬采用脐前腹中线切口。

1. 探查套叠部肠段　动物的肠套叠多发生于空回肠段，或回肠与结肠（或盲肠）套叠。术者手经腹壁切口伸入腹腔内探查套叠部肠段。

探查牛的肠套叠时，术者手在网膜上隐窝内进行探查，将套叠肠管经网膜上隐窝间口引出腹腔外。当无法引出时，可切开大网膜深浅两层，经网膜切口引出套叠部肠段。

探查马属动物的肠套叠时，应在左髂部和回盲部探查。肠套叠肠管如手臂粗，触之如肉样感，表面光滑，套叠部前方肠管高度积液，套叠部后方肠管空虚塌瘪。

犬的肠套叠亦多发生在空肠、回肠交界处，有时套入到回盲口处，套叠部肠管如火腿样硬度。打开腹腔时可见套叠多为小肠下段套入回肠，或一段空肠套入另一段空肠，套叠部分淤血、肿胀，呈香肠样。

2. 将套叠部肠段牵引出腹腔外　肠套叠一般由3层肠壁组成，外层为鞘部，内层为套入部，套入部进入鞘部后可沿肠管向前行进，同时肠系膜也随之进入。肠管套叠越长，肠系膜进入越长，从而导致肠系膜血管受压，肠系膜紧张，小肠的游离性显著减小。从腹腔内向切口外牵引套叠部肠管应十分仔细，缓慢向外牵引，切忌向切口外猛拉、手指用力掐压和抓持套叠部，以防撕裂紧张的肠系膜或导致肠破裂。因套叠部前方肠段臌气、积液，套叠部后方肠段空虚塌瘪，从腹腔内向外牵引套叠部肠管时，应先显露肠套叠部远心端肠段，然后再缓慢向外牵引导出套叠部肠段和套叠的近心端肠段，并用温生理盐水浸润的纱布隔离，判定肠套叠部是否发生了坏死。对套叠部肠管仍有生命力者，应进行套叠肠管的整复术。

3. 肠套叠的整复方法　用手指在套叠的顶端将套入部缓慢逆行推挤复位（自远心端向近心端推），也可用左手牵引套叠部近心端，用右手牵拉套叠部远心端使之复位。操作时须耐心、持续、压力均匀地排挤，决不允许在近端用手猛拉，以防肠管破裂。若经过较长时间不能推挤复位时，可用小手指插入套叠鞘内扩张紧缩环，一边扩张一边牵拉套入部，使之复位。若经过较长时间仍不能复位时，可以剪开套叠的鞘部和套入部的外层肠壁浆、肌层，必要时可以切透至肠腔，然后再进行复位。肠壁切口进行间断伦伯特缝合（图 8-2）。

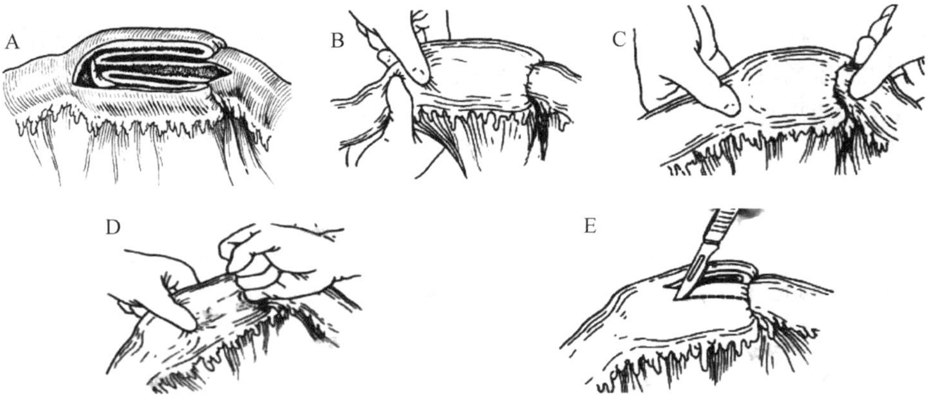

图 8-2　肠套叠整复术

A. 小肠套叠模式图；B. 用手自套叠部顶端将套入部自远而近地推挤复位；C. 双手分别牵引近心端和远心端肠管使之复位；D. 用小手指插入套叠鞘内扩张紧缩环；E. 切开鞘部与套入部外层

套叠肠管复位后，应该仔细检查肠管的活力状态。复位的肠管如色泽、蠕动及肠系膜动脉搏动均属良好，即可还纳腹腔内。如复位的肠管色泽改变、蠕动消失、肠系膜动脉搏动不明显时，应先用温热生理盐水浸润的纱布覆盖，经 20min 后检查。若色泽、蠕动及肠系膜血管搏动恢复正常，说明病区肠管仍有活力，即可还纳腹腔内，若已坏死或套入部不能退出，应及时考虑做肠切除并行肠吻合术（见肠变位治疗）。

犬的肠套叠经手术矫正复位后，可能会再度发生。手术整复前，肌内注射抗胆碱能药物，以降低肠的蠕动能力，可降低复发率。

4. 术后护理　术后静脉补充水、电解质，并注意酸碱平衡。术后 1 周内使用足量的抗生素，以预防感染。术后禁饲，只有当动物肠蠕动音恢复，排粪、排气正常，全身情况恢复后方可给予优质易于消化的饲料，开始量小，逐日增大饲喂量至正常饲养量。术后早期牵遛运动，对胃肠功能的恢复很有帮助。

三、肠变位

肠变位（intestinal dislocation）又称机械性肠梗阻（mechanical intestinal obstruction），是肠管的自然位置发生改变，致使肠系膜或肠间膜受到挤压或缠绞，肠管血液发生循环障碍，肠腔部分或完全闭塞的一种重剧腹痛性疾病。临床特征是腹痛剧烈、呕吐（犬、猫、猪）、休克和病程短急，腹腔穿刺液浑浊、混有血液，大动物直检变位肠段有特征性改变。发病率低，但死亡率较高。马属动物多发，猪、犬和猫的肠变位常见的是肠套叠。

（一）肠变位类型

1. 肠扭转（volvulus）　肠扭转是指肠管以自身纵轴或以肠系膜基部为轴发生不同程度的扭转。常见的是左侧大结肠扭转，左上行大结肠和左下行大结肠一起沿纵轴向左或向右 180°～720°扭转；其次是肠系膜扭转，整个空肠连同肠系膜，以前肠系膜根部为轴，向左或向右 360°～720°扭转；再次为盲肠扭转，整个盲肠以其基底部为轴向左或向右 360°扭转。肠管沿自身横轴折转的，则称为折叠，如左侧大结肠向前内方折叠、盲肠尖部向后上方折叠等。

2. 肠缠结（intestinal strangulation） 肠缠结又名肠绞窄，即一段肠管以其他肠管、精索、韧带、肠系膜基部、腹腔肿瘤的根带、粘连脏器的纤维束为轴心，进行缠绕或相互缠绕。常见的是空肠和小结肠缠结。

3. 肠嵌闭（intestinal incarceration） 旧名疝气，是指一段肠管连同其肠系膜坠入（嵌入）与腹腔相通的天然孔或破裂口内，由于孔道的口径较小，或者孔道发炎肿胀而变狭窄，致使肠系膜受到挤压，肠管局部血液循环发生障碍，使肠腔完全闭塞或不全闭塞，也称嵌闭性疝。常见的有小肠嵌闭和小结肠嵌闭。小肠或小结肠常嵌入大网膜孔、腹股沟管乃至阴囊、肠间膜破裂口、膈破裂口、肠系膜破裂口、胃脾韧带破裂口及腹壁疝环内。

4. 肠套叠（intestinal intussusception） 见本节肠套叠部分。

（二）病因

1. 原发性肠变位 由于腹腔有天然孔道和病理裂口的存在，在跳跃、奔跑、难产、交配等腹内压急剧升高的条件下，小肠或结肠（因肠系膜较长）有时可被挤入某孔道而发生嵌闭。马属动物左侧大结肠与腹壁之间无系膜或韧带固定，在腹腔内处于相对游离的状态，在马体连续滚转的情况下，上行结肠和下行结肠沿其纵轴偏转，偶尔发生扭转。

2. 继发性肠变位 多发生于肠痉挛、肠臌气、肠便秘、肠系膜动脉血栓栓塞等其他腹痛病的经过中。首先，肠管运动功能紊乱，有的肠段张力和运动性增强乃至痉挛性收缩，有的肠段张力和运动性减弱乃至弛缓性麻痹，致使肠管失去固有的运动协调性；其次，肠管充满状态发生改变，有的肠段积滞气液，臌胀而紧张，有的肠段内容物排尽，空虚而松弛，致使肠管原来的相对位置发生改变；最后，因腹痛发作，起卧滚转，体位急促变换，也可促使各段肠管的相对位置进一步发生改变。

（三）症状

1. 大动物症状 肠腔完全闭塞时，病势迅猛，全身症状常在数小时内迅速加重，体温大多升高（39℃以上），表现为全身或局部出汗、食欲废绝、口腔干燥、肠音减弱或消失、排粪停止，常继发液性胃扩张和（或）肠臌气。肠腔不完全闭塞时，肠音减弱或不整，偶尔肠音高朗短促而带有金属音调，可排恶臭稀粪，混有黏液和血液。病初呈中度间歇性腹痛，2～4h 后转为持续性剧烈腹痛，患畜急起急卧，左右滚转，前冲后撞，极度不安，取仰卧姿势缓解腹痛；后期 12～24h 后，动物变得沉重而安静，肌肉震颤，不愿走动，拱背呆立，腹部紧缩，牵行时慢步轻移拐大弯，有典型的腹膜性疼痛表现。舌色青紫或灰白，四肢及耳鼻发凉或厥冷，脉搏微弱，心悸，呼吸促迫，结膜潮红或暗红，微血管再充盈时间显著延长（4s 以上），呈现休克危象。

2. 犬、猫症状 主要表现为饮食后呕吐或持续呕吐、腹痛、呻吟、血性腹泻，触诊腹部有香肠样硬块。

肠变位的病情危重，病程短急，一般经过 12～48h，多因急性心力衰竭和内毒素休克而死亡。即使尽早手术整复，也多预后慎重，治愈率不高。病情发展缓慢、手术及时者，预后良好。犬肠套叠可持续数天，经适当的治疗和手术后常可恢复。

（四）诊断

根据病史和临床症状可做出初步诊断。

直肠检查：完全闭塞时，直肠空虚，蓄有较多黏液；腹压较大，手前伸困难，可摸到局部肠管积气；肠系膜紧张而不垂弛，朝一定方向倾斜而拽拉不动；某段肠管的位置、形状及走向发生改变，加以触压或牵引，则剧痛不已；排气减压后触摸，剧痛不减。

腹腔穿刺液检查：在发病后的短时间（2～4h）内，腹腔穿刺液即明显增多，初为淡红黄色，以后则逐渐变为血水样乃至稀血样，含多量红细胞、白细胞及蛋白质。但在某些肠变位，如有的腹股沟管嵌闭和肠套叠，腹腔穿刺液可能始终不红。

经上述方法仍不能确诊者，应及时施行腹腔探查术，及时采取适宜的措施抢救患畜。

在犬、猫及 10～15kg 重的中等膘猪，腹部触诊时可触到套叠肠管如香肠状，压迫时疼痛明显。阻塞肠管前段一般有充气、积液、扩张，后段多空虚。还可采用 B 超检查诊断。在超声影像图上，肠套叠呈香肠样强回声带，可与套叠部两端肠管的弱回声带形成鲜明对比。

（五）治疗

肠变位的基本治疗原则：减压、补液、强心、镇痛、防休克、止吐及对症治疗措施，应用抗生素制止肠道菌群的紊乱，减少内毒素的生成。对保守疗法和手法整复无效者，尽早施行手术整复。发生肠坏死者应做肠切除术和吻合术。

术前动物进行减压、补液、强心、镇痛等。反刍动物可采用局部麻醉并配合使用止痛、镇静药物，或浅全麻配合局部麻醉；马、犬采用全身麻醉。马属动物进行右侧卧保定；反刍动物在六柱栏内站立保定或左侧卧保定；犬进行仰卧保定。采用左（马）右（牛）肷部中切口，犬采用脐前腹中线切口。依据怀疑变位的肠段和类型选择适当的手术通路。整复前尽量排出阻塞部前段胃肠的内容物。

1. 肠扭转及肠缠结的整复法 整复的方法视病变的部位及扭转缠结的性质而定。当左侧大结肠沿其纵轴扭转时，行肠管穿刺或切开排气排液减压后，在腹腔内握住骨盆曲，或者将其引出腹腔外，按其与扭转相反的方向，沿其纵轴旋转，使其复位。当左侧大结肠即骨盆曲向前方折转时，握住骨盆曲向后将其拉回原位即可。盲肠变位的整复法与此相同。

当小肠（主要是空肠）发生扭转或缠结时，必须先行肠管穿刺或侧壁切开减压，之后才能整复。整复时尽量将扭转的肠管及肠系膜引出腹外，按与扭转相反的方向旋转肠管及肠系膜使其整复。如肠管已发生坏死，则必须将坏死的肠段切除，行断端吻合术。

2. 肠嵌闭的整复法 当小肠或小结肠嵌入肠系膜或大网膜破裂口时，在肠管加压后，将嵌入部引出腹外，扩大破裂孔，拉出嵌入的肠管，缝合破裂口后，再将其还回腹腔。当肠管嵌入大网膜孔、大网膜破裂孔等，无法将嵌闭部拉出腹外时，在腹腔内摸清肠管嵌入部的大网膜破裂孔，对此孔一侧的大网膜组织行双重结扎，在两结扎线之间剪断，解脱嵌入的肠管，使其自然整复。如肠管已坏死，必须切除。

3. 断端吻合方法 本手术适用于因各种类型肠变位（肠套叠、肠扭转、肠绞窄、肠嵌闭等）引起的肠坏死、广泛性肠粘连、不宜修复的广泛性肠损伤等的根治。

根据动物不同确定切口部分进行腹壁切开后，用生理盐水纱布垫保护切口创缘，术者手经创口伸入腹腔内探查病部肠段。对各种类型小肠变位的探查，应重点探查扩张、积液、积气、内压增高的肠段，遇此肠段应将其牵引出腹壁切口外，以确定病变肠段及切除范围。若变位肠段范围较大，经腹壁切口不能全部引出或因肠管高度扩张与积液，强行牵拉肠管有肠破裂危险时，可将部分变位肠管引出腹腔外，由助手扶持肠管进行小切口排液，术者手臂伸入腹腔内，将变位肠管近心端肠袢中的积液向腹腔切口外的肠段推移，并经肠壁小切口排出，以排空全部变位肠管中的积液，方可将全部变位肠管引出腹腔外。用生理盐水纱布垫保护肠管，隔离术部，并判定肠管的生命力。在下列情况下判定肠管已经坏死：肠管呈暗紫色、黑红色或灰白色；肠壁菲薄、变软无弹性，肠管浆膜失去光泽；肠系膜血管搏动消失；肠管失去蠕动能力等。若判定可疑，可用生理盐水温敷 5～6min，若肠管颜色和蠕动仍无改变，肠系膜血管仍无搏动者，可判定肠壁已经发生了坏死，对坏死肠段应进行切除。

肠部分切除的范围：肠切除线应在病变部位两端 5～10cm 的健康肠管上。展开肠系膜，在肠管切除范围上，对相应肠系膜做“V”形或扇形预定切除线，在预定切除线两侧，将肠系膜血管进行双重结扎，然后在结扎线之间切断血管和肠系膜（图 8-3）。最后切断肠管。

肠系膜由双层浆膜组成，系膜血管位于其间，若缝针刺破血管，易造成肠系膜血肿。扇形肠系膜切除后，应特别注意肠断端的肠系膜三角区出血的结扎（图 8-4）。

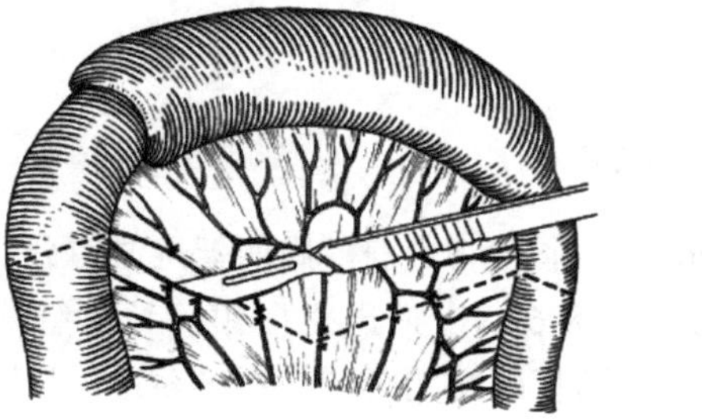

图8-3 肠系膜血管双重结扎后的肠系膜切除线

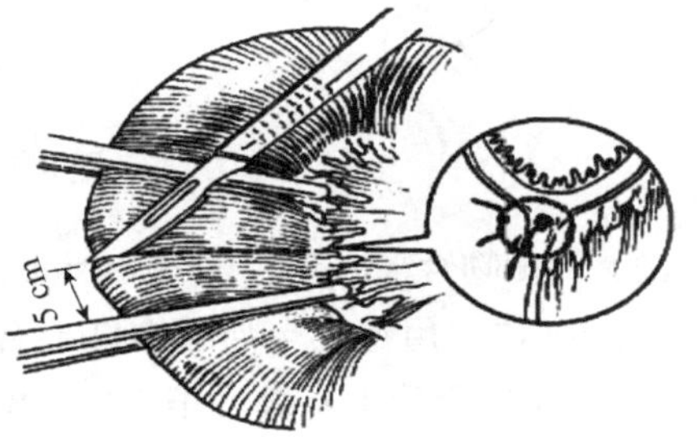

图8-4 在预切除肠管线两侧钳夹无损伤肠钳，距健侧肠钳 5cm 处切断肠管，注意结扎肠系膜侧三角区内出血点

肠管断端吻合方法：肠吻合方法有端端吻合、侧侧吻合和端侧吻合 3 种，端端吻合符合解剖学与生理学要求，临床上较为常用。但在肠管较细的动物，吻合后易出现肠腔狭窄，应特别注意。侧侧吻合适用于较细的肠管吻合，能克服肠腔狭窄的问题。端侧吻合在兽医临床上仅在两肠管口径相差悬殊时使用。

（1）端端吻合（end-to-end anastomosis）：助手扶持并合拢两肠钳，使两肠管断端对齐靠近，检查拟吻合的肠管有无扭转。首先在两断端肠系膜侧距肠断缘 0.5～1cm 处用 1 号或 2 号丝线将两肠壁浆膜肌层或全层做 25cm 长的牵引线。在对肠系膜侧用同样方法另做牵引线，紧张固定两肠断端以便缝合（图 8-5A）。

用直圆针自两肠断端的后壁在肠腔内由对肠系膜侧向肠系膜侧做连续全层缝合（图 8-5B），连续缝合接近肠系膜侧向前壁折转处，将缝针自一侧肠腔黏膜向肠壁浆膜刺出（图

8-5C），然后缝针从另侧肠管前壁浆膜刺入，复而又从同侧肠腔内黏膜穿出（图 8-5D）。自此，采用康奈尔缝合前壁，至对肠系膜侧与后壁连续缝合起始的线尾打结于肠腔内（图 8-5E、F）。

完成第一层缝合后，用生理盐水冲洗肠管，手术人员更换手套，更换手术巾与器械，转入无菌手术。第二层采用间断伦伯特缝合（图 8-5G）。肠系膜侧和对肠系膜侧两转折处必要时可做补充缝合。撤除肠钳，检查吻合口是否符合要求。最后间断缝合肠系膜游离缘对细小肠管的端端吻合术，常采用压挤缝合法或全层间断内翻缝合法。

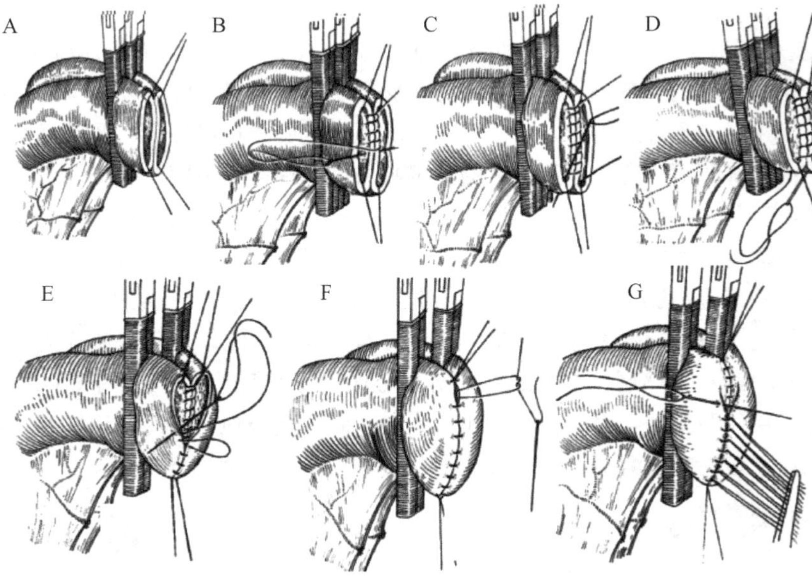

图 8-5　肠管断端吻合术

（2）侧侧吻合（lateral，side-to-side anastomosis）：肠管吻合前，用两把止血钳分别将两肠管断端夹住，用连续全层缝合法缝合第一层（图 8-6A），抽出止血钳，拉紧缝线（图 8-6B）；紧接着用伦伯特缝合第二层（图 8-6C）。两肠管断端闭合后（图 8-6D），开始进行侧侧吻合。

先将远近两肠段盲端，以相对方向使肠壁交错重叠接近，用两把肠钳各在近盲端处，沿纵轴方向钳夹盲端肠管。钳夹的水平位置要靠近肠系膜侧。检查两重叠肠段有无扭转，然后将两肠钳并列靠拢（图 8-6E），交助手固定，用纱布垫隔离术部。

靠近肠系膜侧做间断或连续伦伯特缝合，缝合长度应略超过切口长度（图 8-6F）。距此缝线下方 1～1.5cm 处，位于两侧肠壁中央部，各做一个 4～6cm 切口，形成肠吻合口（图 8-6G）。吻合口后壁做连续全层缝合，缝至前、后壁折转处，按端端吻合方法转入前壁，施行康奈尔缝合（图 8-6H～J）。缝至最后一针，缝线与开始第一针线尾打结（图 8-6K），检查薄弱点做加强补充缝合。最后，在前壁浆膜上做间断或连续伦伯特缝合。撤去肠钳，重叠肠系膜游离缘做间断缝合（图 8-6L）。

（3）端侧吻合（end-to-side anastomosis）：多用于回肠末端肠套叠手术。将坏死回肠切除后，做回肠与盲肠端侧吻合术。确定患部两侧回盲口与回肠预定切除线，并用肠钳闭合肠腔。将回盲系膜切除数厘米后，截断患部肠管，闭合回盲口残端。更换肠钳，在回盲口后右侧方钳夹欲做新吻合口的肠壁。

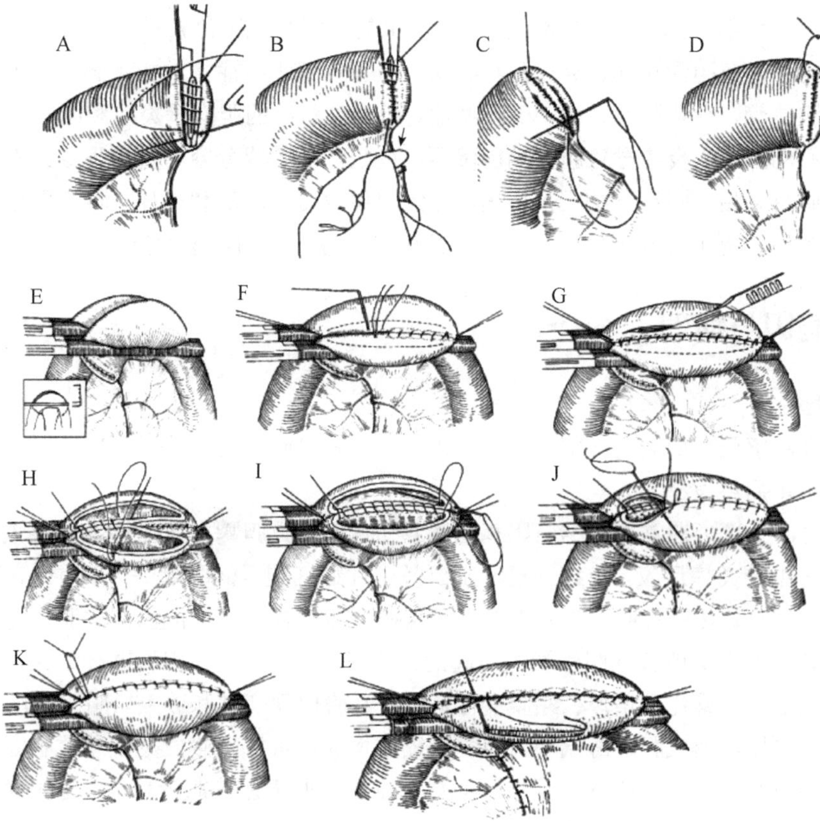

图 8-6　肠管侧侧吻合术

助手将两肠钳靠拢，做两肠管后壁外层的伦伯特缝合，然后用刀在盲肠欲做新吻合口上切开肠壁，对吻合口前后壁做连续全层缝合，缝合方法与端端吻合前后壁相同，两肠管前壁外层再行间断伦伯特缝合。吻合后用手指检查吻合口，回直系游离缘做间缝合。

吻合完毕后，向吻合部前段肠管内注入含抗生素的生理盐水，推挤肠内液体通过吻合部，检查吻合部位有无渗漏以及是否通畅。

（刘焕奇）

第三节　胆囊炎和胆石症

胆囊炎和胆石症是影响动物胆道系统的常见疾病，特别是犬、猫和某些大动物。胆囊和胆管的炎症和结石形成导致胆汁排泄受阻，引发一系列症状和并发症。

一、胆囊炎与胆石症的关系

胆囊炎指胆囊的炎症，通常由胆石症引起。胆囊结石是慢性胆囊炎的主要病因，慢性结石性胆囊炎占所有慢性胆囊炎的 90%～95%。急性胆囊炎是胆囊壁的急性炎症，常伴有胆囊内胆汁淤积或感染。慢性胆囊炎则是胆囊的长期炎症，通常由反复的急性胆囊炎引起。胆石症指胆囊内出现胆石（结石），通常是由于胆汁中的胆固醇或胆色素过多，形成结石。胆石可以阻塞胆道，引起胆囊疼痛、炎症甚至感染。胆囊炎和胆石症常常相互影响。胆石可以阻塞胆囊管或胆总管，导致胆汁淤积，引发炎症。胆囊炎引起的胆囊壁炎症和胆汁流动异常也可以促进胆石的形成。炎症导致胆囊功能障碍，使胆汁中的成分容易沉淀形成结石。胆石阻塞胆囊管或胆总管后，胆汁无法正常排出，导致胆囊内压力增加和炎症。胆石引起的胆汁淤积可以为细菌生长提供良好环境，导致继发性感染，进一步加重胆囊炎。

二、病因与病理

1. 胆囊炎

病因：细菌感染（如大肠杆菌、克雷伯氏菌）、胆石梗阻、胆汁淤积、自身免疫性疾病、创伤或外科手术后继发感染。

病理：急性胆囊炎通常由胆结石阻塞胆囊管引起，导致胆囊内压力增加和感染。胆囊壁水肿和增厚是由于炎症反应。炎细胞浸润主要是中性粒细胞浸润胆囊壁。严重时，可导致胆囊壁的坏疽和坏死。化脓性胆囊炎是在细菌感染加重的情况下，可能出现化脓。慢性胆囊炎通常是反复的急性炎症或长期胆汁淤积引起的。其病理特点包括：胆囊壁纤维化，由于慢性炎症，胆囊壁出现纤维化和增厚；黏膜变性，胆囊黏膜出现变性和萎缩。胆固醇沉积呈现胆固醇沉积于胆囊壁，形成胆固醇结节。胆囊萎缩或增大，可能是慢性炎症导致胆囊萎缩，或者胆汁淤积导致胆囊增大。胆囊壁增厚、充血、水肿，胆囊腔内胆汁稠厚、含脓液或血液，严重时可导致胆囊坏疽、穿孔，引发腹膜炎。

2. 胆石症

病因：胆汁成分异常（如胆固醇、胆盐和卵磷脂比例失调）、胆汁淤积、胆囊运动功能异常、遗传因素、饮食因素（高脂肪、高胆固醇饮食）等。

病理：胆石形成主要包括胆固醇结石、色素结石和混合结石。胆石可引起胆道梗阻、胆汁淤积、继发感染。长期存在的胆石可导致慢性胆囊炎、胆囊壁纤维化。胆汁淤积是指胆汁流动不畅，导致胆固醇和胆红素的浓缩和结晶。胆道感染是指细菌感染可以改变胆汁成分，促进结石形成。胆囊运动障碍是指胆囊排空不完全导致胆汁滞留，促进结石形成。

三、临床表现

胆囊炎在动物中可以表现为急性或慢性。急性胆囊炎通常伴随腹痛特别是右上部表现为腹部压痛或不适、发热、呕吐、肠梗阻和轻度至中度黄疸等。慢性胆囊炎则可能表现为间歇性腹痛；症状不如急性时明显，但可周期性出现；消化不良，如出现腹泻、便秘或体重减轻；不明原因的行为改变，如出现嗜睡、懒散等。

胆石症的临床表现通常与胆石的大小和位置相关。小胆石可不引起明显症状。较大的胆石可能导致胆道阻塞，引发剧烈的腹痛、呕吐、黄疸。同时伴有持续的消化不良、食欲减退和体重减轻。

四、诊断

超声检查可以清晰显示胆囊的结构变化、胆石的存在以及胆囊壁的厚度。X线检查敏感性较低，用于排除其他腹部疾病，如肿瘤或腹腔积液。钙化胆石在X线片上有时可以被观察到。MRI检查在评估胆囊壁纤维化、胆囊壁缺血、胆囊周围组织水肿、胆囊周围脂肪堆积等方面均优于CT检查，主要用于鉴别急性和慢性胆囊炎。血常规和生化检查可以揭示炎症反应，如白细胞计数增加和肝功能指标异常。胆红素水平升高可以帮助诊断黄疸。胆汁的成分分析和细菌培养可以帮助判断胆囊炎的原因，并指导抗生素治疗。

五、治疗

1. 药物治疗 熊去氧胆酸（ursodeoxycholic acid，UDCA）可以帮助溶解胆固醇结石。这种治疗方法通常适用于小型胆石、症状轻微的病例，且需要长期使用药物，并在兽医的指导下使用。如果胆石症伴有胆囊或胆道感染，可根据胆汁培养结果选择适当的抗生素。缓解胆石引起的疼痛和炎症，常用的药物包括非甾体抗炎药和阿片类止痛药。

2. 手术治疗 胆囊切除术（胆囊切除）是处理胆囊结石的最有效方法，特别是当胆石引起严重症状或并发症时。手术可以采用开腹手术或腹腔镜手术。腹腔镜手术创伤小、恢复快，是首选方法。如果胆石阻塞了胆管并导致严重的并发症，可能需要进行胆道引流术以减轻胆道的压力和炎症。胆道切开取石术用于直接移除阻塞胆管的结石。

3. 内窥镜治疗 内镜逆行胰胆管造影术（endoscopic retrograde cholangiopancreatography，ERCP）可用于诊断和治疗胆管结石，通过内窥镜（也称内镜）直接进入胆管系统，进行取石操作或放置支架以解除梗阻。

4. 非侵入性治疗 对于某些类型和大小的结石，体外冲击波碎石术（extracorporeal shock wave lithotripsy，ESWL）可用于将结石击碎成小块，使其更容易通过胆道排出。

5. 支持性治疗 补液和电解质平衡治疗可以帮助恢复体液平衡，并改善胆汁的流动。提供易消化的低脂饮食，帮助减轻胆囊的负担，并促进消化系统的恢复。肝功能异常者，可给予保护肝脏的药物和处方粮。

（王华南）

第四节 腹主动脉及髂动脉栓塞

腹主动脉及髂动脉栓塞是指血栓或其他物质（如脂肪、空气、肿瘤细胞等）阻塞了腹主动脉或髂动脉，导致下肢和盆腔器官的血液供应受阻。这是一种急性和严重的血管疾病，可能导致缺血性损伤，甚至危及生命。腹主动脉是从胸主动脉延伸到腹部的大血管，负责供应腹腔和下肢的血液。腹主动脉栓塞是指在腹主动脉内形成血栓或其他阻塞物，导致血流受阻。髂动脉是腹主动脉的分支，包括髂总动脉、髂内动脉和髂外动脉。髂动脉栓塞是指在这些动脉中形成血栓或其他阻塞物，导致下肢和盆腔器官的血液供应受阻。本病主要影响犬和猫，尤其是在患有心脏病（如肥厚型心肌病）的猫中更为常见。这种栓塞通常由血栓（血凝块）阻塞腹主动脉或髂动脉，导致下肢和腹腔器官的急性缺血。腹主动脉及髂动脉栓塞的严重性和潜在的危及生命的风险不容忽视。

一、病因

1. 心脏病 肥厚型心肌病（hypertrophic cardiomyopathy，HCM）是猫发生腹主动脉及髂动脉栓塞的主要原因。肥厚型心肌病导致心脏结构的变化，使得血液在心脏内流动不畅，增加了血栓形成的风险。心脏结构的变化，如心瓣膜病（包括二尖瓣退行性疾病），心腔内形成血栓，这些血栓可能脱落进入体循环，并在腹主动脉或髂动脉中造成栓塞。

2. 全身性疾病 一些全身性疾病，如糖尿病、肾病综合征和库欣病（犬），可能导致血液高凝状态，增加血栓形成的风险。

3. 外伤或手术 外伤或手术可能导致血管内膜损伤，诱发血栓形成。血管损伤后的局部炎症反应和血流改变可能促进血栓的形成。

二、临床表现

急性后肢瘫痪或无力是最常见的症状，通常表现为突然的后肢无力或瘫痪。动物可能突然表现出运动困难或无法站立，后肢显著无力或完全瘫痪。由于血流中断，患肢变冷且苍白。动物可能表现出强烈的疼痛反应，舔舐或咬伤患肢，伴随着焦躁不安或行为异常。触诊可以发现后肢的脉搏无法触及，显示出严重的血流中断。

三、诊断

根据急性后肢瘫痪、无脉搏和疼痛等典型症状可做出初步判断。仔细检查后肢的温度、颜色、脉搏，以及全身其他可能的体征，如呼吸模式和心率。超声检查评估心脏病变和血栓，确定血栓的来源及其对心脏功能的影响。X 线和 CT 检查心脏和血管的形态变化，可以提供详细的腹主动脉和髂动脉的图像，确定血栓的位置和影响范围。MRI 检查评估血栓的位置和范围及血栓对周围组织的压迫。D-二聚体是血液凝固过程中产生的副产物，其血液水平升高通常提示有血栓形成。

四、治疗

1. 急性期治疗

抗凝治疗：肝素是快速起效的抗凝药物，防止血栓进一步扩大，但需要密切监测。低分子量肝素，如依诺肝素，作用时间长，效果稳定，使用便捷，通常用于长期管理。

溶栓治疗：组织型纤溶酶原激活物（tissue-type plasminogen activator，tPA）用于溶解现有血栓，但在兽医临床中应用较少，风险较高。

对症治疗：镇痛药，如布托啡诺，缓解疼痛。输液治疗维持水电解质平衡，改善循环。

2. 长期管理

抗血小板药物：阿司匹林可以预防血栓形成，剂量需根据具体情况调整，以保证药物的

疗效和安全性。氯吡格雷是另一种抗血小板药物，常用于不能耐受阿司匹林的动物，预防再发血栓，

心脏病治疗：针对基础心脏病的治疗，如肥厚型心肌病的药物管理（β受体阻滞剂、钙通道阻滞剂等），以改善心脏功能和减少血栓形成的风险。

五、预后

预后取决于血栓的部位、范围和治疗的及时性。急性期处理及时，部分动物可恢复一定的功能，但长期预后仍较差，复发风险高。早期治疗和有效管理能够改善预后，但可能需要长期的监测和治疗。需要定期监测血液凝血功能和心脏功能。这包括检查凝血指标（如血浆D-二聚体水平）、心脏超声检查评估和其他相关实验室检查。定期检查可以帮助及时发现潜在的复发或新发血栓。根据检查结果和动物的恢复情况，调整抗凝药物或抗血小板药物的剂量。长期用药的剂量需根据动物的具体情况进行调整，以避免副作用并提高疗效。如果动物存在心脏病或其他全身性疾病，需密切监测这些基础疾病的控制情况。持续观察动物的临床症状，如后肢功能、疼痛表现和整体活动能力。如果出现症状复发或恶化，应及时采取进一步的检查和处理措施。

（王华南）

第五节 肝门脉系统分流

肝门脉系统分流（portosystemic shunt，PSS）是指肝脏的门静脉系统与全身循环系统之间的异常血管连接，导致部分或全部门静脉血液绕过肝脏直接进入全身循环。PSS是兽医临床中一种复杂且严重的血管异常疾病，这种病症使血液绕过肝脏，直接进入系统循环，影响动物的肝脏功能和整体健康。其在兽医临床表现多种多样，主要见于犬、猫，取决于分流的严重程度、类型（先天性或后天性），以及个体的差异。其在特定犬种约克夏、马尔济斯犬和西高地白梗中较为常见。PSS可以导致肝脏功能不全，影响代谢和解毒功能，进而引发多种临床症状和并发症。PSS是一种复杂的疾病，早期诊断和适当的治疗对于改善预后至关重要。先天性PSS通过手术的预后通常较好，许多动物基本能恢复正常生活质量。而后天性PSS预后取决于基础肝病的严重程度和治疗效果。通过早期诊断、综合治疗和长期管理，可以显著改善动物的预后和生活质量。

一、病因与病理

1. 病因 先天性PSS是胎儿期血管发育异常所致，在胚胎发育过程中，正常的血管结构未能正确形成，导致异常的血管连接。PSS包括肝内和肝外分流。常见于小型犬种如约克夏、西施犬和马尔济斯犬等，也见于一些大型犬种如大丹犬等。这种类型分流通常具有遗传倾向。尽管猫中的先天性PSS相对少见，但也会发生，通常表现为单一大血管分流。

后天性PSS主要继发于慢性肝病，如肝硬化，导致门静脉高压，迫使血液通过新生的侧支血管分流至体循环。慢性肝炎以及长期的肝脏炎症和纤维化也会导致门静脉高压，形成分

流。后天性 PSS 通常与较为复杂的病理状态相关，治疗更具挑战性。

2. 病理

血液绕过肝脏：PSS 使得大量的门静脉血液不经过肝脏解毒和代谢，直接进入体循环，门静脉压力升高，导致毒素（如氨）在体内积累，可能引发神经系统和代谢紊乱。

肝脏萎缩和发育不良：由于血流减少，肝脏得不到足够的营养和氧气，导致肝细胞发育不良、萎缩甚至功能退化。肝脏的代谢和解毒能力因此受到影响，进一步加剧病情。

代谢紊乱：肝脏的代谢功能受损，导致一系列代谢紊乱，蛋白质、维生素和矿物质代谢异常，如低血糖、低白蛋白血症等。动物表现出营养不良、体重减轻等症状。

神经症状：毒素在体内积累，特别是氨，可以引起神经症状，引起肝性脑病的发生；可能表现为癫痫、行为异常和昏迷。

二、临床表现

1. 神经系统症状　肝性脑病，由于毒素（如氨）在血液中的积累，动物可能出现一系列神经系统症状，包括行为异常，如攻击性增加、定向力障碍、徘徊、压头、震颤或肌肉痉挛、癫痫发作、昏迷或意识模糊、失衡和共济失调等。

2. 消化系统症状　食欲缺乏，由于肝功能不全，动物可能出现食欲缺乏或完全拒食、呕吐和腹泻。患病动物通常生长不良、毛发稀疏、体型较小，尤其是在幼犬和幼猫中表现明显。

3. 尿路系统症状　多尿多饮，代谢紊乱，特别是尿酸代谢异常，易形成尿路结石。

4. 肝功能不全相关症状　由于肝脏无法正常储存和释放葡萄糖，动物可能表现出低血糖症状，如虚弱、颤抖。由于肝功能受损，凝血因子生成减少，动物易出现自发性出血或术后出血不止。

5. 体检发现　影像学检查可见肝脏体积缩小，这与肝萎缩有关。由于门静脉高压，腹腔内可出现液体积聚。虽然不常见，但严重病例中可出现黄疸，这是由于肝脏无法有效代谢胆红素引起的。

6. 临床表现的变异　间歇性症状，特别是在进食高蛋白质饮食后症状加重。

三、诊断

根据典型临床症状和特定犬种的易感性进行初步判断。应进行病史调查，了解动物的症状、饮食习惯、行为变化以及家族史。检查动物的体型、体重、营养状况，注意是否有神经症状、黄疸、腹水等。血细胞检查可能出现白细胞增多、小细胞增多和正红细胞、非再生性贫血。生化检查可见血氨水平升高，肝酶升高，胆汁酸、血尿素氮降低，低白蛋白血症，低血糖和低胆固醇血症等。超声检查通常用于诊断、评估肝脏结构和血流情况，发现异常血管分流。CT 和 MRI 血管造影可评估血管结构和分流位置，发现异常血管分流。测量空腹和餐后血清胆汁酸水平，异常升高提示肝功能障碍和门静脉高压。持续高水平的血氨是 PSS 的重要指征，PSS 动物通常表现出高血氨水平。口服或静脉注射氨基酸负荷试验，观察血氨水平的变化，评估肝脏处理氨的能力。

四、治疗

1. 外科治疗 在进行外科手术前可以进行适当的术前医疗管理，以减轻肝性脑病症状，通常包括口服乳果糖、新霉素（或其他非口服吸收的抗生素）、低蛋白质饮食等。手术目标是关闭异常血管，使血流恢复正常经过肝脏，使肝脏逐渐适应增加的血流量，防止门静脉高压症的发展。结扎异常血管方法包括部分结扎、完全结扎和分流装置（如 Ameroid 环）的使用。内镜微创手术实施分流血管的结扎或阻断，可以减少术后并发症和恢复时间。介入手术是将栓塞物质注入分流血管，阻断血流。介入手术更常用于肝内先天性 PSS 犬，但也可用于肝外先天性 PSS 犬。对于先天性 PSS，手术为首选，特别是对于幼犬和幼猫。手术成功率较高，可以显著改善预后。后天性 PSS 通常由肝脏疾病引起，手术修复较复杂，且成功率较低，故主要依赖内科治疗。

2. 内科治疗

药物治疗：乳果糖降低肠道 pH，减少氨的生成和吸收，帮助控制肝性脑病。抗生素如甲硝唑或氨苄青霉素，减少肠道细菌，降低氨的产生。抗癫痫药物用于控制癫痫发作。利尿剂，如螺内酯，控制腹水产生。

饮食管理：低蛋白质饮食，减少氨的生成和吸收，帮助控制症状。高能量、高碳水化合物饮食，确保动物获得足够的营养和能量。

支持治疗：静脉输液纠正脱水和电解质紊乱。补充维生素和矿物质，如维生素 K、B 族维生素和锌。

（王华南）

第九章 脊 柱 疾 病

本章资源

第一节 非手术治疗的脊髓损伤

一、退行性脊髓病

退行性脊髓病（degenerative myelopathy，DM）是一种遗传性脊髓退行性疾病，主要影响犬脊髓的胸腰椎区域（T3～L3 节段），尤其是某些大型和巨型犬种。遗传突变是 DM 的主要病因，但确切发病机制还不完全清楚，可能涉及多种因素的相互作用。相关的病因和风险因素包括如下几个。①遗传因素：退行性脊髓病被认为是一种遗传性疾病，与超氧化物歧化酶 1（superoxide dismutase 1，*SOD1*）基因的突变有关（类似于人渐冻症）。这种突变导致异常蛋白质在神经元内积累，形成毒性聚集体。②年龄：退行性脊髓病通常在犬年龄较大时发病，一般在 8 岁以上。③品种易感性：某些犬种更容易发展为退行性脊髓病，包括德国牧羊犬、拳师犬、柯基犬、标准贵宾犬等。④性别：在某些品种中，如柯基犬，雌性可能比雄性更易感。

退行性脊髓病的主要病理变化包括胸腰椎的脊髓轴突和髓鞘变性。病理特点包括轴突和髓鞘退行性变，神经细胞丢失，星形胶质细胞增生硬化，神经细胞的氧化应激和细胞内聚集体等改变。

1. 临床表现 典型表现为渐进性（持续数月）、非疼痛性，不对称的后肢无力和共济失调。退行性脊髓病的早期症状可能非常轻微，很容易被动物主人忽视或误认为是老年宠物的正常变化。随着病情的发展，患犬的后肢肌肉逐渐无力，行走困难，可能有后肢拖行或步态蹒跚的现象，无法准确放置脚爪，后肢在承受重量时可能出现颤抖，在转弯时或在光滑表面上行走时尤为明显，随后逐渐失去自主运动功能，病程通常在 6～9 个月。后肢肌肉在长久缺乏使用的情况下会出现萎缩。当退行性脊髓病影响到脊髓中的感觉通路，可能导致患犬后肢的感觉功能减退或丧失。患犬也可能出现排尿和排便失禁的问题。大部分退行性脊髓病病例不会出现疼痛，少数犬早期可能会出现疼痛的迹象。退行性脊髓病的症状与其他脊髓疾病相似，因此需要通过专业的神经学检查、影像学检查（如 MRI 检查）和遗传测试来确诊。

2. 诊断 诊断需结合动物品种、病史和临床表现。该病主要发生于 8 岁及以上的大型犬。德国牧羊犬是最易患病的品种。

神经学检查可发现后肢的脊柱反射正常或过度活跃。然而，10%～15%的患病动物会发现脊神经反射，如髌骨反射减弱或消失，提示背侧腰椎神经根的选择性损伤。

患犬的脊髓影像学（脊髓造影、MRI 与 CT 检查）和神经电生理检查通常正常，也有部分犬并发轻微Ⅱ型椎间盘突出。相对健康犬，退行性脊髓病患犬进行 CT 检查或脊髓造影会发现更多异常，包括椎管狭窄、脊髓畸形、椎管面积减小、蛛网膜下腔局部变窄，以及脊柱旁肌肉萎缩。

患犬的血液学检查结果通常正常，脑脊液检查结果可能显示正常或者蛋白质浓度增加。另外有专门针对退行性脊髓病的遗传测试可用于识别携带 *SOD1* 突变基因的犬。由于退行性脊髓病是一种慢性进行性疾病，需要定期进行临床评估和影像学复查来评估病情发展。在进行诊断时还需要注意与慢性Ⅱ型椎间盘突出和脊髓肿瘤进行鉴别诊断。

3. 治疗和预防　目前尚无用于退行性脊髓病的有效治疗方法。临床通常是给予支持性护理，每日进行充分的理疗和复健可以帮助延长退行性脊髓病患犬的生存时间。

二、缺血性/血管疾病

梗死和中风都是中枢神经系统某个区域血液供应中断的同义词，指在脊髓和脑膜的动静脉中引起血管堵塞和神经组织梗死。多数梗死是一种称为纤维软骨性栓塞（fibrocartilaginous embolism，FCE）的疾病。引起梗死的物质与椎间盘的髓核成分相同。FCE 常发病于腰椎尾侧区域。

犬比猫更易发生脊髓的缺血/血管疾病，FCE 的发病年龄分布很广，多数是年轻至中年（1～7 岁）的成年犬，多见于非软骨营养不良性犬，主要是大型和巨型犬，也有部分小型非软骨营养不良性犬和猫患病。约 20%的 FCE 患犬体重小于 20kg。迷你雪纳瑞更易发生 FCE，是该品种脊髓病最常见的病因。FCE 猫多为中老年（7～12 岁）短毛家猫。

甲状腺功能减退和高血压的动物可能会出现中枢神经血管堵塞和梗死，因此 FCE 的概率更高。纤维软骨性栓塞是一种特殊类型的脊髓梗死，髓核中的纤维软骨从椎间盘移到脊髓血管的机制尚不清楚，可能是由于椎间盘的髓核成分脱出进入椎体，通过椎体内的血管进入脊髓，静脉窦或脊椎骨髓的静脉系统[施莫尔结节（Schmorl 结节）]，并逆行进入脊髓动脉系统，或直接进入脊髓动脉系统造成动脉血栓。纤维软骨性栓塞也有可能通过Ⅱ型椎间盘退变相关的纤维环上的新生血管进入脊髓血管系统，导致局部脊髓的血供减少或中断，出现组织损伤和神经细胞的死亡，最终出现临床症状。

1. 临床表现　通常表现为急性发作，突然表现出脊髓损伤的迹象。与 FCE 相关的脊髓损伤往往是不对称的。患犬可能出现步态异常、肢体无力或瘫痪，无法以正常姿势站立和行走，刚发病的几小时内对触碰或其他刺激出现过度反应，可能是梗死区域的短暂脑膜肿胀所致。发作的最初 24h 后症状通常不再进展，不表现背部疼痛。

2. 诊断　首先对患病动物的临床症状进行评估，包括急性发作的脊髓损伤、运动功能障碍、感觉异常等，随后进行完整的神经学检查，评估受累的脊髓损伤的严重程度。

FCE 诊断首选 MRI 检查，显示脊髓内部的异常信号和脊髓梗死区域。退行性变化的椎间盘正背侧的脊髓灰质或白质中有 T2W 高信号区域和造影增强。临床症状的严重程度通常和影像学检查结果呈相关性。血液学检查和脑脊液分析可以帮助排除其他病因，如感染或炎症。FCE 动物脑脊液结果可能正常或显示轻微、非特异性异常。

3. 治疗　目前尚无特定医学管理方法，临床主要进行物理和康复治疗。出现上运动神经元症状的动物和 2 周内出现好转的动物预后相对较好。若脊髓灰质或膀胱功能受到影响，预后较差。

三、椎间盘椎体炎

本病是指椎间盘以及相邻的椎体终板和椎体的感染和炎症。最常由细菌感染引起（通常是金黄色葡萄球菌、伪中间葡萄球菌、链球菌和布鲁氏菌），有时也由真菌引起（如曲霉）。最常见的发病脊椎节段为L7-S1椎间盘。

泌尿道通常被认为是细菌感染最可能的来源，病原通过血液到达椎间盘和椎骨。其他可能的来源包括咬伤、外科手术、植物芒刺迁移等。

病理特征：感染的椎间盘可能变薄，导致椎间隙狭窄；作为对炎症的反应，椎体间可能会出现骨质增生，形成骨刺或骨桥；由于骨质增生或感染物质的积累，椎管可能变窄进而压迫脊髓或神经根；长期炎症和感染可导致椎间盘和椎骨结构的永久性改变。

1. 临床表现

（1）疼痛：患病动物可能出现背部疼痛，尤其是在活动或触摸时。患病动物可能会采取特定的姿势或避免某些活动以减轻疼痛，如弓背或避免跳跃、上下楼梯等。

（2）活动减少：患病动物可能因疼痛减少活动量，不愿意运动或玩耍。

（3）步态异常：可能会出现跛行或步态改变，特别是脊柱的损伤影响到了后肢功能。

（4）脊柱敏感：在脊柱的某些区域，尤其是受损的椎间盘附近，可能会出现局部的脊柱敏感或肌肉僵硬。

（5）神经学症状：根据炎症的位置和严重程度，可能会出现后肢无力、瘫痪、感觉异常或失禁。

（6）全身症状：可能出现发热、食欲减退、体重减轻和体况下降等。

（7）行为改变：由于疼痛或不适，患病动物会更加焦虑或抑郁。

2. 诊断　首先了解患病动物的病史，包括任何可能的外伤、手术史或先前的脊柱问题。多数患病动物表现出至少持续数周的逐渐加重的临床症状，症状也会呈急性发作。临床特征表现为背痛、跛行、活动减少、步态异常或神经症状。脊柱检查时，应寻找确定局部敏感区域，是否存在肿胀或肌肉痉挛，同时评估神经功能，包括反射、感觉、运动能力和姿势反应。

X线检查通常显示受影响椎间盘的塌陷，端板区域的骨溶解，以及不同程度的骨质增生和端板硬化。病变可在多处椎间盘间隙观察到。MRI和CT检查可以提供更加详细的脊柱结构影像和细节，有助于识别感染和炎症区域，判断是否有脊髓压迫。但需要注意的是，影像学变化通常会滞后于临床症状2～3周的时间。

血液学检查可见白细胞计数或其他炎症指标增加。尿液分析用于检查泌尿道感染。可从感染部位获取样本，进行细菌培养，鉴定病原体并进行抗生素敏感性测试。某些病例还需要进行脊髓穿刺以获取脑脊液样本，检查是否有炎症或感染迹象。通常情况下脑脊液分析无明显异常，有时可见蛋白质浓度升高和单核细胞增加。

3. 治疗　根据致病微生物培养和抗生素敏感性测试结果指导临床用药。由于病原菌通常是葡萄球菌，第一代头孢菌素或耐β-内酰胺酶的青霉素类药物通常有效。对于严重的患病动物，应在最初5～7d内静注抗生素，之后可开始口服抗生素，注意同时使用抗厌氧菌抗生素治疗。

本病治疗通常需要持续数月，彻底治疗感染。治疗时间应根据病情的严重程度和治疗反应进行调整。使用止痛药（如非甾体抗炎药）来控制疼痛和减轻炎症。治疗过程中提供营养丰富的食物，充足饮水，保证患病动物得到适当的休息。需要限制患病动物的剧烈运动（笼养），减少受损脊柱的压力，避免进一步损伤。定期进行血液学和影像学检查，以评估治疗效果和病情进展。提供有利于组织修复和增强免疫系统的营养补充剂。如果存在开放性伤口或窦道，需要进行适当的清洁和护理。保守治疗的目的是控制感染、缓解症状、促进受损组织的修复，并尽量减少复发的风险。

（陈凯文）

第二节 椎间盘突出

本病是常见的脊柱疾病，主要表现为椎间盘的退行性变化、突出和对脊髓的压迫。其发病率因犬种、年龄、体重以及其他因素而有所不同。某些犬种（如腊肠犬、柯基犬、博美犬等）的椎间盘疾病具有遗传倾向。这些犬种的椎间盘结构和功能可能存在先天性缺陷，随着年龄的增长，椎间盘（外部的纤维环和内部的髓核）发生退行性变化，失去水分和弹性，甚至钙化，变得脆弱，从而更易发生突出现象。另外，超重或肥胖犬承受的脊柱压力增加，剧烈运动、跳跃或不当的运动方式可能导致椎间盘损伤，诱发椎间盘突出/脱出。椎间盘突出主要分为以下两个类型。

汉森Ⅰ型椎间盘突出（Hansen type Ⅰ intervertebral disc disease）的特点是急性发作，通常是由于椎间盘的纤维环变得脆弱，无法限制已退变的髓核，运动或外力作用导致髓核突入脊髓腔，对脊髓直接机械压迫。病程急，临床症状严重。汉森Ⅰ型突出的发生通常与椎间盘的退行性变化有关。主要发生在一些年轻的软骨营养不良的犬种，如腊肠犬、柯基犬、博美犬等。

汉森Ⅱ型椎间盘突出（Hansen type Ⅱ intervertebral disc disease）通常与椎间盘的慢性退行性变化有关。椎间盘的纤维环逐渐变厚和硬化，髓核不再能正常地吸收冲击和压力。与汉森Ⅰ型的急性发作不同，汉森Ⅱ型的症状通常是渐进性的，可能在几周或几个月内逐渐恶化。本病在老龄的大型犬更为常见，如拉布拉多、德国牧羊犬、金毛寻回犬等。

一、临床表现

1. 疼痛 对触摸敏感，特别是在脊柱受影响区域。疼痛表现为尖叫、呻吟或不愿被抚摸。

2. 姿势改变 出现非正常姿势，避免活动，如低头或弓背。

3. 运动障碍 步态不稳、拖拽后肢、行走时摇摆不定、跛行。严重者部分或完全瘫痪，无法站立或行走。

4. 神经症状 受影响区域出现浅表或深层感觉丧失。

5. 排泄困难 尿失禁或排尿、排便困难。

6. 其他症状 由于疼痛或不适，表现出焦虑、烦躁或不安的行为，食欲减退等。

二、诊断

本病的诊断需要结合临床症状、神经学检查以及影像学检查。通过病史收集获取症状出现时间、严重程度、是否有疼痛、活动能力变化、食欲和行为的改变等信息。通过体格检查，测试神经功能和运动能力（步态、痛觉、反射等）对病变位置进行初步定位。神经电生理检测，如采用神经电生理检测（如肌电图或神经传导速度测试）评估神经的功能状态。

X 线检查不能直接使椎间盘显影，但可以排除其他可能的脊柱问题（如骨折、肿瘤、骨关节病等）。X 线检查也可显示椎体的变化或椎间盘的退行性变化（钙化等）和椎间隙的狭窄等。CT 检查能更清晰地显示椎间盘、椎体和脊髓的结构，帮助识别椎间盘突出的位置和程度。MRI 检查是诊断椎间盘突出的金标准，能够清晰显示椎间盘、脊髓和周围软组织的状态，显示椎间盘的退变、突出以及脊髓压迫。

三、治疗

1. 保守治疗　保守治疗和手术治疗各有优缺点，需要告知动物主人这两种方法的益处和风险。需要注意的是，无论保守治疗还是手术治疗，在急性胸腰椎椎间盘突出的患病动物和痛觉丧失的犬，上行和下行出血性脊髓软化症的发病率高达 10%。脊髓软化症通常由脊髓的局部缺血或损伤引起，患病动物的神经学功能（如痛觉、感觉功能和皮肌反射等）可能会逐渐丧失。一旦动物出现脊髓软化症，无论手术或保守治疗，通常都无法逆转脊髓软化的进程。

对于疑似椎间盘突出的患犬，如果症状轻微（能够自主站立或仅有轻微的本体反射缺失）或没有神经系统功能的缺失（能正常排尿、排便等），且无严重的疼痛，通常可以尝试保守治疗。常规的管理包括 6～8 周的严格笼养，给予消炎药（非甾体抗炎药）和止痛药（阿片类药物，加巴喷丁、普瑞巴林等）。注意激素和非甾体抗炎药不能同时服用，以减少对胃肠道的副作用。保守治疗需要限制运动，笼子的空间大小应使患病动物可以改变姿势，但不能在笼内走动或跳跃。每日的活动应限制于短距离散步以排尿、排便，总时间 5～10min。外遛时应套上牵引绳，杜绝上蹿下跳等剧烈运动。如果患犬在笼养期间症状未改善或恶化，则应考虑手术治疗。抗炎药可以减轻患病动物的疼痛，多数犬会变得更加活跃。活动增加可导致相邻椎骨对椎间盘施加更大的压力将更多的椎间盘物质挤压到椎管中，临床症状会进一步恶化。

临床上也可使用针灸和肌松药来辅助恢复。对患病动物的体重进行控制，预后更佳。50%～70% 的汉森Ⅰ型椎间盘突出（颈椎或胸腰椎）的患犬最初对药物治疗有积极反应，尽管多数犬仍然会出现临床症状复发（30%～50%）。若动物的深部痛觉消失或瘫痪时间超过 48h，手术和保守治疗的预后较差。

2. 手术治疗

1）Ⅰ型椎间盘突出　手术干预的指征包括反复或持续的背痛，尽管动物能够行走，但神经系统状况恶化，以及无法站立行走的下肢轻瘫或瘫痪。发病 24～48h 内手术，预后较好。

背侧术式是兽医临床最常用的方法。胸腰椎背部椎板切除术、半椎板切除术、椎间盘减压术以及这几种手术的组合都可通过背侧术式进行。适应证包括除去压迫物质（如椎间盘、出血块、肿瘤、骨折碎片）和植入植入物等。

手术方法为患犬俯卧，四肢屈曲，可轻微向手术的对侧倾斜以更好地暴露术野。静脉注射地西泮（0.2mg/kg）、硫喷妥钠（10mg/kg）诱导，异氟烷维持麻醉。诱导前静脉输注乳酸林格液[10mL/（kg·h）]，使用血压仪监测动脉血压。术中可考虑给予阿片类药物止痛。

在目标椎体的头侧和尾侧背部中线做切口，切口长度约为目标部位前后各 3 个椎体长度。钝性分离皮下脂肪和筋膜以暴露胸腰筋膜。在切口尾侧，可在背侧棘突切开胸腰筋膜（半椎板切除术切开单侧，背部椎板切除术则切开双侧），然后使用剪刀或手术刀继续向头侧切开筋膜。将剪刀刀口向外倾斜，以避免筋膜瓣垂挂在入路中。使用手术刀时应沿着棘突的位置曲线切开筋膜以便后续的缝合。使用骨膜剥离器将多裂肌从背侧棘突外侧剥离。使用剪刀/单极镊去除任何棘突上剩余的肌肉附着。将肌肉继续向腹侧分离直到暴露椎板。将多裂肌与关节突相连处的附着点切断。从尾侧到头侧，将骨膜剥离器置于关节突（关节面）尾侧多裂肌下方，并将肌肉向背侧和头侧拉过关节面，用另一个剥离器将肌肉附着物从关节面剥离。

在关节面的头侧，找到多裂肌与前关节面的乳头突的白色纤维附着点，使用剪刀/双极镊剪断附着物。对要暴露的其他关节面可重复此操作。将牵开器置于切口的头侧和尾侧。进行半椎板切除术时，将牵开器的一端放在棘突之间的空隙内，另一端放在多裂肌下方。进行背部椎板切除术时，将牵开器的两端都放在多裂肌下方。可使用最后一肋骨作为参考来为即将进行的背部椎板切除术或半椎板切除术进行定位。术前应利用影像学检查来确定是否存在最后一肋骨以及是否存在移行椎。

若要进行背部椎板切除术，可使用咬骨钳去除目标椎板部位上的背部棘突。使用高速气钻去除外皮质骨、内松质骨和内皮质骨层。若要进行半椎板切除术，找到腰最长肌肌腱止点，并用剪刀/双极镊从其在附属突上的插入处切断这些肌腱。避免损伤位于这些肌腱下方的脊神经和血管。使用咬骨钳去除关节突的部分，使该区域与椎弓根齐平。使用高速气钻去除椎弓根、副突腹侧以上的部分和背侧棘突基部的椎板。使用高速钻时，需要双手稳定抓握。外皮质骨-松质骨-内皮质骨的过渡可通过颜色的变化区分。通常情况下皮质骨为白色，松质骨为粉红色。由于要切除的区域呈曲线形状，半椎板切除术的背侧和腹侧比中间部分更厚，可用钻头切出一个宽的矩形缺损以提供足够的减压，可使用磨钻、神经钩或咬骨钳去除最内侧皮质骨，并去除压迫脊髓的椎间盘组织。术中建议先保持副突的完整性，直到半椎板切除术完成再切除，以减少出血，也可以使用咬骨钳的尖端轻松拔除副突。如果静脉窦出血，可使用凝胶海绵或骨蜡止血。切除椎板后，可使用神经钩将压迫物质刮除。常见的椎间盘突出物为粉白色，并且非常粗糙。将突出物质去除后，可在减压处放置凝胶海绵或脂肪来避免硬膜出现粘连。筋膜、皮下组织、皮肤常规闭合。

犬术后需住院静脉输液和注射止痛药，直到可以耐受疼痛，可以接受口服药物治疗（通常需要 24h）。术前能够自主运动的患犬通常在手术后 48h 内出院。对失去运动能力的犬，术后可以放置导尿管以便于管理。一旦确认其能自主排尿或动物主人能够辅助排尿后即可出院，多数情况下建议术后康复治疗。半椎板切除术和微型半椎板切除术后（无论是否进行预防性开窗）的总体恢复率超过 90%。

2）Ⅱ型椎间盘突出　对有慢性椎间盘病史（病程约几个月）的犬，去除突出的椎间盘的技术要求很高，因为突出的椎间盘组织可能与硬脑膜或静脉窦粘连，其外部可能有包裹，并且通过纤维牢固地附着在剩余的纤维环上。脱出的椎间盘组织黏附在背侧和腹侧纵韧带、椎体和软骨终板上。这些原因导致汉森Ⅱ型椎间盘突出难以通过传统的手术方法将其移除。因此外侧椎体切除术可以作为传统半椎板或椎板切除术的替代手术。

手术方法为患犬俯卧，进行背侧或背外侧或外侧入路切口。外侧入路时动物侧卧，患侧朝上，侧卧于手术台上。将沙袋垫于动物与手术台之间，使动物的背部稍弯曲，以扩大关节突及椎间的间隙。在背侧正中线外侧 1～2cm 处切开皮肤和浅层及深层胸腰筋膜以暴露轴上肌肉（尾背锯肌、腰最长肌和腰髂肋肌）。钝性分离横突背侧的肌肉以创建一个手术窗口。椎间盘纤维环位于腰椎横突底部和胸椎肋头的正上方。应小心避免损伤脊神经，并防止器械意外进入体腔（胸腔或腹部）。

对于外侧椎间盘突出，手术入路在椎间盘突出的一侧进行，而对于腹侧正中突出，右手为惯用手的医生可在动物左侧进行手术。暴露椎骨后，可见位于脊神经（及相关血管）深部的外侧纤维环和相邻的外侧椎体。可使用钝性神经钩轻轻将神经拉向头侧，在靠近腰骶丛脊神经操作时需要特别注意。之后使用 11 号手术刀片进行椎间盘侧向开窗。

椎间盘切除后，使用高速气动钻和圆头钻在椎体侧面开槽。对于腰椎，开槽以椎间盘间隙为中心。对于 T10-T11、T11-T12 和 T12-T13 椎间隙，从受影响的椎间隙开始，在前一椎体尾侧一半的位置开口，不要损伤肋骨。对于 T10 头侧的椎间隙，需要将肋骨脱位之后进行。取出的骨量取决于每只犬的情况。开口槽的边界如下：理论上头、尾侧边界位于椎体背侧面中部的成对的背侧血管孔的水平。实际上，可通过脊髓造影确定头侧和尾侧的界线，开口槽的边界为慢性椎间盘突出的脊髓受压部位。腹侧缘以能满足尽可能完全切除未突出的椎间盘所需操作空间来确认。开口槽深度为椎体正中矢状面（腹外侧椎间盘突出），或椎管宽度的 2/3（腹侧椎间盘突出）。通常情况下，该开口槽的界线是：后端椎体长度的 1/4 为后缘，前端椎体长度的 1/4 为前缘，深度为 1/2～2/3 的椎体宽度，腹侧边缘为 1/2 的椎体高度。开口槽边界可参见图 9-1。

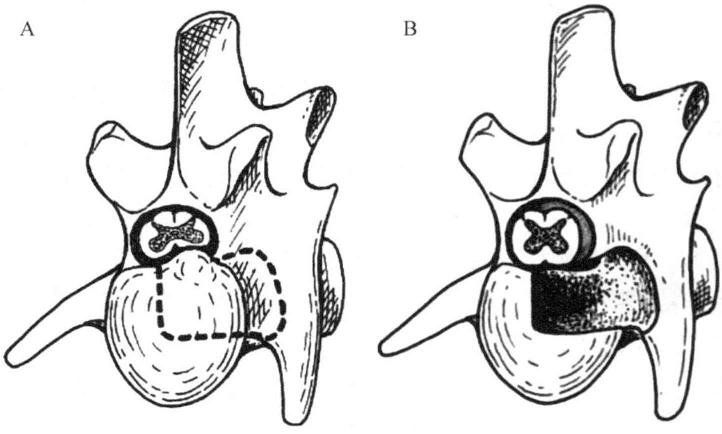

图 9-1　椎体切除术范围

A. 可见脊髓包裹在慢性突出的椎间盘物质两侧，图中虚线表示开口槽边界；B. 可见胸腰椎偏侧椎板切除术的开槽范围。开槽减压后脊髓恢复到了正常位置

在所选腹侧边缘上方垂直于脊柱长轴的平面上用高速钻头钻孔，并向背侧延伸，直到到达椎管底部。在水平面上（胸骨侧卧位），钻头最初穿透椎体的外侧皮质骨，然后穿透松质骨。当达到先前确定的边界（长度和深度）时，缓慢将钻头转向椎管底部。需要经常性地评

估椎体背侧皮质骨的厚度、强度，以避免钻头穿透椎管。用无菌生理盐水溶液连续冲洗钻头，并保持该部位没有碎片。用骨蜡控制松质骨出血。

当椎板的皮质骨足够薄时器械可以进入椎管。当到达背纵韧带时应停止钻孔，使该韧带位于器械和椎窦之间，避免椎窦出血，防止医源性脊髓损伤。任何静脉窦出血均用止血海绵控制。突出的椎间盘纤维环轻轻地拉回预定的开口槽的水平。当存在突出物时，可使用咬骨钳钳夹突出的椎间盘组织，并在开口槽的腹侧去除。当突出物无法进一步取出时，可认为突出的椎间盘物质被完全切除。脊髓这时恢复到正常位置（图 9-2）。使用弯曲的刮刀或刮刀直接通过槽切除剩余的髓核。

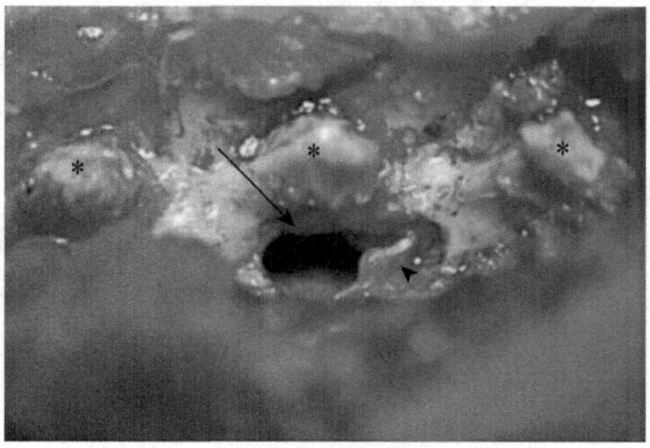

图9-2 偏侧椎板切除术后外观

注意保持副突（*）和椎弓根相对完整。神经根（➤）被保留。脊髓的腹侧（→）已恢复到正常位置

在术后 48h 肌内注射丁丙诺啡进行镇痛。术后第 2 天进行低强度有控制运动。犬可口服非甾体抗炎药，剂量在一周内逐渐减少。每天进行神经系统检查，直到神经系统状况稳定、可自主排尿或腹壁触诊可辅助排尿，即可出院。

3）*椎间盘开窗减压术* 建议在减压手术时对突出的椎间盘空间进行开窗，以防止术后早期椎间盘物质通过破裂的纤维环进一步挤出。研究表明，对未受影响的相邻胸腰椎椎间盘进行预防性开窗术可显著降低进行胸腰椎区域椎间盘开窗术的犬的确诊晚期复发率。对于椎间盘出现矿化的犬和易复发品种犬（腊肠犬和法国斗牛犬），即使椎间盘未矿化，也应考虑进行预防性开窗术。

可以采用背侧、背外侧或外侧入路对胸腰椎进行该手术。椎间盘开窗术可使用手术刀片和动力钻头进行。手术方法为动物俯卧保定，椎间盘突出部位身体下方放置毛巾卷或沙袋，外侧入路可更好地暴露椎间盘空间并方便开窗。术前应查看诊断图像以查找解剖异常，包括手术区域中缺失或形状异常的肋骨或横突。通过半椎板切除术来暴露术野，将切口向前或向后延伸，便于向腹侧分离肌肉，暴露纤维环。

如果要进行预防性开窗术，选择背外侧入路，需要相应地将皮肤和腰筋膜切口向头部和（或）尾部延伸。使用手指在髂肋肌肌束之间进行深部触诊，识别肋头或位于目标椎间盘尾部的横突尖端，可以单独定位和暴露所需的椎间盘间隙。使用剪或止血钳沿肌肉纤维分离髂肋肌和腰肌（背侧至横突尖端或肋头头侧），以便通过手指触诊椎间盘间隙区域。在腰椎区域，使用骨膜剥离器从横突边缘剥离覆盖在纤维环外侧的松散筋膜层。应从横突底部开始分离，向头侧方向暴露纤维环。使用小尖头直角牵开器保持深层肌肉的牵开。使用吸引器可以在牵开更多软组织的同时保持术野无血。通过这种方式获得的暴露范围很小，但可以很好地观察纤维侧环以进行开窗。

外侧纤维环被一层疏松的筋膜覆盖，筋膜内包含脊神经和相关血管。使用 11 号刀片沿肋骨头或横突的头侧缘切开软组织附着处，然后使用骨膜剥离器将这些软组织结构朝头侧提起。必须小心，不要损伤到脊神经，这在 L4-5 和 L5-6 处开窗处尤为重要。脊神经的腹侧分支沿着椎间盘的腹外侧走行，如果沿外侧纤维环解剖得太低，可能会损伤脊神经。压迫或使用电刀通常可有效控制解剖过程中的出血。外侧纤维环为白色、发亮的纤维鞘。可以使用直针（22 号）仔细探查并确认椎间隙和两侧椎骨终板的准确位置。确保针头尽可能垂直于椎间环插入（所需角度因患病动物体位和手术入路而异），且不会无意中刺穿椎间孔和椎管。可以使用刀片或钻头进行开窗。确定了椎间盘环之后可使用 11 号手术刀片或高速钻在椎间盘环内开一个矩形窗口。运刀的方向应使其远离脊髓和神经血管结构。在椎间盘环内做 4 个相邻的切口，并使用小型弯曲止血钳或咬骨钳取出矩形椎间盘环，以暴露椎间盘进行刮除术。在胸腰椎中，应尽可能将窗口开得足够大以便于取出椎间盘。开窗后使用最大的可放进椎间隙的刮刀，尽可能从背侧向腹侧取出退变的椎间盘组织。取出椎间盘组织后进行常规缝合。

术后护理：单独的椎间盘开窗术无需特殊的护理，若同时进行了半椎板切除术则护理与之相同。

（陈凯文）

第三节　寰枢椎不稳定

寰枢椎不稳定（atlantoaxial instability）又称为寰枢椎半脱位、寰枢椎脱位，是寰枢椎关节的韧带变化，导致寰枢椎连接不稳定、椎骨半脱位及继发的脊髓和神经根受压迫的疾病。

一、病因

本病可能是先天性或后天性的，导致寰椎和枢椎的连接不稳定。这种松弛由两个方面的因素造成：齿突骨折、缺损、发育不全或畸形造成翼韧带、顶端韧带和（或）横韧带功能丧失；翼韧带、顶端韧带、横韧带或背侧寰枢韧带结构异常、松弛或断裂导致寰椎和枢椎之间失去支撑结构。外伤会引发这些因素作用产生的隐性颈椎关节松弛，表现出临床症状。脊柱不稳定使动物脊髓和神经根容易受到压迫，通常导致颈部疼痛和能走动至不能走动程度的四肢轻瘫。

二、临床症状

寰枢椎不稳定于 1967 年首次在犬报道。先天性寰枢椎不稳定通常发生在小型的玩具犬中，以约克夏梗、博美、迷你和玩具贵宾犬、吉娃娃和北京哈巴犬为代表，偶尔有关于大型犬的报道，猫很少发生。导致寰枢椎不稳定的先天性异常包括齿突发育不全、韧带支撑失效或缺失。其他可能导致不稳定的先天性异常包括寰椎不完全骨化。继发于创伤性事件的获得性寰枢椎半脱位可发生于任何年龄或品种的犬。在出生时就已经发生脊柱不稳定的动物往往到老年时才表现出临床症状，但是近期的创伤可能造成显著的脊髓和神经根压迫。

三、诊断

1. 体格检查 全身体格检查通常正常。神经系统检查发现犬运动无力，有前后肢的上运动神经元（upper motor neuron，UMN）症状。患犬有不同程度的颈部疼痛。头部的腹侧屈曲通常会加剧颈部疼痛且恶化神经系统状况。在颈部屈曲时需要格外小心，因为齿突（如果存在）可能引起脊髓受压迫，必须避免强烈的屈曲。

2. 实验室检查 患病动物实验室检查通常正常。年幼动物或有类固醇治疗史的动物，会有轻微的血清碱性磷酸酶活性升高的现象。

四、治疗

药物治疗的目标是形成纤维组织以稳定寰枢椎关节并防止进一步半脱位。手术治疗的目标是稳定寰枢关节以防止进一步的半脱位和挫伤。

1. 药物治疗 药物治疗包括3～4周严格的笼养，用颈支具保持颈部和头部的伸展，短期使用皮质激素可一定程度地缓解症状。颈支具由衬垫夹板构成，如高强度塑料或金属材料，必须严格笼养3～4周，保证有瘢痕组织形成。肌内注射皮质激素地塞米松0.1～0.2mg/kg，每天2次，可使用24～48h。此病的复发很常见。

2. 手术治疗 当动物寰枢椎不稳定的神经功能障碍严重，即严重颈部疼痛、走动无力、不能走动的四肢轻瘫（有或无颈部疼痛）或药物治疗失败时，可施行手术治疗。一般来说，如果：①动物小于2岁，②临床症状的持续期小于10个月，③动物术前能走动，手术治疗更容易成功。手术的目的包括寰枢椎不稳定的减小、脊髓和神经根减压、寰枢关节的稳定。

1）*术部解剖* 颈椎解剖结构比较独特，因为各椎骨的解剖结构不相同，以C1-C2最显著。在寰枢椎不稳定的手术修复过程中，重要的解剖结构包括寰椎前结节、寰椎前弓、寰椎侧块、枢椎齿突、寰椎横突等。

2）*背侧固定术* C1椎板至C2背侧棘突的半脱位与脱位通过背侧径路复位。通过半椎板切除术或半脱位的复位给骨减压。半椎板切除术可为脊髓背侧减压，但不能纠正不稳定或缓解腹侧脊髓受压迫程度。事实上，这样减小了固定物的稳定性，因此不推荐这种方法。硬性固定不适用于C1-C2背侧椎板，无须行半椎板切除术，只要将椎骨复位和固定就可以充分减压。背侧固定一般可用矫形钢丝、合成缝线或自体移植物（即项韧带）。不论选择什么材料，都是从C1椎板下脊髓上通过，并系于C2背侧棘突上钻的两个孔中。背侧固定术依赖于纤维组织形成固体连接而起到固定作用。这项技术的常见并发症包括缝线和骨的断裂以及张力较小情况下缝线的撕裂，后者是因为年幼的玩具犬寰椎的背侧弓和枢椎的背侧棘突强度有限。寰枢关节连续的微小运动，可能导致钢丝断裂。另外，固定材料安置不适当也会导致脊髓外伤。可能会发生半脱位复位不完全和脊柱固定不适当，尤其联合应用半椎板切除术时容易发生。

在前段颈椎行背侧径路，从寰椎的背侧椎板、枢椎的背侧棘突、椎板和椎弓根上剥离轴上肌。小心切开寰椎椎弓后面的寰枢椎筋膜，进入硬膜外腔。在寰椎椎弓下以从前到后的方向，轻轻地穿过矫形钢丝，钢丝穿出寰椎椎弓至枢椎背侧棘突。在枢椎的背侧棘突上钻两个孔，将其中一根缝合材料的两末端穿过孔。复位寰枢关节。与另一根缝合材料的两末端分别拧在一起，维持复位的状态。常规缝合肌肉、皮下组织和皮肤。

3）*腹侧固定术*　腹侧径路能够达到精确的解剖结构复位并实现减压的目的；横穿关节骨针用于固定（安置在寰枢椎最坚固的部分）；自体骨松质移植物可促进寰枢椎的关节固定，如果需要可施行齿突切除术（如齿突畸形的病例）。这项技术简单、快速、安全有效，而且包括基尔希讷钢针或螺钉跨过 C1-C2 关节面。常见的并发症为骨针的滑脱。可通过异丁烯酸甲酯骨水泥黏合基尔希讷钢针暴露的部分，从而有效防止滑脱。尽管这种固定不是在压力减弱的一面，但比背侧径路固定更优越。

C1-C2 的腹侧面径路，从寰枢椎的腹侧面连带骨膜剥离颈长肌。在暴露过程中，注意不要过分移动寰枢关节。用 15 号手术刀片从椎体的腹侧面切开关节囊，暴露关节软骨。用小碎骨钳或巾钳抓持 C2 的椎体中部，向后牵引 C2 打开寰枢关节，安全移出关节软骨。用骨刮匙或高速气钻除去关节表面约 50%大小的面积，两侧一样。暴露肱骨头，用 1/8in 斯氏针穿过外皮层钻孔，伸进 0 号骨刮匙，采集骨松质。用复位镊子或巾钳将骨移植物移到具划痕的寰枢关节处，并复原颈椎的半脱位。选择两根型号合适的、没有螺纹的基尔希讷（氏）钢针或者丙烯酸固定针。第 1 根钢针靠近枢椎的椎体后腹侧中线。从内侧面向寰椎前缘的翼切迹进针，骨针针尖向腹侧呈一定的角度倾斜。在气钻或电钻的辅助下，能够准确地、容易地安置骨针。用相似的标记，将第 2 根针穿过对侧关节切断骨针，只留 5～7mm 突出于 C2 椎体，做切迹或轻轻弯曲暴露的骨针。用异丁烯酸甲酯骨水泥敷在骨针上。用凉的生理盐水冲洗骨水泥，散发聚合反应的热量。常规缝合肌肉、皮下组织和皮肤。

4）*缝合材料及特殊器械*　当采用背侧径路时，涤纶编织线、不可吸收的单丝线或矫形钢丝都可作为固定材料。对于腹侧径路，异丁烯酸甲酯骨水泥可用于防止骨针移动，小碎骨钳或巾钳在骨针固定过程中有助于复位和稳定。

5）*术后护理及评价*　寰枢椎不稳定的动物与患其他颈椎病的动物一样，以相似的方法进行术后评价。由于年幼的玩具犬的 C1-C2 解剖结构，采用任何形式的固定方法都应考虑在固定部位预留一定的空间。不管用腹侧径路或背侧径路，所有的内固定方式都应该应用外部颈支具支撑，严格笼养，直到 X 线检查显现出骨联合迹象。

6）*预后*　一般说来，药物治疗的患病动物，它们的临床症状常复发，所以预后不良。而采用背侧径路手术治疗的动物，预后情况与移植的成功或失败有关。如果移植成功，预后良好。用腹侧径路治疗的动物，预后良好至优良，甚至对于走动无力或不能走动的四肢轻瘫的动物，都恢复良好，达到能行走的状态。

（丁　一）

第四节　马尾综合征

马尾是脊髓和邻近神经根的末端，包括脊髓第 7 腰椎神经根、骶神经根 1～3 和尾神经根 1-5。任何影响腰椎尾部、骶椎或前 5 个尾椎的疾病都可能导致马尾受压。马尾受压导致的一种复杂的神经病变称为马尾综合征（cauda equina syndrome）。马尾神经根支配大部分下肢、骨盆底和括约肌的感觉和运动神经。因此，在严重的马尾综合征中，可能会出现多种感觉障碍的迹象。虽然先天性马尾狭窄的发生没有品种差异，但马尾综合征通常多发于大型犬，如德国牧羊犬。公犬比母犬患病多（2∶1）。马尾综合征高峰发病年龄为 3～5 岁和 9 岁，获得性马尾病变大多在犬中年时才表现出来，先天性狭窄甚至在出生后很久才出现临床症状。

一、病因

马尾综合征分为获得性和先天性两类。涉及的神经根包括 L7、S1-S3 和 Cd1-Cd5。马尾是脊髓终端或尾部并且邻近脊神经根。犬的终丝（脊髓的尾端）通常位于 L6，但取决于动物的大小（7kg 以下的猫和犬其终丝在 L7-S1 处）。包含马尾的脊椎是 L5-L7、S1-S3 及 Cdl-Cd5。骨和韧带成为马尾的界线：背侧（椎板、椎弓间韧带和关节面）、侧面（椎弓根）、腹侧面（背侧纵韧带、椎静脉窦、背侧纤维环和椎体）。先天性或获得性缺损引起骨髓和软组织界线异常可导致马尾压迫和马尾综合征。

二、症状

马尾综合征患犬通常有背部疼痛和后肢跛行的病史，有的后肢无力。跛行是由于神经根卡压/压迫引发疼痛，或继发于马尾压迫的神经功能性缺损或者两种病因皆有。其严重程度取决于损伤的部位及严重程度。其他病史包括后肢趾甲的磨损、拒绝爬楼梯、不愿用后肢跳跃或坐立、尾姿势异常、单侧或双侧截瘫、后肢肌肉萎缩和在尾部和（或）后肢侧面过度啃咬，对于病情严重的犬，还会出现尿或粪便失禁。这些症状通常发病初期隐匿，并逐渐发展。

三、诊断

马尾综合征的初步诊断需要综合临床症状、实验室检查和影像学检查。

1. 体格检查 体格检查的异常发现因马尾压迫的原因而异。患有骨折/脱位的动物可能存在致命的损伤和与休克（脉搏微弱、心动过速、毛细血管再充盈时间延长、黏膜苍白）和（或）呼吸困难相联系的症状。由感染所致的患病，动物可能表现发热和精神沉郁。患肿瘤的动物可能存在与肿瘤的继发效应相联系的系统症状（如类肿瘤综合征）。患有先天性狭窄、慢性退行性椎间盘疾病或者急性椎间盘突出的动物症状与某些非神经系统疾病症状相似，包括肌肉骨骼疾病（臀部发育异常、慢性后膝关节不稳定性、多发性关节炎）、血管疾病（髂骨血栓症）、外周神经病变或肌肉病变、代谢性疾病导致的全身性衰弱、原发性泌尿生殖道疾病（尿失禁、泌尿道感染）、原发性直肠或肛门疾病（肛门腺炎、肛肠癌）或者瘟热型神经根病。

神经系统检查的异常发现多与穿过腰荐连接处的神经根局部缺血和（或）压迫（即 L7、S1-S2、Cd1-Cd5）有关。疼痛一般归因于局部缺血；轻瘫源于神经根进行性局部缺血和压迫。最常见的神经系统异常是腰荐部的痛觉过敏（即深部触诊腰荐部时疼痛）。后背的疼痛可能是在腰荐部触诊过程中，过度伸展后肢或尾部所致。后肢单侧或双侧的跛行归因于 L7 和（或）S1 神经根压迫所致的疼痛。这些异常发现通常发展为本体感觉意识丧失、运动无力，当神经根局部缺血以及压迫加重时，后肢萎缩。膝反射可能会正常，也可能会因为坐骨神经支配对抗作用的丧失而表现亢进。当 S2 和 S3 神经根受压迫时，泌尿和肛门括约肌会失调，可能同时伴有背部疼痛和后肢轻瘫。患病动物很少单独出现括约肌失调。泌尿括约肌失调最初的症状可能与慢性尿路感染一样（如尿急、尿频）。当神经根进一步受压，尿失禁（即尿淋漓）更加明显。通常肛门括约肌功能障碍发生在泌尿括约肌障碍之后，通过直肠检查，排粪失禁和肛门括约肌张力缺乏或弛缓就会表现出来。括约肌失控的程度是预后的指标，失禁加剧时，预后不良。当尾神经受损时，尾的姿势和功能会受影响。异常症状如下：①尾巴常直立的犬将尾放于较低位置；②摇动尾巴的能力降低或者丧失；③操作尾部导致疼痛（如过度伸展）；④尾部感觉丧失。尾部、外侧趾、会阴部或生殖器可能会感觉异常和感觉迟钝（神经根压迫所致某区域有灼热感或麻刺感），通过患病动物不断舔和啃咬患处表现出来。感觉异常和感觉迟钝多发生在尾部和外侧趾。

2. 影像学检查　常用的影像技术包括 X 线检查、脊髓造影术、椎间盘造影术和硬膜外造影术。必须使用两种及以上成像技术才能做出诊断。CT 和 MRI 检查评估犬的腰骶区域也很有价值。这些方式已被证明对于确定犬的马尾压迫具有较高的敏感性和特异性。需要根据不同的马尾压迫原因，采取相应的影像技术来诊断马尾综合征。患骨折/脱位的动物可进行 X 线检查发现异常病变。腰荐段脊椎、周围软组织或神经根发生肿瘤，可进行 X 线检查和脊髓造影术。

腰骶骨处于中性、屈曲和伸展位置的脊髓造影可提高马尾综合征诊断的敏感性。在评估腰骶区时，脊髓造影比 X 线片更有用，但脊髓造影阴性不能排除马尾综合征。

硬膜外造影可用来评估腰骶关节处的神经压迫。

CT 和 MRI 检查是确诊慢性退行性椎间盘疾病、椎间盘突出和（或）先天性腰荐狭窄所致的马尾受压的较好选择。最好在椎管内不使用造影剂的情况下对腰骶部进行 CT 检查，因为造影剂会引起光晕和伪影。犬腰骶区域的正常 CT 解剖结构包括椎体、椎弓根、乳头突、椎底静脉管、椎间孔、椎孔、骶翼、骶正中嵴、关节突关节、骶髂关节、内静脉窦、硬膜外脂肪、硬膜囊和 L5-S3 神经根。由于硬膜外脂肪提供的固有对比度，可以直接可视化单个神经根，但无法区分髓核和纤维环。表现出马尾综合征临床症状的犬 CT 检查异常包括硬膜外脂肪损失、椎间孔软组织不透明度增加、椎间盘膨出、脊椎病、硬膜囊移位、椎间孔变窄、椎管变窄、关节间隙增厚、关节突脱位、关节突半脱位和关节突骨赘增生。如果出现与马尾综合征一致的临床症状，则应怀疑在神经周围软组织不透明度增加且缺乏硬膜外脂肪的位置存在压迫。

3. 实验室检查　实验室检查结果一般是非特异性的。继发于感染的马尾压迫可能有白细胞增多现象，有的会出现核左移。患病动物可能有应激性白细胞象和肝脏相关的酶活性升高。

四、治疗

1. 药物治疗　药物治疗根据神经症状的严重程度和持久性以及一系列神经系统检查

结果而定。治疗分为三个疗程。症状较轻的患犬第一疗程适用笼中调养和按要求使用非甾体抗炎药（NSAID）。

经非甾体抗炎药治疗一个疗程后再次检查评估，考虑继续给药或手术治疗。第二疗程和第三疗程根据上一疗程的治疗效果考虑采取继续用药、手术或笼中调养的治疗方法。需要注意的是，非甾体抗炎药对有神经根损伤的患病动物无益，且可能有严重的胃肠道副作用。

2. 手术治疗及术后护理 手术的目的包括神经根的减压和脊椎的稳定。对马尾压迫的患病动物进行的特殊手术技术取决于病因，包括背侧椎板切除术、半椎板切除术、关节面切除术和椎间孔切开。对于诊断为慢性退行性椎间盘疾病的动物，需要充分暴露椎管，为压迫的神经根减压。根据神经系统检查和影像结果，采用背侧椎板切除术，也可能用到椎间孔切开术和关节面切除术，进行彻底减压。对源于椎板和椎弓间韧带背侧受压的患病动物进行背侧椎板切除。用 11 号手术刀片和眼科镊仔细切除韧带。对侧面受压的动物进行关节面切除，以减轻关节面对神经根的压迫。如需进一步减轻神经根的压力，则进行椎间孔切开以完全减压。在神经系统检查结果、影像检查结果、手术探查的基础上进行单侧或双侧关节面切除/椎间孔切开。神经根受椎管腹侧面的压迫（即背侧纤维环膨出），则通过仔细牵开神经根，做锐性环形切口，切除突出的纤维环，为神经根减压。患病动物可能会用到部分或全部以上减压技术。对于椎间盘突出的患病动物，如果突出的椎间盘位于中间或两侧，则切除背侧椎板；如果神经症状和影像结果都揭示突出的椎间盘位于一侧，则采用半椎板切除术。如果没有脊柱不稳定的情况，则不需要进行脊柱固定。如果患病动物先天性腰荐狭窄，则根据神经系统检查、影像结果和手术探查结果，采用背侧椎板切除术和双侧或者单侧关节面切除术。如果多处狭窄，则行多处背侧椎板切除术和双侧关节面切除术。切除背侧椎弓间韧带和侧面关节面，实现完全减压。移植游离脂肪于椎板切除部位。出现脊柱不稳定时，进行脊柱固定。

3. 预后 马尾综合征的预后取决于其病因、神经功能性缺损的表现和选择的治疗方案（即药物治疗或者手术）。伴有轻微至中度背部疼痛、轻微的跛行或轻微后肢轻瘫和没有尿失禁的患病动物，药物治疗预后良好至完全恢复。有严重背部疼痛、中度至严重跛行、中度至严重的后肢轻瘫和尿失禁的患病动物，药物治疗预后谨慎至不良。如果患病动物在药物治疗过程中轻微的神经功能性缺损表现稳定恶化征兆或尿失禁，那么早期手术减压预后效果更好。

手术治疗患有急性背部疼痛、轻微至中度跛行、轻微至中度后肢轻瘫、没有尿失禁的动物，一般预后良好至完全恢复，而慢性背部疼痛、严重跛行、严重后肢轻瘫和尿失禁的患病动物预后谨慎至不良。如果减压推迟，不管其他症状存在与否，尿失禁都预示预后不良。

（丁 一）

第十章　疝

本章资源

第一节　腹股沟疝和腹股沟阴囊疝

本病根据解剖部位常分为以下几种：当脏器通过腹股沟管口脱入鞘膜管内，称为腹股沟疝，常见于母猪、母犬。当脏器脱入鞘膜腔内，称为阴囊疝（鞘膜内疝），常见于公猪、公马。当脏器经腹股沟稍前方腹壁破裂孔脱入阴囊肉膜与总鞘膜之间，称为鞘膜外疝（真性阴囊疝）。临床上以鞘膜内疝为多见，常发生于猪及幼驹。

一、病因

分先天性和后天性两种，多为一侧性。正常情况下，猪胎儿的睾丸在卵受精后 80～90d 下降至腹股沟管的下方，在 100d 后睾丸下降至阴囊内，此时腹股沟管关闭，腹壁完整，即使腹内压力增高时，腹壁仍有足够的抵抗力起到保护作用，不会发生疝。若腹股沟环过大，或腹壁薄弱或缺损，抵抗力不足时，腹内压力一旦增高，则容易发生疝。后天性疝主要为腹压增高，使腹股沟管扩大所致，如爬跨、跳跃、后肢滑走或过度开张及努责等都可引起。腹股沟部的机械性损伤也可致此病。此外，年龄与性别也是影响腹股沟疝形成的重要因素。幼龄动物由于腹壁肌肉发育尚未完善，更容易发生腹股沟疝，老龄动物则因腹壁肌肉松弛而增加发病风险。雄性动物由于阴囊的存在，腹股沟管相对较长且松弛，因此腹股沟疝的发病率通常高于雌性动物。有证据表明性激素在腹股沟疝的病因中起重要作用。在雌性中，大多数腹股沟疝出现在发情期或怀孕的母犬。因此雌激素的产生被认为与腹股沟疝的发生发展有密切的关系。性激素可能改变结缔组织的强度和特征，使腹股沟环变弱或变大。

二、症状

临床上腹股沟（阴囊）疝有单侧性和双侧性两种。常在疝内容物被钳闭、出现腹痛和轻度跛行时才发现，或当疝内容物进入阴囊，才引起畜主的注意，宠物犬、猫常在洗澡时被发现。疝内容物通常是小肠、肠系膜、子宫或大肠，有时为膀胱等（图 10-1）。

腹股沟疝内容物直接脱至腹股沟外侧的皮下、耻骨前腱膜腹白线两侧，局部膨胀突起，肿胀物大小随腹内压及疝内容物的性质和多少而定。触之柔软，无热、无痛，无全身症状，常可还纳于腹腔内。若脱出时间过长可发生粘连或钳闭，触诊有热痛，疝囊紧张，动物有腹痛或因粪便不通而腹胀，肠管淤血、坏死，食欲下降等全身症状。

当发生腹股沟阴囊疝时，一侧性或双侧性阴囊增大，皮肤紧张发亮，触诊时柔软有弹性，无热无痛，有的呈现发硬、紧张、敏感，听诊时可听到肠蠕动音。先天性及可复性疝时直肠检查可触知腹股沟内环扩大（大动物可以容纳 3 指），落入阴囊的肠管随腹内压的大小而有轻度变化。钳闭性腹股沟阴囊疝的全身症状明显，若发现和采取措施不及时，往往会耽误治疗而发生死亡。患病动物表现为剧烈的腹痛，一侧（或两侧）阴囊变得紧张，出现水肿、皮肤发凉（少数病例发热），阴囊的皮肤因汗液而变湿润。患病动物不愿走动，并在运步时后肢开张，步态紧张；脉搏及呼吸数增加。随着炎症的发展，全身症状加重，体温增高。

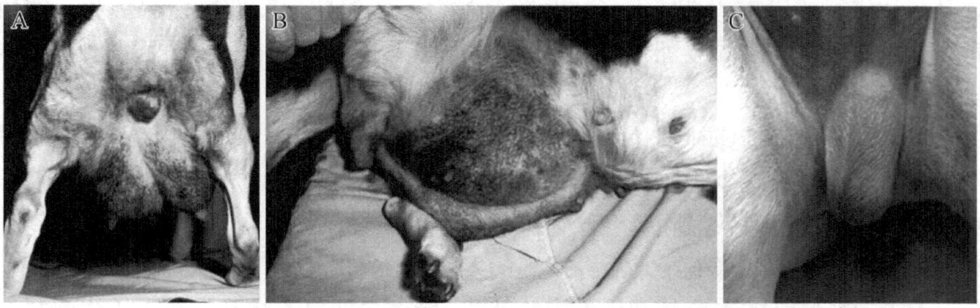

图 10-1　成熟小猎犬母犬双侧腹股沟疝的外观

A. 下垂疝的尾侧观；B. 同一只犬的腹股沟外侧；C. 一只年轻雌性哈巴犬单侧先天性腹股沟疝

三、诊断

在将疝内容物复位入腹后，可通过仔细触诊来诊断。如果不能复位，则很难与其他腹股沟肿块鉴别。动物用后肢站立可以方便触诊。腹股沟疝位于骨盆边缘内侧和颅侧，股疝位于腹股沟韧带外侧和骨盆边缘腹侧。大动物可进行直肠检查触摸内环的大小，并可摸到通过内环的内脏。还要注意与阴囊积水、睾丸炎与附睾炎相区别。前者触诊柔软，直肠检查触摸不到疝内容物。后两者在炎症阶段局部有热、痛、肿、硬，动物反应敏感。疝内容物的性质可通过平片或造影术、超声或 CT 检查来证实。

四、治疗

1. 腹股沟管外环切开法　局部剪毛消毒及麻醉。先在患部表面将疝内容物送回腹腔，然后在患侧外环处与体轴平行切开皮肤，露出总鞘膜，将其剥离至阴囊底提起睾丸及总鞘膜，将睾丸向同一方向捻转数圈，在靠近外环处贯穿结扎总鞘膜及精索，在结扎线下方 1～2cm 处的段总鞘膜，除去睾丸及总鞘膜，将断端塞入腹股沟管内。然后用结扎剩余的两个线头缝合外环，使其密闭。清理创部，撒消炎粉，缝合皮肤涂碘酊。为防止创液潴留，可在阴囊底部切一小口。

大动物实行此手术时，切口长 10～14cm，在外环 3～4cm 处，贯穿结扎总鞘膜及精索，最好做双重结扎，以免滑脱。如是鞘膜外疝时，切开阴囊皮肤可见在总鞘膜外有一疝囊，其中只有肠管或网膜，没有睾丸和精索，同时在腹股沟管外环附近可发现疝轮。如要保留睾丸时，将疝内容物还纳回腹腔后，捻转疝囊至疝轮处，然后用同样方法结扎疝囊基部，在结扎下 1～2cm 处剪断，将游离断端送入腹腔，填塞破裂孔，而后闭锁疝轮。但要注意不要伤害精索或闭锁外环。摘除睾丸时用前述方法即可。

2. 阴囊底部切开法　先还纳疝内容物，纵行切开阴囊底部皮肤，剥离总鞘膜至外环处，提起睾丸，送回内容物，捻转睾丸数圈，闭锁外环，用上述方法摘除睾丸和闭锁腹股沟外环。疝内容物发生钳闭时，可切开疝囊或总鞘膜，按外伤性腹壁疝的钳闭或粘连的治疗方法进行处理，然后再用上述方法闭锁腹股沟外环。

上述两种方法均是在高位结扎疝囊的基础上实施后续的手术操作，属于传统开放性腹股沟疝手术。无张力疝修补术是在不破坏腹膜、腹肌并确保正常张力的情况下利用人工高分子材料网片进行修补的术式，具备术后疼痛感轻、恢复快、复发率低等优势。常用的无张力疝修补术有疝环充填式无张力疝修补术、平片无张力疝修补术和网塞加平片修补术 3 种类型。

疝环充填式无张力疝修补术是术中高位结扎疝囊后将锥形网塞填入内环中并予以固定，其突入腹腔部分能有效减少腹压，将聚乙烯单丝编织的疝充填补片放于精索后修补腹股沟管后壁以堵塞内环口，可有效消除缝合张力，使修补更牢固，与生物力学及生理学要求相符，术后疼痛感更轻，且有效降低了术后并发症的发生率，术后复发率也较低。

平片无张力疝修补术主要是利用聚丙烯补片、膨体聚四氟乙烯补片等人工生物材料作为补片，修剪至合适大小后与腹股沟管后壁、腹外斜肌背层进行缝合的术式，不仅能够强化腹股沟区强度，而且能确保缝合无张力，完全避免干扰正常的生理结构，在降低术后复发率的同时能有效减轻术后疼痛感及降低术后并发症发生率，利于早日康复。网塞加平片修补术与平片无张力疝修补术类似。

（钟志军　郑家三）

第二节　会　阴　疝

会阴疝（perineal hernia）是由于盆腔肌组织缺陷，网膜及腹腔脏器从直肠膀胱褶或直肠生殖褶处向骨盆腔后结缔组织凹陷内突出，以致脱向会阴部皮下一侧或两侧。疝内容物常为肠管、膀胱或子宫等。本病目前常见于牛（水牛多见）、猪和犬等动物，其中母家畜和公犬多见。

一、病因

本病主要由营养性和动力性两大因素引起，并往往是这两个因素的共同作用结果。当动物长期处于低营养水平，瘦弱，固定膀胱的韧带松弛，膀胱的腹膜后部结缔组织和骨盆后部（包括直肠周围、阴道底壁）结缔组织疏松时，会导致膀胱或肠管向骨盆后方部位脱出，特别在腹压增高如重胎、分娩时努责、前列腺肿大或囊肿引起的排尿困难等情况下更易发生。故本病多发生于老年或瘦弱动物。在公犬中，腹股沟和会阴疝之间的关联已被描述。据文献报道，4 岁以上患有获得性、非创伤性腹股沟疝的公犬中，文献中描述的 9 只犬中有 4 只和一家机构中所有 5 只犬同时患有单侧或双侧会阴疝。患有腹股沟疝的公犬患隐睾的风险也会增加，19%～33%的受影响公犬患隐睾。腹壁的弱化可能是由于患者营养或代谢状况的改变。肥胖增加腹内压，迫使腹部脂肪通过腹股沟管。此外，据推测，圆形韧带周围脂肪的堆积可能使阴道突和腹股沟管扩张，从而导致疝。

二、症状

在肛门、阴门近旁或其下方出现无热、无痛、柔软的肿胀，常为一侧性。用手由下向上挤压肿胀时常会逐渐缩小。如疝内容物为膀胱时，挤压肿胀有时可见到尿喷出，患病动物频频排尿但量不多或无尿，检查者用手由下向上挤压肿胀时常会逐渐缩小，并伴随被动性排尿，松手时或隔一段时间后又可增大。母牛阴道底壁疝多发生于产后，临床上与阴道脱垂十分相似而经常与之并发。由于膀胱向阴道底壁垂脱，迫使阴道向后上方脱出，轻者阴唇哆开，严重者外阴肿胀并延续到阴户下联合部。膀胱脱出过多时，尿道曲折，迫使尿道口向膀胱脱垂一侧的对方偏斜，排尿时尿液向一侧排出，尿流细小或分段排出，排尿困难。触诊阴道凸起部感到柔软而波动，用拳向盆腔推压可使肿胀缩小，但松手后又逐渐胀大，阴道脱垂过久后常继发化脓。猪会阴疝往往可在抬高后躯时缩小，但放下或挣扎、努责后又会变大。犬的会阴疝常因直肠囊向一侧扩张（见消化系统疾病直肠憩室部分）、膀胱或前列腺移位造成。膀胱会阴疝见肛门一侧逐渐肿大，患犬排尿减少或停止，极度不安，闭尿时间长时出现呕吐，按压肿胀物时常因尿道折转而无尿排出，穿刺排出血色尿液。前列腺会阴疝可伴随膀胱疝发生，也可单发。后一情况常有前列腺肿大或囊肿，触诊为稍硬实肿胀物，可伴有尿闭。

三、诊断

本病患部相对固定，触摸隆起部大多柔软、可复、无炎症反应，患犬排粪或排尿困难，即可做出初步诊断。结合直肠指检或对突起部进行穿刺等检查结果，容易确诊本病，也可通过影像检查诊断。

四、治疗

保守疗法基本无效，手术修补的效果良好。其方法如下：术前禁食 12～24h；温水灌肠，清除直肠内粪便，导尿。牛行前低后高的姿势站立保定，猪、犬行倒立保定或头颈低于后躯的斜台面、后躯半仰卧保定。牛尾椎脊髓麻醉或猪、犬全身麻醉。手术径路在肛门外侧肿胀范围内，自尾根基部旁起，向下至肿胀部下部做一弧形皮肤切口。钝性分离皮下组织及筋膜，剥离腹膜样症粪。小心切开疝囊，避免损伤疝内容物。辨清盆腔及腹腔内容物后，将疝内容物送回原位。膀胱积尿时应在排出尿液后还纳复位。复位困难时，可用夹有纱布球的长钳抵住脏器将其送回原位。子宫和膀胱复位时应避免扭转。为防止再次脱出，也可用长止血钳夹住疝囊底，沿长轴捻转疝囊，直至盆腔深处，然后在钳上套上线圈，用另一把钳把线圈推向疝囊颈部，尽可能在深处打一个外科结，并在靠近疝囊的地方进行结扎，其残余部分不必切除，可留在凹陷内深部作填充物。此时在漏斗状凹陷内可见到肛门括约肌，并以此作支持封闭凹陷窝。封闭部位从漏斗状凹陷上部的尾肌到肛门括约肌、从凹陷侧壁的闭锁肌到肛门括约肌、从凹陷下壁的闭锁肌到肛门括约肌，依次各穿 2 针或 3 针缝线（暂不打结），待所有缝线全部穿好后，在凹陷及手术区灌入抗生素溶液，再将各线分别打结，疝的漏斗状凹陷即被封闭。在直肠壁底部后端可见阴部内动脉、静脉和阴部神经，应注意不要误伤。最后适当切除一部分扩张的皮瓣，皮肤创做结节缝合，经 8～10d 拆线。

犬膀胱会阴疝还可在脐孔后腹中线及包皮旁打开腹腔手术通路（仰卧保定），然后在会阴部做膀胱穿刺排出膀胱积尿。术者一手指隔着会阴皮肤将膀胱向腹腔推送，同时另一手指通过腹部手术切口伸入骨盆腔，协助将膀胱牵引至腹腔内。将膀胱腹侧与腹底壁做 1 针或 2 针缝合固定，可防止复发。

手术治疗犬、猫会阴疝有多种方法，如传统疝修补术、肌瓣移位（闭孔内肌、臀浅肌、半腱肌等），或使用合成补片、小肠黏膜下层、自体阴道膜来修补疝孔。其中，闭孔内肌转位（internal obturator muscle transposition，IOT）法和传统疝修补术的相关报道较多，而利用聚丙烯网（polypropylene mesh，PM）治疗犬会阴疝的文献报道较少。

术后护理：保持术部清洁干燥，遇有粪便污染时应随时清除并消毒或换绷带。术后应避免腹压过大或强烈努责，对并发直肠或阴道脱垂的病例亦应采取相应措施，以减少会阴疝的复发。术后使用 5～7d 非甾体抗炎药（卡洛芬，按体重 4.4mg/kg，口服，1 次/d）、抗生素（阿莫西林克拉维酸钾，按体重 25mg/kg，口服，2 次/d），长期饲喂易消化低残渣食物。

（钟志军　郑家三）

第三节　膈　　疝

膈疝（diaphragmatic hernia）是腹腔内一种或几种内脏器官通过横膈的破裂孔进入胸腔，当膈的腱质部或肌质部遭到意外损伤造成裂孔或膈先天性缺损时可导致本病。本病多发生于牛、马、羊、猪，犬也有发生。由于有些病例不表现症状，临床上不易发现。

一、病因

牛膈疝多为后天性的，先天性的少见。先天性膈疝一般发生在膈腱质部，可因网胃或肝发生粘连而不出现症状。后天性膈疝与创伤性网胃-腹膜炎及分娩密切相关。此外由于冲击、碰撞、跳跃、跌倒也可引起牛的膈破裂。

马驹先天性膈疝多见于左侧膈，也有位左中部，可出现肝脏或网膜粘连。后天性疝可发生于任何年龄和性别的马，常因强烈运动，如跳跃、外伤或增加腹压（怀孕后期或分娩）引起，还见于擦伤、撕裂伤、挫伤或骨折伴发膈症。犬的膈疝多由外伤引起。

膈疝可能是上述一种或几种原因引起。有的病例在生前未引起注意，死后才发现腹腔中的一部分脏器进入胸腔，并有广泛的粘连。若进入胸腔的疝内容物较多，对心、肺产生不同程度的压迫，则表现出呼吸或循环障碍的症状。

二、症状

牛膈疝多呈慢性经过，常有反复臌气和食欲减退，反刍停止，粪便减少、呈糊状，病久则眼睑与颈部皮肤起皱壁，被毛粗乱，时有磨牙，与迷走神经性消化不良症状相似（易混淆）。偶尔可出现呕吐，特别当插入胃管时更常见，无热，脉搏减慢，呼吸数多无变化，但臌气时呈现短期的呼吸增快。常在发病后3～4周，瘤胃蓄积大量酸性、腐败泡沫性内容物而显得很充盈，瓣胃与皱胃又相对空虚，由于前胃功能不足和营养缺乏而死于衰竭。

马膈疝症状差异很大，主要有呼吸困难和疝痛，但呼吸困难并非主要特征。多数病例慢性经过，疼痛症状在膈撕裂后不久，内脏嵌入后一段时间才出现。由于疼痛、内毒素以及肺塌陷会引起呼吸次数增加。当马出现疝痛症状而且用一般性的治疗无效时，常常是诊断本病的一个依据。肠梗阻是常见的死亡原因，小肠变位时肠梗阻的症状明显，常常比大肠阻塞更快致死。

犬膈肌破裂后涌入胸腔的腹内脏器官以胃、小肠和肝较多见。其症状与膈破裂的程度、疝内容物的类别及其量的多少有关。如心脏受压则引起呼吸困难、心力衰竭、黏膜发绀，肺音、心音听诊不清；胃肠脱入可听到肠音；钳闭后可引起急性腹痛，肝脏钳闭可引起急性胸腔积液和黄疸。

患膈疝的动物常站立或站在斜坡上呈前高后低姿势，猪、犬呈坐式呼吸，有的动物肘外展，头颈伸展不愿卧地，呼吸深快。腹腔器官突入胸腔越多，对呼吸和循环的影响越大。患先天性膈疝的幼龄动物，常在奔跑或挣扎中突然倒地，呈现高度呼吸困难，可视黏膜发绀，安静后症状逐渐消失，也有的发生急性死亡。猪、犬常有呕吐和厌食。患轻度膈疝的动物，不能受较强运动刺激，易伴发呼吸道疾病；采食减少，腹泻或便秘交替出现，机体消瘦，生长发育不良。死亡者，绝大部分是膈肌破裂出血，肝、胃、肠进入胸腔所导致。

三、诊断

先天性膈疝在出生后有明显的呼吸困难，常在几小时或几周内死亡。钡餐造影X线检查可有助于确诊网胃膈疝。叩诊检查对马、牛只能说是一种辅助诊断方法，但右侧肺叩诊，可确定疝孔的位置。患犬若胸腔有较多积液，站立叩诊胸部可见水平浊音。X线、B超检查常作为犬、猫膈疝的重要诊断方法。

四、治疗

动物治疗膈疝时，主要采用开放性手术修补，要注意预防心脏纤颤，它是手术的主要并发症。牛在剑突后方进入腹腔，分离粘连后，随即拉回坠入胸腔的内脏器官，并用连续锁边缝合法缝合膈的疝孔。马膈疝修补术，从腹中线切开皮肤和腹壁，助手将疝内容物拉回腹腔后，用一片合成纤维盖于疝环处，用双股1号或2号肠线做简单的连续缝合，相距2cm，离疝轮边缘3cm，分别闭合腹壁与皮肤。

犬可行脐前腹中线剖腹径路做腹壁切开。安装腹腔扩创器，放出过多的胸腔积液和腹水。仔细寻找膈肌破裂孔，轻轻拉出脱入胸腔的脏器。若为肝或脾脱入，因充血、质脆，应特别小心，以防破裂。缝合时先在裂孔最深处进针，用简单连续锁边缝合法闭合膈破裂孔。闭合后抽出胸腔内气体。检查膈破裂孔处是否漏气。若漏气，做结节缝合即可。常规关闭腹腔。手术后应注意纠正水盐代谢紊乱，适当补充水与电解质，膈疝主要出现呼吸性酸中毒，应特别注意加以纠正。抗生素连用 5～7d，其他治疗可根据术后情况决定，皮肤缝线在术后 8～10d 拆除。

（钟志军　郑家三）

第十一章　直肠、肛门疾病

本章资源

第一节　直肠和肛门脱垂

直肠和肛门脱垂（rectal and anal prolapse）也称为脱肛，是指直肠全层突出穿过肛管，超出肛门边缘。这是一种良性病症，但可能会引起不适、大便失禁、盆腔疼痛和直肠出血等症状，从而极大地影响患畜的健康状况。严重的病例，在发生直肠脱垂的同时并发肠套叠或直肠疝。直肠脱垂可分为完全性直肠外脱垂、部分直肠外脱垂、轻度直肠脱垂和直肠内套叠。本病多见于猪和犬，马、牛和其他动物也可发生，均以幼龄和老龄动物易发。

一、病因

本病的直接原因是直肠韧带松弛，直肠黏膜下层组织和肛门括约肌松弛和功能不全，从而导致直肠和肛门周围的组织与肌肉连接薄弱。长时间泻痢、便秘、病后瘦弱、病理性分娩，或用刺激性药物灌肠后引起强烈努责，或药物导致平滑肌过度松弛，腹内压增高都会诱发直肠脱垂。此外，马胃蝇蛆在直肠肛门停留，牛的阴道脱垂，仔猪维生素缺乏，猪饲料突然改变，犬细小病毒病、前列腺炎或犬瘟热等疾病也是诱发本病的原因。

二、症状

患畜最常在排便或用力时发现肛门有隆起或肿块突出。肿块可能会自发减少，可以手动还纳于腹腔。随着病情的发展，咳嗽、打喷嚏或轻微用力后可能会出现直肠脱垂，有些患者的直肠会长期脱垂，复位后很快就会重新出现。其他常见症状包括黏液排出或渗出、直肠出血、里急后重，在发生黏膜性脱垂时，直肠黏膜的皱襞往往在一定的时间内不能自行复位，若此现象经常出现，则脱出的黏膜发炎，很快地在黏膜下层形成水肿，失去自行复原的能力。除了慢性症状外，直肠脱垂还可能出现急性溃疡、出血、嵌顿和缺血。直肠脱垂造成的反复创伤可导致肛门括约肌过度拉伸，再加上盆底下降对阴部神经的牵拉损伤，可导致失禁和肛门扩张。脱垂造成的反复机械性创伤还可导致直肠黏膜溃疡和炎症。

三、诊断

诊断时可见由肛门内突出呈圆筒状下垂的肿胀物。脱出的肠管被肛门括约肌钳压导致血液循环障碍，水肿加重，同时因受外界的污染，表面污秽不洁，沾有泥土和草屑等，甚至发生黏膜出血、糜烂、坏死和继发损伤。此时，患畜常伴有全身症状，体温升高，食欲减退，精神沉郁，里急后重，频频努责，做排粪姿势。

为了准确选择治疗方法，必须将突出的直肠黏膜与通过肛门脱垂的回结肠肠套叠区分开来。应检查突出的直肠壁是否有肿瘤浸润。注意伴有肠套叠脱垂的直肠脱垂和单纯性直肠脱垂的区别诊断。单纯性直肠脱垂，圆状肿胀脱出向下弯曲下垂，手指不能沿脱出的直肠和肛门之间向盆腔的方向插入。肠套叠脱垂时脱出的肠管由于后肠系膜的牵引，而使脱出的圆筒状肿胀向上弯曲，坚硬而厚，手指或探针可沿直肠和肛门之间向骨盆腔方向插入，不遇障碍。

四、治疗

病初及时治疗便秘、下痢、阴道脱垂等疾病，并注意饲喂青草和软干草等易消化的食物，充分饮水。对脱出的直肠，则根据具体情况，参照下述方法及早进行治疗。

1. 整复与固定　将患畜前低后高站立保定，在尾根穴或后海穴深部麻醉，对初发病而水肿较轻者，可用 1%食盐水或 2%明矾水彻底清洗脱出部分，然后将其全部还纳于肛门之内，恢复原来位置。对直肠脱出时间较长、水肿严重、表面干涸甚至淤紫坏死患牛，采用微温的防风汤（防风、荆芥、花椒、白矾、苍术、艾叶各 10～15g，水煎去渣）清洗脱出的直肠，清除表面污物并用三棱针或小宽针乱刺，挤出水肿液，去掉黏膜碎片及干涸的结痂，再用 2%～3%明矾水冲洗，涂布碘甘油或田螺冰片水。田螺冰片水做法：田螺 20 个，洗净捣开上盖，放入冰片 0.3g，将其盖好，4h 后，压盖取水。用消毒纱布裹好，从脱出直肠底部开始，小心送入肛门。如已坏死，则按外科手术方法切除后送入。为了防止再脱出，在整复之后采用缝合固定，即在肛门周围进行荷包缝合，保留 2～3 指大的排便口，7～10d 后拆线。也可用 10%氯化钠注射液或 1%普鲁卡因乙醇（普鲁卡因 1g，95%乙醇 100mL）10～30mL 于后海、阴肛脱穴做深部注射。

2. 内服方药　气虚下陷可选用补中益气汤，黄芪 75g、甘草 25g、党参 50g、当归 50g、陈皮 30g、升麻 30g、柴胡 30g、白术 50g，水煎去渣，候温灌服。若为湿热下注，可选用四物汤加黄芩、黄连、槐花、升麻、柴胡、枳壳各 30g，水煎去渣，候温灌服。

升陷汤配合针灸治疗大家畜直肠、子宫脱垂。方用生箭芪、知母、柴胡、桔梗、升麻。气分虚极下陷者，酌加党参和净萸肉；大气下陷过甚用升麻。为使补中益气显效，另加甘草一味。针灸用火针后海穴，向前上方进针 4.5～7.5cm。

白陀散，荆防四物汤，升提散，葱艾汤，秦艽散，温中通关散，李仁散，提肛散，加味补益当归散等中成药可对症治疗直肠和肛门脱垂。

3. 直肠侧壁与臀部缝合固定治疗直肠脱垂　侧卧保定或站立保定，前躯低后躯高，掏净直肠粪便，清洁后躯和脱出的直肠，去除坏死黏膜。用 0.2%新洁尔灭约 500mL 消毒病变部分。以普鲁卡因做交巢穴和肛脱穴浸润麻醉。手持穿粗缝线的直缝针（15～20cm），线的末端拴上大衣钮扣。针离肛门适当距离（8～12cm），从直肠侧壁刺入，穿过臀肌，斜向臀中部的皮肤刺出，引出缝线。将缝线用力向外拉，使直肠侧壁的钮扣紧贴骨盆侧壁。臀部外面的游离线亦拴上钮扣，打结固定，同法把另一侧直肠侧壁与臀部皮肤缝合固定起来。肌注青霉素、链霉素 3d，15d 后拆线。

4. 直肠部分截除术　适用于脱垂过多、整复有困难、脱出的直肠发生坏死、穿孔或有套叠而不能复位的病例。

1）*麻醉与保定*　行荐尾间隙硬膜外麻醉或局部浸润麻醉；犬、猫需做全身麻醉。后躯垫高，俯卧保定，两后肢伸出手术台，尾巴朝向动物的后背固定。

2）*手术方法*　常用的有以下两种方法。

（1）直肠部分切除术：在充分清洗消毒脱出肠管的基础上，取两根灭菌的兽用麻醉针、灸针或细编织针，紧贴肛门处交叉刺穿脱出的肠管将其固定，以防缩回。若是马、牛等动物，直肠管腔较粗大，可先在直肠腔内插入一根橡胶管或塑料管，然后用缝针在类似于时钟的1点、4点、8点、11点处做全层间断缝合，针穿至胶管后返回穿出直肠壁，线尾留长，便于拆除。在固定针/线远心处约2cm，将直肠环形横切，充分止血后（应特别注意位于肠管背侧动脉的止血），用细丝线和圆针把肠管两层断端的肠壁做结节缝合，针距和边距均为2mm。为了减少出血，可以一边切除一边缝合。缝合结束后用0.25%高锰酸钾溶液充分冲洗、蘸干，涂以碘甘油或抗生素药膏。拆除固定针或固定缝线，小心地将肠管还纳至肛管内，在肛门周围做荷包缝合以防再脱出。

（2）黏膜及黏膜下层切除术：适用于单纯性直肠脱垂和黏膜损伤、坏死。在距肛门周缘约1cm处，环形切开达黏膜下层，向下剥离，并翻转黏膜层，将其剪除；显露的肌层若过多，做水平褥式间断缝合，使两侧黏膜创缘靠近，便于缝合与术后愈合。最后顶端黏膜边缘与肛门周缘黏膜边缘用肠线做结节缝合。整复脱出部，肛门口做荷包缝合。

当并发肠套叠脱垂时，采用温水灌肠，力求以手将套叠肠管挤回盆腔，若不成功，则切开脱出的直肠外壁，用手指将套叠的肠管推回肛门内，或开腹进行手术整复。为了减少努责或里急后重，可用普鲁卡因或利多卡因做后海穴封闭。

术后2～3周内喂以麸皮、米粥和柔软饲料，多饮温水，少卧地。根据病情给予镇痛消炎等对症疗法。肛门荷包缝线拆除时间，单纯整复固定3～5d，肠截除术1～2d经过肛门周围荷包缝合、注刺激性药物或直肠截除术后仍然脱出者，可以施行结肠壁固定术。打开腹腔，向前牵引降结肠，将降结肠对肠系膜侧浆膜肌层与左侧腹底壁腹膜和腹直肌内鞘做间断缝合。术后并发症包括狭窄形成、失禁和裂开，有可能危及生命，需格外注意。

（常广军）

第二节　锁　　肛

锁肛（atresia ani）是一种罕见的肛门先天性发育异常，常见于幼年动物，在犬、猫、羔羊、驹、猪及猴等动物上均有报道。犬发病率约为0.007%。雌性以及一些品种（芬兰猎犬、波士顿梗犬、马耳他犬、松狮犬、德国短毛犬、迷你贵宾犬、玩具贵宾犬和迷你雪纳瑞）易患此病。锁肛分为4种类型，即Ⅰ型（先天性肛门狭窄）、Ⅱ型（直肠盲端终止于未开口的肛门口）、Ⅲ型（直肠盲端终止于更近头侧的位置，距离肛门口一段距离）和Ⅳ型（肛门和直肠末端发育正常，但头侧直肠存在盲端）。

一、病因

锁肛与隐性基因有关，人们在对锁肛症的研究中发现，胚胎发育的第2阶段对环境因素改变敏感，致畸物可使系统的分化发育受阻而发生本病。在胚胎发育早期，尿生殖窦后部和后肠相接共同形成一空腔，称为泄殖腔；在胚胎发育第 7 周时由中胚层向下生长，将尿生殖窦与后肠完全隔开，前者发育为膀胱、尿道或阴道等，后肠则向会阴部延伸发育成直肠。在第 7 周末会阴部出现一凹陷，称为原始肛；遂向体内凹入与直肠盲端相遇，中间仅有一膜（肛膜）相隔，随后肛膜破裂即成肛门。但其中有个别的发育不全，即后肠、原始肛发育不全或发育异常，可出现锁肛或肛门与直肠之间被一肛膜所隔的直肠、肛门畸形。

二、症状

仔畜出生后一时不易发现，观察患畜尾根部皮肤完整，肛门处皮肤紧张外凸，腹围明显增大，频频下压股部做排便动作，腹痛，母畜又可能并发直肠阴道瘘，会见少量粪便从阴道排出，锁肛症发生在公畜上是致死的，一般在 1～3d 内死亡，锁肛公猪只能通过手术矫正，手术后存活率较低。因新生锁肛母畜会形成直肠阴道瘘，粪便能从阴道口排出，所以部分母畜可以存活，1 月龄内存活率为 50%，如果及时发现并手术治疗可以提高存活率，减少损失。

三、诊断

诊断依据病史、临床症状和体格检查结果。患有锁肛且无瘘管的幼犬和小猫无法排便，产后胎粪和粪便积聚在直肠内，腹部逐渐膨胀，食欲缺乏、精神不振。患有先天性肛门狭窄（锁肛 Ⅰ 型）和直肠阴道瘘的动物可能在数周内无症状，直到停止流质饮食后才出现便秘。粪便进入泌尿生殖道的雌犬或猫会出现外阴刺激和膀胱炎。可用球形探针轻轻探查肛门，从而确定管道是否为盲端（即 Ⅰ 型和Ⅳ型）。并发的先天性异常可能包括腭裂、囟门开放、脑积水、骨骼变形、腹部脐膨出和先天性心脏缺陷。腹部 X 线检查确定直肠闭锁的程度、结肠扩张的程度以及骶尾部畸形；通过阴道或瘘管注入碘造影剂可以确定直肠肛门畸形的类型。

四、治疗

手术是治疗锁肛的首选方法。锁肛造孔术（人造肛门术）：在尾根正下和阴门上 3cm 处做一中点，围绕中点做直径 2～3cm 的圆，在圆内做一横一竖的十字切口，剥离皮肤瓣，将脂肪层用手指钝性分离，注意不可损伤肛门括约肌，分离组织时，动作幅度不要过大，以免损伤直肠。直肠要从两侧括约肌中间拖出，避免损伤支配肛提肌的神经，充分利用括约肌功能。分离的直肠一定要充分游离，使缝合没有张力，否则容易导致直肠缩回。暴露直肠盲端后，用两个止血钳缓缓牵引至瘘道口出现，再用 2 个止血钳夹住瘘道口，患处和术者重新消毒，更换手术器械，脱离有菌环境，对瘘道口用肠线进行结节缝合。退回直肠并露出直肠盲端 0.5cm，直肠浆膜与新建肛门口做 6 个结节缝合，用组织剪切开直肠盲端与肛门口大小一致。之后直肠黏膜与肛门口皮肤做 6 个结节缝合。用生理盐水冲洗直肠和阴道内粪便；为了防止创口被粪便污染，在直肠内填塞纱布（距肛门口 5cm 处），第 2 天再取出，最后用 10%碘酊涂擦创口。

术后保持术部干燥、清洁，防止感染。伤口愈合前，在排粪后用防腐液洗涤会阴部，擦干后涂抗生素软膏。注意加强饲养管理，建议术后镇痛并通过低残渣饮食及大便软化剂进行维持，保持排粪通畅，防止干粪或便秘。

（常广军）

第三节 肛 囊 炎

肛囊炎（anal succulitis）是肛门囊内的腺体分泌物蓄积于囊内，刺激黏膜而引起的炎症。此病以犬多发，有报道称，吉娃娃和迷你贵宾犬易患肛囊炎，而一项研究显示，骑士查理王猎犬和拉布拉多猎犬患肛门囊疾病的比例明显较高。猫有时也发生。

一、病因

肛门腺的产物包括溶菌酶、免疫球蛋白 A、乳铁蛋白和 β-防御素等抗菌物质。这些分泌物的变化可能会降低微生物防御屏障、改变渗出液的稠度，或两者兼而有之。大导管阻塞导致细菌的过度繁殖，进而引起囊壁的感染、肿胀和化脓，肛囊炎中常见的细菌包括大肠杆菌、粪链球菌、梭菌以及变形杆菌。炎症使腺体分泌增加并导致囊壁的炎性分泌，大量分泌产物蓄积于肛门囊内，肛门囊肿胀、破溃，感染向周围扩散、形成脓肿，最终可导致皮肤破溃形成肛门瘘或直肠瘘。单纯的肛囊炎症，囊壁过度分泌且分泌物中常带有黄白色小颗粒；在炎性肿胀的情况下，这种分泌物极易阻塞肛门囊排泄管，进而加重肛门囊的病理变化。

影响肛囊炎的因素有很多。有学者认为肛囊炎与饲喂不合理、软便、缺乏运动、肛门外括约肌功能失调并伴有阴部神经病变、肛周瘘及瘢痕组织形成有关，使肛门囊蓄积的分泌物排空障碍，而发生肛囊炎。另一些人则持相反的观点，认为肛门囊发炎在先，使肛门周围腺分泌增加，进而堵塞肛门囊管，导致肛门囊感染并发生脓肿。也有人提出肛囊炎与肛门周围腺分泌皮脂样物有关。所以本病的因果关系还有待于进一步研究。

二、症状和诊断

犬肛门囊疾病的诊断基于临床症状、体格检查和肛门囊分泌物的评估。正常犬的肛门囊内容物颜色和稠度各不相同，因此不能作为诊断肛门囊疾病的可靠依据。本病轻症者出现甩尾，里急后重，排便困难，擦舔或咬肛门。重症者肛门肿胀显著、痉挛。也有的出现肛周脓肿，还有的从肛门囊流出脓汁，出血，甚至已形成瘘管。临床表现为肛门部瘙痒，时常有擦肛动作，有时舔咬肛门部。拒绝抚摸股部，当人接近其身体时，可能会闻到腥臭味。排粪时痛状表现明显，粪便常带有脓汁或黏液。肛门分泌物稀薄，甚至为脓性或带血。有时脓肿可自然破溃、自愈及再破溃，反复发生，后果是形成瘘管。用手指进行肛检，可见肛门腺肿胀充盈，触压敏感，分泌物不能排出。对于小型纯种犬，此种排泄瘘多在时钟 4 点和 8 点的位置上。

三、治疗

1. 非手术疗法　轻症者可用手反复挤压肛门囊开口处。食指涂擦润滑油，缓慢插入肛门，拇指在外面进行挤压配合，挤出肛门囊内容物。若内容物过于浓稠，则可用盐水进行冲洗。通常间隔1～2周应再挤压1次，但不可太频繁，避免人为引发感染。在治疗过程中不需要镇静或麻醉，但注意防止使肛门囊管阻塞。也可将肿胀部位的内容物挤压出来，囊内的脓汁排尽后，用导尿管插入肛门囊内，用0.1%高锰酸钾溶液冲洗干净，后注入抗生素，每2天处理1次。肌内注射头孢菌素，2次/d，连用5d。

2. 手术疗法　对肛门囊管闭合的患犬需要在镇静或浅麻的情况下进行套管插入术，用抗生素生理盐水、0.5%洗必泰、10%聚乙烯吡咯烷酮冲洗囊腔；肛门囊脓肿可刺破、冲洗、引流，每日处理2～3次，每次做15～20min热敷。对于严重的肛囊炎、肛门溃烂、已形成瘘管或经保守治疗又复发者，宜手术切除肛门囊。手术常规准备，禁食灌肠，肛门周围剃毛消毒，采用噻胺酮麻醉。手术必须采取一定的标记，如向肛门囊内注入染料，或放入钝性探针，或注射石蜡或人工树脂制剂，指示其界线以保证完全切除。然后进行常规缝合，必要时放置引流，2～3d后取下。在手术过程中，最重要的是勿损伤肛门括约肌、直肠后动静脉和阴部神经的分支。若肛门囊破溃，出现了脓汁流出的通道，需等炎症控制后再进行手术。即使只是单侧肛门囊发炎，为了避免二次手术，应把对侧的肛门囊也切除。在手术过程中注意防止发生感染扩散。

术后按需要使用全身性镇痛药，保持肛门周围干净并使用伊丽莎白圈或类似的工具，进行疼痛管理并防止犬舔肛周区域。

四、手术并发症

1. 肛门窦的持久性感染　肛门窦的持久性感染是肛门囊手术最常见的并发症和后遗症。主要原因是肛门囊未切尽的部分，会遗留肛门囊管的残端。为此要求手术时必须将肛门囊全部切除，而非简单的结扎或横断肛门囊管，否则还需二次手术。另外，若一侧肛门囊发炎，最好将对侧的也一并切除，以免几个月后也感染发病。

2. 形成肛周瘘　这是因为术后在肛门一侧形成脓肿腔并与肛门腔相通，有一个或多个瘘管开口于皮肤。处置的方法是切开瘘管至肛门，暴露和清除脓肿腔，并采取开放疗法，逐渐愈合并形成上皮。另一种方法是采取感染组织全部切除，缝合并引流3～4d。

3. 肛门括约肌功能失调或大便失禁　有些病例术后括约肌功能轻度失常，其收缩能力降低或消失，这种情况有可能与阴部神经的肛门支受损伤有关，若3个月功能仍未能恢复，则预后不良，应在饮食和饲养管理上加以注意。有些病例肛门括约肌功能基本正常，只在刺激肛门和肛门孔时敏感性下降，这种现象是由于在进行肛门囊手术时切除范围较大，把肛门的浅神经纤维一同切除，使肛门括约肌的主要神经受损。神经再生需3～4个月时间，其间，应注意饲料选择，形成相对的干便，避免大便失禁。

（常广军）

第十二章　泌尿生殖系统疾病

本章资源

第一节　泌尿系统疾病

泌尿系统在维持动物体内稳态、排泄代谢废物、调节电解质平衡和血压方面起着关键作用。泌尿系统疾病不仅影响动物的生活质量，还可能引发严重的并发症甚至危及生命，及时诊断和有效治疗对于维持动物健康和预防疾病进展至关重要。

一、尿石症

尿石症（urolithiasis）是由尿液中的矿物质和有机物质沉淀在尿路系统形成结石的病理状态。结石发生在不同的部位可引起不同损伤。肾结石可能导致肾积水、肾功能衰竭。输尿管结石可引起输尿管梗阻和肾积水。膀胱结石是尿石症中最常见的一种，可能导致血尿、尿频、尿急和疼痛。尿道结石可能导致急性尿潴留和尿道梗阻。尿道梗阻是在公猫和公犬中常见的紧急情况，应立即开始治疗，尿道完全梗阻在36～48h内会引起尿毒症，在72h内引发死亡。公犬有尿道结石以及膀胱结石同时发病的现象。

结石化学组分有：①草酸盐结石，通常与高草酸盐摄入、钙代谢异常和尿液浓缩有关，在犬、猫、兔高发；②磷酸盐结石，通常与高尿钙症和尿液碱化有关，常见于犬、猫；③磷酸铵镁结石，由磷酸盐、铵和镁组成，常与尿路感染（特别是由尿素分解细菌引起的感染）有关，在犬、猫常见；④尿酸结石，通常与尿酸排泄增加和尿液酸化有关，常见于遗传性尿酸代谢异常的动物，如达尔马提亚犬；⑤胱氨酸结石，由遗传性胱氨酸代谢异常引起的结石，在某些犬种如纽芬兰犬和腊肠犬中较常见；⑥硅酸盐结石，主要发生在摄入高硅酸盐食物的动物中，在犬较为常见。

尿石症的形成通常与以下因素有关：代谢异常，如高钙尿症、高草酸尿症、高尿酸症等；尿液浓缩，尿液过度浓缩导致溶质过饱和，促进结晶形成；尿液pH变化，尿液酸碱度影响结石的形成，如碱性尿液有利于磷酸钙结石的形成；感染，尿路感染可导致结石的形成，特别是感染性结石；饮食和生活习惯，高蛋白质、高盐、低水分摄入等饮食习惯与尿石症的发生有关。

1. 流行病学

1）犬　　犬尿石症在北美地区高流行，可能与该地区饲养的犬种和饮食习惯有关。在北美，迷你雪纳瑞和约克夏等小型犬种更容易患尿石症，特别是草酸钙结石和磷酸铵镁结石。研究还发现，某些大型犬种如德国牧羊犬和拉布拉多猎犬也存在尿石症的高发病率，且结石类型多样。在亚洲，日本有研究显示尿石症的发病率为1.1%，且主要以草酸钙结石为主。

这一地区的研究还表明，高钙饮食和水质中的矿物质含量可能是影响发病率的重要因素。尿石症在犬的泌尿系统疾病中占有较大比例，其中斑点犬常见尿酸结石。而其他品种则更易发生草酸钙结石和磷酸铵镁结石。尿石症在雄性犬中更为常见，特别是尿道结石。这与雄性犬的解剖结构有关，更容易发生尿道梗阻。雌性犬较少发生尿道梗阻。

2）猫　猫的尿石症发病率较高，且雄性猫要高于雌性猫。雄性猫尿道较窄，更易发生尿道梗阻。雌性猫较少发生尿道梗阻，但可患膀胱结石。近年的研究显示，猫尿石症在全球的发病率存在显著变化。2005～2018 年，猫尿石症中草酸钙结石的比例显著下降，而磷酸铵镁结石的比例显著上升。具体来说，2005 年草酸钙结石的比例为 50.1%，到 2018 年下降至 37.7%；而磷酸铵镁结石的比例从 2005 年的 41.8%上升至 2018 年的 54.5%。

3）兔　尿石症在宠物兔较为常见。由于兔独特的钙代谢方式，兔尿液中钙含量高，为 45%～60%，容易形成草酸钙结石。饲养条件和饮食习惯对兔的尿石症发病率有显著影响。

4）马　马尿石症较少见，但在成年马中仍有报道。结石多为草酸钙结石和磷酸盐结石。饮食和水源中的矿物质含量是重要影响因素。雄性马可能因泌尿系统解剖特点更易发生尿石症，但总体发病率较低。

5）牛、绵羊和山羊　尿石症在反刍动物（牛、绵羊、山羊）中较为常见，其发病率因地区和管理实践的不同而异，但总体有上升趋势。英国北爱尔兰农业食品与生物科学研究所的数据显示，绵羊中的尿石症病例在冬季显著增加，主要是磷酸铵镁结石。在其他地区，如美国和澳大利亚，反刍动物尿石症的发病率也在增加，这与高浓缩饲料的使用有关。在亚洲，反刍动物的尿石症病例数在一些国家显示出上升趋势。尿石症主要受气候、饮食习惯、水质、动物种类和饲养方式等多种因素的影响。

2. 临床表现　尿石症的症状因结石的位置和大小而异，常见症状有剧烈的腰部或腹部疼痛，常常是间歇性的绞痛，以及血尿、尿频、尿急、排尿困难、恶心、呕吐。肾结石一般无症状，除非同时存在肾盂肾炎或肾结石进入输尿管。当输尿管结石引起输尿管梗阻可能会产生呕吐、嗜睡、腹部或肾部疼痛的症状，尤其是在急性完全梗阻并伴有肾囊肿的情况下。肾功能不全的临床症状通常在功能性肾实质丧失 2/3 或更多的时候才会显现。

3. 诊断　检查腹部是否有压痛、肿胀或异常硬块，评估膀胱和肾脏的大小和形态。在犬和马等动物，可以通过直肠检查触摸到膀胱和前列腺，检查是否有结石存在。尿液常规检查，检测尿比重、pH、红细胞、白细胞、蛋白质、结晶等指标。镜下观察尿沉渣中的结晶类型，帮助判断结石成分；同时进行肾功能（血清尿素氮、肌酐）、电解质水平（钙、磷、钾等）和酸碱平衡（血气分析）检查。尿液培养确定是否存在尿路感染。

X 线检查可以显示大部分阳性结石（如草酸盐结石、磷酸盐结石）。造影检查可以显示尿路中的阴性结石。超声检查则能对 X 线可透性结石（如胱氨酸结石、尿酸结石）以及软组织结构进行评估，如肾积水和输尿管扩张。CT 检查可以明确结石的位置和成分。其他诊断方法，如膀胱镜可以直接观察膀胱内的结石，并进行取石操作。通过对取出的结石进行成分分析，明确结石的化学成分，有助于制订长期的预防和管理方案。

4. 治疗　尿石症的治疗取决于结石的大小、位置及病因，常见的治疗方法包括如下几种。

1）保守治疗　多饮水、药物溶石、饮食管理。

2）肾结石的手术治疗　肾切开术（nephrotomy）是直接切开肾脏取出结石。由于可能导致肾功能损伤，该手术通常仅在其他方法无效时使用。肾造瘘术（nephrostomy）是在肾脏放置造口管以排出尿液并促进愈合，通常为暂时性措施。在某些情况下，可以使用超声或激光碎石术非侵入性地处理肾结石。

3）*膀胱结石的手术治疗*　膀胱切开术（cystotomy）是最常用的方法，通过外科手术切开膀胱以取出结石。术后清洗膀胱以去除所有结石碎片。膀胱镜检查（cystoscopy）使用内窥镜进入膀胱，通过内窥镜夹取或粉碎并冲洗出结石，适用于较小的结石。

4）*尿道结石的手术治疗*　使用导尿管在压力下将尿路结石从尿道推回膀胱，然后通过膀胱切开术取出，适用于结石较小或卡在尿道中段的情况。尿道切开术（urethrotomy）是在尿道上直接切开以取出结石，多用于雄性动物结石嵌顿时。尿道造口术（urethrostomy）是创建永久性尿道开口（通常在会阴部），用于复发性尿道结石，尤其是猫。此手术可防止结石再次堵塞尿道。

5. 预防

1）*饮食管理*　患草酸钙结石的动物，要适当减少饮食中的钙含量，避免高草酸盐食物。对易患尿酸盐结石的动物，减少高嘌呤食物的摄入，如内脏、某些鱼类和肉类；确保动物每天摄入充足的水分，保持尿液稀释；也可为宠物提供湿粮或添加水分的干粮，以增加总体水分摄入；还可以饲喂处方饲料，帮助控制尿液的pH和矿物质平衡，防止结石形成；进行饮水质量管理，清洁饮水。

2）*定期检查和监测*　定期进行尿液检查，监测尿液的pH、比重和结晶类型。定期进行血液检查，检测血清钙、磷和其他电解质水平。

3）*药物预防*　在某些情况下通过药物调节尿液的pH，以预防某些类型的结石形成。在有复发性尿路感染的动物中，使用适当的抗菌药物预防感染，减少感染性结石的风险。

二、输尿管异位

输尿管异位（ectopic ureter）是输尿管的先天性畸形，一侧或两侧输尿管不能正常地终止于膀胱三角区，导致部分或全部尿液避开了膀胱括约肌的制约直接从外阴流出。其原因可能为胚胎期输尿管进入泌尿生殖道前发生了异常。输尿管异位是犬、猫等小动物的先天泌尿系统异常，与遗传因素有关，拉布拉多犬和金毛犬属于高发品种，通常有尿失禁或尿路感染等临床症状，分为单侧异位（仅一侧输尿管异位）和双侧异位（两侧输尿管均存在异位现象）。

1. 流行病学　输尿管异位在犬的发病率估计为0.1%～1%。雌性犬的发病率明显高于雄性犬，根据美国兽医外科医师协会（American College of Veterinary Surgeons，ACVS）的数据，雌性犬患输尿管异位的可能性是雄性犬的20倍，这可能与解剖结构和激素分泌有关。与犬相比，猫输尿管异位的发病率较低，为0.02%～0.05%。雌性猫比雄性猫更易发生输尿管异位。输尿管异位有品种易感性，拉布拉多猎犬、金毛巡回犬、西伯利亚雪橇犬、腊肠犬、斗牛犬、约克夏梗等是高发的品种。输尿管异位与遗传有关，在一些高发品种中呈现家族聚集性。本病通常是在幼年期被发现，尤其是在0.6～1岁。

2. 临床表现　输尿管异位患病动物常表现出持续性的尿失禁，即无法控制尿液排出，在幼年动物更为明显。有些动物可能表现为间歇性尿失禁，在活动或兴奋时尤为明显。由于尿液不能正常排出，患病动物易发生尿路感染，表现为尿频、尿急、尿痛等症状，感染严重时，尿液可能出现浑浊或血尿。输尿管开口异常也能导致尿流变细或排尿中断。一些动物可能会因尿失禁而频繁地更换排尿姿势，以尝试排尽尿液。患病动物可能表现出腹部不适或疼痛，尤其是在尿路感染或尿液滞留引起膀胱过度膨胀时，在腹部触诊时，动物可能表现出明显的疼痛反应。此外持续性尿失禁和反复感染可能影响幼年动物的正常生长发育。由于不适和尿失禁，动物可能表现出异常的行为，如频繁舔舐外阴部、精神萎靡或烦躁不安。

3. 诊断 检查外阴部或尿道口是否湿润，是否有尿液流出。触诊腹部，检查膀胱是否有过度膨胀或异常的触痛。超声检查评估输尿管的解剖结构，是否存在输尿管扩张、肾积水等。静脉肾盂造影可以清晰地显示输尿管的走行和开口位置，是诊断输尿管异位的金标准。造影后的延迟成像有助于显示造影剂在异位输尿管中的滞留情况。内窥镜技术（如膀胱镜和尿道镜）可以直接观察输尿管开口位置，结合影像学检查，提供准确的诊断。尿液分析和常规尿检检测尿液中的红细胞、白细胞、蛋白质、细菌等，评估是否存在尿路感染或其他尿液异常。通过尿液培养确定病原菌种类及其药敏情况，指导抗菌治疗。

4. 治疗 外科手术是治疗输尿管异位的主要方法，旨在纠正输尿管的异常开口位置，使尿液能够正常排入膀胱，以下是几种常用的外科手术方法。

1）*输尿管再植术*（ureteral reimplantation） 该手术方法是将异位的输尿管重新植入膀胱的正常位置。膀胱内输尿管再植术（intravesical ureteral reimplantation）适用于输尿管开口在膀胱壁内的情况，通过切开膀胱，重新将输尿管植入膀胱内。膀胱外输尿管再植术（extravesical ureteral reimplantation）适用于输尿管完全异位于膀胱外的情况，手术中无须切开膀胱，通过直接手术将输尿管植入膀胱。

2）*激光切除术*（laser ablation） 这种微创手术方法适用于输尿管开口相对靠近膀胱的情况。通过内窥镜引导的激光切除术，将异位输尿管切开，使其重新开口于膀胱。激光切除术创伤小、恢复快，是一种较新的治疗方法。

3）*输尿管新开口术*（neoureterocystostomy） 这种手术方法通过在膀胱上创建一个新的开口，使异位输尿管能够正常排尿，常用于输尿管异位位置较复杂的病例。

4）*输尿管切除术*（ureterectomy） 对于严重损伤或功能丧失的输尿管，可能需要进行输尿管切除术。这种手术方法包括部分或完全切除受影响的输尿管，并将健康部分重新连接到膀胱。

5）*皮下输尿管旁路术*（subcutaneous ureteral bypass，SUB） 这是一种较为复杂的手术，通常用于传统手术无法解决的复杂病例。通过在皮下创建一个新的输尿管旁路，使尿液能够绕过受损的输尿管，直接排入膀胱。采用皮下输尿管绕道装置来治疗犬、猫输尿管阻塞预后良好。

保守治疗用于缓解症状和控制感染。根据尿培养结果选择敏感的抗生素，常用药物包括阿莫西林、氟喹诺酮类等。其短期治疗通常为2～4周，慢性或复发性感染可能需要长期或间歇性治疗。α-受体阻滞剂如坦索罗辛可以缓解尿道痉挛，促进尿液流动，抗炎药物如非甾体抗炎药，用于减轻炎症和疼痛。使用治疗尿失禁药物，如苯丙醇胺（phenylpropanolamine），帮助控制尿失禁，减轻症状。

（王华南　袁占奎）

第二节　生殖器官疾病

一、子宫蓄脓

子宫蓄脓（pyometra）是指子宫腔内积蓄有脓液的病理状态，是雌性未绝育的犬和猫当中的一种严重的感染性生殖系统疾病。其主要病因包括：宫颈狭窄，宫腔内异物（如宫内节育器或其他异物），子宫内膜增生导致宫腔积聚分泌物和脓液，细菌感染引起的子宫内脓液积聚，通常与宫颈因素或宫腔内操作（如流产术后）有关。细菌感染通常伴随内分泌失调，尤其是黄体酮（progesterone）水平的变化。在发情后期，高水平的黄体酮使子宫内膜增生并分泌黏液，同时抑制局部免疫反应，为细菌感染提供了有利条件。细菌感染常见的病原包括大肠杆菌（*Escherichia coli*）、链球菌（*Streptococcus* spp.）和葡萄球菌（*Staphylococcus* spp.）。

1. 临床表现　本病临床表现多样，患病动物具体症状取决于疾病的严重程度和子宫蓄脓的类型（子宫颈开放型或闭锁型）。

临床表现不愿进食或食欲减退，精神不振，活动减少。由于毒素作用，患病动物饮水增多和尿频。开放型子宫蓄脓，患病动物出现异常阴道分泌物，颜色从淡黄色到红褐色，通常有臭味。闭锁型子宫蓄脓，由于子宫内的脓液无法排出，患病动物腹壁紧张，腹部胀大明显。患病动物出现体温升高，但有些病例体温正常或偏低。部分动物可出现消化系统症状，如呕吐和腹泻。由于多饮多尿和其他症状，患病动物可出现脱水。长期不适和食欲缺乏可能导致体重下降。严重者可出现休克症状，包括呼吸急促、心率加快、黏膜苍白、四肢冰冷等。本病可导致肾功能受损，表现为尿量减少或无尿。

2. 诊断　病史调查和临床检查了解患病动物发情史和症状。血液检查常见白细胞增多、贫血、肾功能指标异常（如尿素氮和肌酐升高）。超声检查（包括阴道超声和腹部超声）是诊断子宫蓄脓的主要方法，可观察到子宫增大、积液等。X 线检查也可评估子宫的大小和形态。在开放型子宫蓄脓中，可采集和检查阴道分泌物。

3. 治疗

1）*手术治疗*　子宫卵巢切除术（ovariohysterectomy）是本病首选和最有效的手术方法，尤其适用于闭锁型子宫蓄脓或病情严重的患病动物。通过手术切除患病动物子宫和卵巢，不仅彻底清除了感染源，还防止了疾病的复发。早期进行手术治疗，多数患病动物预后良好。若患病动物已出现休克或多器官衰竭等并发症，预后可能不良。手术后需要密切监测生命体征和恢复情况，特别是观察是否有感染或其他并发症。术后可使用抗生素预防术后感染，同时给予营养丰富、易消化的食物，确保患病动物的营养需求。

2）*保守治疗*　抗生素治疗通常作为手术前后的辅助治疗，或用于不适合手术的犬（如高龄犬或其他严重疾病的患病动物）。常用的抗生素有氨苄西林、头孢菌素或氟喹诺酮类药物。治疗需持续数周，根据细菌培养和药敏试验调整用药，用于控制感染和预防复发。激素治疗通常用于希望保留生育能力的犬只，但仅适用于开放型子宫蓄脓。前列腺素可促使子宫收缩并排出脓液。激素治疗有较大的副作用，需要在兽医指导下进行。激素治疗可导致子宫破裂和腹膜炎，不适用于闭合型子宫蓄脓。输液疗法可纠正脱水和电解质紊乱，维持循环稳定，通常使用平衡电解质溶液。止痛和抗炎治疗，可用非甾体抗炎药如卡洛芬，减轻疼痛和炎症反应，但对肾功能已受损的患病动物要慎用。患病动物治疗期间要定期复查血液指标和进行影像学检查，确保完全康复。

二、阴道脱垂/增生

阴道脱垂（vaginal prolapse）指阴道壁从其正常解剖位置向外突出的情况，通常通过阴道口脱出，可能涉及部分或整个阴道壁，甚至包括子宫颈。此病可在多种动物发生，包括犬、猫、牛和马等，某些品种动物可能具有遗传易感性。阴道脱垂常见于繁殖期或分娩期的雌性动物。分娩过程中对阴道壁和支持结构的损伤，雌激素水平变化导致生殖器官支持结构（如韧带、肌肉和筋膜）的松弛都能导致阴道脱垂。

根据脱垂的严重程度和涉及的解剖结构，阴道脱垂可以分为一级（轻度）：仅在阴道前壁或后壁有轻微突出，通常在站立时可见，但在卧位时会消失；二级（中度）：阴道壁明显脱出，部分阴道壁外露，但尚未包括子宫颈；三级（重度）：整个阴道壁及子宫颈均脱出，可能包括部分或整个子宫（图 12-1）。

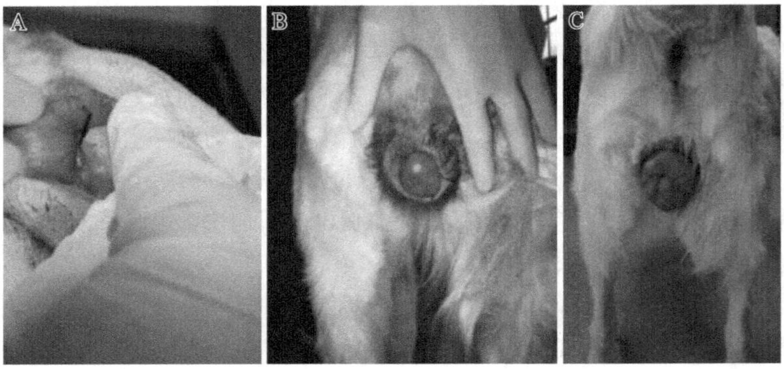

图 12-1　阴道脱垂

1. 临床表现　阴道组织从外阴突出，通常呈粉红色或红色，外形像球状或环状。脱垂的程度可以从轻微的外阴部分突出到明显的大块组织脱出，甚至影响排尿和排便。暴露在外的阴道组织可出现红肿和发炎，患病动物舔舐该部位，导致进一步的刺激和加剧炎症。有异常的阴道分泌物，颜色从透明到黄色或绿色不等，且有恶臭。阴道组织的脱垂压迫尿道，导致排尿困难或频繁排尿。严重脱垂情况下，脱出的组织可能阻碍肛门，导致排便困难或便秘。患病动物可表现出不安，频繁舔舐阴部，尝试咬或拖拽脱出的组织。由于疼痛和不适，患病动物出现食欲减退或表现出其他饮食行为的改变，不愿意移动或有触摸腹部和后肢区域行为。

2. 诊断　通过观察阴部区域的外观，确定是否有阴道组织脱出。再通过触诊检查脱出的组织，评估其大小、质地和脱垂程度。脱出的组织通常呈现粉红色或红色，外形像球状或环状。触诊时要注意患病动物的疼痛反应。采集阴道分泌物或脱出组织表面的细胞，进行细胞学检查，以确定是否有感染、炎症或肿瘤细胞存在。对阴道分泌物进行细菌培养和药敏试验，确定是否有细菌感染及其敏感的抗生素。超声检查评估阴道和子宫的内部结构，是否有其他生殖系统问题，如子宫内膜炎、子宫蓄脓等。X 线检查可评估骨盆和腹腔的结构，帮助排除其他潜在的病因或疾病，如骨盆骨折或肿瘤。阴道镜可直接观察阴道内的情况，评估脱垂的程度和范围，检查是否有溃疡、出血或其他异常等。

3. 治疗

1）*保守治疗*　轻度病例，可尝试将脱出的组织手动推回原位。通常需要镇静或麻醉来缓解患病动物的疼痛和紧张。复位后，可以使用临时缝合（如荷包缝合）来防止组织再次脱出。使用雌激素药物（如二烯丙雌醇）增加阴道壁的张力，帮助脱垂组织恢复正常位置。此方法常用于非繁殖病例。使用抗炎药和止痛药来减轻炎症和疼痛，必要时使用抗生素。

2）*手术治疗*　严重病例可能需要进行手术缝合，如阴道固定术或阴道壁缩短术。这些手术旨在永久性固定脱出的组织，防止复发。对于不计划繁殖的动物，可以考虑进行卵巢子宫切除术，不仅可以解决阴道脱垂的问题，还能预防未来与激素相关的疾病。如果是在紧急实施以恢复脱垂组织的情况下，有研究显示更倾向于通过重新定位和应用缝线来解决脱垂而不是直接进行卵巢切除术，这样创伤较小，也更容易实施。在极少数情况下，如果脱出的组织严重受损或坏死，可能需要进行部分阴道切除术。

（王华南　袁占奎）

第三节　犬前列腺疾病

一、前列腺增生

前列腺增生（hyperplasia of prostate）是指犬前列腺组织的良性增生，常见于老年公犬。其主要特征包括前列腺体积增大和组织结构的变化。病因可能与性激素水平变化，主要是雄性激素（睾酮），导致前列腺组织逐渐增生和老化相关。据研究报道，犬的良性前列腺增生的患病率为 12.8%，且随着年龄的增长而增加，一般来说，前列腺增生的发病率在 6 岁以上的雄性犬中显著升高。犬的良性前列腺增生是一种自然的老化过程，通常在临床症状出现前难以被察觉和诊断。

1. 临床表现　患犬可能会表现出腹部不适或疼痛，尤其是在触诊时。患犬表现出活动减少和食欲减退。尿液中带有血液是本病的常见症状之一。患犬可表现频繁排尿、急于排尿、排尿困难等症状。尿流变细或断断续续。增大的前列腺压迫直肠，导致患犬排便时努责困难，排出带状或扁平的粪便。长期的直肠压迫可能导致便秘，还可能会有血性分泌物从包皮流出。

2. 诊断　直肠指检可以触摸到增大的前列腺，评估其大小、形状和质地。腹部触诊可发现腹部压痛或其他异常。超声检查是评估前列腺大小、形态和结构变化的主要方法。超声可以识别前列腺的囊性变、肿块及其他异常。X 线检查用于检查前列腺大小和位置。CT 或 MRI 检查可提供更详细的前列腺结构信息。血液和尿液分析检测潜在的感染或其他并发症。尿液分析帮助排除尿路感染。通过前列腺按摩获得前列腺液样本进行细菌培养和显微镜检查，以确定是否存在感染。犬前列腺特异性酯酶（canine prostate specific enzyme，CPSE）是诊断前列腺增生的血清标志物，用于诊断前列腺增生和其他前列腺疾病。

3. 治疗

1）*药物治疗*　通常用于不适合手术的犬。雄激素抑制剂，如非那雄胺（finasteride），通过抑制 5α-还原酶来减少前列腺的体积，但不影响犬的生育能力，使用这种药物可能需要数周才能看到显著效果。促性腺激素释放激素（GnRH）类似物，如地洛瑞林（deslorelin），通过抑制雄激素的生产，使前列腺变小。如果有感染存在，根据细菌培养结果来选择抗生素。常用的抗生素包括氨苄西林、氟喹诺酮类等。

2）*手术治疗*　去势手术是最常见且有效的治疗方法之一，通过去除睾丸来降低体内雄激素水平，从而减小前列腺的体积。手术后，前列腺通常会显著缩小。在极少数情况下，可能需要部分或全部切除前列腺。这种手术风险较高，通常仅在其他治疗方法无效时使用。

二、前列腺炎

前列腺炎（prostatitis）是一种常见的前列腺疾病，特别是在老年雄性犬中更为常见。其可以是感染性或非感染性的，通常由细菌感染引起，也可能由其他病原体（如真菌或病毒）引起。其常见的致病菌包括大肠杆菌、葡萄球菌和链球菌，细菌通常通过尿道逆行进入前列腺，也可能通过血液传播至前列腺。前列腺炎也可能与泌尿系统的其他疾病相关。由于未去势犬体内的雄性激素水平较高，前列腺更容易受到感染和炎症的影响，未进行去势手术的雄性犬患前列腺炎的风险显著高于已去势犬。

1. 临床症状

急性前列腺炎：可能会出现高热，腹部疼痛，特别是在前列腺区域，触摸时表现出疼痛反应。排尿困难，尿流减少、尿频、尿急，甚至尿潴留，可能出现血尿。阴茎或包皮可能出现脓性分泌物。表现出全身不适和食欲减退。由于疼痛或不适，可能出现后躯的步态不稳。

慢性前列腺炎：反复出现尿路感染的症状，如尿频、尿急和排尿困难。持续或间歇性出现尿液带血。阴茎可能有持续性的分泌物，通常为脓性。可能表现出轻微的不适，但通常不如急性前列腺炎时明显。增大的前列腺可能压迫直肠，导致排便困难。在繁殖过程中，可能观察到精液中含有血液或脓液。

2. 诊断　直肠指检可以触摸到前列腺，评估其大小、形状和是否有疼痛反应。前列腺炎时，前列腺通常肿大且有压痛感。超声检查可以评估前列腺大小、形态和内部结构。超声检查可见前列腺不对称、内部回声不均匀及囊性变或脓肿。X线检查不如超声敏感，可用于辅助诊断，排除其他腹部病变。

患犬感染时可能出现白细胞增多、C反应蛋白升高等。犬前列腺特异性酯酶是评估前列腺疾病的血清标志物。前列腺炎时，该酶水平通常显著升高，可以作为辅助诊断。尿液分析可以检测到尿中有无血液、白细胞和细菌。尿液培养有助于识别致病菌。通过前列腺按摩获得前列腺液样本，进行细菌培养和显微镜检查。前列腺液中可能含有大量白细胞和细菌，是确诊前列腺炎的重要依据。

3. 治疗　抗生素治疗是主要的治疗方式，需要根据细菌培养和药敏结果选择合适的抗生素，通常需要长时间（几周或几个月）使用抗生素以保证感染完全清除。抗炎药物如非甾体抗炎药用于减轻炎症和疼痛，如布洛芬（ibuprofen）或酮洛芬（ketoprofen）。在一些情况下，可能会使用类固醇药物来减轻炎症。支持疗法是通过静脉输液或口服补液，维持体液平衡。在严重的情况下可能需要手术，如前列腺脓肿形成时可能需引流脓肿或进行其他手术干预。去势术可以显著降低前列腺炎的发病率。

（王华南　袁占奎）

第十三章　四肢疾病

本章资源

第一节　跛　　行

跛行（lameness）是由某些原因引起的动物四肢功能障碍的综合症状。跛行诊断的主要任务是确定患肢，查明患部，分析病因，弄清病性，排除类症，最终建立正确的诊断。

跛行可分为三类，即运跛（悬跛）、支跛和混合跛。运跛（悬跛）是指运步时病肢的提举和伸扬出现功能障碍。运跛表现为患肢抬不高、迈不远、运步缓慢、不灵活。重度跛行的患肢不能提伸而拖曳前进。患肢落地的蹄印出现在对侧健肢蹄印的紧前方，前半步距离缩短又称前方短步。运跛的出现表明患部大多在患肢上部，故常称“敢踏不敢抬，病痛在胸怀”。支跛是指在患肢落地负重的瞬间出现功能障碍，表现为患肢着地负重时感到疼痛，负重时间短促，蹄底着地不全或不能负重。重度跛行呈三脚跳跃前进，健肢提前落地，致使患肢的蹄印在对侧健肢蹄印后方的距离缩短，又称后方短步。支跛的出现表明患部大多在患肢的下部，常称“敢抬不敢踏，病痛在腕（跗）下”。混合跛是指运步时患肢落地负重和提举伸扬均出现不同程度的功能障碍。混合跛的发生可能有两种情况：一种是在肢体上有同时引起支跛和运跛的两个患部；另一种是在某发病部位负重和提伸均有疼痛从而表现混合跛。例如，四肢上部的骨骼和关节疾患（骨折、骨膜炎、关节损伤等），或四肢上部固定和屈伸关节的肌肉发生疾患时都可表现为混合跛。由于损伤的器官在程度上轻重不同，故症状又有所差异。因此，混合跛又可分为以支跛为主的混合跛和以运跛为主的混合跛。此外，临床上还有某些疾病导致的一些特殊步态。例如，蹄叶炎的紧张步样，表现为四肢负重困难，步态急速而短促；慢性关节炎、肌肉风湿、破伤风等的黏着步样，表现为运步缓慢强拘，像被胶水黏着样迈不开；畸形性跗关节炎、慢性膝关节炎、胫神经麻痹和趾长伸肌或趾外侧伸肌痉挛收缩等的鸡跛步样，主要表现为病后肢运步时举得很高，膝、跗关节屈曲像鸡步一样有弹性；髂动脉或股动脉栓塞、习惯性膝盖骨上方脱位等的间歇性跛行，表现为在运步中，突发跛行，过一会儿，症状消失或时有时无。消失后，运步与正常一样，不留任何后遗症。但在下次运动中，可复发。

一、马跛行诊断

（一）问诊

问诊是临床兽医师了解可能的病因、病史、发病过程、具体饲养管理和使役或骑乘情况，是最快、最直接的渠道。在问诊时必须耐心地有重点地提出问题，尽量搜集对诊断有价值的材料。

问诊的内容主要有马的类型和年龄；饲喂、管理和使役情况或训练方式；跛行发生的时间、是突然发生的还是慢慢发生的、有无受伤或肿胀发生、有无跌倒情况或被别的马踢伤过；患马以前是否患过此病、患病后是否治过、疗效如何等；跛行发生后的临时处理方法、休息或运动后跛行是否有所改善；最近一次钉掌的时间、钉掌时和钉掌后有无异常表现等。问诊内容可根据具体情况取舍或增加。

（二）视诊

兽医院接诊患马后，患马需适当休息再进行检查。视诊时应注意观察动物的生理状态、体格、营养、年龄、神经型、肢势和蹄形等的变化。已有大量视觉跛行指标用于跛行评估和诊断，这些指标可用于蹄部、四肢、肩部、头部、颈部、马肩隆和骨盆等部位病变导致的跛行评估。由于视觉指标的多样性，兽医在跛行指标的选择、解释和权衡上有所不同，可能导致患马是否存在跛行以及患肢的确定上存在不同意见。视诊分为驻立视诊和运步视诊。

1. 驻立视诊　驻立视诊的目的是确定患肢，发现可疑患部，为进一步诊断提供线索。视诊时，兽医应站在离患马 1m 以外的距离，围绕患马缓慢来回走两圈，仔细发现身体各部位有无异常情况。观察应从蹄到上肢的上部，从头到尾仔细地反复观察，比较两前肢或两后肢同一部位有无异常。观察肢的驻立、负重情况，如肢是否平均负重，有无减负体重或免负体重，或频繁交互负重；患肢有无伸长、短缩、内收、外展、前踏或后踏等异常现象。一肢患病时，患马为避免以患肢负重而呈现前伸、后踏、内收或外展姿势，或用蹄尖、蹄踵或用蹄侧壁一部分着地负重，或不断提举等。患肢前踏，病变多位于蹄前或蹄尖部，常见于蹄叶尖、臂二头肌和指伸肌腱及腱鞘的急性炎症、肩关节炎，跟腱断裂时也出现前踏。患肢后踏，病变多位于蹄后部，常见于曲腱炎、蹄钉伤、籽骨炎、指（趾）部腱鞘炎、急性臂二头肌腱下黏液囊炎、膝盖骨上方脱位、跗前曲肌断裂、蹄踵或蹄底真皮挫伤及蹄球炎等。前肢内收见于肩胛下肌炎、大圆肌炎、肩关节炎及蹄内侧壁炎症；后肢内收见于骨盆骨折、股骨上方脱位及臀中肌黏液囊炎。患肢外展，见于关节外侧韧带及三角肌、冈下肌及其腱和黏液囊的炎症，蹄外侧壁和肢体外侧皮肤炎症、睾丸和精索的炎症等也可导致患肢外展。患肢完全免负体重，多见于全骨折、关节脱位及化脓性关节炎等。患肢不时高抬又落下，多见于关节扭伤、膝关节的慢性炎症、跗关节的骨关节炎及骨关节病等。

两前肢同时患病时，患马两前肢伸向前方并叉开，两后肢尽量伸到腹下，同时头颈高抬，弓腰卷腹，将重心向后肢转移，以减轻前肢的负重，多见于风湿性关节炎、腱断裂等。两后肢同时患病时，患马两前肢稍向后伸，颈部伸直，头向下低，将重心向前肢转移。因疼痛部位不同，其表现各异，第一种是两后肢伸于腹下；第二种是两后肢向后伸叉开；第三种是两后肢一前一后叉开。某一前肢和对侧后肢同时患病时，表现为两健肢伸于腹下支持体重，两患肢交互提起，向前、向后或向外方伸出。同侧前后肢同时患病时，患马的头、颈、躯体偏向健侧。三肢同时患病时，站立姿势因病情而异。四肢同时患病时，可表现为两前肢向前方和两后肢向后方伸出，呈开张姿势或四肢集于腹下，多为全身性疾病引起或四肢同时发生蹄叶炎的患马。

观察患马被毛和皮肤有无异常，如被毛有无逆立（局部被毛逆立，可能有挫伤、肿胀存在），肢及肢蹄邻接部位的皮肤有无被毛脱落、外伤或存在瘢痕等，这些都是患部的标志。

观察肢体有无肿胀和肌肉萎缩，如左右两肢体同一部位的轮廓、粗细、大小是否一致，有无肿胀；注意观察肢体上部肌肉是否萎缩，患肢若有疼痛性疾病或跛行时间较长，肢体上部肌肉常发生不同程度的萎缩。

观察两侧肢体的指（趾）轴和蹄形是否一致，观察蹄的大小和角度、蹄角质、蹄铁、蹄钉及蹄铁磨损的状况等。

观察骨及关节状况，重点观察两侧肢体同一骨的长度、方向、外形是否一致，关节的大小、轮廓和角度有无异常等。

2. 运步视诊 目的是确定患肢、跛行种类和程度，初步确定可疑患部，为进一步诊断提供线索。运步视诊时，应选择平坦、宽广、光线充足的场地，也可因地制宜充分利用各种自然地形和条件，如软地、硬地、坡路等。最理想的是修建一个专用的合理的跛行诊断场。牵患马的缰绳，以保持1m多为宜，过短则影响患马自由活动，易出现假性跛行。检查者与患马之间也应保持适当距离，以检查者视线能完全看清患马的运动过程为宜。运步视诊时，应首先采用慢步直线运动检查，然后再转入快步运动检查。运步视诊时，观察的着眼点是患马在运动中的点头运动、臀部升降运动、肢蹄的负重、关节的屈伸活动、左右两肢的提举高度、步样、蹄音等情况。重点在于发现患肢。

运步视诊时，应按从患马前方、侧方、后方的顺序进行仔细观察比较。

1）*点头运动* 从前方观察点头运动，当运跛患前肢前伸或支跛患前肢负重时，患马头颈上举，健肢负重时，则头下沉，呈现头部一上一下的活动，即所谓“点头行，前肢痛；低在健，抬在患”。在点头的同时，有时可见头的摆动，特别是在前肢上部肌肉有疼痛性疾患时，当健前肢负重和患前肢高举时，颈部就摆向健侧。依据头部运动判断哪一前肢患病。

2）*臀部升降运动* 从后方观察臀部的升降运动和后躯摇摆等。在某一后肢有疼痛时，为了把体重转向某一侧的健肢，健肢着地时，臀部低下，而患肢着地的瞬间臀部相对高举，即所谓“臀升降，后肢痛；降在健，升在患”。依据臀部升降运动可确定哪一后肢疼痛。

两前肢同时疼痛时，肢的自然步样消失，患肢驻立时间缩短，负重时头抬高，前肢运步时肢体抬不高，蹄接近地面前行，运步加快。肩部强拘、头高扬、腰部弓起、后肢前踏且提举比平常高。在高度跛行时，快速运动比较困难，甚至卧地不起。

两后肢同时疼痛，运步时步幅缩短，肢体迈出很快，运步笨拙，后肢提举较平时高，后退困难。头颈常低下，两前肢后踏。

同侧的前后两肢同时患病时，患马头部和腰部呈摇摆状态，患前肢负重时，头部高抬，并偏向健侧，健后肢着地时，臀部低下。反之，健前肢着地时，头部低下，患后肢着地时，臀部举起。

某一前肢和对侧后肢同时疼痛，患肢着地时，体躯举扬，健肢着地时，头部及腰部均低下。三肢以上同时疼痛时，情况更为复杂，运步时的表现根据具体情况有所不同，需仔细分辨。

3）*特殊运动* 用上述方法尚不能确定患肢时，可用促使跛行明显化的一些特殊方法。

（1）圆周运动：圆周运动时，重心靠内侧移，内侧肢负重较大，而外侧肢的活动幅度较大。因此，内侧肢患支跛时跛行症状表现更为明显，外侧肢患运跛时跛行症状表现更为明显。

（2）回转运动：使正在快步直线运动的患马趁其不备时突然回转，患马在向后回转的瞬间，患肢运动功能障碍会有所加重。回转运动需连续进行多次，反复向左、向右回转，通过细心比较观察，有可能看出患肢。

（3）硬地、不平石子地运动：有些患肢在硬地和不平石子地运动时，由于地面的反冲力大，可使支持器官的患部遭受更大震动，因此可加重运动障碍。患马蹄底、腱、韧带器官有疾病，在不平石子地上运步时，可加重局部的负担，使疼痛更为明显。

（4）软地运动：在软地、沙地运步时，运动器官比在普通路面上要付出更大的力量。因此，运动器官有疾患时可表现出运动功能负担加重。

（5）上、下坡运动：上坡时，四肢均提举费力，不论是前肢的运跛还是后肢的运跛，患马在上坡时症状都会加重。此外，上坡时后肢的支撑负担重，若患支跛，症状也会加重。下坡时，前肢负重增加，若患支跛，症状明显。

（6）乘挽运动：以上方法都不能找出患肢时，可进行乘骑或适当的拉挽运动，在乘挽运动过程中，有时可发现患肢。

3. 确定跛行的种类和程度　患肢确定后，注意观察患肢的提举、伸扬和负重变化。以对侧健肢蹄印衡量患肢所走的一步，确定是前方短步还是后方短步。肉眼辨别不清时，划出蹄印后可用尺子测量蹄印之间的距离。根据短步的类型，确定是运跛、支跛还是混合跛。注意关节是否下沉，若不敢下沉，说明负重有障碍。两侧腕关节和跗关节提举时能否达到同一水平，若不能达到同一水平时，表明患肢提举有问题。注意肩关节、膝关节、指关节的伸展情况，若伸展不充分，表明前伸有障碍。

4. 初步发现可疑患部　在观察跛行种类和程度的同时，应注意观察可疑的患部。在运步时，关节伸展不充分，呈现内收或外展；肌肉收缩无力，呈现颤抖；蹄的某部分避免负重等。悬垂阶段有障碍时，是提举有问题，还是伸展有问题；当驻立阶段有障碍时，是否是负重问题。逐渐地可初步发现可疑患部，为进一步诊断提供线索。

（三）四肢各部的系统检查

为了确定患部与病因，从患肢的蹄部开始向上直到肩部和臀部，对整个蹄、各个关节、各条筋腱韧带、各块肌肉和骨骼，包括黏液囊和腱鞘，进行逐步触摸和观察，并对各个关节进行他动运动检查，并确定其病因与病名。

1. 蹄部的检查　检查蹄部指（趾）动脉有无搏动亢进，蹄壁是否升温，检查冠关节是否有过量滑液蓄留。敲打或压迫蹄球、蹄叉、蹄底与蹄壁有无疼痛，检蹄器对于蹄引起的跛行诊断是非常有价值的。但是蹄壁较薄的纯种马仅凭检蹄器检查可能会出现假阳性，应用检蹄器时，应与对侧蹄对比检查。检查蹄底有无扎钉、蹄铁是否合适、蹄钉位置如何、蹄铁的磨损程度是否一致，以及有无蹄裂等。检查蹄壁有无裂纹、裂纹深度以及有无疼痛反应等。

2. 球节的检查　触诊球节（fetlock joint）确定关节和指腱鞘滑液量的多少，然后屈曲球节，确定运动范围，观察疼痛反应。球节受到刺激后，滑液会分泌过多，在球节上方和后方滑液蓄积肿胀，或者受刺激后导致指屈肌腱鞘内膜增厚，在兽医临床上称之为球节软肿（windgall）（也有马兽医把这个病翻译成“腱鞘积液”）。windgall 有两种类型：第一种是比较常见的肌腱型（tendinous windgall），重度使役的中年马和老年马多发，这一类型的肿胀通常是由指屈肌腱鞘内膜增厚造成的；第二种是关节型（articular windgall），多发于患有退行性关节病（degenerative joint disease）并伴有创伤的马，患马第 3 掌骨中部和悬韧带位置有坚实的凸起，其球节僵硬，无法屈到正常程度。除了 windgall，球节还可能出现其他问题，如关节炎、关节脱位等。这些问题可能会导致关节疼痛、僵硬和功能障碍等症状，严重影响马的运动能力和生活质量。球节慢性炎症时，球节僵直，屈曲可能使运动受限。屈曲球节的同时，并在籽骨基部和远籽骨韧带上方加压，必要的时候在籽骨顶端反复加压检查。在此屈伸过程中，可顺便检查整个系部及其动力学装置。

3. 小掌骨的检查 向上抬举肢体，可全面检查悬韧带和小掌骨，小掌骨比较容易被对侧前肢蹄撞击到，造成机械性损伤。小掌骨部位的膨大通常是因为骨与骨膜之间有炎症反应，引起疼痛和肿胀。炎症消退后，小掌骨的膨大就会随之消失。但如果炎症部位发生了骨化，小掌骨的膨大就会持续存在。

4. 腕关节的检查 腕关节是前肢下部最难检查的关节。腕关节引起跛行的程度往往超出其评估范围，必须对整个腕部仔细触诊、叩诊才能准确评价。对于腕关节来说，即使有腕部跛行的患马，其活动范围并不受影响，而且屈曲时也不出现疼痛，因此活动范围和屈曲时疼痛这两点，对诊断跛行意义不大。只有严重的腕关节病例，才能通过这两种方法检查出来。检查时应采取重压关节边缘和滑膜囊来检查关节的疼痛以及滑膜液的过量蓄积。在腕关节屈曲的同时施加压力，并改变屈曲程度，最有利于检查出患病关节。

5. 肩关节的检查 比较两侧肩端的外形轮廓是否一致，有无肿胀或外凸；用手推移捏压冈下肌附着部臂骨后外侧结节及其上面的腱下黏液囊，观察有无压痛、移动性及异常音响；捏压冈上肌附着部臂骨外侧结节，有无压痛及骨赘；按压关节囊有无压痛和波动；触摸臂二头肌沟处腱下黏液囊有无热痛；屈伸肩关节做他动运动，观察肩关节有无疼痛反应。

6. 飞节的检查 观察飞节的形状、大小、角度是否异常，皮肤有无外伤；检查趾长伸肌、趾长屈肌、趾外侧伸肌和趾浅屈肌的腱鞘有无肿胀与压痛，内外侧韧带及其附着点有无异常；关节囊有无肿胀和波动；关节缝隙有无病变；屈曲跗关节后放下肢体，立即观察其运步有无异常。

7. 膝关节的检查 观察膝关节的外形有无增大、肿胀和外伤；触摸膝关节内侧面的正常轮廓是否清楚，股骨下端有无骨折，胫骨上端的胫骨隆起有无异常，髌骨的位置有无异常，是否有髌骨脱位；膝关节囊、趾长伸肌的腱下黏液囊有无热痛与肿胀，关节韧带有无压痛与断裂。

8. 荐髂关节的检查 用力触诊荐髂关节，观察有无压痛。荐髂部位的复杂性可能是患马背部疼痛的源头，但是荐髂关节周围丰富的肌肉使这一问题很难确诊。在临床上，荐髂关节疼痛的外在表现主要有腰部僵硬、行为改变、后肢缺少动力、跑步时更换领先后肢、运动质量下降、后躯不愿活动、提背困难、空中换腿失败或者拒跳。荐髂关节还有可能出现不完全脱位（subluxation），表现为疼痛、荐髂关节部位出现隆起，在马兽医临床上称之为 jumper’s bump 或 hunter’s bump，常见于障碍马、猎狐马和越野马。

9. 腱与腱鞘的检查 检查各伸肌腱和屈肌腱的紧张度、有无热痛反应和肿胀等。检查各关节处腱鞘部位有无热痛反应和条索状肿胀等。检查屈肌腱可分为负重检查和非负重检查两种情况。当马站立时，可通过触诊检查腱的质地和形状，在非负重状态下，可分别检查每条腱及寻找局部痛点。

10. 肌肉的检查 由上至下，检查各块肌肉的弹性、有无热痛反应和肿胀、有无萎缩或位置改变等。尤其注意冈上肌和股二头肌的位置是否改变。

11. 骨的检查　观察四肢的外形和姿势有无异常，肢轴有无改变，肢体有无延长或缩短；可疑患部有无疼痛或压痛；他动运动时，有无疼痛、异常活动和骨摩擦音。

12. 黏液囊的检查　检查肘结节皮下黏液囊、腕前皮下黏液囊、跟结节皮下黏液囊、臂二头肌腱下黏液囊、膝前皮下黏液囊有无肿胀、热痛反应和波动。

（四）特殊诊断方法

1. 测诊　用尺子测量肢体的长度与周长，有时可为判断疾病提供确实的依据。

2. 外周神经阻滞诊断法　用局部麻醉药阻滞可疑患部的感觉神经传导，当其疼痛和跛行消失时，便可确定可疑部位为患部。该方法广泛用于马属动物，尤其对肢下部，效果较确实。注射麻醉药 15～20min 后，观察马的运步。患马应在平坦的路面上做常步运动，避免快步、急剧及突然转弯，以及重剧的劳逸，以免发生意外事故。常用的方法是痛点浸润麻醉和神经传导麻醉。近些年来，连续外周神经阻滞（continuous peripheral nerve block，CPNB）技术已被开发并成功应用于马匹，特别是针对远端胸肢的掌侧神经进行持续局部麻醉。这种技术通过在马匹站立、镇静状态下，将导管沿周围神经放置，以实现低容量局麻药的持续输注，从而有效控制疼痛。

3. 关节内和腱鞘内麻醉诊断　怀疑跛行是由关节内和腱鞘内疼痛性病变引起时，采用关节内和腱鞘内麻醉诊断。此法适用于浅表的、外观明显的关节腔和腱鞘。注射部位要确实保定和严格消毒，将皮肤向一侧稍移动，如穿刺正确且腔内液体很多时，针刺入的瞬间，滑液即从针孔溢出；当腔内液体很少时，用注射器抽吸，可抽出淡黄色透明液体。针头正确刺入关节腔或腱鞘内后，吸出滑液和炎性渗出液，再注入盐酸利多卡因或盐酸普鲁卡因，注射量根据腔的大小而定。针头拔出后用棉球压迫穿刺点片刻，然后将马牵遛 5～10min。15～20min 后检查跛行是否消失。

4. X线检查　X 线透视和拍片对四肢骨和关节疾病具有重要的诊断价值，而且对疾病的经过、预后，甚至合理治疗也有很大的帮助。若怀疑患有骨裂、骨膜炎、骨髓炎、骨质疏松、骨坏死、骨溃疡、骨质增生、关节炎、关节脱位等疾病，均可采用X线诊断。

5. 直肠检查　直肠检查在大动物髋部疾病的确诊上有着特殊的、不可替代的作用。在跛行诊断中，如髋骨骨折、腰椎骨折、髂荐联合脱位、髋关节脱位等病因都可用直肠检查确诊。此外，腰肌的炎症过程、腹主动脉及其分支的血栓、股骨头脱位等都可用直肠检查确诊。直肠检查时，可配合后肢的他动运动。例如，诊断髋关节脱位时，侧卧保定，检查者的手伸入直肠，让助手牵动患肢，感觉关节的活动情况。

6. 斜板试验　斜板（楔木）试验主要用于确诊蹄骨、屈腱、舟状骨（远籽骨）、蹄关节和悬韧带疾病及远籽骨滑膜囊炎。斜板长 50cm、高 15cm、宽 30cm。检查时，迫使动物患肢蹄前壁在上、蹄踵在下站在斜板上，然后提举健肢，此时，患肢的屈肌腱非常紧张，上述器官有病时，动物由于疼痛加剧不肯在斜板上站立。检查时应和对侧肢进行比较；怀疑蹄骨和远籽骨有骨折时，禁用斜板试验。

7. 实验室检查　实验室检查在跛行诊断上可起辅助作用。通过实验室检查，可以确诊某些疾病的病理性质。当怀疑关节、腱鞘、黏液囊有炎症过程时，可对穿刺液的性质、细胞成分及氢离子浓度等进行化验。

8. 温度记录法 也称为热成像技术（thermography），在马匹跛行诊断中的应用主要基于其非侵入性的特点，能够通过测量体表温度来观察和分析马匹的生理状态。这种方法是利用红外线扫描仪记录皮肤温度梯度变化，并转化成电信号，经过放大，在荧光屏上显示出一个热像图，从而揭示被检查区域的血液流动模式和代谢过程的速度。它提供了一种无创、快速的方法来评估马匹的生理状态和潜在的病理变化，有助于早期诊断和治疗计划的制订。然而，为了提高诊断的准确性和可靠性，建议将热成像技术与其他传统的影像学方法相结合使用，并且需要更多的研究来验证其在马匹医学中的有效性和准确性。尽管热成像技术在马匹跛行诊断中的应用具有一定的优势，如能够在临床症状出现之前检测出屈肌腱损伤，并且可以作为炎症诊断和愈合进展监测的重要工具，但它也存在一些局限性。例如，热成像容易产生伪影，这导致一些人对其临床适用性持怀疑态度。然而，随着经验的积累和对结果解释的谨慎，热成像技术可能成为马匹跛行评估的一个有用辅助方法，尤其是当与其他影像学方法如X线和超声检查结合使用时。

9. 运动摄影法 也称为电影摄影法（cinematography），在诊断马跛行中的应用主要依赖于高速摄像技术和计算机辅助分析。这些技术能够详细记录和分析马匹的步态特征，从而帮助识别潜在的跛行问题。

高速摄像技术可以捕捉到马匹在行进中的细微动作，这对于评估其步态的精确性至关重要。使用60Hz的记录系统成本较低，然而是否足以精确量化马匹在小跑时的步态特征仍存在疑问。相比之下，1000Hz的记录系统提供了更高的时间分辨率，能够更准确地捕捉到马匹在小跑时的步态事件，如脚趾接触、脚跟接触、脚跟抬起和脚趾抬起等。此外，计算机辅助分析进一步增强了运动摄影法的应用效果。通过构建动态图表，如股骨结节高度与尾部高度的关系图，以及膝关节角度与步幅的关系图，研究人员能够直观地观察到马匹步态的不对称性。这种方法不仅提高了诊断的准确性，还使得治疗方案更加个性化和有效。在实际应用中，结合传统的临床诊断方法和影像学诊断方法，如X线和超声检查，可以进一步提高对马匹跛行症状的确诊率。例如，在蹄部疾病、骨关节疾病和软组织损伤的病例中，通过这些综合诊断手段可以有效地确定疾病的类型和程度，从而为后续的治疗提供依据。

10. 骨闪烁图法 骨闪烁图法（bone scintigraphy）是一种在马匹跛行诊断中非常有价值的辅助工具。这种方法是通过骨骼的放射性标记、扫描以及扫描解释来评估马匹的跛行情况。特别是在物理检查或X线检查结果不明确时，骨闪烁图法可提供重要的诊断信息。骨闪烁图法还可以帮助区分不同的病理状态，如骨折、感染或退行性疾病等。通过对比不同时间点的扫描结果，兽医还可以评估治疗效果或疾病的进展。

11. 电关节角度测量 电关节角度测量（electrogoniometry）是一种用于评估关节运动范围和角度的技术，已被广泛应用于人和动物的运动分析中。在马匹跛行诊断中，电关节角度测量可以用来定性和定量地评估正常和病理状态下的腕关节运动。

12. 动力描记图法 动力描记图法（dynamography）是利用力换能器，以测量肢蹄着地对地面施加的力的大小和方向。一般的力换能器是由埋在地下的力板构成。力板是由一种硬质的金属表面制成的板，覆盖于一系列垂直和水平的金属棒上。在这些金属棒上装有应力计量器。由于加载在金属棒上的力可使金属棒变形，这种变形可以改变应力表上的电阻以及应力计量器回路的电流，这些板记录了垂直方向、前后水平方向和外内侧水平方向的力。垂直方向上的力来自肢蹄负重阶段的体重，外内侧方向的力来自蹄的冲击、肢的扭转运动以及所运动的方向。利用这种方法测量马在慢步、小跑以及静止时的力，以弄清其运步的生物力学、疲劳作用以及跛行前的情况，探讨动力描记图法作为临床诊断方法的价值。当然，这些研究工作尚未广泛用于马兽医临床。

二、牛跛行诊断

牛的跛行可分为重度、中度和轻度三种。重度（三度）跛行的患牛，站立时患肢不能落地负重或患肢悬提着；运步时提伸困难，常呈三脚跳跃前进或拖曳步样。中度（二度）跛行的患牛，站立时患肢前伸、后踏、内收或外展，不能以全蹄着地；运步时病肢落地负重时间缩短，不能以全蹄负重，提举和伸扬不充分。轻度（一度）跛行的患牛，患病肢蹄站立或运步落地负重时，全蹄虽能全部着地，但支柱阶段负重时间较健肢为短，运步时提伸稍受限制。

大型规模化牧场奶牛的跛行诊断一般由一看、二摸、三判断三个部分组成。一看，即在饲喂通道上或挤奶通道上观察奶牛站立时的姿势、负重状态、局部外形变化。运步时牛的头部、臀部运动、步态、肢蹄落地负重的状态以及提举、伸扬时的状态等。二摸，即将奶牛锁定在颈枷上或将牛上保定架后，触摸局部的温度、疼痛、肿胀、脉搏、移动性、他动运动和摩擦音等变化。三判断，即将收集到的诊断材料进行综合分析，达到确定患肢（蹄）、判定患部和确定病性的目的。在规模化大型牧场对奶牛重度跛行诊断，确定患肢并不困难，但确定患部有时还要用一些辅助诊断的检查方法，才能获得正确的诊断结果。这就反映出跛行诊断的经过既有一定的顺序性，也有一定的灵活性。

（一）调查发病情况

在规模化牧场，发生跛行的奶牛被巡栏人员发现后，即可将跛行牛转群到肢蹄病牛舍，交兽医人员进行诊断。兽医人员接受新发生的跛行牛后，要做以下调查：通过信息管理系统调查奶牛的年龄，胎次，是新产牛、泌乳牛、干奶牛还是青年牛；有无妊娠以及妊娠的天数；通过信息系统了解奶牛过去发生过什么疾病；然后将牛号登记在病例登记表上。

当跛行牛涉及下述问题时需进行全身检查：在较短时间内相继出现较多的类似跛行牛，具有流行性；没有外伤史的跛行，且有两个肢以上同时发病；反刍、粪便异常的跛行牛；严重的肢蹄病患牛，要做全身检查。全身检查包括体况评分、精神状态、可视黏膜色泽、采食与反刍情况、排尿及粪便性状，以及体温、呼吸、脉搏、淋巴结的检查等，必要时要配合实验室检查。

（二）视诊

视诊是奶牛跛行诊断中的重要环节。视诊可分为站立视诊、躺卧视诊和运步视诊。通过站立视诊，可初步判定患肢和找到确诊疾病的线索；通过运步视诊，可确定患肢和初步判定患部。

1. 站立视诊　跛行奶牛的站立视诊是在牛舍的粪道上进行的，有运动场的牧场可在运动场上进行。待奶牛安静后，相距患牛 1～2m，围绕病牛进行前、后、左、右观察。看头部位置、站立姿势、肢蹄的负重状态和外形上的变化。首先应注意头颈的位置，头颈位置可表明牛体重心有无转移。低头和伸颈，奶牛把身体重心从后肢转移至前肢。抬头和屈颈，奶牛把身体重心从前肢转向后肢。两后肢跛行时，常卧地不起。站立时，可见四肢都集于腹下，并且弓背。4 个肢的跛行也表现为上述姿势。蹄的外侧指（趾）患病时，可见患牛患肢外展，以内侧指（趾）负重。两前肢内侧指患病时，可见两前肢交叉负重，两后肢内侧趾患病时，则看不到这种姿势。

观察顺序应自上而下，左右对比。特别要注意常发部位。重点注意三个字“姿”“负”“局”。

姿：看病牛的整体的姿势，一看头部位置的改变。两前肢有病时，头、颈高抬；两后肢有病时，头、颈低下。二看肢势有无异常。患肢常出现前伸、后踏、内收、外展、系部直立、屈曲等异常姿势。这些异常姿势都是减轻患肢病变部位的紧张性，缓解疼痛的表现，也是判定患肢的有效方法。

负：指患肢的负重状态。患肢常呈免负体重或减负体重，健康奶牛正常站立时，是四肢都支持体重，如果有一肢出现减负或免负体重，则此肢就是患肢。

局：指肢体的局部变化，如肢体有无变长或缩短、变形、肿胀、萎缩、破损、化脓、瘢痕、指（趾）轴和蹄的异常等。

2. 躺卧视诊 健康的奶牛是卧着休息，卧姿如发生改变或卧下不愿起立，往往说明运动器官有疾患。牛正常的卧姿是两前肢腕关节完全屈曲，并将前肢屈于胸下，后部的体躯稍偏于一侧，一侧（下面）的后肢弯曲压于腹下，另一侧（上面）的后肢屈曲，放在腹侧部的旁边。

奶牛卧地的正常姿势发生改变，表示有运动器官障碍。当牛的脊髓损伤时，整个体躯平躺在地上，四肢伸直，两后肢麻痹性无痛，两前肢强直亢进，但两前肢仍有随意运动。两侧闭孔神经麻痹时，两个后肢伸直呈蛙坐姿势。

临床上在躺卧视诊时，还应注意动物由卧的姿势改变为站立时的表现，有时可看出有病变的肢和部位。为了证明牛起立时有无障碍，可先使其处于正常卧的姿势，然后给以驱赶让牛起立，在站立过程中观察哪个肢有障碍，或某个肢的哪个部位有障碍。躺卧视诊时，应注意蹄的情况，因为这时蹄底也可看到。

3. 运步视诊 运步视诊是根据运步时出现的特点来确定患肢和初步判定患部。运步视诊可在牛舍粪道上观察，也可在奶牛去挤奶厅的赶牛通道上或奶牛从挤奶厅回牛舍的通道上进行检查，挑出跛行患牛。在挤奶厅回牛舍的通道上进行检查更容易发现跛行牛，因为跛行牛大多走在牛群的后面，检查者站于赶牛通道的一侧，观察每一头奶牛在赶牛通道上的运步状态，特别关注运步异常牛的点头运动、摆头运动、伸低头运动。观察奶牛前肢落地时肩关节是否发生震颤或外突，下踏时有无内收、外展等变化；观察奶牛运步时是否弓腰，以及弓腰的程度，左右臀部是否对称，腰部是否歪斜等。

运步视诊重点观察点头运动、摆头运动、伸低头运动。

点头运动：当奶牛一个前肢患病时，奶牛出现点头运动，即某一前肢有病时，患前肢落地负重瞬间头高抬，健前肢落地负重瞬间头低下。可概括为“点头行，前肢痛；低在健，抬在患”。

伸低头运动：奶牛的一后肢出现跛行时，奶牛在运步时常常出现伸低头运动，即当有病的后肢落地负重的瞬间，奶牛的头颈向前下方伸展，当健康后肢落地负重的瞬间，头颈部缩回到正常状态，称为伸低头运动。可概括为“伸低头行，后肢痛；伸在患，缩在健”。

根据奶牛运步的特点，即可确定奶牛的前肢和后肢出现了跛行。

上述运步特点是单个肢蹄发病的情况，如果两个肢蹄以上部位同时发病，便出现整个躯体运动的改变，产生代偿性步样。两前肢同时发病时，运步中头高抬，步态呈急速、短促的紧张步。同侧前后肢同时发病时，运步时体躯明显倾向健侧，患侧前、后肢着地时头、臀高抬，健侧前、后肢着地时，头、臀低下，从而可见头高抬与臀低下、头低下与臀高抬同时发生。在运步视诊时可经常看到后肢球节的突然屈曲，不要错误地认为病在球节，这是球节的神经支配出现的问题，最常见于长时间躺卧于硬地上的牛。当起立后躺卧侧后肢的球节在负重时出现屈曲，可能是躺卧侧的后肢腓神经压迫性麻痹引起的。对患牛检查时，如果找不到痛点，可根据其所表现的症状推断该症状是由患牛的后肢腓神经不完全麻痹所引起的关节与肌肉的松弛，从而导致关节不稳固。这种症状最多见于卧于硬地上的牛或产后瘫痪牛，在起立后常常表现一个或二个后肢在负重时出现球节向前突出。

（三）局部检查

将奶牛上修蹄台检查，也可将奶牛锁定在颈夹内进行检查。对肢蹄各部位进行仔细触诊，借以确定患部和判定病性。检查顺序一般从蹄开始，用检蹄钳检查，以确定蹄底真皮各部位有无疼痛。

对四肢患部触诊时先轻后重，并与健侧对比。检查内容包括温度、肿胀、疼痛、指（趾）部脉搏、移动性和摩擦音等。急性、亚急性炎症的部位均有不同程度的增温；发生缺血、坏死等部位则患部温度降低。凡炎症性疾病大多敏感，按压或他动运动时均出现避让等表现，当神经麻痹时则出现感觉消失区。软组织的急性和亚急性炎症以渗出为主，出现不同程度的炎性水肿；慢性炎症以增生为主，肿胀呈硬实感；骨赘形成后坚硬。患部长期缺血、外周神经损伤后经一定时间其所支配部位的肌肉则出现萎缩。皮下黏液囊炎、滑膜囊炎、腱鞘炎等疾病触诊时有波动感，对于慢性组织增生则缺乏波动感。蹄真皮的无菌性与感染性疾病，指（趾）动脉脉搏增强。对骨折处进行他动运动时，可感到骨的断端互相碰撞发出骨摩擦音。关节、腱鞘和皮下黏液囊发生纤维素性炎症时，触诊出现捻发音。

（四）其他检查方法

确定发病部位的病理性质，除采用触诊、他动运动等方法外，某些疾病尚需选用穿刺诊断、局部普鲁卡因麻醉等辅助诊断。这些方法不仅有助于确定患部和判定病性，还能为治疗提供依据。例如，将2%盐酸普鲁卡因溶液10～30mL 注射在感觉神经的径路上，使该神经在注射点以下所分布的区域传导暂时阻断、跛行暂时减轻或消失，从而发现患部；将2%盐酸普鲁卡因溶液注入可疑的患病关节内，观察其跛行是否减轻，以确定是否有病；将2%盐酸普鲁卡因溶液注入腱鞘内，观察跛行是否减轻或消失，以确定是否有病。正常的腱鞘直接注入药液都比较困难，当积有渗出液时较容易进行。通常应先抽出腱鞘内较多的渗出液后再注入药液。一般每个腱鞘注入20～40mL。

髋骨骨折、髋关节内方脱位等均可经直肠检查确定。髂外动脉因血栓栓塞后引起的跛行，也需从直肠检查中获得诊断依据。具体检查方法为使患牛侧卧，一人手臂伸入直肠内，另一人抬起上侧后肢上下晃动，直肠内手感觉有无骨摩擦音，以确定髋骨有无骨折。

（马卫明）

第二节　骨　　折

一、骨骼

骨骼构成了支撑运动系统的基础构架。在成年动物，骨骼主要有两种形式：皮质骨和松质骨。皮质骨由纵向、互相重叠的圆柱状哈弗斯（Haversian）单位组成，Haversian 单位由被板层骨呈同心圆排列围绕的哈弗斯（Haversian）管组成。骨骼内的主要细胞类型包括成骨细胞、骨细胞和破骨细胞。成骨细胞位于骨外和骨内膜内，负责细胞基质成分的生物合成，也表达各种不同的成骨介质，在骨合成中被骨基质包裹。破骨细胞是骨表面大的多核细胞，由单核细胞系的造血细胞前体细胞分化而来，其作用为去矿化和骨基质蛋白质的水解性降解。

有活性的骨骼含有相对少的水分（5%～10%），并含有大约 70%的矿物质。其余的成分为带有少量细胞成分的有机基质。胶原占有机基质的 90%。骨骼中的胶原主要为 I 型。其他的有机基质包括蛋白多糖、糖蛋白、γ-羧化蛋白和其他非胶原蛋白。骨骼的矿物质主要为羟基磷灰石钙[$Ca_{10}(PO_4)_6(OH)_2$]。

二、血液供应

所有发生于骨骼内的生理学过程，包括骨折愈合期间的修复过程，均依赖于充足的血液供应。长骨的正常血液循环由基础滋养动脉、近端和远端干骺部动脉以及在较多筋膜附着区域进入骨骼的骨膜动脉共同维持。穿过骨干的血流方向是离心方向，从髓腔到骨膜。与成年动物不同的是，未成年动物有大量动脉，穿过新形成的同位骨骼，在骨膜表面沿长轴分布。干骺部和上骺有独立的血液供应，一般不会跨过软骨性骨骺相连接。上骺血液供应营养软骨性储备细胞区和生长中的骨骺细胞。这部分循环的破坏会引起生长中细胞的死亡和骨骺功能停止。干骺部血液供应的破坏延迟软骨内骨化，导致软骨性骨骺增宽。当循环再建立时，软骨内骨化恢复。有大量肌肉附着的平板骨骼（如骨盆和肩胛骨）除了滋养动脉外还有大量骨外血液供应。不规则骨骼（如腕骨和跗骨）一般有多个滋养动脉。

在多数长骨骨折，髓内循环会被破坏。最初，已经存在的正常血管结构（即干骺部血管）会加强对损伤部位的供应。此外，暂时的骨外血管供应在软组织内形成，围绕骨折，滋养早期的骨膜骨痂。随着愈合发展和稳定性的恢复，髓腔的血液供应也重新建立。最终，骨外循环消失，正常的髓腔离心血流占主导。应用铸件或外部固定器的闭合式骨折复位对周围软组织和新形成的骨外血液供应破坏较轻，而开放式复位干扰了正在形成的骨外血管，妨碍了髓内血流的重建。对周围软组织的有创操作破坏了骨外循环反应。插入任何类型的髓内（IM）针都会干扰髓腔血管系统；与骨内膜表面接触的骨针会阻断髓腔内的穿入血流。稳定的植入物允许新的髓腔循环形成，供应邻近的骨内表面。紧紧缠绕骨皮质表面的环扎钢丝不会明显破坏血管系统。甚至在未成年动物，环绕的钢丝看起来也不会明显阻断骨膜的血流。尽管骨板和螺钉的应用提供了最大的骨折稳定性，允许髓腔循环的尽早形成，但却破坏了骨板下方皮质骨的血液供应，造成相应皮质重塑和多孔。充分的血液供应是骨愈合的关键，任何情况的循环破坏都可延长愈合。松动的植入物的活动，尤其是环扎钢丝，会破坏形成中的血管系统；过度的骨折移动会影响髓腔血管系统的重建。过度的髓腔铰孔干扰内侧皮质的循环，导致强烈的骨骼重塑。与软组织剥离的大骨块（因此有血液供应）能被用来进行骨折的解剖重建；这些骨块必须牢靠地固定，以利于血管重建。对于粉碎性骨折，如果骨折被干扰很小，且大的骨块被骨板或外部固定器固定，这更利于骨折愈合。这种“生物学治疗”包括保留周围软组织的间接复位技术和促进骨痂快速形成。

三、骨折生物学

在骨折愈合过程中，骨折间隙内各种组织的形成取决于骨折块间应变的程度。在高应变环境中，只有肉芽组织等柔性组织才能存活。肉芽组织几乎可以承受100%的形变，纤维软骨能够适应10%～15%的形变，骨组织只能承受2%的形变。

骨愈合分为一期骨愈合和二期骨愈合。骨折复位的程度、植入物对骨折部位应变的影响，以及骨折的生物环境决定了骨折骨骼的愈合类型。一期骨愈合，也称为直接骨愈合，发生在绝对稳定的条件下，一期骨愈合总是通过接触和间隙愈合的组合发生。直接骨愈合的X线影像表现为骨折线的密度缓慢增加，没有桥连性骨外膜和骨内膜骨痂。尽管骨折线可以在骨折后6～8周内被骨性致密组织填充，但在类骨质重塑完成后骨骼才能够承担不受保护的负重。

骨块在牢靠固定下接触的地方，有同时愈合和Haversian重塑的重建过程，被称为接触性愈合（contact healing）。在骨断端之间的距离小于0.01mm和功能性消除块间应变（＜2%应变）的骨折中，发生一期骨单位重建。破骨细胞的“切割锥”形成于骨折附近受损骨的末端。破骨细胞在每个切割锥的顶端形成一个矛头并穿过骨折处，去除其路径中的死骨。当每个切割锥穿过骨折端时，切割锥尾端的一组有组织的成骨细胞沉积新骨，导致骨同时吸收和形成。

牢靠固定后在骨折线的小间隙内出现的直接骨形成被称为间隙性愈合（gap healing）。间隙宽度必须不超过大约1mm，且骨块间应变＜2%。小间隙最初充满了纤维蛋白基质和通过血管生成形成的血管芽。在几天到几周内，板层骨在一个类似膜内骨化的过程中填补了空隙。在3～4周内，间隙内的新骨和骨折附近的骨均会形成切割锥。切割锥穿过骨折以将垂直定向的板层骨与骨折的每一端结合。之后发生重塑，垂直板层骨转变为纵向板层骨，最终恢复了骨骼的结构和机械性能。

二期骨愈合也称为间接骨愈合，特征是在骨折处形成纤维性结缔组织和软骨性骨痂。这种愈合形式发生于因骨块移动造成的不稳定的机械性环境中。IM针、外部固定器、交锁髓内钉和骨板产生的稳定性依次增加。二期骨愈合由5个重叠的阶段组成：炎症期、膜内骨化、软骨痂形成（软骨形成）、硬骨痂形成（软骨内骨化）和骨重塑。炎症期：骨折或截骨后，血液供应中断，随后是原发性（血小板聚集和脱粒）和继发性止血（血肿形成）。膜内骨化：在骨膜和下层骨之间的空间，骨膜来源的间充质干细胞分化为成骨细胞，并直接沉积编织骨。编织骨不足以桥接骨折。软骨痂形成（软骨形成）：在骨折的缺氧中心，间充质干细胞经历软骨形成。硬骨痂形成（软骨内骨化）：软骨细胞肥大并钙化细胞外基质，导致软骨细胞凋亡以及血管生成和相关破骨细胞、成骨细胞侵入基质。成骨细胞沉积编织骨，最终桥接骨折。

骨重塑：破骨细胞和成骨细胞将编织骨转化为板层骨，最终恢复骨折骨的一般解剖形状和强度。在X线影像上，最初由于骨的重吸收，骨折间隙可能增宽。骨膜骨骼形成开始于距离骨折表面一定距离处，由于出现在骨折处，宽度会增加。随着骨痂开始覆盖骨折和纤维软骨的矿化，骨痂间隙将逐渐变得模糊。骨痂桥连骨折之后，取得稳定性，并发生骨骼重塑。X线影像表现为骨痂骨骼的致密性降低，髓腔重建，在骨折处出现皮质骨。

四、骨折生物力学

骨折是由不同的机械力造成的，包括压缩力、张力、旋转力、弯曲力和剪切力。这些力可以单独或者复合作用于骨骼，导致不同类型的骨折。根据骨折线与骨骼长轴的管理，可以将其分为横骨折、斜骨折、螺旋形骨折和粉碎性骨折。当骨骼被拉开时，单轴拉伸载荷会导致横骨折。压缩载荷在轴向上产生压缩力，在圆周方向上产生拉伸力。扭转载荷引起螺旋形骨折。扭转载荷导致作用在倾斜方向上的反向拉力和作用在轴向和横向方向上的剪切应力。这些骨折通常由剪切应力引发，并由倾斜拉伸应力驱动。弯曲力引起横骨折。由弯曲力引起的骨折通常在弯曲的拉伸侧开始，然后迅速向受压侧扩展。骨折一般沿横向发生，也可能会在短的倾斜方向上发生。随着骨折向压缩侧扩展，剪切应力可能变得足够高，以将骨折线沿斜向驱动，从而产生小的蝶形骨块。联合载荷可引起粉碎性骨折。压缩引起的弯曲（即压弯）和扭转的组合会产生与这两种负荷模式相关的效果。骨折将取决于这些负荷条件的相对大小。骨折在弯曲的凸面开始，那里的拉伸应力最大。随着骨折向弯曲的受压侧扩展，斜向应力占主导地位，并产生蝶形骨块。

五、围手术期管理

骨折是由于创伤或潜在的骨骼疾病所致，或者两者兼而有之。首先对创伤病例进行鉴别分类。鉴别分类是为了决定对病例进行完整评估前，是否存在需要立即处理的问题。应对病例进行尽可能完整的检查，以免遗漏伴发的其他疾病。创伤的病例可能存在的合并症有心血管系统、呼吸系统、神经系统以及泌尿系统疾病等。不常见的钝性创伤包括体壁疝、脾脏和肝脏破裂以及胆囊破裂。对有明显钝性创伤的动物，应该拍摄胸片和进行系列心电图检查。

在骨科病例，应使用围手术期镇痛剂。评估术后不适的程度和不适持续的时间，以确定术前镇痛剂的选择。多数骨科手术存在中度到严重疼痛。

应该根据体征、体格检查所见和实验室分析选择麻醉程序。在心血管受影响或创伤的病例，应该小心麻醉。推荐使用包括镇痛剂、硬膜外麻醉等合理而均衡的麻醉程序来减小术中的疼痛反应，并减少麻醉剂的需要量。复合全身麻醉的硬膜外麻醉（利多卡因、布比卡因或罗比卡因）通过临时麻痹后肢肌肉提供深度肌松，使骨盆、股骨和胫骨骨折的复位较容易。使用局部麻醉剂进行臂丛神经阻滞将为进行前肢手术的动物提供额外的镇痛和肌松。采用局部麻醉剂进行股骨-坐骨神经阻滞将为后肢手术提供额外的镇痛和肌松。非甾体抗炎药（NSAID）被用于骨科病例的疼痛控制。NSAID的优点是能提供持续的镇痛，作用时间持续12～24h。NSAID不应用于有明显低血压、肾或肝疾病，或者有严重肺疾病（尤其是哮喘病例）的病例。NSAID 在术后持续口服数天，用于出院动物的镇痛。

预防性使用抗生素可有效防止骨科病例的手术部位感染。尽管进行了消毒，但手术中仍会存在细菌。当宿主的防御体系无法控制微生物时，就会发生感染。必须在切开前 30～60min 静脉使用抗生素。抗生素使用的时间要能保证在伤口开放时有足够的血清和组织浓度。每 2～4h 重复使用抗生素，在手术完成后或术后 24h 内停用。诱导麻醉后使用头孢唑林，22mg/kg IV，并在术中每 2～4h 重复使用。

六、手术方案的制订

骨折修复的目标是尽快实现骨骼的完全愈合，并恢复理想的骨骼功能。选择合适的骨折修复技术的过程包括：①病例评估；②骨折情况评估；③骨折评估评分；④根据评估结果选择合适的骨折修复技术。此外，经济因素及客户的依从性也可能对技术选择产生影响。对动物的评估应包括对骨骼分类的评估、对所有相关疾病的全面评估，以及对可能影响骨愈合和骨折评估评分的特定生物学因素的评估。

（一）骨折评估

需要对骨折进行系统的描述。对骨折的精确描述包括受累骨骼，骨折的位置，骨折是否开放于环境，粉碎的程度和移位程度。除了对 X 线影像进行评估外，确定是开放性还是闭合性骨折需要对肢体进行检查。粉碎性骨折有多个骨折线，从有 3 块骨块的蝶形骨折到有 5 块或更多骨块的高度粉碎性骨折。骨折可以为完全或不完全骨折，也可分为青枝性骨折、撕脱性骨折或横骨折。青枝性骨折发生于未成年动物。骨折线与同骨长轴之间的角度小于 60°为斜骨折；如果这个角度等于或大于 30°，称为短斜骨折；如果角度小于 30°，称为长斜骨折。螺旋形骨折与长斜骨折类似，但骨折线围绕着骨长轴。骨折可能为错位性或非错位性，描述远端骨块相对于近端骨块的移位方向。开放性骨折的分类方案描述了软组织破坏的关系和程度，为治疗原则和预后提供指导。根据 Gustilo-Anderson 分类方案，开放性骨折分为 I 型、II 型和III型（表 13-1）。

表 13-1　Gustilo-Anderson 开放性骨折分类方案

I 型：伤口小于 1cm 的开放性骨折，周围组织轻度/中度挫伤。通常情况下，外部伤口是由尖锐的骨块从里向外造成。骨骼经常缩回到皮肤下。
II 型：伤口大于 1cm 的开放性骨折，无过度的软组织破坏、皮瓣或撕裂。外部伤口通常是由能量较大的力量从外部引起。
III型：严重软组织破坏的开放性骨折。常见软组织撕裂、撕脱性损伤和骨丢失。这些骨折伴有需要修复的神经血管损伤、枪伤和创伤性部分截肢。
IIIA 型：无论伤口大小，尽管有严重的软组织撕裂或皮瓣，或高能创伤，骨折的骨骼仍有充足的软组织覆盖的开放性骨折。
IIIB 型：有严重的软组织丢失、骨膜剥脱和骨暴露的开放性骨折。通常伴有大量的污染。
IIIC 型：伴有需要修复的动脉损伤的开放性骨折。

骨骺骨折采用 Salter-Harris 分类。I 型 Salter-Harris 骨折穿过骨骺。II 型 Salter-Harris 骨折穿过骨骺和部分干骺端。III型 Salter-Harris 骨折穿过骨骺和上骺，并且一般是关节面。IV 型 Salter-Harris 骨折也是关节骨折，穿过上骺，通过骨骺，并穿过干骺端。V 型 Salter-Harris 骨折是 X 线片上看不到的骨骺压缩性损伤，但当骨骺功能停止，数周后会变得明显。

（二）骨折评估评分

治疗的目标是骨愈合以及动物恢复正常功能。必须确保所选择的固定系统能够对抗压缩力、张力、剪切力、弯曲力和旋转力，使其能提供获得满意结果的适当长时间的稳定性。制订整个手术操作的详细计划，包括骨折复位技术、植入物的放置过程以及骨移植的可能性。骨折评估评分包括机械性因素、生物学因素和临床因素。

机械性因素：包括受损伤肢的数量、动物的体型和活泼性，以及获得骨骼和植入物之间负重分配固定的能力。必须确定骨折的复原性。允许复位的骨皮质与植入物分担负重时的体重。当骨折有多个大的骨块，这些骨块排列得像木桶板，或者有多个无法用植入物固定的小骨块，这种骨折被认为是非可复性，植入物要承受负重时的力量，直到骨痂形成。有多肢损伤的病例被认为具有多发伤，比患单肢损伤的动物在修复肢上的负重更大，这增加了并发症的风险。在植入物和骨骼之间负重的分配比例也会影响并发症的概率。横骨折修复时，由于多数力通过肢体被轴向传递，会达到理想的负重分配。植入物的负重最小化，因此松动和疲劳性失效的可能性会较小。而当负重通过植入物，而不是在骨块间传递时，植入物易松动和疲劳性失效。

生物学因素：许多生物学因素影响骨骼的愈合速度。动物的年龄和整体健康状况很重要。年轻（<6 月龄）健康动物是“愈合机器”，需要功能性固定装置的时间很有限。相反，同样的骨折在年龄较大的动物将需要明显较长的固定时间。其他需要考虑的生物学因素包括骨折为开放性或闭合性，以及由低能量还是高能量损伤所致。在最小程度的软组织处理和手术时间下获得期望的复位和稳定性相对于更长的手术时间和更明显的软组织损伤，获得最终成功的比例更高。开放式复位中可采用桥连接骨术（bridging osteosynthesis），采用该技术对软组织套的干扰极小。微创骨板技术也能保留周围的生物学环境。

临床因素：在术后阶段影响愈合的临床因素是动物和客户因素。影响因素包括客户对宠物术后护理的意愿和能力、动物术后配合度的预期，以及术后肢体功能的预期。如果客户无法投入足够的时间进行中度或严格的术后护理，可能会增加术后并发症的风险。

1. **低分**（1～3） 在骨折评估评分较低的情况下推荐有足够强度和刚度功能的植入物（或复合使用植入物），包括加长骨板、锁定骨板、骨板-髓内针联合、交锁髓内钉或III型外部固定器。这些病例不适合采用铸件、IM 针和环扎钢丝固定。在骨折评估评分低的病例应该考虑骨移植。

2. **中等分值**（4～7） 生物学和机械性因素均影响愈合和植入物的选择。推荐的植入物包括骨板、I 型或II型外部固定器、带有或不带连接的 IM 针-外部固定器复合体以及交锁髓内钉。中等骨折评估评分的病例可考虑采用骨移植。

3. **高分**（8～10） 当骨折评估评分较高时，推荐的植入物包括 I 型外部固定器、IM 针-环扎钢丝和外部接骨术。高骨折评估评分的病例很少需要采用骨移植。

（三）骨折固定系统

在选择骨折修复技术时，有 5 种主要作用于骨骼的负荷需要考虑，包括压缩力、张力、旋转力、弯曲力和剪切力。骨折分类决定了骨骼本身是否要承担这些负重，或者是否需要植入物来对抗这些力。骨折修复植入物在对抗这些负荷方面存在差异（表 13-2）。

表 13-2　固定技术的力学特点

保护对抗	弯曲力	旋转力	压缩力	张力	剪切力
铸件	是	是	否	否	是
髓内针	是	否	否	否	是
交叉针	是	是	否	是	是
环扎钢丝	是	是	否	否	否
张力带	否	否	否	是	否
外部固定器	是	是	是	是	是
骨块间螺钉	否	是	否	否	是
骨板	是	是	是	是	是

1. 骨科钢丝　骨科钢丝由316L不锈钢制成，但它有更好的韧性，因此可被塑形和打结。张力强度与横截面积有关（$\pi \times r^2$）。因此，钢丝直径的轻微增加会大大提高钢丝的强度。可以买到成轴的钢丝，或者是带孔的钢丝，直径为0.6～1.2mm。并无规则确定特定情况下合理的钢丝型号，但应使用与骨骼的型号和强度相匹配的最大直径钢丝。在猫和小型犬推荐使用直径0.6mm或0.8mm的钢丝，在大型犬推荐直径1mm和1.2mm的钢丝。有各种工具可用来收紧环绕钢丝。可采用钢丝钳或旧持针器来做螺旋结。一端有孔的环扎钢丝可采用特殊设计的钢丝收紧器来操作。

骨科钢丝通常被用作环扎钢丝或半环扎钢丝。与其他骨科植入物联用，来补充对骨折的轴向、旋转和弯曲性支持。环扎钢丝是指将骨科钢丝围绕骨周围来应用。半环钢丝或骨块间钢丝则是指穿过在骨骼上预钻的孔放置的钢丝。环扎钢丝能与Kirschner丝联用，以防钢丝在骨骼直径变化的区域滑动，或将环扎钢丝以与骨骼长轴斜向的角度固定。

环扎钢丝被用来为解剖重建的长斜骨折或螺旋形骨折提供稳定性，或将多个骨块保持在原位，最适用于骨干长斜骨折，也常用于上颌或下颌的骨块间。为了发挥固定作用，钢丝必须在骨折面之间产生足够的压缩，以防骨块在负重时移动或塌陷。为了达到这个目的，环扎钢丝的应用有几个原则，必须遵守：骨折线的长度最少应该是骨折线水平骨干直径的2倍，如长斜或螺旋形骨折；至少使用两道钢丝，每段钢丝的间隔大概为骨骼直径的一半；骨折必须可以解剖复位。在多骨块骨折中试图靠环扎钢丝来获得稳定性是环扎钢丝失败最常见的原因。当存在多个骨块时，术后的移动可引起其中一个骨片的位置变动，这将导致重建骨骼的整个骨段塌陷。就像一个桶一样，为了保持稳固，需要使所有的边复位，如果木桶上的一个木块（骨块）松动，将发生塌陷。

缠绕结是固定张力带钢丝和环扎钢丝最常用的方法。将钢丝围绕骨骼放置，不要将组织包裹在钢丝和骨膜之间。钢丝要垂直骨长轴放置。用缠绕结收紧钢丝时，使钢丝紧贴骨骼。使用手持工具拧紧钢丝，如旧的持针钳或采用专用的钢丝钳。缠绕结必须使两根钢丝互相缠绕。用钢丝钳夹住钢丝旋转，并垂直于骨骼长轴提拉钢丝。旋转钢丝，同时保持张力。钢丝拧紧后，在第三个缠绕处剪断钢丝并保留其原样，或者在靠近第五或第六缠绕处剪断钢丝，并朝向缠绕的方向折弯。纤维性盖子将很快在钢丝突起的末端形成，提供保护，以免产生软组织刺激。当所有的钢丝放置完后，对每个钢丝的紧张度进行复查，因为之后放置的钢丝可能使之前的钢丝松动。

半环扎是环扎钢丝的一种变体。在不可能放置全环扎钢丝的骨干骨折，半环扎可能会改善对线，但不会增加稳定性。半环扎的主要作用是在最终固定时维持对线。半环扎钢丝在力学方面比全环扎差，一定不能依赖其作为主要的固定。

2. 骨针 骨针由316L不锈钢制成，可被命名为克氏针（Kirschner丝）或斯氏针（Steinmann针）。Kirschner丝（也被称为K丝）是小直径的光滑针，范围0.6～1.6mm。更大直径的骨针常被命名为Steinmann针或髓内针，直径范围为1.6～6.4mm。针尖最常被设计为三棱形，但也有钻石形和铲形。

骨针的生物力学优点是可对抗各方向的弯曲力，因为它们是圆形的，且被放置于髓腔中，所以对所有方向的弯曲性负重有同等的抵抗力。其强度和刚度取决于其面积惯性矩。面积惯性矩的公式包含了半径的四次方，因此直径大的骨针在弯曲时的强度和刚度也就比直径较小的骨针大得多。髓内（intramedullary，IM）针的生物力学缺点包括对轴向（压缩性）或旋转负重的抵抗力差，以及缺乏对骨骼的固定，因为骨骼和骨针光滑的表面之间的摩擦力很小。只有很少的情况下会使用髓内针作为骨干骨折修复唯一的植入物，应该用其他植入物（如环扎钢丝、外部固定器或骨板）对髓内针进行辅助，提供旋转和轴向的支持。

同时使用IM针和环扎钢丝时，IM针的直径应为骨骼狭窄部髓腔直径的60%～70%。当与外部固定器或骨板同时使用时，要选择更小直径的骨针。根据骨骼的X线影像来决定骨针的大小。骨折暴露后，比较骨针和髓腔，确定合适的骨针。IM针用于肱骨、股骨、胫骨、尺骨，以及掌骨和跖骨的骨干骨折。一定不要将骨针穿透关节面，否则可能会破坏其功能，并造成无法挽救的损害。在股骨和肱骨容易避开关节面。用于胫骨时必须谨慎，以免破坏膝关节内的组织。IM针不应用于桡骨，真正的髓内针无法在不破坏腕关节的情况下被放置在桡骨内。

在股骨和肱骨，IM针可顺向或逆向放置。在犬的胫骨，为了防止对膝关节的破坏，IM针必须顺向放置。以顺向方式放置骨针时，在长骨一端的合适部位开始放置骨针，将骨针沿髓腔穿向骨折，复位骨折，并继续插入，直到其进入干骺部的骨骼内。顺向放置的优点是，骨针能精确放置，且对骨折区域的操作较少。顺向放置的缺点是，如果盲目地插入骨针，可能难以确认正确的进针点。以逆向方式放置骨针时，先暴露骨折，并将骨针插入相应骨段的髓腔内。将骨针从骨段推出。然后将暴露的骨针部分向外拔出，直到骨针的另一端处于髓腔内。复位骨折，并将骨针推入干骺部骨骼内。通过屈曲和伸展关节来检查骨针是否干扰远端关节。摩擦音或活动范围减小表明有针干扰。借助X线影像确定骨针是否在关节内，可以借助C形臂，在小体型动物也可以借助牙科X线机。检查骨折的解剖复位或纠正骨骼对线状况，并采用环扎钢丝、外部固定器或桥接骨板。当满意骨针的位置时，通过将软组织向下压，在皮肤下方剪断多余的骨针。如果骨针的断端位于皮肤下，而突出骨骼，经常会刺激软组织，引起血清肿，限制腿的使用，并且在一些病例（股骨骨折）会引起严重或不可逆的神经损伤。

Steinmann针或Kirschner丝可被用作交叉针，固定年轻动物的干骺部或骨骺骨折。标准交叉针技术，通过将针穿透对侧皮质增加针的负荷能力。复位骨折，并在上骺骨段的外侧和内侧面插入骨针。使外侧骨针跨过骨折，从干骺段的内侧面出来；使内侧的骨针跨过骨折，在干骺段的外侧面出来。骨针应该露出骨面足够多，使其三棱尖离开皮质，但不应太长，否则会影响软组织。检查骨折的稳定性和骨针的位置。使用小直径骨针时，可折弯骨针末端，并剪掉多余的部分。较大直径的骨针难以折弯，只要简单剪断多余的部分即可。所谓的动态交叉针不穿透对侧皮质，以便产生“弹簧”效果。进针的角度要使骨针能擦过对侧皮质的内侧面，并继续沿髓腔前行。

当肌群在骨骼上的起点和止点（如大转子、鹰嘴和跟骨）发生撕脱性骨折时，张力是主要的力量。肌群在这些点的收缩产生张力，将骨性止点或起点从其解剖位置牵拉开。对抗张力最有效的方式是采用张力带。使用张力带的目的是将分离性张力转换为压缩力。放置张力带需要小骨针和骨科钢丝。先复位骨折，然后跨过骨折放置两个小骨针保持复位，在骨骼体积较小时，可以只使用一根骨针。垂直骨折线放置骨针，使骨针进入对侧皮质。在骨折下方的骨骼上钻一个小孔，与骨折的距离大约和骨针进入点距骨折的距离相等。孔的位置要使钢丝被收紧后位于骨骼的张力面。将钢丝穿过钻的孔，围绕用于固定骨折的两个小骨针。交叉钢丝末端，形成“8”字。旋转结，使张力带变紧。钢丝被收紧后，产生了对抗肌肉收缩的张力。将 Kirschner 丝暴露的末端折弯，并将末端转入肌腱内。

3. 骨板和螺钉　骨板与螺钉固定是骨折固定中最常用的方法。现代骨板技术开始于 20 世纪 60 年代早期，一些瑞士骨科医生组成了一个研究人的骨折治疗的组织——瑞士骨科内固定研究学会（Arbeitsgemeinschaft für Osteosynthesefragen，AO），在美国被称为骨折内固定研究协会（Association for the Study of Internal Fixation，ASIF），但现在被称为 AO。AO 提出并继续发展对骨科设备的应用建议，这提高了骨折管理的成功率，减少了并发症。AO 确立的原则形成了现代骨科手术技术的基础，尤其在内固定方面。AO 有许多分支，在 20 世纪 70 年代，AO 组织成立了其分支 AO-Vet，主要研究和解决与动物骨折管理有关的问题。由于这个组织的工作，特殊的工具和骨板被设计出来用于治疗动物的损伤。

1）螺钉　螺钉用 316L 不锈钢或钛合金制成，有各种类型的螺钉可用于骨骼，可根据螺杆部螺纹的类型和螺钉头是否能锁定到骨板上进行区分。皮质螺钉用于致密的皮质骨，皮质螺钉的牙数（pitch）（每英寸内螺纹的数量）要多于松质螺钉，螺纹深度更浅。松质螺钉有全螺纹和部分螺纹两种，主要用于上骺或干骺部。松质螺钉螺纹的高度（内杆直径和螺钉外直径的距离）要大于皮质螺钉，这允许其可以更深地嵌入软的海绵样上骺或干骺部。非自攻螺钉需要先由丝锥在骨骼内攻纹；自攻螺钉自身的切割头可以在骨骼内攻纹，并具有容纳骨骼碎屑的槽。皮质螺钉和松质螺钉根据其外部直径来命名，如 2.0mm 皮质螺钉的外部螺钉直径为 2.0mm。皮质螺钉或松质螺钉直径的标准型号包括 1.5mm、2.0mm、2.4mm、2.7mm、3.5mm、4.0mm、4.5mm、5.5mm 和 6.5mm 等。每个直径的螺钉都有各种长度。螺钉对弯曲负荷的抵抗力取决于螺杆的直径，并以半径的四次方增加。螺钉的抓持力（对拔出的抵抗力）随着螺纹直径的增加呈线性增加。锁定螺钉可以物理性地结合在骨板上，并在骨骼-螺钉-骨板之间力的转换上产生巨大变化。这些螺钉的头部有螺纹，可以与骨板上的螺纹结合在一起[如锁定压缩骨板（locking compresion plate，LCP）和类似系统]。

骨板螺钉：标准骨板螺钉通过螺钉产生的扭转力将骨板固定在骨骼上。当螺钉与非锁定骨板一起用时，骨板被“拉”到骨骼上。螺纹不会锁入骨板中，因此当螺钉被拧紧时，螺钉头将骨板紧紧压在骨骼上。将骨板螺钉插入骨干时，在近端和远端皮质钻螺纹孔。用中性钻定位架将螺钉放置于骨板孔的中心。用负荷或离心钻定位架将螺钉离心放置，钻定位架上的箭头指向骨折线，当螺钉被拧紧时会对骨折线产生压缩。插入 3.5mm 螺钉时，使用与螺钉内芯（杆）直径（2.5mm）相当的钻头，用与螺纹直径（3.5mm）相当的丝锥。将测径器放入骨板孔中，确定所需螺钉的长度，用丝锥在近端和远端皮质攻纹。去掉丝锥，插入螺钉，用改锥将螺钉拧紧。在海绵状的干骺部或上骺骨骼，用松质骨螺钉作为骨板螺钉，并采用相同的操作流程进行固定。

位置螺钉：被用来将骨块固定在特定的位置。它的螺纹嵌入近端和远端的骨块，这要比压缩性固定的稳定性差很多。如果压缩会引起骨块塌陷，可能就需要采用位置螺钉的方式放置，尤其是在复杂的关节骨折的病例。用持骨钳将骨块控制在原位，用钻头在每个骨块上钻螺纹孔，钻头与螺钉的内芯（杆）直径相当。用测径器测量所需螺钉的长度，用丝锥在两侧皮质攻纹。插入螺钉，同时用持骨钳将骨块控制在原位，防止骨折线分离。拧紧螺钉，直到螺钉头与近端皮质（或骨板）接触。无论是皮质螺钉还是全螺纹松质螺钉，都能发挥位置螺钉的功能。

拉力螺钉：拉力螺钉的功能是压缩两个骨块之间的骨折线。它可通过骨板孔插入或独立于骨板直接插入骨骼内。拉力螺钉的理想位置是垂直于骨折线。如果螺钉与骨骼太垂直，可能会引起骨块彼此间滑动。如果骨折线的长度小于骨直径的 1.5 倍，将难以有效放置拉力螺钉。在近端皮质钻的孔必须是滑动孔（孔的直径与螺钉的外径或螺纹直径相当），而在远端皮质的孔必须为螺纹孔（孔的直径与螺钉的内芯直径或螺杆相当）。使用直径与螺钉的外径或螺纹直径相当的钻头，制作滑动孔。将钻鞘插入滑动孔中，准备在远端皮质制作螺纹孔（钻鞘的插入有助于定位远端皮质的螺纹孔相对于滑动孔的中心）。滑动孔和螺纹孔制作完成后，使用埋头钻对螺钉头在皮质上的位置进行处理，并用测径器来确定所需螺钉的合适长度。穿过钻鞘对螺纹孔攻纹。插入合适长度的螺钉，用改锥将螺钉拧紧。螺钉的螺纹将滑过近端皮质上的孔（滑动孔），并抓持远端皮质的骨骼（螺纹孔）。由于螺钉被拧紧，螺钉头与近端皮质接触。当螺钉抓持住远端皮质，骨折线被压缩。拉力螺钉能以同样的方式穿过骨板孔放置。由于螺钉头压在骨板上，因此不需要在近端皮质上做埋头孔。

2）骨板　骨板主要由 316L 不锈钢制成。对于多数植入物，钢铁被硬化过。对于一些特定的骨板，如重建骨板，钢铁较软，这样更易于根据复杂的骨骼形状塑形。骨板也有钛制的。钛制骨板理论上抗疲劳度更好，但强度和刚度不如相应型号的不锈钢。骨板的设计有各种差异，包括骨板长度、骨板孔接受的螺钉大小、骨板和螺钉孔的构型，以及功能等。骨板的长度以孔的数量来表示。不同大小的骨板有各种长度。3.5mm 宽骨板的长度从 4 孔到 22 孔，2.7mm 宽骨板从 4 孔到 12 孔。骨板的大小由骨板孔可接受的皮质螺钉来决定。例如，在 3.5mm 宽骨板，骨板孔将接受 3.5mm 的皮质骨螺钉；2.0mm 宽骨板接受 2.0mm 的皮质骨螺钉；而 1.5mm 宽骨板则接受 1.5mm 的皮质骨螺钉。

对小动物有用的骨板有重建骨板、兽医可剪切骨板（veterinary cuttable plate，VCP）、犬髋臼骨板、T 形骨板、股骨远端截骨术骨板和胫骨平台水平截骨术（tibial plateau leveling osteotomy，TPLO）骨板等。重建骨板在侧面的骨板孔之间有凹陷，这使其可在 3 个方向塑形，但它们比同型号的动态压缩骨板要脆弱。当需要这些骨板负重时，必须非常谨慎。VCP 有多种型号，根据骨板孔可接受的螺钉型号进行区分。2/2.7 VCP 可使用 2mm 或 2.7mm 皮质螺钉，而 1.5/2 VCP 可使用 2mm 或 1.5mm 皮质螺钉。VCP 的使用很普遍，因为它有各种长度，最长有 50 个孔（300mm）。根据需要的螺钉孔数量和骨板的长度，可对骨板进行剪切。犬髋臼骨板的形状与犬髋臼背外侧面的结构类似，有多种型号。该骨板在大型和巨型品种犬尤其有用，因为它结实和牢靠。T 形骨板被用于桡骨远端骨折，尤其是小型品种犬。通常情况下，桡骨远端骨折的远端部分非常短，这会使放置足够数量的骨板螺钉比较困难。骨板的形状和型号允许在短的干骺部放置足够数量的皮质螺钉。股骨远端截骨术骨板和 TPLO 骨板被用于截骨术，其形状有利于管理特定的骨折，包括骨存量有限的股骨远端骨折。

有椭圆形孔的骨板称为动态压缩骨板（dynamic compression plate，DCP），通过拧紧螺钉时产生的动态作用会对骨骼产生压缩。椭圆形孔的构型是基于球形滑动原则，这模拟了球在斜面时向下的滚动。螺钉头的圆锥形代表了球，当螺钉被拧紧后，螺钉头将滑向椭圆孔的中心，骨板下方的骨骼会发生水平移动。如果在骨折线的每端均采用动态压缩骨板，骨骼会被从两头推向一起，产生在骨折线处的压缩。通过使用钻定位架，使孔的中心处于负荷或中性位置，确保螺钉的合理放置。在负荷位置，每个螺钉拧紧会产生大约 1mm 的压缩；而在中性位置，获得大约 0.1mm 的压缩。有限接触动态压缩骨板（limited-contact dynamic compression plate，LC-DCP）两端的设计均采用了球形滑动原则，被用来解决动态压缩骨板伴有的两个问题。骨板下方的实质部分被设计成扇形，这样应力不会集中在螺孔处。骨板下方的扇形减少了骨板与骨骼的直接接触面积，相对于动态压缩骨板，对骨骼血管化的影响要小。锁定骨板有带螺纹的孔，能放置和锁住锁定头的螺钉。锁定压缩骨板有复合孔，能放置标准螺钉或锁定螺钉。

使用骨板不仅需要了解植入物本身，也要考虑骨板的使用方式。通常情况下，骨板被用于骨骼的张力面。应用的传统方法包括动态压缩、中和、支撑和桥接。尽管骨板的设计旨在实现多种功能，但无论其在骨骼中的应用方式如何，关键在于明确骨板的基本构型（如 DCP 骨板、VCP 骨板和宽骨板）并未发生改变。动态压缩作用仅用于解剖性复位的简单横骨折或短斜骨折。通过在特殊设计的动态压缩骨板孔内采用离心放置的螺钉来使这些骨折出现轴向压缩。在这类病例，生理性负荷主要传过骨干，继而将骨板从有害的反复性弯曲应力解放出来。在长斜、螺旋形或蝶形骨折的病例，可通过采用拉力螺钉或环扎钢丝等来获得骨块间的复位和骨干重建。尽管这些植入物能提供有效的骨块间压力，它们并不能对抗造成骨折的力；因此，必须通过以中和方式使用骨板来对抗股骨干上的生理性负荷。由于骨块间不稳定，不能产生骨干的轴向压力，骨板被用于中和作用于骨折的力。生理性负荷大部分被骨板承担，小部分被重建的骨干承担。桥接骨板跨过了骨骼的碎片部分，无论是选择还是需要，只要骨干没有解剖性复位，尤其在横贯皮质的水平（骨板放置对侧的皮质），骨板要单独对抗施加的负荷，并且必须能承受骨折裂隙上所有的力，直到临床愈合。

桥接骨板：强调生物接骨术的原理，同时保持该区域的血液供应。桥接骨板典型地采用“打开但不接触”或微创接骨术通过间接复位技术来恢复解剖性对线，而不是寻求骨干的复位和骨块间的压力。通过采用更少骨螺钉和更长骨板固定骨末端（干骺或甚至上骺）以提高构造的顺应性。因此，桥接骨板是作为髓外支架，跨过整个骨折部位，保持不接触。在一些情况下，可能需要采用加长骨板，这样骨板的实质部分就可以跨过骨骼粉碎性骨折的部分。有限接触动态压缩骨板的设计旨在减小螺孔处的应力集中，其通过减小骨板实质部分的面积惯性矩实现了这一目标，且抗疲劳性能优于动态压缩骨板。保护桥接骨板的另一个方法是放置髓内针（板-针联合）。

压缩骨板：压缩骨板被用来对骨折产生轴向压缩。采用此功能时，要根据骨骼表面对骨板进行良好的塑形。采用压缩骨板时，对骨板塑形，使其在骨折线处轻微偏离（1～2mm）骨骼表面。用持骨钳把骨板固定在骨骼上，确保骨板末端位于骨骼上。若对骨板进行塑形使其精确贴合骨骼表面，则会导致骨折线处的负重分布不对称。这是由于通过骨板产生的压缩力会以离心方式作用于骨骼——无骨板接触的骨骼表面所受压缩力最大，从而导致骨板下方的骨折线压缩，而远端皮质的骨折线变宽。由于在远端皮质间存在间隙，骨板要支撑所有产生的负荷，而无骨性柱的分担。防止远端皮质出现间隙，要对骨板采取预先的应力，通过对骨板相对于骨骼表面的过度塑形，使骨板的中心高于骨面1～2mm。当骨折线两端的骨板螺钉被拧紧时，每个主要骨段被拉起接触骨板，压缩远端皮质。先插入最靠近骨折的两个骨板螺钉。两个螺钉均在负荷位置放入，拧紧以产生骨折线的压缩。只要骨折的每端有一个螺钉，在任何骨板孔放置前两个螺钉都能获得类似的压缩性。在骨折两侧朝向骨板两端交替插入剩余的骨板螺钉。

中和骨板：首先复位，并用拉力螺钉、多个环扎钢丝或两者复合使用进行固定。由于螺钉和钢丝不足以牢固到对抗负重产生的生理性力量，使用骨板桥连该区域，中和能使骨骼塌陷的力量。如同压缩骨板一样，中和骨板也应该放置于骨骼的张力面，但要根据骨骼表面进行塑形。骨折线已经被拉力螺钉或环扎钢丝压缩，因此不会发生骨板下方骨折线的分离。中和骨板保护重建的骨骼免受所有的旋转力、弯曲力和剪切力。在骨折每端推荐的固定的皮质螺钉数量（6个）与压缩骨板一样。使用中和骨板时，在中性位置插入所有螺钉，从骨板两端开始，朝中央进行。如果因为在骨折线上方而不能放置骨板螺钉，可以空着骨板孔。如果骨板孔位于穿过骨骼的拉力螺钉上方，则空着骨板孔，或螺钉仅进入近端皮质。

桥连骨板：预塑形的骨板符合骨骼的正常解剖形状。如果涉及的骨骼严重粉碎，则使用对侧肢正常骨骼的X线影像作为模板，帮助对骨板进行塑形。固定骨板前，对线骨骼，恢复长度，并纠正旋转方向。桥连骨板作为夹板，在愈合期间保持骨骼的立体对线。在术后早期，骨板和螺钉将承担所有的负重。这造成骨螺钉要比压缩骨板或中和骨板中的应力更大，而在压缩骨板和中和骨板，负重被骨骼分担。同样，要使用强度和刚度更大的骨板，因为骨板也要承担相当大的负重，直到骨骼沉积在骨折间隙内，形成骨性柱。如果要获得理想的强度和刚度，使用宽骨板、加长骨板或堆叠VCP，而不是标准骨板。此外，也可以用辅助植入物（IM针或外部固定器）对骨板进行支撑，它们会在早期愈合阶段分担负重。采用骨板-IM针复合体时，将占髓腔直径大约40%的IM针插入髓腔，要仔细保持骨骼的旋转对线和轴向长度。采用合适长度的骨板，将其用在合适的骨面。插入最近端和最远端的骨螺钉，因此会避开IM针，进入近端和远端皮质。插入靠近骨板中央的螺钉，螺钉仅进入近端皮质（单皮质螺钉）。

支撑骨板：支撑骨板这个词被用于对抗干骺区域的压缩力和剪切力。骨板被锚定在主要的稳定骨段，根据较小的干骺部骨块塑形，使较小的骨块尽量少移位。支撑骨板固定常结合骨块间螺钉使用。在兽医骨科学中这些骨折不常见。采用支撑骨板来托起干骺部骨折，或保护关节内板层骨折的螺钉修复。支撑骨板具有防止邻近关节面塌陷的功能。为了防止骨板滑动和关节面的塌陷，通过先将钻定位架放置在邻近最靠近骨折的骨板孔处，把螺钉插入骨板的近关节部分。在最初插入螺钉的过程中使螺钉头进入骨板上可防止骨板滑动的位置。

锁定骨板：把锁定骨板用作桥连骨板时，需选择长度能足够跨过骨骼的锁定骨板。对骨板进行预塑形，以符合骨骼的正常解剖形状。使用对侧相应的正常骨骼的X线影像作为帮助骨板塑形的模板。如果全部使用锁定螺钉，骨板不用完全贴合骨骼。对线骨骼，恢复长度，并纠正旋转方向，用持板钳控制骨板的位置。固定骨板前必须先纠正骨折对线，因为锁定螺钉一旦植入将使骨骼位置固定。骨板与骨骼的固定方式包括：单独使用锁定螺钉，或联合应用标准螺钉与锁定螺钉。当联合使用两种螺钉时，需确保骨板与骨骼紧密贴合，并先植入标准螺钉，通过加压将骨骼拉向骨板，再植入锁定螺钉完成固定。

锁定骨板与螺钉的组合可使螺钉相对于骨板保持固定的轴向角度，形成单梁式力学构造，这与传统骨板螺钉系统不同。锁定骨板和螺钉的生物力学与外部固定器更类似，有时锁定骨板构造也被称为内部固定器。与外部固定器的横向固定针类似，锁定螺钉作为横向支持装置，对抗悬臂弯曲力。与外部固定器的连接杆相比，锁定骨板离骨骼相对较近，增加了这种构造的力学优点。由于该构造的直角稳定性，轴向负荷或弯曲产生的剪切应力被转换为螺钉-骨板接合部的压缩应力，提高了单皮质锁定螺钉对结构强度的贡献。皮质骨对压缩负荷的耐受性要比剪切负荷强，并且压缩中锁定螺钉的松动需要大范围骨骼的固定失败，而不是单个螺钉在拔出时的失效。在骨质量较差的病例，螺钉被拔出的可能性更大，而锁定骨板的稳定性对螺钉拔出强度依赖性的降低尤其有优势。单杆构造中弯曲力更平均地分配在所有的支撑装置（螺钉），避免了应力集中于单个的螺钉-骨板接合部。由于在锁定骨板中很少担心螺钉被拔出，锁定骨板构造的稳定性越来越多地依靠骨板本身的材料属性。当被用作桥接骨板和无负荷分担时这点尤其重要。但是，尽管锁定骨板构造有这个优点，在骨密度低的区域，如干骺部，更长的单皮质和双皮质螺钉对抗固定失败的能力更强。

3）板-针联合　　在一些复杂骨折，许多骨板应用的原则被打破，通过同时使用骨板和髓内针可提高修复的强度，该结构被称为板-针结构。骨板与主要的近端和远端骨块相连。借助连接的方式和结构的属性，避免了轴向塌陷和旋转。然而，在骨板中央部分空着的螺孔使其易因弯曲而失效。植入髓内针明显增加了修复的抗弯曲强度。骨针的中央位置和圆形结构使其可提供所有方向的抗弯曲力作用。

髓内针和桥接骨板的复合使用减小了骨板的应变，提高了结构的整体刚度。通过这种方式，骨板的疲劳寿命增加，而弹性变形的风险减小。当骨针填充髓腔的 30%、40%和 50%时，整体的结构刚度分别增加 6%、40%和 78%。临床上已经显示骨针填充 50%髓腔的板-针复合过于牢固，可能限制了对骨痂形成和二期骨愈合有益的微动作用。临床上推荐在使用骨板复合方式时髓内针应填充髓腔的 35%～40%。也可刚度更大更粗的骨针作为主要植入物，同时使用骨板对抗旋转力。当采用这种方式时，髓腔内骨针的占位效果可能需要在采用双皮质螺钉时成角度，并有可能妨碍双皮质螺钉的放置。只要数量合理，也能接受单皮质螺钉。当采用锁定骨板时，推荐最小的螺钉数量是 1 个双皮质螺钉和 1 个单皮质螺钉。如果外科医生需要增加板-针结构的刚度，每增加 1 颗螺钉，轴向刚度会呈线性增加，最多每段放置 4 个单皮质螺钉。

板-针联合技术的应用通常要采取生物学接骨术原则。由于粉碎区域的整复不会对修复的强度有明显改善，保持不接触骨块，会使愈合的生物学过程最佳。先顺向或逆向放置髓内针，骨针处于主要骨块的髓内通常重建了骨骼的整体对线。必须在选择骨板的位置前纠正骨块间的旋转。髓内针也能用于骨长度的重建，它将远端的骨块推离近端骨块。将髓内针的头变钝可能有助于防止其穿入远端关节腔。当主要骨块完成正确对线后，需选择合适型号及长度的骨板。若同时使用髓内针，许多螺钉可能仅能固定于近端皮质；多数骨骼的干骺部存在生理性增粗，在靠近骨端处通常可进行双皮质螺钉固定。因此，所选骨板的长度通常较常规情况更长。

骨板和螺钉能提供不同的骨折内固定技术。它们经常被用于长轴骨的骨折，是累及关节面的骨折所必需的。当期望术后的舒适性和尽早使用患肢时（如累及关节面的骨折、老年动物和有骨折疾病动物骨不愈合的翻修），骨板和螺钉尤其有用。骨板和螺钉被用来治疗各种骨折评估评分的动物，在骨折评估评分低的动物尤其有用。

非锁定骨板对骨折进行固定主要通过摩擦力来完成，塑形良好的骨板被螺钉固定于骨骼表面。骨板可有效地对抗作用于骨折骨骼的压缩力、弯曲力和旋转力。骨板和骨骼之间的力妨碍了骨膜灌注，但当合理使用骨板时，这种担心的临床意义可能很小。已经设计出了将对血液供应的影响降至最低的骨板。骨板所处的骨骼表面会影响可获得的稳定程度。一般情况下，所有的长骨都要承受弯曲力，因为生理性负重离心作用于骨骼中心。当骨骼承受这样类型的负荷时，发生将弯曲，在骨骼的凹面产生压缩力，凸面产生张力。这种张力会把骨折线拉开，必须防止。将骨板置于张力面，这样骨板就可以吸收会使骨折分离的张力。此外，骨板能承受的张力高于压缩力。由于骨板相对于骨骼长轴呈偏心放置，其易受到反复弯曲应力的影响。当骨折对侧皮质未完成重建，且早期未形成足够的骨桥接以保护骨板时，植入物会因疲劳累积而发生失效。骨板孔是应力集中处，一般会在此处发生变形或断裂。增加骨板的大小，采用宽的加强骨板，或采用板-针联合系统可加强植入物，或减小应变，从而减小发生疲劳性失效的危险。

锁定螺钉-骨板系统作为内部固定器，已经表现出相比于传统骨板系统的力学和应用优点。螺钉头锁入骨板的孔中，使螺钉和骨板在力学上成为一体。此外，锁定螺钉不会对骨骼产生过度的应力，因为其处于中和状态。结果是螺钉系统产生的结构强度增加。由于骨板和螺钉为骨折固定提供了锁定机械力，不需要对骨板进行精确的塑形。这种螺钉的缺点是必须垂直于骨板放置，以产生锁定作用。锁定骨板可采用锁定螺钉或非锁定螺钉，在多数病例，可联合使用这两种类型的螺钉。在两段骨折的每一段各加一个锁定螺钉，与标准骨板相比，大概会使结构的刚度翻倍。额外增加一个锁定螺钉可进一步提升结构刚度，但继续增加螺钉并不会显著增加刚度。锁定螺钉也有螺钉拔出风险非常小的优点。

放置骨板进行骨折固定时必须考虑许多因素。当选择骨板的形状和型号时，必须考虑动物的体重、特定骨板的参数、所有骨块的大小、应用方式以及预期的负荷。AO 已经制定了一个根据动物体重和不同骨骼选择骨板型号的指导。应该选择足够长度的骨板，以防骨板螺钉提前松脱以及继而导致骨板从骨骼面松脱。在多数骨干骨折的病例，为了达到更好的效果，骨板应该跨过骨骼的长度。骨板的最小长度应该允许在骨折上端和下端的主要骨段放置 6 个皮质螺钉（如果双皮质放置，需要 3 个螺钉）。为了确保骨板跨过骨干长度，经常会超过在每段骨折 6 个皮质螺钉的最少数目。在选择骨板的位置时要考虑骨折的力学因素和骨骼如何负荷。当骨骼有主要的弯曲方向时，最好将骨板放置于骨骼的张力负荷面。如果骨折能复位，使骨板对侧的皮质重建，重建骨骼的面积惯性矩会被加到骨板的面积惯性矩上，整个结构会更结实。

4. 外部固定器 外部固定器的构成包括固定针、夹钳、连接杆等。外部固定器适用于长骨骨折、矫正性截骨术、关节成形术和临时关节固定，尤其适用于粉碎性骨折闭合复位后的固定。其不适用于关节骨折，也很少被用于骨盆和脊柱骨折。外部固定器能在术中和术后进行调整，以改善骨折的对线状况。

根据框架占的面的数量和固定器突出肢的边的数量，可对固定框架进行分类。常见的框架是单侧-单面型（Ⅰa 型）、单侧-双面型（Ⅰb 型）、双侧-单面型（Ⅱ型，进一步被分为有全骨针的最大Ⅱ型框架和有最少两根全骨针的最小Ⅱ型框架）和双侧-双面型（Ⅲ型）。

制作固定框架，满足最初的骨折机械固定的需要，之后能在整个愈合过程中调整或改变稳定性，提供理想的固定。影响固定器的强度和刚度，及其对抗与负重有关的轴向负荷、弯曲和旋转的因素包括骨针（类型、大小、数量、位置和长度）、连接杆（数量和材料）、框架构型（单侧、双侧和双面）以及骨折构型。螺纹骨针对骨骼有锁定抓持作用，能对抗拔出和松动。增加骨针的直径能成指数地增加骨针的刚度，但骨针的直径不应该超过骨骼直径的25%。在近端与远端骨段增加固定骨针数量可提升固定器刚度，并使生理性载荷在骨针间均匀分配。当每个骨段的骨针数量在4个以内，该效应显著；超过此数量，机械优势的提升不再明显。在近骨折处和骨骼末端放置骨针增加了固定的刚度，减小了在骨折处的移动。通过调整固定夹的方向，使夹骨针的螺栓离皮肤最近，从而减小骨骼和固定夹之间的距离（减小骨针的工作长度），增加固定器的刚度。

增加连接杆和骨针面的数量会增加固定器的强度和刚度。Ⅰa、Ⅰb、Ⅱ和Ⅲ型外部固定器依次有更大的强度和刚度。Ⅰa型固定器的强度可以通过添加第二个连接杆、使用更大直径的连接杆或添加加大的骨板来增加。连接杆的材料（不锈钢、铝、碳纤维）影响杆的刚度，继而影响了固定器的刚度。减小连接杆上两个中心夹针固定夹之间的距离（骨折上方连接杆的工作长度）也会增加固定器的刚度。当被施加轴向负荷时，Ⅰa型框架可能会弯曲，除非负重被复位的横骨折分担。Ⅰb和Ⅲ型框架对抗轴向压缩、弯曲力和旋转力。Ⅱ型框架对抗轴向压缩、与固定器同面的弯曲力和旋转力。外部固定器与IM针联合使用是增加肱骨和股骨上应用的骨折固定器的刚度的有效方法。

1）固定针　固定针可根据埋植方法（如半针或全针）和结构设计（如阳性螺纹或阴性螺纹）进行分类。半针末端有螺纹，穿过双皮质，但只穿过一侧皮肤；而全针中央有螺纹，穿过双皮质和皮肤。固定针可以在末端或中央有螺纹。中央螺纹针在Ⅱ型或Ⅲ型外部固定器框架中被用作全针。中央螺纹骨针常被用作全针，用于Ⅰ型或Ⅱ型外部固定器结构中，且有时在多框架改良Ⅰb型结构中被用于肱骨或股骨远端。中央螺纹嵌入骨骼中，而光滑末端伸出皮肤表面。末端螺纹针常根据螺纹固定的骨皮质层数来分类（即1层或2层皮质末端螺纹针）。1层皮质末端螺纹针在近针头处有螺纹；然而，尽管针本身穿透双层皮质，但是螺纹仅嵌入远端皮质。2层皮质末端螺纹针有足够长度的螺纹，从而可以固定双层皮质。多数末端螺纹骨针是双皮质骨针。螺纹针可根据螺纹截面进一步分类（阳性或阴性）。中央螺纹和末端螺纹处的直径小于光滑部分的直径，为阴性螺纹。若光滑部分和螺纹部分的轴直径相等，则为阳性螺纹。螺纹高度和间距的设计是针对致密的皮质骨（螺纹皮质针）或海绵样松质骨（螺纹松质针）。阴螺纹骨针增加了螺纹部和坚实部结合部断裂的风险，除非结合部逐渐缩小。逐渐缩小型阴性螺纹针的优点是使阴性螺纹针更容易插入，且具有阳性螺纹针的强度。

2）外部连接杆　外部连接杆可由不锈钢、合金钛、碳纤维、铝或丙烯酸制成。碳纤维具有透射线性，X线检查可显示骨折愈合的状况。不同大小的金属杆对应不同型号的固定夹。自制杆所用的聚甲基丙烯酸甲酯，是从牙科丙烯酸或蹄修复丙烯酸中提炼出来的。

3）连接装置　SK夹的杆-抓夹部分可分开，易在连接杆上放置，用两个螺栓进行固定。螺栓上放置固定针的孔足以容纳阳性螺纹针。固定针用特殊设计的位于针固定螺栓上的垫片来固定。这个体系内也有双夹类型（固定夹将连接杆连接在一起）。Secur-U夹也有可变的U形部件，能被很容易地放置在连接杆上。固定夹的头部有两个孔，一个头可以插入较大的骨针杆，另一个可以插入较小的骨针杆。用螺栓固定头部，以固定固定针。

4）临床应用　　术前计划好要选择的外部固定器框架以及骨针的数量及位置。根据动物的骨折评估评分，选择合适的框架构型。骨折评估评分越低，固定器要保持的时间越长，需要的强度越高，反之亦然。框架构型，骨针数量、大小、放置方式、位置、设计和杆的放置方式都是能明显影响外部骨骼固定器-骨骼联合结构的强度和刚度的因素。

外部固定器最常用于桡骨和胫骨，在股骨或肱骨的应用受限，因为缺乏到骨骼内侧面的通路。此外，外侧骨针必须穿过大的肌肉，尤其在股骨。骨针穿过肌肉增加了疼痛和致病率。

可买到各种不同的框架构型和不同设计的骨针，但确定的使用原则同所有的外部固定装置是一样的。将患肢悬挂在天花板的钩子上或采用输液架，用杀菌肥皂刷洗剃毛区域。在采用外部固定器期间保持肢悬挂，或者铺设创巾后将腿放下。放置固定针最有效的方法是采用小切口通路（1cm）。使用止血钳钝性从皮肤表面到骨骼分开软组织，制作软组织通道，使固定针周围的肌肉能够滑动，防止软组织缠绕固定针时造成的疼痛和不适。软组织通道位于大的肌肉之间，而不是从其中穿过，以避免损伤神经和血管组织。借助钻鞘或止血钳保护通道壁的软组织，避免损伤。

预先在骨骼上用高速钻钻孔，钻头要比固定针的内径小 0.1mm。用动力钻低速将固定针插入预先钻好的孔内。确保针尖超过对侧皮质。应该在骨折的近端和远端 1cm 处分别放置一个骨针，或者骨针放置的位置距离骨折断端一倍骨骼直径。骨针距离骨折越近，外部杆上连接夹间的距离就越短，使承受重量的连接杆的长度缩短，继而增强固定杆的刚度。

外部杆和身体之间的距离会影响固定针从固定夹螺栓上的附着处到其进入骨骼的点的长度。这个距离越短，固定针的柔韧性就越小，骨针-骨骼结合部的微移动也就越小。固定针和外部杆放置后，调整杆相对于皮肤表面的位置。使外部杆尽量靠近身体，但不要使固定夹（骨针抓具）或杆接触皮肤表面。旋转抓骨针夹，使螺栓最靠近皮肤。调整外部杆，使食指能够插入固定夹和皮肤之间（大约 1cm）。拧紧固定夹、固定杆。

单侧-单面型（Ⅰa 型）固定器：Ⅰa 型固定器通常用于桡骨前内侧面、胫骨内侧面以及股骨或肱骨的外侧面。固定针被称为半针，或 1 型骨针，因为它们仅穿透近端皮肤和骨骼。先在近端和远端骨块的干骺部放置半针。在骨骼中央放置骨针，垂直于骨骼长轴，并穿透双侧皮质。为了提高效率，在杆上放置接近骨针数量的骨针固定夹，以帮助接下来骨针的放置。复位骨折，将两根骨针用固定夹连接在外部连接杆上。直接穿过 4 个固定夹的孔放置其余的半针。放置完中间骨针后，拧紧固定夹，进行 X 线影像检查，评估骨折复位和骨针放置的情况。修剪固定针，以防其对主人和周围环境造成损伤。

单侧-双面型（Ⅰb 型）固定器：Ⅰb 型框架最常用于桡骨和胫骨。在桡骨，一个外部杆放置于骨骼的前内侧面，第二根杆放置于前外侧面。在胫骨，第一根外部杆放置于骨骼的前内侧面，第二根杆放置于前外侧面。如前所述，在桡骨或胫骨的前内侧面放置Ⅰa 型框架。然后与第一个面呈 90°放置第二个Ⅰa 型框架。一般情况下，在每个主要骨段放置 4 根固定针。所有固定针放置好后，拧紧固定夹，进行 X 线影像检查，评估骨折复位和骨针的放置。修剪固定针，以防其损伤主人和周围环境。在肱骨可采用改良Ⅰb 型固定器，通过肱骨髁放置全针，在肱骨外侧面构建单侧框架，并联合另一个单侧框架，通过将全针的内侧面与半针连接在一起，固定于肱骨近端的头侧面。

双侧-单面型（Ⅱ型）固定器：由于邻近躯干，Ⅱ型框架不能被放置于股骨或肱骨。它们仅用于桡骨或胫骨，通常被放置于额状面（将骨骼分为前、后两部分的垂直面）。使用 SK 设备可制作最小的Ⅱ型框架，但在低骨折评估评分的动物，它们可被升级为最大的Ⅱ型框架。首先，在近端和远端干骺部放置全针，这样它们会位于每个骨段的额状面。使骨针垂直于骨面、平行于相邻关节线放置有助于恢复肢体的对线状况。如果需要，使用这些骨针对患肢施加拉力，以帮助骨折复位。复位骨折，在每个外部杆上放置合适数量的骨针固定夹，以帮助放置骨针，并将近端和远端全针连接到内侧和外侧连接杆上。将中间针作为半针或全针。根据骨折评估评分来决定要使用骨针的类型。放置完所有的中间骨针后，拧紧固定夹，对肢进行 X 线影像检查，评估骨折复位和骨针放置的情况。修剪固定针，以防其损伤主人和周围环境。

双侧-双面型（Ⅲ型）固定器：因为体壁位置的影响，Ⅲ型不能被用于股骨或肱骨。Ⅲ型框架仅适用于低骨折评估评分的很大型的犬。为了在桡骨或胫骨上采用Ⅲ型固定器，在额状面放置Ⅱ型固定器，然后在中间矢状面（将肢分为内、外部分的垂直面）放置一个Ⅰa 型框架。

联合髓内针的外部固定器：在肱骨和股骨骨折，不经常单独采用外部固定器进行固定，因为多数固定器的框架（Ⅱ型和Ⅲ型）不能用于这些骨骼。为了在复杂的肱骨或股骨骨折中提供足够的强度和刚度，经常将 IM 针和Ⅰa 型或Ⅰb 型外部固定器联合使用。固定针的设计和固定针的数量基于骨折评估评分，但正常情况下固定针的数量限制为骨折上下各 2～3 根针。先复位骨折，插入占髓腔 30%～40%的 IM 针。采用与固定器中所用连接杆同样直径的 IM 针有利于将 IM 针与固定框连接在一起。采用环扎钢丝支持长斜骨折或螺旋形骨折。如果有多个骨块，用 IM 针和外部固定器桥连骨骼的粉碎部分，而不破坏附着于骨块上的软组织。骨折复位和 IM 针放置好后，即可添加外部固定器。采用不超过骨骼直径 25%的最大型号的固定针，邻近 IM 针穿入。如果不确定 IM 针在骨骼内通道相对于固定针插入的位置，先用小号 Kirschner 丝在预定的固定针的位置钻入。如果碰到 IM 针，更换位置。如前所述，通过预置的骨针抓具插入中间的骨针。将固定针连接在距皮肤表面 1cm 的外部杆上。增加固定针的数量会增强外部固定器，但也会增加术后的不适感。可以使 IM 针在大转子近端处突出皮肤表面，然后将 IM 针通过额外的短的外部杆与外部固定器固定在一起。

5）*丙烯酸杆*　采取一阶段或两阶段技术使用丙烯酸杆。两阶段技术的优势在于，能在丙烯酸固化前对骨针的植入位置及骨折复位情况进行评估。无论选择何种技术，固定针的植入均需遵循标准外部固定器框架构建的原则与规范。在固定针末端放置丙烯酸柱塑形管，距皮肤表面 2cm。如果采取一阶段技术，复位骨折，并将丙烯酸注入管中。放置生理盐水湿润的海绵或在固定针上滴生理盐水，驱散丙烯酸产生的热量。丙烯酸凝固需要 5～10min。如果采取两阶段技术，将管放在固定针的末端，但不添加丙烯酸。取而代之的是，复位骨折，采用临时对线框架。拍摄 X 线片，评估骨折的放置和骨折复位；如果满意，将丙烯酸注入管中，待其凝固。如果在丙烯酸硬化后需要改变对线状况，用锯子在骨折线处切断丙烯酸柱。调整合适后，将新的丙烯酸填入间隙中。从间隙的每端剥离塑料塑形管，在其他的丙烯酸内钻几个孔，为之前的和新的丙烯酸提供附着的部位。用手塑形少量新丙烯酸，将其放入间隙中，然后使丙烯酸凝固。

6）*术后护理*　术后需要进行镇痛。术后应该立即用蘸有消毒液的棉签清理骨针-皮肤结合部。如果在肢屈曲和伸展时围绕骨针的皮肤有张力，应该释放或扩大围绕骨针的切口。

将灭菌海绵敷料或者灭菌纱布围绕骨针和在骨针与腿之间放置，然后用弹性绷带包裹。需每日清理骨针-皮肤结合部，并更换绷带，约 1 周后可停止使用敷料。可在固定器杆与骨针处使用绷带，保护外固定框架及周围环境。清理操作应持续至骨针-皮肤结合处的血清或血性渗出液基本消失。在骨折已经愈合前，都应该限制动物的活动，进行牵遛和物理康复。动物出院后，应该在术后第 2 和 6 周进行术后检查，然后每 6 周检查一次。应该仔细检查骨针-皮肤结合部，检查固定夹和皮肤是否分离。如果出现刺激或引流，应该清理涉及的皮肤表面，并在围绕骨针的区域填塞敷料。

在术后 6～8 周，根据 X 线影像结果，考虑分阶段拆除固定框架，以增加愈合中骨折的负重，从而进一步刺激了骨骼的生长和重塑。Ⅰb 型框架可以通过移除一个框架来减小稳定性。Ⅱ型框架可通过移除一个连接杆来减小稳定性。Ⅰb 型或Ⅱ型丙烯酸框架可通过从一个杆上移走丙烯酸的中间部分（骨折上方）来减小稳定性。移除固定针也可减小框架的稳定性；然而，在骨折的每段必须保留至少两根骨针。在剩余骨针上增加的负重也将引起骨针的松动。部分拆除连接杆或固定针时，通常也需要对动物进行镇定或麻醉。

七、植入物的移除

是否需要移除植入物，在人和动物均无定论。但需要注意的是，移除植入物后会有二次骨折的风险。决定何时移除固定装置可能比较困难。通常要对愈合的骨折进行 X 线影像评估，根据骨折愈合的情况来决定。通常会拍摄正侧位 X 线影像。当所有体位的 X 线影像显示所有的骨折线均有骨桥连的表现时才能移除固定系统。

采用外部固定器的骨愈合可以为直接愈合、间接愈合或介于两者之间的方式，这取决于骨折的类型、外部固定器提供的机械环境，以及骨骼的重建程度。在 X 线影像方面，能解剖复位和用外部固定器牢靠固定的简单骨折愈合时，有很少的骨膜骨痂或骨内膜骨痂。随着固定器牢固性的减弱，骨痂通常会明显增加。当简单骨折未解剖复位，且固定器不牢靠时，在骨折线的骨重吸收和骨痂形成经常较明显。当增加的应变集中于单个骨折线时，这作为愈合中骨骼对高应变的正常反应而发生。可以将外部固定器设计成为骨形成和塑性提供最佳的机械环境。一般在术后大约 6 周时，减弱外部固定器框架，以增加在愈合中骨折的负重和刺激骨形成。这应该基于对正常骨愈合过程的 X 线影像评估。可通过减少固定的面或去掉固定针来降低稳定性。当 X 线影像显示所有的骨折线均出现骨桥连时，再完全移除外部固定器。

在粉碎性骨折中，观察到的骨愈合的类型取决于生物学环境的保留程度以及固定的牢靠性。当很难或不可能对非常严重的粉碎性骨折进行解剖重建和牢靠固定时，经常可以通过闭合复位或有限的暴露和牢靠的固定来最好地保护生物学环境。用这种技术治疗的骨折通过骨内膜骨形成和骨块间的骨桥连愈合。在 1 个月时，X 线影像经常表现为整个骨折线的矿物性密度增加，有少量的骨膜骨痂形成。在多数病例，2 个月内骨形成明显，骨痂重塑在固定后 3 个月明显。

如果植入物牢靠地固定了骨折（如用骨针和多个合理放置的环扎钢丝固定的长斜骨折），用骨针和钢丝固定的骨折可发生一期骨愈合。然而，在多数病例，骨针和钢丝无法取得牢靠的固定，在 X 线影像上将看到明显的骨痂形成。一旦在所有的体位骨折线均被桥连，应该移除骨针。通常不需要移除钢丝，除非它们移行或干扰骨折的愈合。

解剖重建和牢靠固定的骨折能直接骨愈合。直接骨愈合时，骨折线消失，且骨折表现为桥连骨膜和骨内膜骨痂的缺乏。由于在 Haversian 重塑期间植入物以骨痂的角色支撑骨折，一般植入物的移除应该延迟到术后 6～12 个月，以允许有足够的时间进行骨重塑。

八、骨折修复的术后 X 线影像评估

所有骨折修复都应该在术后立即进行 X 线影像评估，以保存资料和评估修复。术后影像学评估的 3 个基本方面是对线（alignment）、植入物（apparatus）和对位（apposition）。复查的 X 线影像检查还应包括第四项，即活性（activity）。对线的评估是确保骨折上下的关节正常对线。肢体的正常功能需要避免内翻、外翻、内旋和外旋。对植入物的评估是为了确保植入物足以支持骨愈合，且没有并发症，如关节内植入物。对位是评估骨骼末端足够靠近，能支持骨愈合。在一些骨折，骨骼末端可能被压缩，鼓励一期骨愈合。在粉碎性骨折，骨骼的末端不可能对位。对骨折愈合活性的 X 线影像复查通常在修复后数周内进行，这要根据病例的年龄和骨折的特点来定。在二期骨愈合中，有活性的骨愈合包括明显的骨痂生成和骨折线的愈合。

九、骨折愈合的并发症

1. 延迟愈合　骨折愈合比期望的时间慢很多，被归类为延迟愈合。多数长骨骨折在 12 周以前，X 线影像会有骨桥连骨折线的证据，被认定将发生骨愈合。延迟愈合时，在连续的 X 线影像上看到进行性骨活性表现，并且预期会骨愈合，但并不确定愈合时间。引起延迟愈合的因素包括动物的全身状况、创伤的类型（如伴有严重软组织损伤的高能骨干骨折，并可能为开放性骨折）、局部的宿主损伤后反应（如对愈合的细胞性反应不足）、骨折管理（即不当的治疗方案、大的骨折间隙、不稳定或太牢固的植入物，以及放射治疗），以及药理学因素（如类固醇类和 NSAID）。只要植入物充足并稳定，保持动物在严格监控下活动，并不需要额外的手术治疗。在植入物失败前，可加入自体松质骨移植物，以加快愈合。应该移除松动或移行的植入物，合理地固定骨折，并采用自体松质骨移植物。稳定的植入物会促进负重，加速骨愈合和提高骨痂的强度。

2. 不愈合　骨折不愈合是指骨折修复过程停止，需要手术干预来创造一个有利于骨愈合的环境。多数不愈合是治疗方案不佳和技术失败的结果，而不是与动物本身有关的生物学失败，前者与外科医生有关。骨折处不稳定是不愈合最常见的原因。骨折处不良生物学环境也会造成不愈合，如骨折的部位、有严重软组织破坏的高能性损伤以及过度的手术介入。

连续 X 线检查，无骨生长活性时，可诊断为骨折不愈合。透过骨折的透射线的线代表了软骨和纤维组织，在骨折处无效的骨痂形成是血管性不愈合的 X 线影像征。肥大性不愈合是指有大量非桥连性骨痂的血管性不愈合。肥大性不愈合的纠正最佳的治疗是移走松动的植入物和坏死的皮质骨片，对线关节，放置压缩骨板，并使用松质骨移植物。治疗不愈合时，因为常同时伴有骨髓炎，应用棉签采样，进行细菌培养和药敏试验。如果确诊骨髓炎，治疗必须要包括合理的抗微生物治疗。推荐移除骨板，因为骨板可作为持续感染

的内核。

萎缩性不愈合会造成无生物学活性的假关节。在X线影像上，骨折间隙被纤维组织、坏死的骨骼和软骨填充。骨髓腔被皮质骨封闭。萎缩性不愈合需要手术移除纤维性组织和打开骨髓腔。整体切除无活性的骨骼和骨折部位，制造充分的环形骨性接触，允许用骨板对骨折充分压迫。固定萎缩性不愈合可选择骨板和螺钉，并同时采用自体松质骨移植物。治疗萎缩性不愈合时，应该用棉签采样，进行细菌培养和药敏试验。

3. 骨髓炎　骨髓炎是指骨骼和髓腔的一种炎性状况。在与延迟愈合和不愈合有关的创伤后骨髓炎中，最常见的原因是细菌感染，与骨折处和骨植入物结合部的不稳定有关。开放性骨折增加了发生骨髓炎的机会，血管破坏和组织缺血也是如此。创伤后骨髓炎也会与植入物和邻近被破坏组织的微生物定居有关。在植入物表面的条件膜的形成会导致生物膜形成，有利于微生物的黏附。此外，细菌会产生糖萼，它会帮助细胞黏附在植入物上。生物膜保护微生物免受抗生素和宿主防御机制的作用。骨髓炎的X线影像表现包括骨膜和骨内膜骨形成以及骨重吸收。也可能发现植入物松动或断裂，以及无活性的骨块。有骨髓炎的X线影像和临床证据，包括细菌培养阳性，即可以确诊。创伤后骨髓炎的治疗必须包括恢复有利于愈合的骨折环境（移除松动的植入物和坏死的骨骼、破坏生物膜以及固定骨折）和至少4～6周的抗生素治疗。

（袁占奎）

第三节　关 节 脱 位

一、髋关节脱位

髋关节脱位是指股骨头部分或全部从髋臼中脱出的疾病，6%～16%的髋关节脱位被发现与股骨头骨折相关。在髋关节脱位后，闭合性整复是首选治疗方法，创伤超过6h后再复位，增大缺血性坏死的风险。股骨头切除手术前应注意髋关节脱位时骨头变位方向和是否完全脱位，脱位方式不同将影响手术通路。在决定做骨手术前，准确的放射学影像的评估对手术预测结果至关重要。髋关节骨折脱位通常很明显，脱臼的股骨头与髋臼位置不一致，并且经常在髋臼沟上移位，伴有明显的髋臼线断裂。

（一）临床病理

髋关节脱臼是指髋关节的关节头（股骨头）脱离了髋臼（髋骨上的凹槽），导致两者之间正常解剖结构被破坏，多数情况下，股骨头位于髋臼上方和前方。这种情况可能由外力冲击、剧烈扭伤或先天性因素引起，髋关节区域任何外伤都可能导致髋关节脱位。髋关节脱位通常引起剧烈疼痛、行走困难、肿胀、神经和血管损伤等。严重的髋关节脱位需要紧急医疗干预以重新定位关节并修复损伤。髋关节发育不良易发生髋关节脱位。

（二）诊断

本病应注意与骨关节炎、关节扭伤、肌肉拉伤、骨折等进行鉴别诊断。临床症状可见剧烈疼痛，关节不稳，行走困难，行动受限或无法承重。关节周围出现肿胀和水肿。关节位置异常，如关节外翻或内翻。严重情况下，髋关节脱位可能导致关节周围出现畸形或异常外观。患肢他动运动时痛感强烈，可听到骨摩擦音，触诊大转子位置异常。上方脱位时患肢比正常腿短，膝关节外旋，拇指测试（thumb test）呈阳性（脱位状态）。下方脱位时患肢比健肢长，膝关节内旋。X 线检查可显示脱位的方向以及髋关节是否骨折。

（三）手术治疗

1. 闭合整复术　大多数急性脱位可首选闭合整复术。对于慢性脱位、习惯性脱位以及同侧伴骨折、髋关节伴退行性病变等脱位，需采用开放整复方法。

2. 开放整复术　适用于闭合整复失败、闭合整复后再脱位、慢性脱位、股骨头撕脱性脱位，以及伴有同侧骨盆、股骨或胫骨骨折等的脱位。开放整复可重建髋关节正常的结构及功能，治疗结束后，髋关节的解剖结构及关节囊的纤维化可将髋关节固定在髋臼内，恢复运动性能。开放整复术成功率明显高于闭合整复术。开放整复术常用的技术包括关节囊缝合术（capsulorrhaphy）、人造关节囊技术（synthetic capsule technique）、人造圆韧带技术（synthetic round ligment technique）及大转子移位术（transposition of the greater trochanter）等，这些技术常配合使用，极大提高了整复效果。

1）关节囊缝合术　将破裂的关节囊缝合，恢复髋关节的完整性。关节囊无缺损或缺损较少时采用，可单独使用也可配合其他技术一起使用。如果关节囊缺损过多，或者关节骨折、软骨受损等，需使用其他技术。

2）大转子移位术　通过移动大转子的位置，改变其上附着肌群的受力大小及方向，使股骨头能更紧密地贴附在髋臼内，使整复的股骨头不再脱出。

3）人造关节囊技术　如果关节囊缺损过多或不便缝合时可采用人造关节囊技术。该技术使用高强度缝线将股骨头与髋臼固定，起到替代关节囊效果，防止股骨头从髋臼中滑出。常配合使用螺钉、髓内针等来增加髋关节的牢靠性及整复操作的方便性。

4）人造圆韧带技术　使用高强度人造缝线，替换已经断裂的圆韧带，将股骨头固定到髋臼内的技术。操作有一定复杂性，但固定牢固性强，术后患犬可负重及活动。

5）其他技术　对于髋关节出现退行性病变，如髋关节发育不良（hip dysplasia）、累-卡-佩氏病等，以及股骨头、髋臼骨折及上述整复方法无效时，可采取其他治疗技术，如技术比较成熟的股骨头颈切除术（femoral head and neck osteotomy，FHNO）及很有发展前景的全髋关节置换技术（total hip replacement，THR）等。

3. 术后护理及预后　术后需要休息和限制活动，使受伤的髋关节恢复。建议一段时间内避免剧烈的运动和跳跃，使用笼具或栅栏限制动物的活动范围。可使用止痛药、消炎药或其他药物，以减轻动物疼痛和减少术后炎症反应。同时，使用冷敷物品（如冰袋或冷湿毛巾）进行局部冷敷，以减轻疼痛和肿胀。为动物提供舒适的休息环境，如软垫子或床垫，以帮助缓解疼痛和提供支撑。术后定期复查，评估康复进展，并根据需要调整治疗计划。根据动物的状况，进行康复锻炼和物理疗法，如被动活动范围（passive range of motion，PROM），最初从脚趾的规律运动开始，在更换绷带时对髋关节进行安全的活动。给予动物适当的营养管理，促进伤口愈合和整体健康。

二、髌骨脱位

髌骨脱位分为髌骨内侧脱位（medial patellar luxation）和髌骨外侧脱位（lateral patellar luxation）。髌骨内侧脱位是指髌骨移出滑车沟，膝内翻是与严重髌骨内侧脱位有关的畸形，导致“弓形腿”。

（一）临床病理生理

髌骨内侧脱位是小型犬跛行常见原因，但也见于大型犬。多数患髌骨脱位的犬伴有肌肉骨骼异常，如股四头肌肌群向内侧移位、股骨远端外旋、股骨远端 1/3 外弓、股骨上骺发育不良、膝关节远端旋转性不稳定或者胫骨畸形。

髌骨外侧脱位最常见于大型品种犬，但也发生于小型和玩具型品种犬。病因未知，认为与髋股关节前倾或髋外翻有关，这导致股四头肌收缩时的力线相对于滑车沟的长轴向外移。这种向外的异常力将髌骨向滑车沟外牵引。

（二）诊断

多数患病动物有间歇性不负重性跛行。患犬偶尔有 1～2 步屈曲患肢。Ⅰ级髌骨脱位的动物一般不出现跛行，只在体格检查时偶然发现。Ⅱ级脱位的动物在行走或奔跑时偶尔“跳步”。这些病例偶尔会伸展外侧支持韧带，出现不负重性跛行。Ⅲ级脱位动物的跛行程度各异，从偶尔跳步到不负重性跛行。因为无法完全伸展膝关节，Ⅳ级脱位的动物后肢半蹲行走。发育不全髌骨可能移位到股骨髁的内侧。

Ⅲ级或Ⅳ级脱位，标准前后位和内外侧位 X 线检查可显示髌骨向内侧或外侧脱位。Ⅰ级或Ⅱ级脱位，髌骨可位于滑车沟内或向内侧移位（仔细对后肢正确保定，以消除人为造成的脱位）。X 线影像可显示内翻或外翻畸形，以及胫骨和股骨的旋转。严重者，需要进行长骨截骨术和矫正的病例，特殊体位（股骨的冠状位）或 CT 检查有助于确定畸形的特定类型和程度。

鉴别诊断包括股骨头无菌性坏死、髋股关节脱位和前十字韧带（anterior cruciate ligament，ACL）断裂。仔细检查髋关节，一些髌骨脱位的病例也患有股骨头无菌性坏死或髋关节发育不良。髋关节脱位或髋关节发育不良导致的腿缩短将引起股四头肌松弛，髌骨脱位。

（三）手术治疗

动物仰卧或侧卧，从背中线到跗关节对后肢进行准备。仰卧可最大限度地对后肢进行操作，评估髌骨的稳定性。从髌骨近端 4cm 开始做前外侧皮肤切口，延伸到胫骨结节以下 2cm。沿同一条线切开皮下组织，切开外侧支持韧带和关节囊，暴露关节。

1）加深滑车沟

（1）滑车楔形切除：切入滑车的关节软骨，呈三角形。确保切开的宽度在中点足够容纳髌骨的宽度，但要保留滑车嵴。幼龄病例可使用手术刀片，在小型和中型病例使用手持锯，在大型病例使用动力锯，以之前做的轮廓移除楔形骨软骨（图 13-1A）。做截骨术，游离楔形的两个斜面，在远端于髁间切迹处交汇，近端于滑车关节软骨的背侧缘交汇。移除楔形骨软骨块，通过从新形成的股骨沟的一边或两边切除骨骼来加深滑车沟（图 13-1B）。如果需要，用咬骨钳对游离的楔形骨软骨块进行修整，使楔形块能够更深地嵌入新的股骨沟内。当深度足够容纳髌骨高度的 50%时，放置游离的楔形骨软骨块（图 13-1C）。

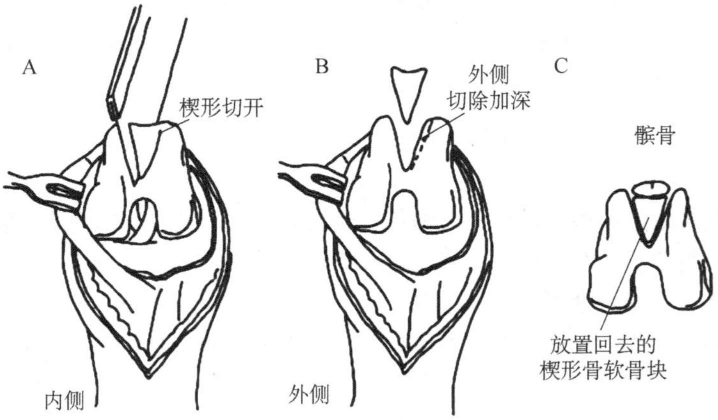

图 13-1　滑车楔形切除

A. 从髌骨沟切除楔形骨软骨块；B. 从切除的沟旁移除骨骼，加深滑车沟；C. 放置楔形骨软骨块

（2）滑车矩形切除：切入滑车的关节软骨，呈矩形外观。确保切开的宽度足够容纳髌骨的宽度，保留滑车嵴，加深切口，切入骨骼 2～6mm（图 13-2A）。采用与截骨术同样宽度的骨凿，掀起矩形骨软骨块（图 13-2B）。从截骨术的近端和远端插入骨凿，在中间汇合。小心移除合适厚度的骨骼，并避免骨软骨块裂开。从沟的基部移除多余的骨骼，加深滑车沟（图 13-2C）。当深度足以容纳髌骨高度的 50%时，放置游离的矩形骨软骨块（图 13-2D）。

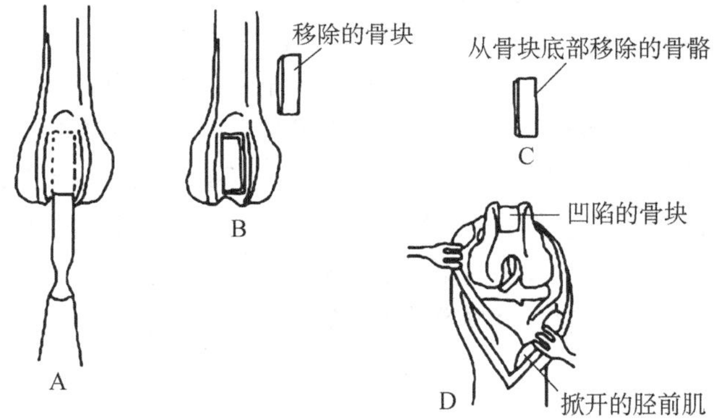

图 13-2　滑车矩形切除

A. 用细齿锯片与两个滑车嵴平行做切口；B. 用骨凿从髌骨沟由近端和远端掀开矩形骨软骨块；
C. 从切除的骨块移除骨骼，加深滑车沟；D. 重置矩形骨软骨块

2）内侧关节囊释放　采用手术刀片，通过内侧筋膜和关节囊做内侧平行于髌骨的切口。在髌骨近端髌骨韧带连接处开始切口，将其向远端延伸到胫骨嵴。在更严重的病例，释放切口需要向近端延伸到股骨中段。如果前侧缝匠肌和股内侧肌的动态收缩是朝向髌骨内侧，释放这些肌肉在近端髌骨的附着点。重新定位附着点，并将其缝合在股中间肌上。采用十字或简单间断缝合，当髌骨位于合适位置时，不要闭合组织间隙。缝合较松以防止医源性外侧脱位。

3）*胫骨结节移位*　穿过阔筋膜在平行于髌骨的外侧切开，切口向远端延伸到关节线下方的胫骨结节。从胫骨结节外侧和胫骨平台掀开胫前肌，直到肌腱水平（图13-3A）。锐性分离，得到髌腱深层面的通路，以方便放置骨凿、Liston骨剪或摆锯。从髌骨水平开始，通过筋膜做平行于髌骨的切口，远端通过胫骨结节的骨膜。骨凿、Liston骨剪或摆锯应该位于胫骨结节前方点之后3～5cm（图13-3B）。以近端向远端方向完成截骨术。不要切开远端附着的骨膜。一旦确定了新的位置，用骨锉或骨凿移除薄层皮质骨。将胫骨结节撬到新位置，用1个或2个小克氏针朝向后方和稍近端固定胫骨结节（图13-3C）。克氏针进入后侧皮质，但不要从胫骨后方穿出；如果穿出胫骨后侧皮质太远，可导致持续性跛行。如前所述，检查髌骨的稳定性，根据需要决定是否重新进行固定。

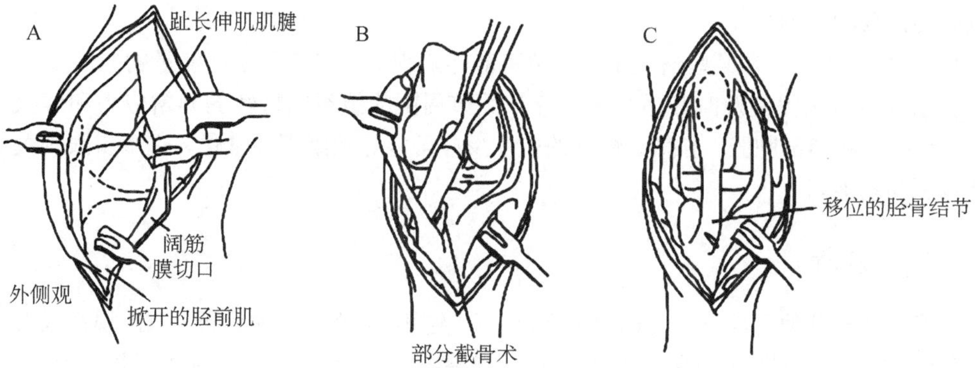

图13-3　胫骨结节移位

4）*外侧叠盖缝合，收紧术和加固术*　进行叠盖缝合时，穿过股骨-籽骨韧带和外侧髌骨旁纤维软骨放置聚酯类缝线（图13-4）。接下来，穿过纤维性关节囊和髌腱的外侧缘放置一系列的叠盖缝线。在后肢轻度屈曲的状态下，将股骨-籽骨缝线和叠盖缝线打结。一旦髌骨被复位，切除多余的支持韧带和关节囊，可使闭合关节切开的部位更紧密。

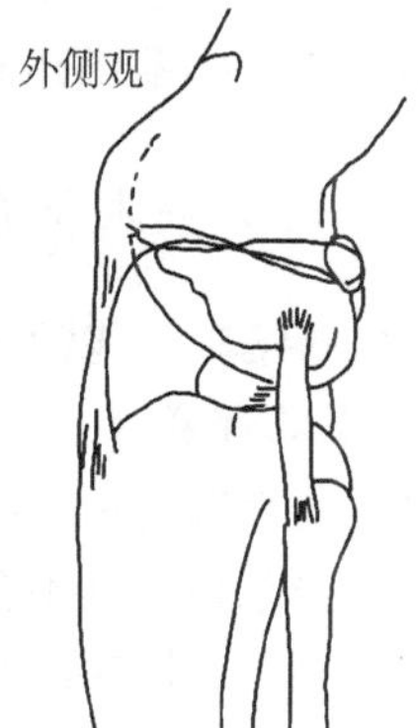

图13-4　外侧叠盖缝合

穿过股骨-籽骨韧带和外侧髌骨旁纤维软骨放置聚酯类缝线进行支持韧带的外侧加强

5）*术后护理及预后*

（1）术后护理：活动仅限于特定的物理康复治疗和牵遛，时间为6～8周；在6周以后的时间逐渐恢复正常活动。6～8周时拍摄X线影像，评估胫骨结节移位的愈合状况。

（2）预后：Ⅰ～Ⅲ级髌骨脱位手术矫正的预后在恢复腿的正常功能方面非常好。Ⅳ级髌骨脱位病例的预后谨慎。许多关节需要多次手术，并且一些髌骨如果不进行矫正性截骨术将无法被复位。

三、肩关节脱位

肩关节脱位是指肩肱关节的头和窝发生异常分离，导致关节结构和功能受损的一种疾病。肩关节脱位通常由于外力作用而发生，常见的原因包括动物在玩耍或运动时不慎跌倒、受到撞击，或者在逃避捕食者时的剧烈奔跑。这些外力可能导致肩关节的头与窝之间的正常解剖关系被破坏，造成关节脱位。

（一）临床病理生理

1）关节囊损伤　关节囊是包裹着关节的结构，起到润滑和稳定的作用。脱位时，关节囊可被撕裂或过度拉伸。

2）韧带损伤　韧带是连接骨头与骨头之间的纤维结构，提供额外的稳定性。肩关节脱位时周围的韧带可遭受拉伤或断裂。

3）肌肉损伤　肌肉在维持关节稳定性和运动中起着关键作用。脱位可能导致肌肉拉伤或撕裂，影响肌肉功能。

4）骨骼损伤　在某些情况下，脱位可能伴随骨折，特别是在高能量的撞击中。

长期脱位若未得到及时和适当的治疗，关节周围的组织因持续的异常应力和摩擦而发炎，引起疼痛和局部肿胀。长期、慢性的炎症反应可能导致组织纤维化，进一步限制关节的运动范围和功能。

（二）诊断

本病需要与其他可能导致肩部疼痛和肿胀的疾病进行鉴别，如骨折、肌肉损伤或关节炎等。临床症状可见动物肩部疼痛、肿胀、活动受限等。严重情况下，肩部可能呈现异常位置。触诊可发现肩关节不稳定或异常。尝试进行他动运动，观察动物的反应和关节的稳定性。X线检查可以清楚地显示关节的异常位置和可能伴随的骨折。血液检查可评估炎症，关节穿刺可用于排除感染或其他关节疾病。

（三）手术治疗

1. 麻醉　以下是几种常见的麻醉方法。

1）局部麻醉　适用于一些肌肉较不发达或精神较为松弛的动物。在肩峰下和盂肱关节进行局部麻醉后，可以进行手法复位。这种方法的优点是操作简单，术后恢复快，不会令动物失去意识，且不会产生全身麻醉带来的副作用。

2）臂丛神经麻醉　对于肌肉较发达或精神紧张，肌肉拮抗力量较大的动物，进行臂丛神经麻醉。臂丛神经麻醉后，整个患肢的肌肉松弛，使得复位更容易成功。

3）全身麻醉　对于需要进行手术修复的陈旧性肩关节脱位，通常需要全身麻醉。

2. 保定　通常采用仰卧位，确保肩部充分暴露，便于手术操作。

3. 术式　手术的目的是重新固定关节头和关节窝，并修复受损的软组织。

1）新鲜性肩关节脱位　通常通过手法复位即可成功。只在多次复位尝试失败时，才会考虑手术切开复位。

2）陈旧性肩关节脱位　通常需要手术切开复位，修复受损的关节囊等软组织结构，以保持肩关节的稳定性。

3）习惯性肩关节脱位　手术方法多样，包括关节囊、盂唇和肩胛下肌腱成形术、肌腱转位手术、骨阻滞手术、截骨术和悬吊手术等。

4）肩关节脱位切开复位术　在新鲜脱位合并骨折或陈旧性脱位时使用。手术包括切口和显露、清理肩盂、松解肱骨头、复位和内固定等步骤。术后通常需要外固定，并逐渐恢复关节活动。

5）关节镜手术　是一种微创手术，可以用于修复损伤的关节囊、盂唇或进行骨移植，尤其适用于习惯性肩关节脱位的治疗。

6）弹性固定 Latarjet 手术　适用于有明显骨缺损的肩关节不稳患者，通过将喙突截下并带着相关肌腱穿过肩胛下肌，固定到肩胛盂的前下方，稳定肩关节。

4. 术后护理及预后　术后需要适当的止痛和抗炎治疗。限制动物的活动，以减少复发的风险。物理治疗有助于恢复关节功能。预后通常良好，但取决于损伤的严重程度和手术的成功性。

1）止痛　使用止痛药物以减轻疼痛，并提高动物的舒适度。

2）抗炎治疗　使用抗炎药物，如非甾体抗炎药，帮助控制炎症，减少肿胀和疼痛。

3）活动限制　为防止新的损伤或复发，术后限制动物的活动，包括短期的笼养或限制其运动范围，直到动物的关节稳定并且疼痛得到控制。

4）物理治疗　物理治疗可能包括被动关节运动、肌肉按摩、热疗和冷疗，以及渐进的负重训练，有助于增加关节的灵活性，减少肌肉萎缩，并促进血液循环。

5）康复训练　随着动物逐渐恢复，可以开始进行康复训练，如游泳或水疗，这些低冲击的活动可以帮助动物在不增加关节压力的情况下恢复力量和耐力。

6）营养支持　提供富含蛋白质、维生素和矿物质的食物，可以帮助修复组织并支持整体健康。

7）定期复查　术后定期复查，监测恢复进程和调整治疗计划，预防和治疗并发症。

8）预后　肩关节脱位的预后通常良好。预后受损伤的严重程度、动物的年龄和整体健康状况，以及术后管理等因素影响。即使动物术后恢复良好，也需要进行长期的监测，以确保关节功能正常，没有发生长期的并发症，如骨关节炎。

四、肘关节脱位

（一）临床病理生理

关节脱位后，关节囊、韧带、关节软骨及肌肉等软组织也有损伤，另外关节周围肿胀，可出现血肿，若不及时复位，血肿机化，关节粘连，使关节不同程度丧失功能。由于肘关节脱位类型较复杂，常合并肘部其他骨结构或软组织的严重损伤，如肱骨内上髁骨折、尺骨鹰嘴骨折和冠状突骨折，以及关节囊、韧带或血管神经束的损伤。

（二）诊断

临床症状表现为肘关节肿痛，关节置于半屈曲状，伸屈活动受限。如肘后脱位，则肘后方空虚，鹰嘴部向后明显突出；侧方脱位，肘部呈现肘内翻或外翻畸形。肘窝部充盈饱满。肱骨内、外髁及鹰嘴构成的倒等腰三角形关系改变。肘关节脱位时，应注意血管、神经损伤的有关症状及体征。通过问诊、视诊、初诊检查患部，观察疼痛表现。X 线检查评估关节结构。本病临床上多数为肘关节后脱位或后外侧脱位。

（三）手术治疗

1. 肘关节肱尺部外侧手术通路（肘关节外方脱位）　以肱骨外上髁（易触摸）为中心切开皮肤。其切口弯向肱骨外上髁嵴和桡骨近端。沿皮肤切口切开皮下筋膜。沿臂三头肌外侧头前缘切开臂筋膜至其在鹰嘴附着点。分离臂三头肌，显露肘肌，切开位于髁骨外上髁嵴肘肌的起点骨膜。进行肘肌起始端骨膜下剥离，显露肘关节后外侧室和尺骨的肘突。复位后，肘肌的起始部缝合到前臂伸肌的起始部。分层缝合臂三头肌筋膜、皮下筋膜和皮肤。

2. 尺骨干近端骨截断行肘关节手术入路（肘关节脱位开放性复位）　皮肤切口起始于外上髁水平线，即外上髁和鹰嘴结节 1/2 处。切口线沿外上髁和鹰嘴向远端延伸，终止于前臂和尺骨外侧近和中 1/3 交界处。在被覆于肌肉和尺骨上的前臂深筋膜上做两个切口。其外侧切口远端沿尺骨和尺侧外侧肌（腕尺侧伸肌）之间切开，近端则经过鹰嘴结节上肘肌附着处。其内侧切口是在腕尺侧屈肌和尺骨之间切开。从尺骨骨膜下剥离肘肌和腕尺侧屈肌。向内牵引这些肌肉显露位于屈肌深层的尺神经和尺副侧血管。血管和神经在桡骨和尺骨之间穿过该区域。从尺骨骨膜下剥离指深屈肌的尺头和指长展肌以显露骨间膜和韧带。在桡尺关节外侧面切开外侧副韧带（小腿后）和环状韧带。在骨间韧带近端切断尺骨，注意保护骨间血管和神经。如前描述，用线锯或电锯切断骨头。不可用骨凿，因其易引起尺骨骨折。向内旋转近端尺骨断端，显露肱骨髁和桡骨头。如需要，可横断鹰嘴韧带有助于进一步旋转尺骨。牵拉肱桡关节以检查桡骨关节表面，并尽力屈曲关节以完全显露肱骨髁。复位近端尺骨断端，并用 1～2 根斯氏针或克氏针钻入鹰嘴结节固定。用钢丝“8”字形加压固定在两断端间。外侧副韧带或环状韧带不缝合。通过未损伤的前侧副韧带和肌肉获取关节足够的稳定性。腕尺侧屈肌的浅筋膜缝合到尺侧外侧肌和肘肌的筋膜上。近端肘肌缝合到骨膜残端和筋膜上。

3. 臂三头肌腱切断行肘关节肱尺部手术入路（肘关节慢性脱位）　皮肤切口从尺骨近端 1/4 开始越过肘关节到达骨干远端 1/3 处为止。广泛分离皮下脂肪和筋膜，向后牵引越过鹰嘴，显露臂三头肌腱。沿臂三头肌外侧头前缘切开臂筋膜。分离臂三头肌外侧头，以便将臂三头肌腱从其下面的腕桡侧伸肌和肘肌分离开。患肢外展，肘关节屈曲，分离关节内侧面。从肱骨内上髁开始，沿肱骨干内后缘切开皮下脂肪和臂三头肌筋膜。尺神经和尺侧副血管平行于臂三头肌内侧头前缘，行走于其深层至前臂筋膜下。当伸展肘关节时，尺神经位于内上髁和鹰嘴之间。在整个手术过程中，应分清其神经和血管，并向后向下牵引加以保护。从尺骨开始向上到髁骨中段分离臂三头肌内侧头前缘并向后牵引。切断前臂后侧皮神经和血管，但必须小心操作保护尺神经和尺侧副血管。然后接近鹰嘴突切断臂三头肌腱，其残端留有足够的长度，便于以后缝合。注意切断的是肌腱而不是肌肉，以防缝合时肌肉撕裂。另一种方法是如准备将肌腱直接缝合到鹰嘴上，可在紧靠鹰嘴处切断肌腱。随后向上翻转臂三头肌肌群，显露肱骨干远端后侧面和肱尺关节。如未损伤肘肌，由上向下在该肌肉的内侧缘做一切口，并用骨膜剥离器将其从髁骨上剥离再反折。在肘关节处，沿肱骨髁内侧面切开肘肌及其下层的关节囊，切口向远端延伸至鹰嘴。牵引肘肌，屈曲肘关节，充分显露肘关节内侧面。用一道或两道锁环（凯斯勒）缝合法或三层滑轮式缝合法固定臂三头肌腱。另外，还可在鹰嘴上横向钻 1～2 个小孔，将臂三头肌腱锚定缝合。臂三头肌前缘缝合到周围的深筋膜，皮下组织缝合时将脂肪和皮下筋膜缝在一起，这样可减少皮肤缝合的张力。

4. 术后护理及预后　术后注意保温，24h 内注意观察精神状况和身体各项指标，对创口有感染的病例，术后至少连用 7d 抗生素。后期积极运动，恢复正常行走，预后良好，否则可能预后不良。

（贯　坤）

第四节　犬髋关节发育不良

髋关节发育不良（hip dysplasia）是一种因髋关节松弛引起的髋关节变形性疾病，造成患犬关节疼痛、僵硬和不同程度的运动功能障碍。本病可发生于任何品种的犬，但临床上多见于大型、快速生长的犬，如德国牧羊犬、罗威纳犬、拉布拉多寻回犬、金毛寻回犬和圣伯纳犬等。

一、病因

犬髋关节发育不良的病因至今仍未完全明确，目前普遍认为本病的发生是基因和环境因素相互作用的结果。临床上，各种导致髋关节不稳定的因素均可造成本病的发生，如内收肌张力过大、骨盆软组织松弛、髋关节积液、动物肥胖致关节负荷过度等。由于生长速度快，犬骨盆肌肉和骨骼不以同样的速度发育成熟，导致髋关节结构异常。或髋关节积液等因素导致关节松弛，使股骨头易发生半脱位或全脱位。脱位后圆韧带发生撕裂或断裂，关节囊常发生破裂。关节软骨磨损后暴露软骨下神经纤维，动物表现为疼痛与跛行。

二、症状

临床症状可从轻微不适到严重急性或慢性疼痛不等，并且会随着年龄的增长而变化。患本病多发于 5～12 月龄，患犬不愿走、跑、跳或爬楼梯，运动不耐受，休息后难以站立；关节疼痛，突发单侧或双侧跛行或兔子跳。这些早期急性临床症状与关节严重松弛以及关节囊、韧带和肌肉撕裂有关。有的成年犬可不表现临床症状，仅在 X 线检查时发现。老年犬常表现退行性关节疾病相关的症状，如有双侧或单侧跛行史，站立困难，骨盆肌肉萎缩，休息或运动后肢体僵硬等。

三、诊断

依据病史、症状及影像学检查可确诊。通过髋关节触诊可以评估髋关节的松弛程度，但成年犬有时可能因关节组织增生变厚，关节松弛感不明显。

X 线检查是诊断髋关节发育不良的传统方法，适用于 2 岁以上的犬。通过观察股骨头和髋臼的形状、位置和股骨头覆盖程度，以及是否存在骨质疏松、骨赘和关节退变等来判断髋关节发育不良的程度。患犬需浅麻醉使肌肉松弛，仰卧保定，两后肢向后拉直，伸展髋关节并向内旋转小腿，使两腿的髌骨位于滑车沟的正上方。两腿相互平行，并与 X 线诊断床平行，两后肢应最大限度向后伸直，骨盆部处于伸直位。髋关节在 X 线片的中间位置。髋关节发育轻度异常，髋关节变化不明显；中度以上的异常，可见髋臼变浅，股骨头半脱位或全脱位，关节间隙消失，骨硬化，股骨头扁平，髋关节变形或有骨赘等。

目前常用 PennHIP 法，通过计算关节分离指数（distraction index，DI）客观地测量与评价髋关节的松弛程度。DI＜0.3：股骨头移位非常小，髋关节松弛度低，患骨关节炎的风险极低。0.3≤DI＜0.5：股骨头移位中等，髋关节松弛度中等，患骨关节炎的风险中等。0.5≤DI＜0.7：股骨头移位较大，髋关节松弛度较大，患骨关节炎的风险较高。DI≥0.7：股骨头移位非常大，髋关节松弛度极高，患骨关节炎的风险极高。该方法最早可在犬 4 月龄时进行，不仅可以诊断髋关节发育不良，还可用于犬种的繁育及预测发生髋关节骨关节炎的风险。其他影像学检查，如 CT 和 MRI 可以更详细地显示髋关节的结构和软组织情况，但在诊断髋关节发育不良方面不如 X 线检查常用。

四、治疗

早期可通过强制休息、控制体重以减少髋关节的压力，防止髋关节脱位进一步发展。使用非甾体抗炎药缓解疼痛，使用葡萄糖胺、软骨素等增强关节功能。有条件的可根据病情和活动能力，制订合适的运动计划和物理治疗，以增强肌肉力量，改善关节功能。目前，使用干细胞疗法管理疼痛正在进行积极研究。如果保守治疗无效，可以考虑手术治疗。

手术治疗犬髋关节发育不良的目的是减轻疼痛、改善关节功能和恢复活动能力。耻骨联合融合术和骨盆截骨术适用于骨骼尚未成熟且存在髋关节松弛的幼犬，旨在预防继发性骨关节炎的发生。在成年犬，股骨头颈切除术适用于股骨头坏死、慢性不全脱臼等，切除股骨头与股骨颈后，形成假纤维性关节，消除股骨头对髋臼的磨损，从而缓解疼痛。全髋关节置换术通过植入人工股骨头和髋臼假体来替代受损的关节结构，恢复关节功能。

（刘康军）

第五节　腱与腱鞘疾病

一、腱炎

腱炎（tendinitis）是役用马、骡、驴和牛的常发疾病。马、骡、驴的前肢支持作用比较大，因而前肢发生腱炎比较多。牛则相反，后肢发病率较高。一般情况下，屈腱比伸腱发病多，而在屈腱中则指深屈肌腱多发。

（一）病因

多种原因可损伤腱纤维，如装蹄、修蹄不当（蹄角度过小）、跌倒、使役不当和对侧肢蹄跛行等引起患肢腱的负荷增加，造成部分纤维损伤，降低腱的强度，最终造成纤维断裂。如果肌腱反复受损，则会发生成纤维细胞损伤，导致无法产生正常的修复胶原蛋白。在这个阶段，肌腱的愈合能力受到损害。此外，纤维断裂部位形成血肿造成压迫，同时相关的炎症介质释放会导致进一步的纤维损伤。少数病例因外伤或局部感染引起腱炎。也有蟠尾丝虫的寄生引起的非化脓性或化脓性腱炎。

（二）症状与诊断

大多数肌腱损伤是由于累积性损伤造成的，除跌倒或被其他肢蹄踢伤外。急性无菌性腱炎时，突然发生程度不同的跛行，使用冰敷、休息或抗炎药物后，跛行通常会迅速缓解。触诊时，病变部位剧烈疼痛、发热和肿胀。如病因不除或治疗不当，则容易转为慢性炎症。腱变粗而硬固，弹性降低乃至消失，造成腱的机械障碍。或因损伤部位的肉芽组织机化形成瘢痕组织，腱短缩，甚至与之有关的关节活动均受限制，此即腱挛缩。指屈肌腱的挛缩和骨化，常能引起腱性突球。

经常反复的损伤所引起的慢性纤维性腱炎，临床特征是患部硬固、疼痛和肿胀。患畜在运动初表现严重的跛行，随着运动跛行减轻或消失。休息后，患部迅速出现淤血，疼痛反应加剧。故在诊断慢性腱炎前，须保持患畜较长时间的安静。

化脓性腱炎，临床症状比无菌性炎症剧烈，常发部位在腱束间的结缔组织，因而经常并发局限性的蜂窝织炎，最终引起腱坏死。

（三）治疗

治疗原则：控制炎症和出血，促进吸收，防止腱纤维进一步损伤，促进功能恢复。

初期治疗旨在控制过度炎症，可使用1%双氯芬酸软膏涂抹患处。病后1～2d内可用冷疗，如冰敷，持续3周，是减少炎症渗出的有效辅助方法。封闭疗法，将抗生素、糖皮质激素、盐酸普鲁卡因注射液注入炎症患部。急性炎症时，首先使患畜安静，如出现在肢势不正或护蹄、装蹄不当的病例，须在药物治疗的同时进行矫形装蹄和削蹄，以防止腱束的继续断裂和炎症发展。

急性炎症减轻后，使用酒精热绷带、酒精鱼石脂温敷。同时患部包扎对减少周围组织的肿胀有一定的作用。为了保护系凹部，应在用药的同时涂以凡士林，然后包扎保温绷带。对亚急性和慢性经过的患畜，可使用物理疗法，如电疗、离子透入疗法。

二、腱鞘炎

腱鞘炎（tenosynovitis）是腱鞘受到机械损伤后，腱鞘壁和腱系膜的血管被破坏，在腱鞘腔、腱鞘壁及其周围的软组织内出血，代谢紊乱，以致在腱鞘壁及其周围结缔组织中发生无菌性炎症。本病常发于马、骡，屈腱的腱鞘比伸腱多发，腕部、指（趾）部的腱鞘发病率较高，跗部腱鞘有时发病。

（一）病因

机械性损伤，如挫伤、打击、压迫和刺创，以及腱的过度牵张、保定不当、挽驮重载或在不平或泥泞道路上的疾驰等。

病原体感染，如并发于脓毒症、传染病（马腺疫、流感、布鲁氏菌病、结核病或鼻疽）

和寄生虫病（如盘尾丝虫病）等，或周围组织炎症（如蜂窝织炎、脓肿、化脓性黏液囊炎或化脓性关节炎）的蔓延。

（二）症状与诊断

非化脓性腱鞘炎根据渗出物的性质分为浆液性、浆液纤维素性和纤维素性腱鞘炎。其中，急性浆液性腱鞘炎较多发，腱鞘内充满浆液性渗出物，皮下呈索状肿胀，触诊温热，有波动感，患处疼痛。腱鞘粘连时，患肢功能障碍。浆液纤维素性腱鞘炎，渗出物中有纤维素凝块，触诊可听到捻发音，患部热痛感和功能障碍强于浆液性腱鞘炎。若渗出液或纤维素过多，不易迅速吸收，转为慢性经过，常发展为腱鞘积水。纤维素性腱鞘炎较多为亚急性与慢性经过，局部肿胀较轻，而热痛严重，触诊腱鞘壁肥厚，可有捻发音。

慢性浆液性腱鞘炎，滑膜腔膨大，充满渗出液，波动明显，但温热、疼痛不明显，跛行较轻。慢性浆液纤维素性腱鞘炎时，患部温热、疼痛明显。腱鞘各层粘连，腱鞘外结缔组织增生肥厚，严重的并发骨化性骨膜炎。慢性纤维素性腱鞘炎，滑膜腔内渗出大量纤维素，腱鞘肥厚、硬固，轻度肿胀，温热，疼痛，并有跛行。触诊或他动患肢时，表现明显的捻发音。病久常引起肢势与蹄形的改变。

化脓性腱鞘炎，在滑膜感染初期为浆液性炎症，2～3d 后，变为化脓性腱鞘炎。动物体温升高，跛行明显，如不及时控制感染可蔓延到腱鞘纤维层，出现重度跛行。有的病例，腱鞘壁发生部分坏死，皮下组织形成多发性脓肿。病后往往遗留下腱和腱鞘的粘连或腱鞘骨化。

（三）治疗

急性炎症初期，保持动物安静，减少炎性渗出，消炎镇痛。可对腱鞘腔穿刺放液，同时注入 1%盐酸普鲁卡因青霉素，包扎压迫绷带。间隔 2～3d 后，可重复操作，直至渗出液减少。腱鞘腔内纤维素凝块过多而不易分解吸收时，可在病变部的下方手术切开腱鞘，取出渗出物。对化脓性腱鞘炎，切开排脓，清除坏死组织，使用普鲁卡因青霉素冲洗，创内填塞抗生素软膏纱布条引流，每隔 2～3d 换药 1 次，直至痊愈。

（刘康军）

第六节　黏 液 囊 炎

一、肘头黏液囊炎

肘头黏液囊炎（olecranon bursitis）表现为肘关节鹰嘴突肿胀，多发生于马、大型或巨型犬。本病在犬又名肘部血清肿（elbow seroma），在马又名肘结节皮下黏液囊炎（subcutaneous bursae of elbow）。

（一）病因

局部挫伤可导致急性肘头黏液囊炎。动物长时间卧于坚硬地面上；肘头皮下黏液囊受到反复压挤；体弱、缰绳短、畜栏太狭窄或呼吸追促的马以胸骨部卧地，屈曲前肢休息，肘的后面恰被蹄踵部冲击；特别是马取牛卧姿势，蹄铁尾端反复刺激肘头部，可引起肘头皮下黏液囊炎。肘部尚未形成保护性茧的青年犬（6～18 月龄），肘部皮肤薄、皮下组织稀少的犬以及因其他疾病（如髋关节发育不良、疼痛性疾病）而长时间趴卧的老年犬，其肘部黏液囊受到硬地面反复压迫也易发病。黏液囊内容物为无菌液体和数量不等的纤维组织，但后期可发生感染。

（二）症状与诊断

常表现为单侧或双侧鹰嘴突处界线明显的肿胀，大小不等。初期可感温热、似生面团样、无痛，跛行不明显。以后由于渗出液的浸润和黏液囊周围结缔组织的增生，变得较为坚实。有时马的黏液囊膨大如拳头，有波动感。发炎的黏液囊内积聚含有纤维素凝块的液体，破溃时流出带血的渗出液。黏液囊内容物有时可被吸收，黏液囊周围的炎症亦随之消失。肘头黏液囊炎常可根据其外观特征和体格检查确诊；黏液囊发生感染时动物出现疼痛和跛行，此时应拍摄 X 线片观察鹰嘴突有无创伤或感染。

（三）治疗

病初应尽快消除造成肘部挫伤的病因并进行压迫包扎。马的肘头黏液囊炎可在无菌穿刺后局部注射糖皮质激素；也可进行外科引流或手术切除。多数犬肘头黏液囊炎的急性病例在病因消除后可逐渐恢复；犬的无菌性肘头黏液囊炎不建议穿刺，穿刺会增加感染风险；除非局部感染或形成慢性纤维性组织，否则也不建议手术切除。

马的肘头黏液囊炎推荐外科引流或手术切除，动物站立保定，局部麻醉。可在外下部切开、排脓，注射复方碘溶液或用其涂擦囊内壁，另偶有报道称可注射碘造影剂；肌内注射抗生素。黏液囊过大、坚实时，实行手术摘除；沿肢体长轴在肿大部的后外侧做纵向弧形切口。切开皮肤后自周围组织剥离出整个增大的黏液囊；切除多余皮肤。结节缝合手术创口，并做钮扣减张缝合。术后局部包扎压迫绷带，可将患畜于保定栏内吊起保定 1～2 周，防止因患畜起卧而使手术创口裂开；2～3 周后创口愈合，恢复正常饲养管理。

犬的化脓性肘头黏液囊炎可首先考虑在背侧和腹侧做多处小切口，用于排脓、冲洗，并进行封闭式被动引流。该疗法能够保留肘头的茧。术后采用无黏性敷料包扎，在肘后部放置“甜甜圈”形状的柔软衬垫，以缓解肘部压迫；术后 2～3 周引流液逐渐消失，移除引流管；术后 4～5 周伤口完全愈合，移除包扎。犬化脓性肘头黏液囊炎的手术切除较少开展，当出现局部溃疡、瘘管时方考虑进行。该手术会切除犬肘头皮肤的保护性茧，术后并发症较多。手术时常规清创、冲洗，并进行封闭式主动引流；切口和缝合位置应位于鹰嘴突的内侧或外侧；伤口的无张力闭合常需借助皮肤重建技术。

二、腕前黏液囊炎

腕前黏液囊炎又名腕前水囊瘤（carpal hygroma），表现为腕关节前部的软组织肿胀，主要发生于牛，马次之。其他家畜很少发生。多为一侧性的，有时两侧同时发病。

（一）病因

若地面坚硬而粗糙，牛床不平，垫草不足或不给垫草，当牛起卧时腕关节前部反复遭受挫伤；马如有牛卧姿的习惯或系缰甚短，腕关节前部易碰撞饲料槽等，均易引起腕前黏液囊炎。使役牛在不平的硬地上发生跌伤，亦可导致腕前黏液囊炎。布鲁氏菌病可并发或继发腕前黏液囊炎。

（二）症状与诊断

动物腕关节背侧发生局限性、波动性的隆起，逐渐增大，无痛无热，无跛行；肿胀不侵入关节囊和腱鞘，但关节活动范围可能减小。长期存在时，患部皮肤被毛卷缩，皮下组织肥厚。牛的腕前膨大可增至排球大小，脱毛的皮肤胼胝化，上皮角化，呈鳞片状。内容物多为浆液性，混有纤维素小块，有时带有血色。如有化脓菌侵入，则形成化脓性黏液囊炎，动物常出现不同程度跛行。

本病应与腕关节滑膜炎和腕桡侧伸肌腱鞘炎鉴别诊断。黏液囊炎的肿胀位于腕关节前面略下方，跛行不明显；急性腕关节滑膜炎时，肿大主要位于腕关节的上方及侧方，跛行明显；腕桡侧伸肌腱鞘炎时，呈纵行的分节肿胀。影像学检查如 B 超和 X 线造影（肿胀内注射造影剂）有助于判断肿物与关节腔的位置关系；穿刺检查可判定黏液囊内容物的性质。怀疑感染时，应进行穿刺、细菌培养和药敏试验。

（三）治疗

部分腕前黏液囊炎可自愈，但多数病例须接受治疗。可实行保守疗法：①穿刺放液后注入适量的复方碘溶液或可的松；偶有注射碘造影剂或阿托品（总剂量不超过 7mg）后自愈的报道。②局部须装压迫绷带，但应告知畜主压迫绷带的长期放置可造成局部增厚。

当病情反复，或者腕前黏液囊炎特别大时，应当实行手术切开或摘除。在肿胀物的前外侧或前内侧做梭形切口；将黏液囊整体剥离；修剪囊壁，结节缝合手术创口，放置引流物；将疏松的皮肤推向腕关节的一侧，然后装置夹板或石膏绷带以防腕关节屈曲。术后肌内注射抗生素 5～7d；外固定持续至少 10d 或直至拆线，然后压迫绷带包扎至少两周。

（崔璐莹）

第七节　骨关节疾病

一、骨关节炎

骨关节炎（osteoarthritis）又称退行性关节病（degenerative joint disease，DJD）或骨关节病（osteoarthrosis），以关节软骨的非炎性、非化脓性退行性改变为特征，并伴有滑膜边缘的新骨生成和关节周围软组织的纤维化。尽管本病被归类为非炎性疾病，但炎症反应持续存在，马、牛、犬、猫等动物均可发生。

（一）病因

本病与以下因素有关：①异常机械负荷和基因缺陷造成的关节软骨分解代谢大于合成代谢；②机械力学损伤造成关节囊炎，导致关节囊内组织纤维化、关节活动性降低；③滑膜细胞和软骨细胞分泌的炎性因子和蛋白酶异常增多，导致滑膜和关节软骨的代谢改变，蛋白聚糖和Ⅱ型胶原等关键基质成分丢失，软骨承受机械负荷的能力进一步下降。异常负荷、软骨破坏和炎症三者构成了恶性循环，促进疾病发展。关节软骨内不存在神经，但其周围的关节囊、滑膜、腱、韧带、骨膜和骨等均分布有大量 C 类神经纤维，对机械刺激和化学介质敏感，这是骨关节炎动物局部疼痛的主要原因。

马、骡的钙磷代谢失调、骨软症、维生素缺乏、肢势不正（内弧肢势、外弧肢势、外向肢势）、肢体内侧负重偏大或关节发育不良（关节狭小与负重需要不适应）等是发病的主要诱因；削蹄与装蹄失宜、幼驹过早使役、突然在坚硬不平道路上剧烈使役、奔驰中的急转急停或辕马用力后退等诱因，能促使具有上述主要诱因的马、骡的关节接受压力过重、过激以及超生理范畴的摩擦与压迫，使关节的动力平衡受到破坏，引起骨关节炎。

犬、猫的骨关节炎多继发于其他骨科疾病，如前十字韧带断裂导致的膝关节不稳定、髋或肘关节发育异常和创伤后关节对合不正造成的关节软骨负荷异常，以及感染或免疫介导性疾病造成的关节疾病等。

（二）症状与诊断

骨关节炎是逐渐发展而成的，早期症状不明显，只有在关节功能出现障碍时在临床上才可见跛行。此外有研究表明，疾病的严重程度与疼痛相关的临床症状并无显著相关性。动物常表现为急性或慢性、持续或间断性跛行和运动不耐受；犬、猫即使是双侧病变时，通常也仅表现更严重一肢的单侧跛行。常见局部变化包括急性关节积液或慢性关节周围纤维化所致的肿胀，运动范围下降、捻发音和关节不稳定；滑液的黏性下降也是骨关节炎的常见局部变化之一，在马可通过手指触诊粗略感知，但相关的实验室检查极少开展。慢性骨关节炎时，关节周围韧带附着处出现骨赘，在马可表现为混合跛行，其特点是随运动而减轻。患病过久，患肢肌肉萎缩，关节一般不粘连。触诊常有疼痛。

X 线检查对早期骨关节炎不敏感，其影像学变化也与临床症状的严重程度呈弱相关性。影像学变化包括：患关节骨间隙变窄、关节周围的韧带附着处有骨赘形成、软骨下骨硬化或溶解、存在骨软骨碎片、关节积液、周围软组织肿胀和肌肉萎缩等。超声扫查已成为马关节检查标准技术之一。CT 和 MRI 检查也在犬、猫、马骨关节炎的诊断中逐步开展。关节镜检查能够发现早期骨关节炎，其征象包括不同程度的软骨损伤和滑膜增生；马的关节镜检查是诊断马关节疾病的金标准。

（三）治疗

原则：早发现早治疗，缓解疼痛以恢复功能，延缓或阻断病程发展。

早期治疗以镇痛和温热疗法为主，或用封闭疗法。温热疗法用透热疗法、短波疗法等，以促进修复。晚期治疗以消除跛行、恢复功能为主，对已形成骨赘、能微动的患关节，可应用强刺激疗法，诱发患部骨关节出现急性炎症，以达到关节粘连、消除跛行的作用。此外，有肢势异常的，配合削蹄、装蹄疗法。马胫前肌腱内支切断术，可消除跛行，效果较好。

在马，保守治疗能够缓解疼痛，延缓病程，但用药方案须根据个体实际情况制订。急性病例可短期应用非甾体抗炎药缓解炎症，其他常用疗法包括关节内注射糖皮质激素（影响软骨代谢，存在争议）联合局部麻醉药或透明质酸，口服含有硫酸软骨素、透明质酸、葡聚糖胺等成分的关节保健品，以及体外冲击波理疗等。手术治疗能够缓解疼痛、阻断病程发展。首选关节镜技术开展马的关节手术，并根据实际情况开展具体手术。马存在跛行且检查发现骨软骨碎片时，应将其移除；大活动范围的关节发生骨折时，应进行关节内骨折重建；伴发化脓性关节炎且冲洗效果有限时，应考虑滑膜的部分、次全或完全切除，以便清除附着于滑膜上的纤维蛋白，预防后续感染，或者清除显著肥厚的滑膜，从而减少炎性因子的生成和关节内的物理撞击；多数急性病变仅涉及局灶性关节软骨损伤，此时可通过骨软骨碎片清除、关节软骨与软骨下骨的局部清创来实现姑息性治疗，或者利用关节软骨移植物或软骨下骨微骨折技术实现修复性治疗。当上述疗法无效时，方考虑挽救性治疗措施，如关节融合术和关节置换术。关节融合术最常采用内固定技术实现，也可通过关节内注射强刺激剂或激光技术实现；小活动范围的关节（如近指间关节、跗跖关节、腕掌关节、远端跗间关节）预后较好。因植入物的设计、生产、负重、持续时间等因素的限制，关节置换手术尚未在马临床开展。

在小动物，骨关节炎多继发于其他骨科疾病，应尽量纠正原发病因。有时影像学检查显示无临床症状的动物存在骨关节炎，此时不建议治疗。保守治疗包括功能锻炼、体重管理和药物治疗。炎性滑膜炎（inflammatory synovitis）通常是造成疼痛和跛行的主要原因，此时定期、合理的功能锻炼配合抗炎药的短期应用有助于缓解不适、加强关节支持带强度、提高关节活动范围。多数骨关节炎患犬肥胖，减重能够缓解疼痛、增强运动功能；减重后适当加强功能锻炼可维持关节的活动能力和稳定性。非甾体抗炎药能有效缓解疼痛，但存在副作用，不可长期使用；糖皮质激素可影响软骨细胞代谢，不建议使用。手术治疗主要用于原发疾病的纠正；当保守治疗无效、肢体功能丧失时，也应考虑手术。以股骨头颈切除术为代表的关节成形术属于挽救性手术，术后局部形成假关节，功能恢复情况因个体而异；以髋关节、肘关节或膝关节置换术为代表的假体关节置换术旨在恢复肢体功能、消除疼痛，手术难度大、成功率差异大；跗关节和腕关节的关节融合术以内固定形式开展，可缓解疼痛、改善肢体功能，但用于膝关节、肘关节和肩关节时预后不良。截肢术和同种异体移植物技术极少开展。

二、股骨头坏死（累-卡-佩氏病）

累-卡-佩氏病（Legg-Calve-Perthes disease）又称为累-佩氏病（Legg-Perthes disease），是以股骨头血液供应中断和骨细胞死亡为特征的综合征，其股骨头发生非炎性无菌性坏死。在综合征修复期间，股骨头的一部分可能出现萎缩，引起关节面不相称和变性性关节病。此病最常见于 4～11 月龄小型犬（10kg 以下的犬），6～7 月龄多发，12%～17%为双侧患病，发病率无性别差异。

（一）病因

不明。由于关节内压力增加，骨髓血流减少；骨骺血管脂肪栓塞、细胞毒因素、遗传因素等可使本病发生和发展。初期股骨骨骺部血流中断，股骨颈缺血、萎缩塌陷；后期血供重建，新骨生成，股骨头形状发生改变、股骨颈增厚、生长板结构丧失。

（二）症状

轻度坏死的病例临床症状不明显。严重坏死的病例可呈不同程度的单侧或双侧后肢跛行，后肢肌肉可出现萎缩。用手做髋关节他动运动时，动物有疼痛反应，并可听到噼啪音。

髋关节屈曲的腹背位 X 线片可见病变，CT 对初期病变的检测更灵敏。病初股骨头外侧骨骺密度增加，随后股骨头出现局灶性骨溶解；后期可见股骨头软骨下面不规则或变平，股骨颈增粗、塌陷，并探查到潜在的股骨颈骨折。

（三）治疗

股骨头尚无解剖畸形的犬，可用窄笼控制饲养 6～12 周。给阿司匹林、布洛芬、美洛昔康、替泊沙林等抗炎止痛药，口服，一日 1～2 次，以控制疼痛。股骨头有解剖畸形的犬，或已经出现退行性关节病的犬，需要切除股骨头和股骨颈，术后 72h，髋部开始被动活动，每次 15～20min，一日两次。缝线拆除后，可开始运动，强行步行每次 10～20min，一日两次。

股骨头切除后，肢体可以恢复一般的功能，但在天气变化、湿度大、负重时仍会有间歇性跛行。有条件的，可做髋关节置换术。

（崔璐莹）

第八节　马属动物蹄病

一、蹄钉伤

装蹄时，由于蹄钉损伤和压迫蹄底部或蹄壁的真皮引起的炎症，称为钉伤。钉伤可能是真皮的非化脓性炎症，更多的是化脓性炎症，并经常伴有出血。钉伤可分为直接钉伤和间接钉伤。直接钉伤是蹄钉直接刺伤真皮，而间接钉伤是因下钉不正，钉身紧靠真皮部，压迫而引起的炎症过程。钉伤时，局部的炎症现象明显，容易确定为钉伤，但确定直接钉伤还是间接钉伤，则比较困难。

（一）病因

以下因素，可造成钉伤。

（1）下钉时蹄钉的倾斜度与蹄壁的倾斜度不一致，而将蹄钉打入真皮部。

（2）蹄形不正，如负缘窄、蹄壁有缺损、弯蹄、倾蹄等，都易造成钉伤。

（3）蹄壁内残留有旧蹄钉，在下钉时容易将旧的蹄钉改变方向，打入真皮内。

（4）蹄铁不良，如钉孔内偏、钉孔倾斜、铁幅过宽或蹄铁过狭，都可引起钉伤。

（5）蹄钉不良，如钉尖分裂、钉刃不正、蹄钉质量脆、过软易折、蹄钉过粗等都易造成钉伤。

（6）削蹄不良，如蹄负缘外侧过削，蹄底削切过度，都易引起下钉不正，造成钉伤。

（7）紧钉过度，使钉入的蹄钉在蹄壁内过度弯曲，压迫真皮部。

（8）出钉太深，给角质脆弱的马装蹄时，或角质有缺损的马装蹄时，往往将蹄钉钉在蹄壁较高的部位，致出钉太深，易伤及真皮部。

（9）修蹄师业务不熟练或工作粗心。

（10）装蹄时马发生骚动，下钉时使钉尖方向发生改变。

（二）症状

如果发生直接钉伤，能在装蹄当时发现，因为当蹄钉进入软组织时，马有剧烈疼痛而突然收缩其肢，以示发生钉伤，同时钉掌的人会感到蹄尖碰到的阻力小，有如钉入豆腐的感觉。如当时将蹄钉拔出，钉尖上可附有血迹，或直接由钉孔涌出血液。如不将蹄钉拔出，在紧钉节时，动物有疼痛表现，甚至从钉节处流出血液，动物在钉掌后，立刻出现跛行，2～3d 后，跛行加剧。

如为间接钉伤，下钉当时不会有特殊感觉，装蹄之后马也不会出现跛行。通常在装蹄后 2～3d，或更晚些时候，出现跛行，开始为非化脓性真皮炎症，1～2 周后可转为化脓性炎症。有化脓性过程时，可有全身反应。

如果蹄真皮因钉伤而发生化脓性炎症时，跛行可逐日增剧。患蹄钉伤侧蹄温增高，指（趾）动脉搏动增强，叩诊不正的钉节或钉头时，动物有疼痛反应，用蹄钳压诊钉伤处的蹄底和蹄壁时，动物有疼痛表现。此时拔出蹄钉，从钉孔内可流出脓性渗出物，蹄钉湿润或附有脓汁。

钉伤时化脓性过程向上蔓延，也可引起蹄冠蜂窝织炎。伤及深部的蹄骨时，临床症状更为明显，呈明显的支跛，甚至患蹄不负重。

诊断根据病史和临床表现，结合蹄形和出钉的位置（超过了蹄壁中 1/3 和下 1/3 交界处）可以确诊。怀疑伤及蹄骨时可用放射学检查。一般钉伤经过及时治疗，预后良好。深部化脓时，有可能蔓延到其他部位，引起其他组织的化脓性过程，预后应慎重。

（三）治疗

治疗装蹄中如发现钉入真皮，应将蹄钉立刻拔出，钉孔内滴入碘酊数滴，在其他钉孔内下钉。如已出现跛行，应将蹄铁取除，局部消毒处置后，用蹄刀在下钉的部位做一漏斗状切口，深达真皮，使脓性渗出物充分排出后再灌注碘酊或碘仿醚，松馏油浸纱布覆盖。绷带包扎，2～3d 后更换绷带。如已蔓延至蹄冠形成蹄冠蜂窝织炎时，也应将钉孔扩开排脓，脓汁排出后，蹄冠部炎症也可逐渐减轻。化脓过程停止后，用松馏油或黄蜡封闭钉孔，装带有铁板的蹄铁。全身应用抗生素并采取预防破伤风措施。

二、蹄冠蜂窝织炎

蹄冠蜂窝织炎是蹄冠部皮下组织、蹄冠和蹄缘真皮以及邻近蹄壳皮肤真皮的弥散性化脓性炎症。

（一）病因

蹄冠部外伤和挫伤，微生物从受伤的皮肤侵入引起感染，特别是蹄冠部受伤后，在泥泞道路或雪地作业，马站在泥泞的运动场，使组织遭受浸渍，皮肤软化，微生物更易侵入。

继发于马的蹄冠蹑伤、白线疾病、深部化脓性炎症（如化脓性蹄关节炎）、指（趾）腱鞘炎、球后脓肿、蹄软骨坏死等。

（二）症状

蜂窝织炎发生的初期常伴有全身性症候，如体温可升高到39～40℃，甚至更高，食欲减退，精神沉郁，牛泌乳量明显下降，呼吸和脉搏增数，血液检查，可见白细胞总数增加，嗜中性白细胞比例也增大。患肢不能站立，或仅以蹄尖着地。运动时呈明显支跛，甚至三脚跳。

蹄冠部呈一致性隆起，甚至突出于角质。蹄冠部可看到被毛逆立，有的部位可脱毛，颜色浅的皮肤可看到发红，甚至发紫，皮肤紧张发亮。压迫蹄冠处动物表现明显疼痛。蹄冠部的炎性水肿，以后可局限形成几个大小不等的肿胀，除脓肿处有肿胀和波动外，其他部位的肿胀消失，如不治疗，脓肿成熟后也可自溃，脓肿破溃后全身症状可明显好转，跛行也可减轻。脓肿破溃后流出不同颜色和稠度的脓汁，这取决于所感染微生物的性质。蹄冠蜂窝织炎也可向深部蔓延，引起马的蹄软骨化脓坏死和化脓性蹄关节炎。蹄冠蜂窝织炎破溃后，如治疗不合理，可形成蹄冠部溃疡，长满肉芽，久不愈合。15～20d后，放射学检查，指（趾）骨可呈现骨膜增殖。

根据全身和局部症状不难诊断，但应区别是否为其他病的继发症状，因为蹄冠蜂窝织炎往往是蹄内各组织化脓性过程，最后在蹄冠形成的排脓部位。发现蹄冠蜂窝织炎时，应排除蹄内化脓性疾病。本病的预后应慎重，因为往往是继发病，特别是继发于深部组织的化脓性过程，如化脓性蹄关节炎时，就不易治愈。

（三）治疗

首先应将马放在垫有褥草的马房内，使马安静，并经常给以翻身，以免发生褥疮。全身应用抗生素，以控制感染。同时应用各种支持疗法，如输液、注射维生素C和碳酸氢钠液等。局部治疗时，首先应该清理蹄部污染物，取除蹄铁，用肥皂水清洗，剪除被毛，广泛涂以碘酊，包括蹄壳。初期可用樟脑酒精液或鱼石脂酒精液包扎，结合全身疗法，可能消散。如果脓肿已经成熟，或肿胀过分压迫组织时，可以切开，切口应该斜向，因为水平切口易破坏角质生长，而垂直切口易引起蹄裂。切开后可保证渗出物充分排出，同时可用防腐液清洗，常用的有呋喃西林液、过锰酸钾液等，清洗后除去可见的坏死组织，为了使渗出物不断排出，可以应用吸湿绷带包扎。

三、白线裂

白线裂是指白线部角质的崩裂及变性腐败，进而引起蹄底和蹄壁发生分离。分离区域可以垂直向上延伸到蹄壁，也可以水平向蹄踵或蹄尖延伸至其他任何部分。起初蹄壁的分离不会导致跛行，因为它只涉及不敏感的组织。但如果堆积在缝隙中的污垢和其他物质导致蹄壁脓肿，就会出现跛行。随着分离间隙增大，敏感组织的撕裂程度也会加大，跛行会更加明显。

（一）病因

有几个因素可能导致白线裂。

（1）导致蹄壁张开的蹄壁结构，如蹄过度扁平的“馅饼盘”马蹄。

（2）不规则的修蹄或修蹄间隔时间过长/过短，进而使蹄壁变长，促使蹄壁张开或拉伸。

（3）蹄部水分不平衡，如环境条件太湿或太干。

（4）软骨炎，会导致蹄壁蹄骨断裂，加剧蹄壁分离。

（5）蹄壁脓肿，在蹄壁内侧留下一道脓肿。

（6）蹄壁直接损伤。

（二）症状

部分白线裂病例会从蹄子上方开始分离并越过蹄壁。用力敲击蹄壁可能会导致蹄壁下敏感组织出血。当球员用马球槌击打蹄子，或其他一些创伤可产生蹄壁间血肿，如同人指甲下的血疱。当这种缺陷变小时，在地面上可以看到分离区域。马举肢检查，易于发现病灶；白线裂只涉及蹄角质层，视为浅裂，不出现跛行；若裂开已达肉壁下缘，称为深裂，往往诱发蹄真皮炎，引起疼痛而发生跛行。

一些对蹄类动物的研究将白线退化归因于真菌感染，称之为甲真菌病。甲真菌病是人类和兽医学中用于描述真菌性甲真菌病感染的术语。然而，与人和犬不同，马没有指甲，蹄子是从冠状带而不是白线长出来的。因此，马白线的真菌感染与人或犬的真菌感染不同。在蹄壁的这些分离区域可以发现几种真菌和许多细菌，但都属于环境微生物，并非致病菌。

化脓性蹄真皮炎病灶对壁真皮比底真皮的影响更大，感染可向上方深部蔓延，引起蹄冠脓肿、远籽骨滑膜囊炎和化脓性蹄关节炎，有的病例侵害到腱和腱鞘。陈旧性的白线裂可使患部蹄壁向外发生凸弯。

（三）治疗

治疗白线裂首先需要完全清除这些分离的蹄壁，并打开上方或分离区域周围的所有管道或裂缝。这个程序是十分必要的，以防止进一步分离，并解决蹄壁下不可避免的感染。这个问题不能简单地通过清除缺陷来解决；必须打开隔离蹄壁。切除分离的蹄壁不是一个痛苦或血腥的过程，因为蹄壁的分离部分是不敏感的。如果问题已经有一段时间没有得到解决，可能需要打开大面积的蹄壁。

修蹄师或兽医可能会分阶段重新移动分离的蹄壁，以便有足够的蹄壁来固定蹄钉。或者可以用丙烯酸树脂重建蹄壁。应使用支撑蹄铁，直到缺陷消失，蹄壁向外部扩展者，即在该蹄铁部位设侧铁唇。蹄壁薄弱者使用广幅连尾蹄铁，以使蹄叉及蹄底外缘分担体重。在接下来的每次步行中，修蹄师可能需要反复检查蹄壁，寻找蹄壁下新的分离区域或通道。除非大面积的蹄壁被切除，否则马通常可以进行正常锻炼。

兽医或修蹄师可能会建议局部使用抗真菌药物或消毒剂。然而，在大多数情况下，一旦分离的蹄壁被移除，无需这种治疗，感染也会自然消退。全身性抗生素在治疗白线裂方面并非十分必要。可以使用一些收敛剂，如硫酸铜和福尔马林（甲醛溶液），这是治疗白线裂的常用药物。但这些解决方案可能会使蹄子过度干燥，因此应谨慎使用。经几次换药，感染完全控制，炎症解除时，也可用黏合剂或黄蜡封闭裂口。

四、蹄裂

蹄裂亦名裂蹄，是蹄壁角质分裂形成各种状态的裂隙。蹄壁开裂可发生于蹄壁所有位置，可能涉及整个蹄壁，也可能涉及冠状动脉带附近的近端蹄壁，或仅涉及远端蹄壁。裂纹可能会穿透表层，也可以延伸到敏感层，后一种裂缝被称为深裂或穿孔蹄裂，会导致炎症和跛行。蹄裂根据发病部位可分为蹄尖开裂、蹄侧壁开裂、蹄踵部开裂、蹄支开裂；根据开裂程度分为完全开裂、不完全开裂；根据开裂深度分为浅表开裂、深部开裂；根据开裂是否伴发出血和感染分为单纯开裂、复杂性开裂。蹄侧壁和蹄踵部开裂是最严重的情况，因为这些部位有敏感的蹄叶。

（一）病因

不良蹄形，肢势不正：负重不平衡；蹄过度生长可导致蹄壁受到杠杆作用，造成开裂；蹄角质干燥、脆弱、发育不全；施行四肢神经切断术的马。

（二）症状

大多数情况下，诊断是通过仔细目视检查蹄来进行的。新发生的角质裂隙，裂缘比较平滑，裂缘间的距离比较接近，多沿角细管方向裂开。陈旧的裂隙则裂缝开张，裂缘不整，有的裂隙发生交叉。如果有继发性感染，跛行会表现明显，可在开裂处看到脓性渗出物。裂缝的深层经常受到污垢和粪便的影响。撕裂是深或穿孔蹄壁裂纹的一个突出特征。表面裂纹与跛行无关，通常不需要治疗。但表面裂纹扩展可能会引发炎症风险。

（三）治疗

成功治疗蹄裂需要临床兽医、修蹄师之间的密切合作。选择的处理方式取决于裂纹的位置和深度，处理时间可以从几天到几周，甚至几个月不等。首先要改善蹄部护理和修蹄。在不进行初始缝合的情况下修复蹄裂可以减少两侧相对运动，有效保护下面的敏感层。此时跛行会减弱。在极少数情况下，裂缝可以愈合。但在大多数情况下，需要更复杂的技术来治愈缺陷。特别是如果裂纹伴有感染和跛行，必须评估蹄铁的状况，纠正异常情况，如不均匀的蹄铁。旧蹄铁被移除，蹄部被适当修剪。完全清洁后，用纱布海绵和蹄子覆盖缺陷部位，蹄部底面填充硅胶，并覆盖着一块金属板。可以降低蹄底区域的压力。如果裂纹正下方的蹄壁剪短，可以减少冠状动脉带的连续运动，从而生产出质量更好的角质层。

治疗后，应在裂缝上应用固定装置。有效的修复将两个分离的蹄部结合在一起，并减少冠状动脉带水平向近端正常角过渡时的个体运动。双组分蹄替代材料的引入显著提高了蹄裂纹修复的有效性。医用高分子黏合剂黏合裂隙，在黏合前先削蹄整形或进行特殊装蹄，再清洗和整理裂口，并进行彻底消毒后，最后用医用高分子黏合剂黏合。为了防止裂缝继续活动和加深，可用金属锔子锔合裂缝（图 13-5）。

图 13-5　蹄裂修补方法

五、蹄叉腐烂

蹄叉腐烂是蹄叉真皮的慢性化脓性炎症，主要由细菌感染导致，并伴发蹄叉角质的腐败分解，分泌黑灰色恶臭液体，以及蹄叉角质崩坏的疾病。

（一）病因

本病的发生与污染的环境有关。导致本病的细菌在潮湿、不卫生的条件下生长得很好，如肮脏或泥泞的马饲养场，马长时间站立在含有尿、粪、泥的环境容易诱发本病。本病多发生于挽马。病原菌常为：厌氧菌、革兰氏阴性菌、坏死梭杆菌和其他类杆菌。

（二）症状

本病往往在修蹄师修蹄时发现，蹄部检查时会发现恶臭气味，蹄叉完好无损，蹄叉表面粗糙、呈增生性丝状，这种丝状增生如菜花状。炎症也可蔓延到蹄缘的生发层，从而破坏角质的生长，引起局部发生病态蹄轮。

患病早期由于仅仅侵害表皮层，集中在蹄叉病灶肉芽组织中，蹄叉刮擦时会有出血，跛行并不明显。如果不进行治疗，会进一步扩散至蹄壁其他组织中。蹄叉中沟和侧沟，形成大小不等的空洞，充满带有恶臭的不洁物。如果真皮被侵害，扩展至蹄球或蹄冠，可能继发化脓性蹄真皮炎，以致发生不正常蹄轮，蹄叉的崩坏和萎缩，立即出现跛行（走软地或沙地特别明显）。蹄叉被破坏，蹄踵壁向外扩张的作用消失，可继发狭窄蹄。蹄叉表皮组织变脆，当受到刮擦时容易出血，且在接触时疼痛。

诊断：可根据蹄叉及周围组织渗出性蹄皮炎做出初步推测诊断。必要时进一步做活组织检查和微生物培养（较难，因为在蹄叉表皮可见各种混合菌群）。

（三）治疗

具体治疗原则：疾病早期判断，损伤彻底清创，局部治疗，保持创伤清洁和干燥，直至病灶角化。

具体操作时修蹄师对蹄叉进行仔细修剪，去除角质化增生组织，并暴露感染区域。常规治疗建议通常包括：用温水和消毒剂反复冲洗蹄部，尤其是裂缝应加压冲洗。用碘溶液或专用蹄部洗剂给蹄叉涂抹。如果蹄叉在清洗时变软，则不应使用含有福尔马林的药物。把浸过碘的棉球塞进裂缝里通常会有所帮助。蹄叉彻底清洁后，每天两次涂上蹄叉防腐专用药物，并应保持马在清洁、干燥的环境中。常用的局部治疗用药有：氯霉素、甲硝唑、酮康唑、利福平、二甲基亚砜（DMSO）、10%过氧化苯甲酰等。局部治疗还有局部清创术，治疗期可能是几周至几个月，取决于疾病发展阶段。

六、蹄叶炎

蹄叶炎发生在蹄壁，主要是蹄前部的蹄尖、蹄侧壁的真皮小叶层（乳头层）及血管层浆液性、弥散性炎症，又称蹄壁真皮炎、五攒痛、败血凝蹄、走伤、料伤、风湿性蹄叶炎。后期伴发蹄骨转位和蹄关节变形。临床上表现严重的跛行，伴有蹄冠周围的热和痛，一般散发。

（一）病因

马蹄叶炎常见病因有饲喂因素，如长期饲喂精料、饲料骤变；继发性疾病，如毒血症、疝痛、肠炎、感冒等；过度使役、过度负重、外伤等外力因素；长期使用类固醇药物、胎膜滞留、库欣综合征等。

蹄叶炎病理学：蹄壁、蹄底和蹄叉在马的一生中都在生长。蹄壁的连续再生发生在冠状带处，其中蹄生发细胞（表皮基底细胞）产生子细胞群（角质形成细胞或角蛋白产生细胞），不断地增加到蹄壁的顶部（近端蹄壁）并且逐渐增加蹄壁的长度。在蹄底和蹄叉上以大致相同的速率发生相同的过程。

一般认为组胺使蹄血管充血发炎，患蹄叶炎马的血液和胃肠内组胺含量增高，并且试验性静脉注射组胺可引起一些蹄叶炎的临床症状。有研究发现一种使用胸苷类似物5-溴脱氧尿苷（BrdU）检测细胞增殖的改进方法，该类似物可见于复制细胞的DNA中。X线检查可见蹄叶炎最初短时间动脉充血，发炎，很快指（趾）动脉、静脉收缩，动脉血通过蹄部许多动脉、静脉的吻合支，而直接进入静脉，致使蹄真皮毛细血管出现局部缺血。末端动脉弓扩张比正常少，而且蹄球部、蹄真皮及蹄冠带的血液供应也减少。

患蹄叶炎时，在角质发生部位，生角质物质（含硫氨基酸）消失，血液循环长期紊乱，进而引起局部血液灌注不足，使角化过程缓慢或停止。轻症病例产生蹄叶炎蹄轮；重者发生蹄骨转位，或蹄壁与下面组织完全分离。角小叶与肉小叶可分离。这是有缺陷的角化过程或蹄骨受体重所压而致。同时，还有大量炎性渗出物潴留于蹄尖壁加重了角小叶与肉小叶的分离以及蹄骨向后压迫，再加上蹄骨掌侧承受指（趾）深屈肌腱后拉的作用，可以使蹄骨下沉，蹄骨尖向下压迫蹄底，最终可以穿透蹄底（图13-6）。

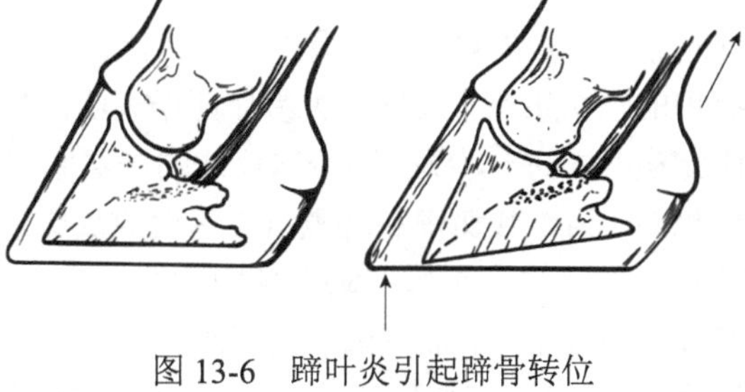

图13-6　蹄叶炎引起蹄骨转位

（二）症状

1. 急性蹄叶炎的症状　精神沉郁，食欲减退，不愿意站立和运动。因避免患蹄负重，常出现肢势的改变。两前蹄患病时，患马后肢伸至腹下，两前肢向前伸出，以蹄踵着地。两后蹄患病时，前肢向后趋于腹下。四蹄均发病时，站立姿势与两前蹄发病类似，体重尽可能落在蹄踵上。如强迫运步，患马运步缓慢、步样紧张、肌肉震颤。患蹄局温增高，特别是靠近蹄冠处。指（趾）动脉搏动亢进。当叩诊或压诊蹄时，表现敏感疼痛。全身反应，体温升高（40～41℃），心跳加快，脉搏频数（80～120 次/min），呼吸加快（50～60 次/min），可视黏膜常充血。

2. 亚急性蹄叶炎的症状　患马可见急性蹄叶炎症状，但程度较轻，常限于肢势稍有改变，不愿运动。蹄温或指（趾）动脉波亢进不明显。急性和亚急性蹄叶炎如治疗不及时，可转为慢性型。

3. 慢性蹄叶炎的症状　临诊表现为全身症状基本减轻或消失，而蹄本身的变化加重。由于家马长时间蹄踵着地，蹄尖抬起，这样造成蹄骨向后垂直变位，蹄踵壁轮变宽，最终形成芜蹄。X 线检查，可发现蹄骨转位以及骨质疏松。蹄骨尖被压向下方，并接近蹄底角质。在严重病例中，由于蹄骨压迫可造成蹄底的隆起或穿孔，有的出现化脓。

（三）诊断

首先问诊，对病史有一定了解。临诊马出现明显支跛。X 线检查可发现蹄骨变位，蹄骨骨质疏松。蹄骨尖被玉向下方，并接近蹄底角质。实验室检查：血液学及血常规检查有明显变化（血流量减少、血液黏稠、白细胞增多、嗜中性粒细胞明显增多）。尿液检查含蛋白质及糖。

鉴别诊断：注意与肌肉过劳、肌肉风湿及蹄底挫伤相鉴别。肌肉过劳和肌肉风湿病时，跛行紧张步样随运动逐渐减轻。肌肉过劳虽将患肢伸向前方，但不显著，患马休息 2～3d 后，症状可消失。蹄底损伤时，在软地上运动跛行减轻，无全身症状。

（四）治疗

原则：去除病因，解除疼痛，防止病情的延续，降低蹄叶的永久性损伤，改善局部血液循环，提高蹄叶毛细血管的活力，防止蹄骨转位，促进蹄角质生长。蹄肉小叶的病理变化，能在临床症状出现后 4h 内发生，在 24h 内可导致永久性伤害。因此必须尽可能早地开始有效的治疗。

1. 冷冻疗法　有研究表明，当马患上蹄叶炎时连续评估蹄部温度以及蹄部循环的实验结果中，蹄叶炎急性阶段的血管收缩可能具有保护作用。因此，在蹄叶炎的急性阶段诱导蹄血管收缩可能是一种有用的预防策略。大量兽医治疗证据表明，对已经患有急性蹄叶炎的马进行冷冻治疗可能会阻止疾病的进一步发展。冷冻疗法的深层低代谢作用被认为是寒冷限制损伤严重程度的最重要机制。组织代谢率和耗氧量与温度成反比。冷却组织对葡萄糖、氧气和其他代谢产物的需求减少，可提高细胞在缺血期间的存活率。组织温度每降低 10℃，酶活性就会降低 50%。在较低的温度下，胶原酶和促炎细胞因子的活性也显著降低。冷冻疗法会引起强烈的局部血管收缩，这在很大程度上是由交感神经控制介导的；然而，可能会对血管壁产生直接的收缩作用，特别是在较低的温度下。

2. 减少饲养管理不利因素　大量研究提供了强有力的间接证据，证明马大肠中的果聚糖会引发蹄叶炎。马短期内饲喂过量富含果聚糖的牧草，将会诱发蹄叶炎的发生。易患蹄叶炎的马的主人应该制订策略来降低风险。有些草的碳水化合物含量可达到其总干物质（DM）的56%，其中果聚糖含量可达到44%。生长活跃的草往往储存较少的碳水化合物。通过割草或放牧来保持土壤水分和肥力，使留在土地上的草不要太长，可以促进叶片生长和高水溶性碳水化合物（WSC）的消耗。可以使用限饲网来控制碳水化合物的摄入。

3. 控制内毒素血症 在肠炎、结肠炎、绞窄性绞痛、胸膜肺炎、败血性子宫炎（保留胎盘）和谷物超负荷期间，马被诊断为毒血症蹄叶炎的风险很高。理想情况下，应在出现蹄痛的临床症状之前开始冷冻治疗、药物治疗和远端指骨的机械支持。一旦蹄叶炎出现在生病的马身上，就应该将其视为一种紧急程序，即便如此，也可能为时已晚。

抗内毒素高免疫血浆静脉注射治疗十分有效，还应注意通过服用非甾体抗炎药（NSAID）来减轻炎症和蹄痛。以0.25mg/kg TID或1.1mg/kg BID静脉给药的氟尼辛葡甲胺通过抑制环氧合酶减少前列腺素的产生。苯丁脲（4.4mg/kg静脉注射或每12h口服一次）似乎是一种有效的非甾体抗炎药，可控制蹄痛。静脉注射酮洛芬（2.2mg/kg BID）可与氟尼辛葡甲胺互换使用。患有急性蹄叶炎的马通常需要至少2周的非甾体抗炎药治疗，并且由于其成本低，2.2mg/kg剂量的苯丁脲酮是维持治疗的最佳选择。

4. 血管扩张治疗 在蹄叶炎的急性阶段，不能使用血管扩张疗法和医疗衬垫蹄铁。具有血管舒张作用的药物，如盐酸异舒普林、乙酰丙嗪和三硝酸甘油酯，在发生蹄叶损伤后，尤其是慢性恢复期时，可能是有益的。提高核心温度的强度运动和指神经或蹄底神经的局部麻醉阻断都会导致蹄壁发热（并暗示血管扩张），在急性阶段是禁忌的。

5. 中兽医疗法 料伤型以活血化瘀、消食理气为主。走伤型以清热利湿、活血顺气为主。急性蹄叶炎可采取放血疗法：蹄头放血50～100mL，急速放鹘脉血1500～2000mL（图13-7）。

图13-7 蹄叶炎放血疗法

6. 自由基清除治疗 静脉注射二甲基亚砜（DMSO）以达到清除自由基和消除炎症的作用。与聚离子溶液和5%葡萄糖混合的DMSO（90%溶液）最好以约8L/h缓慢给药。DMSO的浓度必须保持在20%以下，以避免血管内溶血的风险。然而，尽管DMSO具有较好的治疗潜力，但其作为一种有效的蹄叶炎治疗方法尚待确认。

7. 治疗性蹄铁 对于亚急性和慢性蹄叶炎应注意蹄底清理削蹄，并装蹄铁。通过“心形”蹄铁接触蹄叉缓解负重，聚苯乙烯泡沫塑料的包装衬垫预防蹄骨旋转和下沉。

七、远籽骨滑膜囊炎

本病是远籽骨（舟状骨）滑膜囊的炎症。远籽骨滑膜囊是下籽骨与深屈腱之间的滑膜腔，常与蹄关节腔相通。滑膜囊炎可能是非化脓性的，但常常是化脓性的。

（一）病因

非化脓性远籽骨滑膜囊炎，常由屈腱过度紧张引起，蹈创也常引起本病。化脓性远籽骨滑膜囊炎，在马常由蹄底刺伤继发，因致伤过程中，将微生物带到滑膜腔引起化脓性过程。化脓性蹄关节炎、蹄内深屈腱的化脓坏死，以及蹄内其他组织的化脓坏死性疾患，都可蔓延至滑膜囊，引起化脓性滑膜囊炎。

（二）症状

马非化脓性远籽骨滑膜囊炎时，无特异性致病因素，但临床上可出现明显的功能障碍。驻立视诊时，可见马减负体重，常以蹄尖负重，系部直立，球节不敢下沉。运步视诊时，呈典型的支跛，后方短步，蹄踵不着地，在石子地或不平地运步时，跛行可变得更明显。上坡时跛行也可加重，检查患蹄时，在蹄底和蹄叉常找不到致病的痕迹，有时可在蹄叉沟内夹着石子等异物。蹄温一般不高，但指动脉可见亢进，以检蹄器压迫蹄叉时，动物敏感。蹄关节他动运动，动物有时可有疼痛。如果给动物做楔木试验，动物可显出异常疼痛。

马的化脓性远籽骨滑膜囊炎时，驻立和运步功能障碍都比非化脓性滑膜囊炎时明显，甚至还会出现全身性症候。化脓性滑膜囊炎时，可见蹄球窝肿起，用手指压迫时，动物有疼痛反应。蹄温可增高，指动脉明显亢进，蹄关节他动运动时疼痛明显，如在蹄叉体处向滑膜囊穿刺时，可流出浑浊液体。如为刺伤引起，仔细清蹄后，可发现刺伤痕迹。

根据临床症状和放射学摄片可以确诊，必要时可进行穿刺诊断。预后新发病也应慎重，陈旧的病例预后可疑或不良。

（三）治疗

非化脓性滑膜囊炎时，使动物休息，在掌（跖）部用普鲁卡因封闭，隔日一次。全身可用抗生素和非激素类消炎剂，同时应用温蹄浴。化脓性滑膜囊炎时，全身除用抗生素控制感染外，应用手术方法，处置化脓的滑膜腔。蹄用防腐液浸泡，彻底清除蹄上的污物。严格消毒后，从蹄叉体用粗针头穿刺，抽出滑膜囊内的化脓性渗出物，再注入抗生素或其他防腐剂。

如果已发生屈腱坏死或穿刺治疗无效时，应手术切除蹄叉体，暴露出坏死的深屈腱和化脓的滑膜囊。彻底切除，手术前应充分浸泡患蹄，并彻底消毒，在全身麻醉下，横卧保定，患肢在上，肢装驱血带和止血带，坏死的深屈腱切除后，仔细清理滑膜囊。除去一切失去生活力的组织，用消毒液彻底清洗，敷以松馏油纱布。绷带包扎后，解除止血带，每日或隔日更换绷带。手术成功时，患蹄可逐步负重。

八、蹄骨骨折

蹄骨骨折可发生于任何蹄，但在运动赛马中，常发生于左前肢外侧面和右前肢内侧面（Ⅰ型和Ⅱ型关节内翼状骨折）。Ⅰ型骨折是非关节内的远端指骨（PPDP）翼状斜骨折。Ⅱ型骨折是关节内的指骨突翼状骨折。Ⅲ型骨折是关节内式状骨折，将蹄骨一分为二。Ⅳ型骨折是关节内骨折，发生部位是伸肌突。Ⅴ型骨折是包含关节内外骨折的混合类型（图 13-8）。

（一）病因

非运动赛马：突发急性创伤，当马用力踢马厩壁或踩到岩石时，可能会发生蹄骨骨折，多发生 P3 骨折。运动赛马：反复创伤导致压力相关骨受损，速度赛马、耐力马、汗血马等是运动中更常见的蹄骨骨折的马。Ⅵ型骨折是一种病理性骨折，由 P3 蹄尖的再吸收造成的骨炎和蹄叶炎伴发造成。幼驹Ⅶ型骨折是由于挤压引起，或来自负重时 P3 蹄底、蹄尖，或来自深屈肌腱（DDFT）产生的拉力。Ⅳ型骨折是伸肌腱过度拉伸时引起的撕脱性骨折。

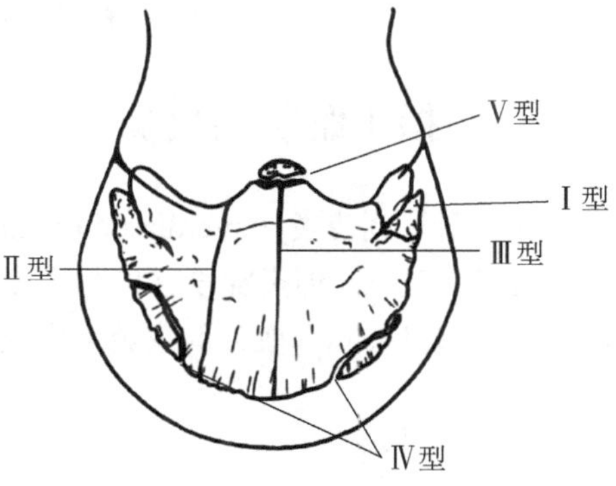

图 13-8　不同类型蹄骨骨折

（二）临床症状

通常会发生中等到严重程度的急性跛行。Ⅱ型和Ⅲ型骨折通常会导致中度至重度跛行（5 级评分法中的 4～5 级），而Ⅰ型和Ⅳ型骨折通常会引起轻度跛行（5 级评分法中的 1～2 级）。患病急性期，蹄部通过触诊可发现指动脉增数，关节内骨折会出现远端指间关节（DIP）积液，蹄底检蹄器检查会疼痛，骨折部位病灶给予压力时会有明显反应。Ⅳ型骨折主要发生在前肢，一个肢发生，也可能两肢同时发生。发生Ⅳ型骨折后可能不出现跛行，有的表现悬跛，伸肌突骨折后，时间较长时，在蹄关节背侧出现骨刺，该处蹄冠呈现肿大和异常角质增生，出现三角形角质增殖物，这是Ⅳ型骨折的慢性经过特征，X 线侧位摄片可看得更清楚，骨折片从小的圆形断片到伸肌突完全断裂，小的圆形断片可能是先天性骨折，或是分离的骨化中心，这种小圆形骨折往往是两侧性的，通常也不出现跛行。

X 线检查可帮助进行诊断，并确定骨折部位和骨折类型。蹄底边缘骨折可通过 60°背侧近端-掌侧远端进行诊断。也可用 CT 进行 P3 骨折检查。

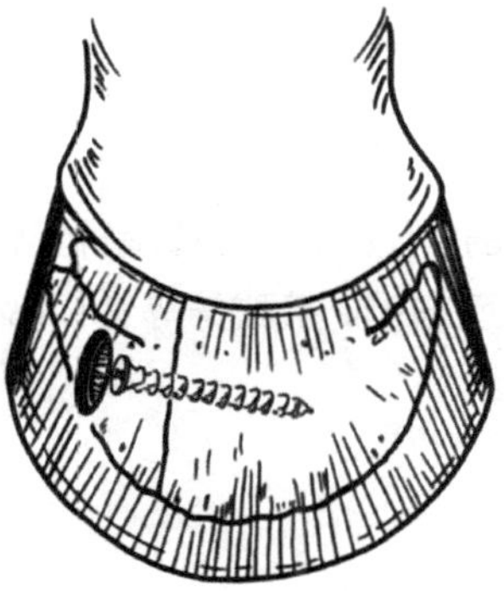
图 13-9　蹄骨骨折螺钉固定方法

（三）治疗

Ⅰ型骨折要限制活动，并采取防止蹄肿胀的措施（蹄铁或石膏）。

小于 6 个月幼驹Ⅱ型骨折要在马房限制活动至少 6～8 周。

成年马也要限制活动，并采取防止蹄肿胀的措施（宽蹄铁、卷边蹄铁、蹄石膏）。

Ⅳ型急性骨折可通过拉力螺钉治疗，慢性骨折或分离型软骨炎（OCD）也可通过手术取出骨折碎片，大的骨折片可用骨螺钉固定（图 13-9）。手术取除是在全身麻醉下，局部无菌手术准备，肢装驱血带和止血带。沿指总（趾长）伸肌中央腱纤维切开，不损伤蹄冠带，将肢强力伸展，即可看到骨折片。如果骨折片很小，可将骨折片取出，如骨折片较大时，应装皮质骨螺钉固定，缝合腱和皮肤切口，装压迫绷带。

（杜　山）

第九节　牛　蹄　病

一、指（趾）间皮炎

指（趾）间皮炎（interdigital dermatitis）是指（趾）间皮肤的炎症，常呈慢性过程，糜烂，有腐败气味，但炎症没有扩散到皮下等深部组织，故轻度的指（趾）间皮炎可能不表现跛行，但重度的指（趾）间皮炎常引发不同程度的跛行。

（一）病因

本病多发生于高温高湿季节，尤其是出现热应激的区域，牛场通道或者运动场潮湿、积粪积尿，导致蹄部长期浸渍其中。研究报道，已经从临床病例中分离到节瘤拟杆菌、坏死杆菌、螺旋体等。研究发现节瘤拟杆菌是严格的厌氧菌，在环境中存活时间较短，但在污物中的存活时间延长，并能够侵袭表皮。同时，该细菌还可以分泌相关因子促进坏死梭菌的生长，常发生混合感染。此外，管理不善导致的蹄部损伤等，也会促进本病的发生。

（二）症状与诊断

本病常呈慢性过程，病变局限在表皮，呈增厚，稍充血，在指（趾）间隙有一些渗出物，有时形成痂皮，呈渗出性皮炎的表现。该病无论是在栓系饲养还是散养牛，均是一种常见疾病，且研究显示饲养在通道清理及时的牛舍，其发病率明显下降。单纯的指（趾）间皮炎一般无明显的临床症状，但随着病情的发展，感染加重或者扩散，导致皮肤增生、开裂等，引发蹄部角质生长或磨损异常，肢势改变，进而跛行，影响采食、产奶量等。本病常常发展成慢性坏死性蹄皮炎（蹄糜烂）和局限性蹄皮炎（蹄底溃疡）。

该病根据临床症状即可确诊，也可采取局部病料，进行相关病原的分离、鉴定或者分子生物学诊断。

（三）治疗

首先应保持蹄部干燥和清洁，出现蹄部角质生长或者磨损异常的，需要先进行修蹄矫正，然后局部应用防腐剂和收敛剂，一日两次，连用 3～5d 。也可采用硫酸铜、硫酸锌等进行蹄药浴。发展为角质下潜道的病例，需要长期外科处理。

二、指（趾）间皮肤增生

指（趾）间皮肤增生（interdigital skin hyperplasia）是指（趾）间皮肤和（或）皮下组织的增生性反应，又称指（趾）间纤维瘤（interdigital fibroma）等。各品种的牛都可发生，发生率比较高的有荷斯坦奶牛和海福特牛。公牛的发病率高于母牛。本病多发生于后肢，且多为单一后肢发病。

（一）病因

引起本病的确切原因尚不清楚。研究发现该病具有一定的遗传倾向，海福特牛和弗里斯奶牛比荷斯坦奶牛更易发病，可能与指（趾）间韧带松弛，两指（趾）向外过度扩张（开蹄），或某些变形蹄，引起指（趾）间皮肤紧张和剧伸有关。本病也可以继发管理不当的牧场，如泥浆、粪尿等异物对指（趾）间皮肤的经常刺激，引发慢性指（趾）间皮炎进而导致本病。运动场为沙质土壤，蹄部比较清洁的牛群发病率较低。另外最新研究发现，在牛指（趾）间皮肤增生物中分离到密螺旋体。且在羊的指（趾）间皮肤增生中证实该疾病的发生与密螺旋体引发的指（趾）间皮炎有关。

（二）症状与诊断

本病由于发展缓慢，属于增生性疾病，故从指（趾）间隙一侧开始增生的小病变，一般无疼痛，不引起跛行，易被忽略。但当增生物增大时，可见指（趾）间隙前部的皮肤红肿、脱毛，有时可看到破溃面。指（趾）间穹隆部皮肤进一步增殖时，可形成舌状突起，此突起可不断增大增厚，在指（趾）间向地面伸出，其表面可由于压迫坏死或受伤而发生破溃、感染、渗出，气味恶臭，增加腐蹄病的风险。跛行的程度与病变大小、位置、感染程度等有关。当局部碰到物体或受两指（趾）压迫时，患畜可感到剧烈疼痛，患畜驻立时非常小心。后期，突起物的皮肤可角化。因患牛跛行，泌乳量明显降低。由于指（趾）间有增殖物，也可造成指（趾）间隙扩大或蹄变形。

（三）治疗

发病初期，首先应加强对饲养环境的管理，保持养殖环境干净、干燥，清除粪污、石块等。对小的增殖物，可先用0.1%高锰酸钾彻底清洗指（趾）间皮肤，然后增生部撒硫酸铜粉、高锰酸钾粉或硫磺粉等腐蚀物，包扎蹄绷带，2～3d 换药一次，直到增生物消除。根治本病的方法是手术切除，将患畜侧卧或在修蹄架中站立保定，注射赛拉唑或赛拉嗪镇静，局部浸润麻醉，消毒后沿增生物基部周围将其彻底切除，局部应用抗生素或防腐剂，缝合皮肤创缘。切除增殖物后脱出的脂肪不要过多的切除，以免影响指（趾）间皮肤愈合。最后，在两指（趾）蹄尖处钻孔，用金属丝将两指（趾）固定于一起并用绷带包扎，外装防水蹄套。术后伤口完全愈合需 20d 左右。患牛异常肥胖、体重大时，此病在半年到两年内常复发。本病的预防应做好环境卫生，每年常规修蹄 2 次，并加强饲养管理（如补充锌）等。

三、蹄底溃疡

蹄底溃疡（sole ulcer）又名局限性蹄皮炎（pododermatitis circumscripta），是指牛蹄底和蹄球结合部发生角质缺失、真皮裸露，进而发生肉芽组织增生，甚至引起蹄深部组织感染的一种常见蹄病。局限性病变常发生于蹄底后 1/3 的第 4 区轴侧，第三趾骨屈肌突处。真皮有局限性损伤和出血，角质后期有缺损。常侵害后肢的外侧趾、前肢的内侧指，偶见双侧对称性发病。高产奶牛与分娩后产奶高峰期时，其发病率高。

（一）病因

本病的确切原因尚不清。固有趾动脉终支与外或内趾动脉之间的吻合支发生血栓，引起局部缺血性坏死的牛，易发病。长期站立在水泥地面或在铺炉灰渣的运动场运动，护蹄不良，牛舍或运动场过度潮湿，运动场内有石子、砖瓦或玻璃碎片等异物以及冬天运动场有冻土块、冰块或冻牛粪等都易造成本病。远端趾节骨（蹄骨）近端受到某种压力，使深屈肌腱牵张，蹄骨移位，压迫蹄底真皮和角质，易引发蹄底溃疡。指（趾）间皮炎、延蹄、芜蹄等都能增加本病的发生率。处于产奶期的乳用动物，由于精料等摄入过多，引发的亚临床型或者临床型蹄叶炎，也是本病重要的诱发因素。夏季热应激期间，粪污处理不及时，奶牛蹄部长期浸在粪污中，引发红蹄、粉蹄，微量元素如锌的缺乏都可以诱发或加重该疾病。

此外修蹄不当，导致蹄部受力不均或压力改变，如远轴侧壁的修剪过度、蹄底不平或蹄踵部损伤等，会导致本病的发病率升高。

（二）症状与诊断

本病依病程、病变的严重程度及患病指（趾）的数量不同，患牛表现出轻度至重度支跛，且持续的时间长。发生于后肢外侧趾时，患肢常呈外展，用内侧趾负重。部分动物后肢患病时，用蹄尖负重，继发蹄尖部受损。前肢多发生于内侧指，奶牛运步时以外侧指负重，肢体内收，从而减轻疼痛。触诊患指（趾）动脉，搏动增强，患侧蹄匣常发热。

清洁蹄底后，早期发病的牛，可见蹄底和（或）蹄球结合部有局限性脱色，压迫触诊，质软并伴有疼痛表现。后期病例，蹄底角质可出现缺损，暴露出真皮，或长出菜花样肉芽组织。粪尿、泥土等异物从角质缺损处进入组织内，易引起感染，形成不同方向的潜道或化脓性蹄皮炎，或并发深部组织的化脓，严重者可在蹄冠部形成脓肿。由于本病导致严重跛行、疼痛及蜂窝织炎，引发产奶量下降、提前淘汰等。

该疾病的诊断，需要及时巡查，对于跛行案例及时进行蹄底检查和清洁，修剪蹄部，易发现蹄底角质缺损，容易确诊。

（三）治疗

蹄底溃疡的治疗重在查明病因，清理创伤，减压用药，做好管理。兽医或者修蹄师对患蹄清理，暴露病变组织，切除游离的角质和坏死的真皮以及过剩的肉芽组织，然后用防腐剂和收敛剂。修蹄时，修剪患指（趾），减轻负重面；修剪健康指（趾），平整后黏附蹄垫，将重心转移至健康指（趾），促进患指（趾）的恢复。蹄垫需要定期检查，无异常者，也需要在4周后进行检查和清理。同时要加强环境管理，保持干燥、干净，对于发生继发性化脓性感染的患畜，可根据病情采取全身抗生素治疗，并适当补充锌、硒、铜制剂等，增强疗效。如果是因为瘤胃酸中毒导致的蹄叶炎引发该疾病，则需要进行瘤胃内环境的调节，给予瘤胃调控剂，或者调整饲料配方等，减少内毒素的产生，提高疗效。蹄底溃疡的愈合约需要两个月。

四、蹄叶炎

蹄叶炎（laminitis）是蹄壁真皮的弥漫性非化脓性蹄皮炎，故又称弥漫性非化脓性蹄皮炎（diffuse aseptic pododermatitis），是蹄壁真皮的乳头层和血管层发生的弥漫性、浆液性和无菌性炎症，可导致蹄变形、蹄底溃疡及白线病等多种蹄病。临床上可分为急性、亚急性和慢性蹄叶炎。常侵害几个指（趾），最常发病的是前肢的内侧指和后肢的外侧趾。在目前规模化养殖的奶牛场，该病常见于产奶高峰期的奶牛，以及快速育肥牛。

（一）病因

最近的研究发现，蹄叶炎是奶牛养殖中代谢紊乱的一种局部表现，尤其是大量摄入高碳水化合物和高蛋白质日粮，使奶牛体内的组胺和内毒素升高，诱发酸中毒，是本病发病的重要原因之一。其次严重的乳腺炎、子宫炎和酮病等也是重要的诱因。故牛蹄叶炎是综合性因素所致，包括分娩前后到泌乳高峰时期吃过多的碳水化合物精料、不适当运动、遗传和季节因素等。研究发现，给牛注射组胺或革兰氏阴性杆菌内毒素，均可诱发蹄叶炎；向瘤胃内注射乳酸成功地诱发了羊蹄叶炎；黄牛过食精料后，其血浆中的内毒素含量增高；变形蹄奶牛血清中内毒素和组胺的含量均升高。所以，组胺、革兰氏阴性杆菌内毒素和乳酸被认为与蹄叶炎的发生有密切关系。蹄真皮血管层充血、水肿、血栓形成和出血，可能与毒素或内毒素直接作用有关。扬州大学王亨等在对牛的蹄病调查中发现，患有蹄病的奶牛，其外周血中的内毒素含量升高两倍，对蹄叶炎的发病起到明显促进作用。

（二）症状与诊断

急性蹄叶炎患牛，运步困难，尤其是在硬地面更加明显；站立时，患牛表现弓背，四肢聚拢；如仅前肢发病时，则后肢向前伸至腹下，以减轻前肢的负重，由于内侧指疼痛更明显，故有时可见前肢交叉，以减轻双侧内指的负重，严重者常用腕关节跪着采食。后肢患病时，常见后肢运步时划圈，患牛不愿站立，长时间躺卧，在急性期早期可见明显的出汗和肌肉颤抖。体温可升高，脉搏加快。前肢的指动脉搏动明显，蹄冠的皮肤发红，触诊病蹄可感到增温，特别是靠近蹄冠处温热明显。蹄底角质脱色，变为黄色，有不同程度的出血。发病后不久（一周以后），X 线检查可见蹄骨尖移位。奶牛出现食欲和采食量下降，产奶量降低。

发病 4 周或者以上，则转变为慢性蹄叶炎，生角质层被破坏，不仅可以引起不同程度的跛行，也是发展为其他蹄病的原因之一。其临床症状没有急性期的严重，常无全身症状。但患牛站立时以球部负重，蹄底负重不确实，肢势异常，时间较长后，出现蹄变形、延蹄等。由于角质生长紊乱，出现异常蹄轮。由于蹄骨下沉、蹄底角质变薄，可出现蹄底穿孔、溃疡等，加重病情。

（三）治疗

蹄叶炎一旦发生，在临床症状出现后的 4h，小叶的病变和细胞水平的变化即可出现，24h 可造成永久性损害，故该病应早发现早治疗。首先应除去病因，因饲喂精料过高所致，应改变日粮结构、减少精料和增加优质干草喂量。瘤胃酸中毒时，静脉注射碳酸氢钠，并用胃管投给健康牛瘤胃内容物。急性蹄叶炎，给予抗组胺制剂和镇痛剂。慢性蹄叶炎时注意护蹄，保护蹄底角质，多削蹄壁角质和蹄尖角质，维持其蹄形，防止蹄底穿孔。如果因乳腺炎、子宫炎或酮病等引起，应做好原发疾病的治疗。对于过食精料，但时间较短的急性病例，即可实施导胃或者瘤胃切开术，进行洗胃或者清除瘤胃内容物，有条件的植入健康的瘤胃内容物。

（四）预防

饲养中，应避免日粮配方急剧变化，尤其是产后饲料配方的更换应逐步进行，避免应激，同时提高全混合日粮的制作水平，增加混匀度的管理，预防本病发生。如果在牛群中发现慢性蹄叶炎很多出现变形蹄，此时应注意对微量元素等日粮结构进行检查，调整日粮结构，同时加强饲养管理和保健性修蹄工作，并定期进行牛群的运步评分，及时判断牛群肢体健康状况，寻因施治和防控。

五、腐蹄病

腐蹄病（foot rot）又称指（趾）间蜂窝织炎（interdigital phlegmon），是指由细菌感染引起的指（趾）间皮肤及皮肤更深层软组织的急性或亚急性炎症，皮肤常坏死和裂开，炎症从指（趾）间皮肤蔓延到蹄冠、系部和球节，有明显的跛行和全身症状。患牛表现出明显的疼痛、跛行、发热、采食量下降甚至废绝、产奶量下降等主要特征。

（一）病因

腐蹄病病因复杂，其主要原因是病原微生物的侵入感染。坏死杆菌和节瘤拟杆菌与发生本病有关，且这些细菌是潮湿土壤、粪污中的常见菌。坏死杆菌可单独感染，也可在节瘤拟杆菌协同下感染。节瘤拟杆菌分泌的一种蛋白酶可消化蹄部的角质层，使蹄部的表皮及基层的完整性遭到破坏，为坏死杆菌在蹄部的侵入和感染创造了有利条件。此外，畜舍潮湿，粪尿淤积，造成牛蹄长时间被粪、尿浸泡，刺激指（趾）间皮肤发炎，有利于细菌侵入；环境和气候干燥造成指（趾）间皮肤龟裂，导致细菌侵入；运动场、放牧地因有小石子、铁屑、煤渣、坚硬的冻土、冰等造成趾间部损伤，成为细菌侵入的门户；运动场潮湿泥泞，使牛蹄从趾间到蹄冠周围固着大量泥土、粪便等造成厌氧环境，有助于厌氧菌的增殖；过长蹄、变形蹄在负重时，易使趾间皮肤过度紧张造成损伤；由于牛体弱、日粮中钙磷比例不当与供应不足或微量元素缺乏等造成蹄角质层疏松，易受损伤。由于以上这些因素的存在，使腐蹄病容易发生。

（二）症状与诊断

在病变发生后几小时，可见到一个或多个肢有轻度跛行，系部和球节屈曲，患肢以蹄尖负重，约 75%的病例发生在后肢。在 18～36h 后，指（趾）间隙、蹄踵部对称性肿胀，皮肤上有小的裂口，部分有难闻的恶臭气味，在蹄表面形成伪膜。在 36～72h 后，病变可变得更显著，指（趾）间皮肤坏死、腐脱，指（趾）明显分开，指（趾）部甚至球节出现明显肿胀，疼痛剧烈，跛行加重。动物体温升高，食欲减退，泌乳量明显下降。再过一两天后，指（趾）

间组织可完全腐脱。有的患牛蹄冠部高度肿胀，卧地不起。转归好的病例，病变部出现机化或纤维化。在某些病例，坏死可持续发展到深部组织，出现各种并发症，甚至蹄匣脱落。

根据其发病病程、跛行状况，结合局部检查，可确诊。针对病原体，可采用病原分离培养鉴定、单克隆抗体、基因探针或 PCR 技术等。

（三）治疗

该疾病应早发现、早治疗。对于出现全身症状的牛应进行全身应用抗生素，配合局部用防腐液清洗，去除游离的指（趾）间坏死组织，伤口内放置抗生素或防腐剂，实施开放疗法，并保持环境干净、干燥。如果环境条件较差，可用绷带环绕两指（趾）做包扎，不要装在指（趾）间，否则妨碍引流和创伤开放，影响愈合。研究发现，口服锌、硒等，可以加速组织的愈合。此外有研究发现，部分细菌出现耐药性，故临床进行本病治疗如果效果不佳，需要考虑更换药物。

（四）预防

除去各种致伤的素因，保证牛舍和运动场干燥和清洁。常规蹄浴，并根据肢蹄评分调整蹄浴频次。有条件的可以接种疫苗预防腐蹄病，如坏死杆菌甲醛灭活苗、白细胞毒素的亚单位疫苗等。但仅靠疫苗不能预防本病，重点是加强饲养管理，及时蹄浴和修蹄，提高通道、卧床等的舒适度，避免暴力赶牛等。

（王　亨）

第十节　护蹄与修蹄

随着目前国内大型动物如牛、马的饲养，蹄部保健和修蹄已经得到广大养殖人员的重视，尤其是最近十年，国内已经形成专业化的修蹄团队和技术服务力量，为养殖的健康发展保驾护航。

本节以奶牛为例，介绍护蹄和修蹄。众所周知，蹄病已经成为奶牛养殖，继乳腺炎、子宫内膜炎后，在奶牛场引发经济损失最严重的第三大疾病。据不完全统计，奶牛肢蹄病的发病率高达 40%，且本病易引发奶牛采食量下降、泌乳量降低等，造成重大经济损失。故更好地预防蹄病是奶牛健康养殖的重要任务，下面从饲养管理和修蹄两个方面进行介绍。

一、加强饲养管理

1. 坚持饲喂全价饲料，确保钙磷营养平衡　饲喂全混合日粮（TMR），提高制作 TMR 的水平，保持维生素和微量元素的合理搭配，如维生素 D、维生素 A、铜、锌、锰、硒等；补充氨基酸，如甲硫氨酸等。

2. 保持地面清洁、干燥　无论过度潮湿或过度干燥，均对蹄的角质硬度和弹性有不良的影响。饲养场的地面要保持清洁，及时清除畜舍内堆积的粪和尿，根据喷淋等使用情况，及时调整刮粪板的频次和时长。舍内要排水通畅、不存水、无泥泞。减少蹄部长期浸渍在粪污中，避免红蹄、粉蹄、蹄变形或蹄腐烂等。

3. 保持地面平整，无可损伤蹄部的坚硬突起物　运动场高低不平、运动场为混凝土地面或砖铺地面、补饲槽和饮水槽附近混凝土地面损坏、山区或半山区的运动场碎石太多、设置防滑棱或路面坚硬、使蹄长期受到震荡等是造成奶牛损伤性蹄病的常见因素，并可进而引起蹄角质生长不良和蹄变形。例如，在挤奶厅集中挤奶的牛群，如果通道太长、路面为混凝土并有坡度或设置防滑棱，造成蹄负缘、球部甚至蹄底的过度磨灭，易发生白线裂和蹄底溃疡。在牧场，要清除石块、铁丝、碎木片和金属块等。

4. 卧床管理　卧床应保持平整、干燥、卫生，做到“牛走、料到、粪清”，保持垫料在 10cm 以上，每天卧床清理 1～2 次，保障牛的卧床率达到 100%。如果是沼渣回填，应保障含水量低于 50%。

5. 蹄浴管理　蹄浴是目前奶牛养殖中蹄保健的重要方法之一，且其效果明显，对于预防和治疗常见的蹄疣、蹄皮炎等具有非常好的疗效。目前，规模化牧场需要在挤奶厅的回牛通道上设置蹄浴池。一般需建立两个蹄浴池，第一个为清水池，用于物理清洁牛蹄；第二个为蹄浴液池，可加入蹄浴液，预防和治疗蹄病。通常，蹄浴池长 3m，宽 0.9m，深 0.12～0.15m，并设置排水孔。两个蹄浴池之间间隔 2m，并铺设橡胶垫。每次蹄浴时，液面不低于 0.1m，确保蹄部完全被浸没。

蹄浴的频率需要依据牛场蹄病发病率，而进行动态调整，可通过奶牛后肢卫生状况判定蹄浴次数。评估时，随机选取 10%～15%的牛，进行评分，具体评分与蹄浴频率的关系见表 13-3。

表 13-3　后肢卫生评分与蹄浴频次的关系

评估情况	措施
3 分、4 分牛占 1/4 以下	按需蹄浴
3 分以上占 1/4～1/2	每周 2 次
3 分以上占 1/2～3/4	每周 5 次
3 分以上占 3/4 以上	每周 7 次

二、规范修蹄，做到保健性修蹄与功能性修蹄相结合

随着中国奶牛规模化养殖水平不断提升，修蹄已经更加的专业、规范。2024 年，由扬州大学王亨教授牵头制定的团体标准《牛修蹄操作规范》（T/CVMA 143—2024）发布，并在各大奶牛养殖场推广应用，助力产业健康发展。由于奶牛蹄角质的生长速度高于磨损速度，故需要定期对奶牛进行预防性保健修蹄，以及治疗性功能修蹄。具体的修蹄步骤和注意事项如下：

1. 保定　目前专业修蹄一般采用修蹄保定架，可以自动提举前后肢，保障动物和人的安全。没有修蹄架的，可以借助六柱栏、四柱栏或者二柱栏，进行前后肢的提举保定，充分暴露蹄底和蹄壁。

2. 修蹄

1）牛蹄清理　采用修蹄刀、喷枪、蹄刷等，清理牛蹄、指（趾）间的粪便和污泥，

检查蹄底、蹄壁、蹄间有无缺损、出血、脓汁等，并刷洗干净。

2）*矫正蹄长*　首先进行蹄前壁的修剪，在前蹄蹄前壁 7.5cm、后蹄蹄前壁 8cm 处做好标记，用蹄钳将蹄前壁修剪至正常长度。修剪时蹄钳的钳口应与蹄底平行，将内、外侧指（趾）修剪到相同长度，对于远轴侧壁过度生长的角质也一并修剪。

3）*修整蹄底*　依据正常的蹄前壁和蹄角度（前蹄蹄角度 47°～48°、后蹄蹄角度 43°～47°），用电动修蹄机削除多余的蹄角质。应先削除前蹄的外侧指或后蹄的内侧趾，然后以上述为参照，削除对侧指（趾），保证蹄底的厚度不小于 0.7cm，找平蹄底，避免凸起的角质。修蹄后，可见整个蹄白线。

4）*平衡蹄踵，重建负重面*　蹄踵一般无须修剪，如蹄踵处角质过厚，可适度削薄。用镰形和直形修蹄刀，将蹄底轴侧部近 1/3 部分，向远轴侧方向削成盘状，重建负重面。通过对蹄底的修整，使内外侧指（趾）蹄底的外侧面在同一个平面，确保两侧指（趾）承重相同。

5）*清除病灶，调整负重*　对于发现的蹄病角质，如溃疡、糜烂等，需要清除所有疏松的角质、削除硬的凸起角质。病灶周围的健康角质组织可削成漏斗状，操作时应偏轴侧向，切削病灶周围健康蹄角质，尽量不影响患趾负重。通过削低患指（趾），在健侧指（趾）装蹄垫，重建负重面，有利于患侧愈合和恢复。

3. 牛蹄的检查和修蹄频率　每年至少修蹄 2～3 次，并进行检查，对于发病率较高的牧场，建议每年 3～4 次修蹄。同时应加强对后备牛的管理，如果后备牛出现蹄病，也应及时进行修蹄和管理。同时，日常应加强巡查，及时对变形蹄和蹄病进行治疗。

（王　亨）

本章资源

第十四章　腔镜外科技术

第一节　腹腔镜外科

一、腹腔镜手术适应证和禁忌证

腹腔镜手术适应证为在不开腹时，进行动物腹腔脏器检查或活体组织检查和取样；也可进行腹腔器官的手术（如卵巢切除术、膀胱切开与缝合术、脾切除术等）。

腹腔镜手术禁忌证为：①有内分泌疾病和神经系统问题的动物；②腹腔内较大肿物切除的动物；③心肺功能、肾功能差的动物；④不适合进行全身麻醉的动物。

二、腹腔镜手术设备和器械

腹腔镜手术或检查须具备 4 类基本设备：腹腔镜及相应的套管和套管针、冷光源、气腹针、气腹机。套管和套管针的外径要和所用腹腔镜相匹配。将套管中的套管针拔出后，套管中的通道可供腹腔镜进出。在犬、猫，临床常用外径为 1.7～10mm 的腹腔镜。外径 10mm 的腹腔镜主要用于体重在 10kg 以上的动物，需做 2cm 大的切口才可进入腹腔。外径 1.7mm 的腹腔镜适用于小型动物，只用 14 号针头就可穿入腹腔。但是，较细小的腹腔镜光线暗、相对视野较小，是其最大的缺点。一般来说，外径为 5～7mm 的腹腔镜几乎可用于所有体型的犬和猫。临床兽医还可以使用硬管内镜进行检查，如膀胱内镜、鼻内镜、耳镜等。外径为 2.7mm 的硬管内镜较适用于小型动物；外径为 5mm 的腹腔镜是进行犬、猫腹腔镜检查的最佳器械。腹腔镜通常有 0°镜和斜面 30°镜、45°镜。0°镜没有折光，斜面镜的视野相对较广，其中 0°镜和 30°镜多用自动冷光源系统通过计算机分析影像信号后自动调节亮度，确保光度最佳，影像鲜明，也可以根据需要转换成手动控制。气腹针外鞘为直径 2mm 的针管，针芯为钝头中空的细管，远端封闭，穿有侧孔，尾端套以弹簧，并有三通开关。在穿刺腹腔时，针轴被压入鞘内，当针鞘头进入腹腔后，阻力消失，弹簧将针轴推向前穿出针鞘进入腹腔内。

术前应对整套设备逐一进行检查，以避免手术中设备出现故障造成被动。根据具体手术需要，还要配备抓持器械、内镜分离剪、腹腔镜拉钩、内镜标本取出袋、腹腔镜手术止血用器械、内镜组织钉合器及针头镜手术器械等不同规格和种类的腹腔镜手术器械。

三、腹腔镜手术的术前准备

腹腔镜检查或手术前，动物需禁食 12～24h，检查的当天早上禁水。为方便操作还需排空膀胱尿液，清除肠道内粪便。动物全身麻醉或镇静。动物的保定方法应根据手术部位、检查或施术器官不同而异。大部分腹腔器官的操作，可行仰卧保定；十二指肠、胰腺、右肾及肾上腺、胆管及右侧肝叶等检查需施左侧卧保定；胃、脾、左肾及肾上腺、左侧肝叶等检查需施右侧卧保定。在操作过程中，为更好地显露施术器官，常可随时改变动物的体位。

四、腹腔镜手术的麻醉与监测

（一）麻醉方法选择

微创手术麻醉以气管内插管、静吸复合、肌松药控制呼吸的全身麻醉为首选，不具备或不完善全身麻醉条件的动物也可选择硬膜外麻醉等方法。腹腔镜手术中最常采用的麻醉是气管插管全身麻醉，同时进行正压通气。所选用的镇痛、吸入、静脉麻醉药应该对动物呼吸、循环及各实质器官的生理功能影响较轻微，药物的分布半衰期快，苏醒迅速并无任何临床不适等。

（二）麻醉监测

人工气腹导致的高腹压对动物心血管系统、呼吸系统、内分泌系统和肾功能等均会产生影响，增加麻醉的风险。因此，加强腹腔镜手术的麻醉监测很重要。

1. 循环功能的监测 连续监测无创血压、心率和心电图，如有可能还应监测中心静脉压、心排血量和外周血管总阻力等。

2. 呼吸功能的监测 监测经皮动脉血氧饱和度、二氧化碳分压或呼气终末二氧化碳浓度，以及监测潮气量、气道压力和每分钟通气量。

麻醉呼吸管理主要是维持动物呼吸功能稳定和充分的组织供氧，以保证术中和术后的安全。通过血气分析可以对术中动物呼吸状态进行深入了解和判断。

3. 尿量监测 对心肺功能不良、老年及危重动物在术前必须要留置导尿管，以方便监测术中的尿量，来判断动物心、肾等重要器官的功能状况。

五、腹腔镜手术操作技术

（一）造气腹

首先检查气腹针各腔道是否畅通，弹簧的弹性是否正常。然后触诊脐周腹壁厚度（向腹主动脉方向触压），以决定气腹针的进针深度。

气腹针通常在脐孔处插入。有时根据手术的具体需要也可选择两侧肋骨弓后缘和髂窝处，如胆囊手术时，可在右侧肋骨弓后缘穿刺插入气腹针。在气腹针进入处两侧，助手用两把巾钳呈“八”字形夹住动物皮肤和筋膜，向上提起，将腹壁提离腹内器官，避免气腹针进入腹膜外间隙充气。术者拇指和食指执笔式捏住气腹针筒中下部，旋转腕部，用力将气腹针插入，术者要体会和感觉气腹针针尖在穿透腹壁和腹膜时的突破感、针芯弹入的震动感。

有几种方法可验证气腹针是否准确地刺入、游离于腹腔之中，即测压管试验、抽吸和注水试验、负压试验、初期充气压试验、容量试验及改良探针试验等。但在临床操作中，可用简单的操作方法即刻给予验证：在气腹针尾安置一个拔除针芯的 10mL 注射器针筒，其针筒装入 10mL 生理盐水，由器械助手装配好并关闭气腹针阀门后交给术者。在气腹针尖刺入腹壁筋膜后打开气腹针阀门，当针尖刺破壁层腹膜进入腹腔后，注射器针筒中的液柱会自然下降，这可证明气腹针已经进入游离的腹腔。也可在气腹针尾滴入几滴生理盐水，如生理盐水能自然顺气腹针进入，则证明气腹针尖已刺入腹腔。另外，有些一次性的气腹针针柄内有一红色标志球，可作为针尖刺入腹腔的色标。

（二）套管穿刺和放置技术

腹腔镜手术所用的穿刺套管是由穿刺锥和套管组成。目前在腹腔镜外科临床应用的穿刺套管有重复用、半一次性、一次性三大类；按穿刺锥尖形状，可分为全塑料钝圆锥型、尖圆锥型、角锥型、刀刃型（有直刀刃和弧形刀刃型）；按穿刺锥有无安全保护装置又分为带安全罩和不带安全罩的穿刺套管。在腹腔镜手术中，第一个套管是盲穿置入，用于插入腹腔镜，故称为腹腔镜套管。然后在腹腔镜的直视引导下，再穿刺置入的套管主要用于进入各种手术器械，称为操作套管或附属套管。

在腹腔镜套管盲穿刺时，最好选用带安全罩的穿刺套管或全塑料钝圆锥型穿刺套管。多选在脐孔造气腹处，术者用掌心顶住穿刺锥柄，食指紧贴套管杆，手腕旋转用力刺入腹壁。当穿刺套管进入已充气的高压气腹时，即会有气体从打开的阀门中喷出。连接气腹管，以气腹机的最大注气率维持术中腹内压的相对稳定。经腹腔镜套管插入腹腔镜，先探查穿刺点处有无出血、血肿和脏器意外损伤，然后进行全腹腔探查，寻找和探查病灶区，确定动物能否实施腹腔镜手术。

在腹腔镜直视引导下，穿刺针置入操作套管，一般需要 2 个以上套管。垂直腹壁插入穿刺套管，当在壁层腹膜看到穿刺锥尖时应朝着手术视野上方旋转刺入，要注意避免损伤腹腔脏器。

操作套管在腹腔内留置长度不宜过长，以免影响器械张合，多以 3cm 左右为宜。两个操作套管应分别在腹腔镜两侧，各套管间距在 10cm 左右可避免操作中相互干扰，方便协同操作。左右两手操作器械时，在手术视野内协同操作时越接近 60°，操作越方便。

（三）插镜

内镜应先在预热器内预热，取出后擦干镜头，经套管插入腹腔。如腹腔内充气适度，镜面干燥，则腹内脏器清晰可见。如视野发红，可能是注气不足或镜头紧贴内脏，应适当进行充气或调整镜身的深浅或位置；也可能镜面沾染血迹，需退出镜头后擦拭干净；也可能是镜头在腱膜和壁层腹膜间。如插入后镜头模糊不清，可能是因镜头较冷，突然进入温暖的腹腔后，其镜面玻璃被水汽附着所致。待镜头玻璃表面水汽蒸发后会变清楚，也可将镜头退出，在灭菌温生理盐水中浸泡片刻，然后用灭菌纱布擦拭干净后再次插入腹腔中。

（四）腹腔镜基本操作技术

1. 镜检方法　在腹腔镜检查时，不要牵拉腹膜。套管要固定，不能推进拉出。如需改变镜检角度，不要操之过急，可先将内镜适当拔出而镜头仍在腹腔内，待转换镜头角度后，再将镜身向内插入进行检查。

为观察不同脏器，检查过程中可调整动物保定体位或摇动手术台。当检查腹腔前部脏器时，动物可取前高后低位。右侧偏高时，观察肝和胆囊较为清晰；左侧偏高时，观察脾较为方便。如需检查盆腔脏器，动物采取前低后高仰卧位，气体能较多地进入盆腔，此时易观察到子宫、输卵管、卵巢和膀胱等。腹腔内脏器镜检应按一定顺序进行，辨清各脏器的解剖标志。观察时远看全貌，近看细微结构。

观察肝左叶、胃窦、胃体前壁及脾时，动物取前高后低位。由内镜插入肝左叶背面或用拨棒挑起肝左叶进行观察。用内镜压住胃前壁深入至肝左叶后，观察小网膜。退回内镜到镰状韧带下端，绕向肝右叶，必要时可通过摇动手术台，使右侧抬高，以方便观察更大范围的右叶肝面。内镜观察逐步深入达膈面，可观察到膈穹隆与壁层腹膜。退回内镜，再插入右叶肝背侧，或用拨棒挑起右叶观察背侧和胆囊。平放手术台，稍补充注气，使套管和内镜呈垂直位，并后退内镜使其深度合适，在腹中部旋转观察大网膜、部分大肠和壁层腹膜。此时对可疑病变区需仔细检查。如需观察盲肠，可用拨棒沿降结肠下滑，挑起观察。必要时可取前低后高位，内镜插入腹腔后部，观察后腹部和盆腔器官。检查结束时，先拔出气腹针，再拔出内镜。将手术台摇平，放出腹腔内气体，然后将内镜插到和套管同等深度处，连同套管一起拔出。这样操作可避免首先单独从套管中拔出内镜时将网膜带出切口外。

2. 分离　在微创外科手术中应用最广泛的是电刀分离。大多数情况下是用电钩分离。先薄薄地钩起要分离的组织，在确实认为其是非重要组织时即可接通电源。

3. 止血　在内镜手术中不能像剖腹术那样迅速有效地用纱布压迫止血。电凝止血是内镜手术中应用最多的止血方法，有软凝、强力电凝和喷射电凝三种方式。对于直径 3mm 以上的血管，电凝止血多难以奏效且不安全。此时需在切断血管之前，先用金属夹闭或用线结套扎。在进行夹闭止血时，应选择大小合适的夹钉并垂直夹闭血管，以免夹钉滑脱造成迟发性出血。

4. 缝合打结　微创手术缝合打结技术需经过一段时间的练习才能得心应手地运用。须选择好合适的持针钳、针、缝线。首先右手用持针钳夹住靠近针尾的线进入套管，继而进入手术视野中。左手持另一持针钳或一抓钳夹住针尖，然后与右手持针钳协作。持针钳应夹在针的 1/2 或 1/3 处，进行间断、“8”字或连续缝合。如在腹腔内打结，其缝线不应超过 15cm，以免线过长妨碍缝合操作。缝合过程拔针时，用持针钳夹住针的前 1/3 处，在左手器械头上用缝线缠绕 1～2 圈，可打出标准的方结或外科结。剪线后应用持针钳夹住针尾处的缝线，在腹腔镜直视下抽回转换套管中并一同拔出。

5. 钉合技术　内镜钉合器主要有线形和环形两种。线形钉合器在六排钛钉线之间有刀片，在钉合的同时完成切割，主要用于闭合、离断胃、肠、较大血管等管腔结构，如胃和肠管的部分切除，以及胃肠、胆肠等形式的侧侧吻合。环形钉合器则是在两排钛钉与荷包缝线之间环形切割一圈，主要用于胃肠的端端吻合术等。

（五）腹腔脏器活体组织的检查

1. 活体组织钳取术　活体组织钳附有电烙，可防止采取活体组织时出血。在用腹腔镜观察确定取样部位后，用镜头套管正对采样器官部位，然后将腹腔镜从套管中取出，再将活检组织钳插入套管中，在直视下采取活体组织，同时在钳末端夹取组织处进行高频电烙，进行有效止血。而所采的活体组织在钳口内仍保持完整状态，可做病理切片检查。用钳采取活体组织时，可准确选择病灶部位，决定采取组织的大小。所采取的肝表面组织，与剖腹术时切取的肝表面组织一样。

2. 用针穿刺采取术　腹腔镜检查并确定活检部位后，从套管插入 Vim-Silverman 针，在内镜观察下进行器官穿刺，采取活体组织，立即用 10%福尔马林固定，以待病理切片检查。如穿刺部位有出血，可用球形电极压迫穿刺孔。如仍不能止血，应迅速用球形电极高频电凝止血。

六、腹腔镜微创手术的临床应用

（一）腹腔镜卵巢切除术

腹腔镜卵巢切除术是动物临床应用中比较成熟的手术之一。有多种腹腔镜技术被用于母犬绝育，主要包括腹腔镜摘除卵巢（laparoscopic ovariectomy，LapOVE）和腹腔镜摘除子宫卵巢（laparoscopic-assisted ovariohysterectomy，LapOVH）。

腹腔镜绝育有单通道、双通道和三通道技术，主要是采用电凝、超声设备、金属缝线、血管夹、激光和缝线等来止血。与双通道相比，单通道 LapOVE 也是一种安全且易操作的方法，并不会明显增加手术时间。单通道技术只使用一个工作通道，需要使用特殊的内镜和更长的抓钳。一般的抓钳工作长度为 30cm，单通道技术要使用 36cm 长的抓钳。在手术过程中，通过卵巢固定钩或者带大针的缝线穿过腹壁固定卵巢。用缝线固定卵巢，在将卵巢牵出腹腔的过程中，一边缓慢释放缝线，直到卵巢被拿出。该方法的优点是可以避免卵巢在牵出过程中意外从抓钳上脱落而难以在腹腔内找到卵巢的问题。单通道技术比双通道和三通道技术所需的时间要长，而单通道和双通道技术术后的疼痛评分要低于三通道技术。在采用双通道技术时，内镜和操作工具可以形成较好的角度，既可以增加目标部位的可视性，也有利于工具的操作。此外，第二个通道可以选择 10mm 的血管封闭设备，从而缩短手术时间。

李建军用“三孔法”安置套管进行了山羊腹腔镜卵巢切除手术。经套管插入腹腔镜手术器械，用输卵管抓钳抓住输卵管并向上提起，以充分显露卵巢。在体表相应部位穿透腹壁插入弯针，用来牵拉固定输卵管。进入超声刀，分别切断卵巢系膜和输卵管，用抓钳从直径 10mm 套管中将切下的卵巢拉出体外。用抓钳提起卵巢系膜和输卵管断端确定是否出血。刘明廷报道了猫双孔腹腔镜卵巢子宫切除术；袁占奎报道了采用腹中线双通道绝育技术完成了 29 例犬腹腔镜绝育。

随着腹腔镜器械的发展及其在腹腔镜外科中的应用，腹腔镜卵巢切除术的微创优点得到充分体现。单极与双极电凝器切除犬卵巢的对比试验结果显示，双极电凝能缩短手术时间、止血效果确实。超声刀与传统开腹卵巢切除术相比，更具有减少手术创伤和术后疼痛的优点。

（二）腹腔镜疝修补术

腹腔镜腹股沟疝修补术（laparoscopic inguinal hernia repair，LIHR）始于 20 世纪 90 年代初。目前，临床上应用的有内环口关闭术、腹腔内补片植入术（intraperitoneal onlay mesh，

IPOM）、经腹腹膜前补片植入术（transabdominal preperitoneal，TAPP）和全腹膜外补片植入术（total extraperitoneal，TEP）4 种方法。前两种属于腹腔内修补方法，后两种属于腹膜前修补方法。目前，IPOM 主要应用于切口疝的治疗，在腹股沟疝修补中的应用远不如 TAPP 和 TEP 普及，仅用于曾行补片修补的复发疝，因其通过后径路直接在腹腔内放置补片，可彻底避开原手术径路中的粘连。TAPP 和 TEP 是目前最常用的两种方式，两者在手术时间、住院天数、恢复正常活动时间、复发率、并发症率等方面差异无显著性。

随着技术的不断成熟，以及各种防粘连补片如膨化聚四氟乙烯（e-PTFE）双层补片的使用，国内腹腔镜切口疝修补手术的应用亦已越来越广泛。现在国内外有多项前瞻性、随机性研究，对比了腹腔镜和开放腹壁切口疝修补手术。2010 年，张楠等选用 8 只健康杂种犬，通过向胸腔充入 CO_2 气体（胸腔内压维持在 0.53～0.80kPa）建立操作空间，在腹腔镜的监视下进入套管和器械，人为制造膈肌裂、缝补膈肌、冲洗胸腔、闭合胸腔等步骤完成腹腔镜下胸腔通路膈肌破裂修补术。2013 年报道通过“三孔法”完成了一只犬外伤性腹壁疝的诊断与修补术，取得了满意的治疗效果。2020 年报道了用腹腔镜经皮内环缝合术（percutaneous internal ring suturing，PIRS）治疗犬腹股沟疝，手术侵入性低且操作简单，PIRS 是治疗非创伤性腹股沟疝的有效手术方法。有研究显示，经腹腔镜完成了犬食管裂孔疝的治疗，手术操作包括食管折叠术、食管胃底成形术和左侧胃底成形术，疗效确切。用腹腔镜完成了犬心包疝的修补术，术后 7 个月和 10 个月的随访证实取得了良好的临床结果。

（三）腹腔镜胆囊切除术

兽医临床少见关于犬、猫因患胆囊疾病而施行腹腔镜胆囊切除术（laparoscopic cholecystectomy，LC）的报道。对于患有单纯性胆囊黏液囊肿和无胆总管结石的症状性胆石症动物，符合进行 LC 的指征。Kanai 等选择 76 只因胆囊良性疾病行 LC 的犬，通过调查分析患犬年龄、体重、性别、临床体征、疾病、手术时间、中转开腹手术、围手术期并发症、术后住院时间等，认为对于犬良性胆囊疾病的手术适应证，LC 是一种可行、安全、合适的手术方式。

刘运枫等报道了 6 只犬的腹腔镜胆囊切除术试验，均获得成功，在国内尚属首次，为动物腹腔镜胆囊摘除术的开展奠定了基础并提供了理论依据。随着腹腔镜技术的发展，逐渐有更多的兽医师开展动物 LC。Jacqueline 等回顾分析了 20 只接受腹腔镜胆囊切除术的犬的病历信息，认为腹腔镜胆囊切除术可以成功地用于治疗犬无并发症的胆囊疾病。施行腹腔镜胆囊切除术的外科医生应熟悉胆囊管解剖和各种结扎的方法，以避免手术过程中的困难。Allen 等对 15 只患有非梗阻性胆囊疾病的犬的病历进行分析，回顾性研究表明，单孔入路系统（single port access system，SPAS）在犬腹腔镜胆囊切除术中具有良好的效果，外科医生的操作经验和手术开始时增加套管可减少转换的风险。对于临床相关性患病动物的腹腔镜胆囊切除术可通过 SPAS 完成，强烈建议在手术开始时放置额外的套管。有研究对 2015 年 1 月至 2021 年 9 月使用标准化浆膜下层分离技术进行腹腔镜胆囊切除术治疗胆囊结石、胆囊炎和胆囊黏液囊肿犬的病历资料进行分析，评估手术时间、浆膜下层分离成功率、开放转换率和并发症发生率。结果表明，接受手术治疗的 34 只患犬中，最常见的术前诊断是胆囊结石（n=29），手术时间为 190min（范围：110～330min）。27 只（79.4%）犬实现了 90%以上胆囊床的浆膜下层分离。3 只（8.8%）犬需要转换为开放手术。无术中出血、胆管损伤或再次手术的病例。

（四）腹腔镜膀胱切开取石术

在人医，腹腔镜微创手术清除患者下泌尿道结石已经完全取代了常规开腹手术。其具有更少的并发症、更小的复发概率、更有效的取石效果和更短的住院时间等优点。李庆浩等发表了单孔法腹腔镜治疗小儿膀胱结石 5 例报告，采用腹腔镜全套设备及器械，手术腹腔镜平行目镜型，硬膜外麻醉，平卧位。经尿道置入 F10～12 Foley 气囊导尿管，气囊充气后导出尿液。导尿管外口接气腹机，建立气膀胱，压力 8～12mmHg。患儿下腹部隆起，在耻骨上腹做一 10mm 小切口，逐层切开腹壁至暴露膀胱壁浆膜，用注射器穿刺抽出气体即证实为膀胱后，在膀胱无血管区插入 10mm 套管，置入腹腔镜，在腹腔镜引导下，观察膀胱内情况，确定结石位置，腹腔镜操作通道内置入 5mm 鼠齿抓钳，用抓钳调整结石位置，沿纵轴夹牢结石退至 trocar 鞘口后，缓慢与 trocar 鞘一起退出取出结石。撤除气膀胱，膀胱黏膜 3-0 肠线严密缝合，丝线缝合膀胱肌层，闭合腹壁切口。术后无需冲洗膀胱，抗生素应用 3d，导尿管保留 3～5d。单孔法腹腔镜膀胱取石方法简单，创伤小、恢复快、切口美观，是治疗小儿膀胱结石的有效方法。该方法与经皮膀胱切开取石术相似，值得小动物临床借鉴。

2007 年，李建军探索了“三孔法”手术的套管穿刺孔位置。使用常规腹腔镜手术器械，完成了山羊的膀胱切开与缝合手术。手术对组织损伤小，术后实验羊的膀胱切开与缝合处愈合良好，手术部位与其他器官未发生粘连，动物术后恢复快。祝玉卿等报道了“三孔法”完成猫腹腔镜膀胱切开与缝合术。

（五）腹腔镜脾切除术

1991 年，Delaitre 报道了世界上首例腹腔镜脾切除术（laparoscopic splenectomy，LS）以来，这项技术已经得到了迅猛的发展和普及。许多学者将 LS 作为治疗特发性血小板减少性紫癜的金标准，并取得了良好的临床治疗效果。LS 对于绝大部分脾切除术适应证来说，都是一个良好的选择。但由于脾质地较脆、血供丰富且邻近胰腺、结肠和胃，因此 LS 仍有一定的风险。

在人医，最早是使用猪和犬来研发 LS 这一技术，然后才在患者中广泛实施。当时使用了 4～7 个手术切口才完成脾切除术。脾大小是能否开展 LS 的主要决定因素，严重的脾肿大或巨脾症是 LS 的禁忌证。随着技术的改进，已用三通道或单通道完成 LS。现有 LS 的技术包括人工助手辅助技术、单通道技术、机器人脾切除术，还有利用自然腔道（natural orifice transluminal endoscopic surgery，NOTES）进行脾切除术的相关研究报道。

2007 年，张建涛报道了从山羊左腹部进入 4 个套管，气腹压维持在 1.064kPa，由术者操纵单极电凝钩和腹腔镜抓钳，在腹腔镜的监视下分离脾，充分暴露脾门后用钛夹和丝线结扎脾动脉、静脉，剪断脾动脉、静脉，脾完全游离后装入标本袋，移出体外。术后山羊腹腔粘连率低，痛苦小，恢复快。刘运枫报道了在腹腔镜下经四通道，用双极电凝完成犬的脾切除术。近年来，腹腔镜下行脾切除术在兽医临床的应用越来越多，相继有人报道了经“三孔法”在腹腔镜下用双极血管封闭器完成了猫和犬的脾切除术，用以治疗脾脏疾病，术后恢复快，第2天就可出院。有研究显示，通过单孔腹腔镜完成了22只犬脾切除术，手术中使用血管封堵器完成脾切除后，通过单孔装置经切口将脾外翻或放入标本袋内取出，部分病例需扩大切口。2014年1月1日到2020年7月31日，136只行腹腔镜辅助脾切除术的犬的围手术期特点和治疗结果分析显示，犬进行全脾切除术，并发症、发病率和死亡率低。

（六）腹腔镜肾上腺切除术

1992年，国外首次报道用腹腔镜完成3例人肾上腺切除术，从此以后该技术被逐渐推广应用，现在认为腹腔镜肾上腺切除术是肾上腺手术的首选治疗方法及金标准。在小动物临床实践中腹腔镜技术也得到了一定的发展，2008年有研究报道应用4个套管通路完成了7只犬的腹腔镜肾上腺切除术，前3个套管的安置位置大体相同，之后又在腹壁相对于肾的位置安置一个套管通路，应用4个套管完成手术。有研究报道了在患有右侧或左侧肾上腺皮质癌且不累及尾静脉的犬成功进行腹腔镜肾上腺切除术。有研究报道了腹腔镜肾上腺切除术治疗犬单侧肾上腺肿瘤的创新方法，将麻醉后的犬置于胸骨平卧位，腹部悬吊，可以促进腹部内脏的重力位移，改善腹腔镜手术切除肾上腺的通路和可见度。犬腹腔镜和开腹肾上腺切除术手术相比，并发症发生率低、住院时间短，且在特定病例中取得与开腹手术相当的长期结果，微创腹腔镜方法被认为是肾上腺切除的首选技术。另外有研究报道了用“二孔法”腹腔镜肾上腺切除术完成16只犬的肾上腺肿瘤治疗，验证了该术式的可行性，且能减少患病动物的手术创伤、缩短术后恢复期。

（七）腹腔镜辅助输尿管切开术

犬输尿管切开手术最常用于治疗犬输尿管结石的取出，但是由于输尿管的解剖结构和特殊位置，输尿管的游离与显露较为困难。腹腔镜具有直视、手术视野清晰和放大作用，在兽医临床实践中利用腹腔镜辅助完成手术得到了较好的应用。采用“四孔法”腹腔镜辅助输尿管切开术，即在腹腔镜下用单极电凝将输尿管完全游离一段，然后在腹壁相对应位置安装一10mm套管，进入输卵管抓钳夹住输尿管，然后和套管一起拉出体外。借助手术显微镜，在腹腔外完成输尿管的切开与缝合，缝合完毕后将输尿管放回腹腔，缝合腹壁切口，关腹。经由两个10mm套管和两个5mm套管完成手术操作，切口不超过3.5cm，手术时间也相对较短，平均为49min，将难度较大的腹腔镜操作技术简化，使易于操作。与开腹手术相比，创伤明显减小，术后动物恢复较快，充分体现了腹腔镜辅助手术技术的优势。

（八）腹腔镜胃固定术

腹腔镜胃固定术（laparoscopic gastropexy）可作为犬急性胃扩张-扭转综合征（gastric dilation-volvulus syndrome）的微创治疗方法。有研究报道，在腹腔镜下将犬幽门浆膜肌层与腹横肌缝合。术后采用胃造影检查胃体位和胃排空开始情况，超声检查胃壁活动度。所有实验犬在术后25d胃的解剖位置和胃排空均正常，术后30d幽门腔牢固贴附于腹壁。腹腔镜胃固定术对犬造成应激小，术中并发症较轻，术后随访平均时间为371d，未见有犬发生胃扩张-扭转综合征。还有研究回顾了2012年6月至2013年8月期间14只犬的单切口腹腔镜辅助胃固定术，术后犬未发生胃扩张-扭转综合征。这些研究表明，对相关临床适应证，单切口可重复使用圆锥孔腹腔镜辅助胃固定术是可行和有效的。

有研究报道，采用一步法腹腔镜母牛皱胃左方变位（left displacement of abomasum，LDA）固定术，对15头妊娠259～274d、LDA的怀孕荷斯坦牛进行了手术治疗。在内镜下，通过一个长套管将肘-针-缝合（TPS）装置的杆部分放入皱胃。通过使用一个长的施源器将TPS装置的缝线固定到腹侧腹壁。术后无一例发生术后并发症，术后第（17.4 ± 4.9）天均正常分娩。一步法腹腔镜皱胃固定术在妊娠牛LDA病例的治疗中具有技术优势。

七、腹腔镜手术并发症及处理

（一）常见的腹腔镜手术并发症

1. CO_2引起的并发症

1）气肿　因气腹针穿刺过深或过浅而引起的各种气肿，包括皮下气肿、腹膜前气肿、网膜气肿、纵隔气肿和气胸。

（1）皮下气肿是因气腹针穿刺过浅只到腹直肌筋膜就注气，或因手术时间过长，CO_2通过腹壁各穿刺孔周围进入皮下造成的。轻度皮下气肿不必处理，CO_2可被吸收。

（2）腹膜前气肿是气腹针未穿透腹膜，CO_2注入后造成的。

（3）网膜气肿是气腹针刺入大网膜所造成的，一般不需要处理。

（4）纵隔气肿是气腹压力过大，CO_2逸出所致。

（5）气胸是手术损伤或先天膈肌缺损所致。

2）气栓　大量气体进入血液循环所致，临床罕见，但可致命，后果严重。避免气腹针刺入血管和血液循环丰富的脏器；注气前用空注射器回抽，无回血时才可以注气。

3）酸血症　大量CO_2进入血液并溶解过多所致。

2. 气腹引起的并发症　气腹压力对循环功能造成影响主要表现在静脉回流减少、心肌缺血、血压下降和心律失常；对呼吸功能的改变主要是低氧血症和高碳酸血症；引起脑血流增多；造成胃内容物反流、术后呕吐、肠缺血等消化功能改变。

3. 与手术操作有关的并发症　因为操作失误或电凝误伤等可引起胆道损伤致胆漏、肝管损伤、胃肠道损伤、血管损伤出血和膀胱损伤等并发症。

（二）腹腔镜手术出血的处理

根据出血情况，可酌情选用一种或几种止血方法。对于渗血性出血，可选用电棒或电铲烧灼的电凝法，这是腹腔镜最常用的止血法。对于反复电凝仍不能控制的创面顽固性渗血，可选用纱布条压迫法来止血。对于不能立即止血的，可留置止血材料（如明胶海绵或止血纤维、止血酸等）填塞压迫止血，可达到较好的止血效果。对于反复电凝仍不能控制的出血，也可选用止血药喷洒，有一定止血效果。对于电凝无效的血管出血，可选用钛夹止血。对于无法缝线结扎的止血部位，用生物蛋白胶撒涂，可起到止血和封闭作用。

（三）需要紧急中转开腹手术处理的腹腔镜指征

紧急开腹是因病变、技术或技术故障等原因造成的必须立即开腹手术。中转开腹手术是腹腔镜手术安全的步骤之一。随着腹腔镜微创手术操作经验积累，中转开腹概率会下降。

1. 条件因素　缺乏器械或设备故障、气腹条件不满足等。

2. 技术因素　在操作过程中，如发生脏器损伤、血管损伤或难以控制的大出血等。

3. 病变因素　在腹腔镜探查时，如发现腹腔内有广泛的致密粘连、肿瘤过大或者已经癌变，或同时发现还有其他脏器有病变等。

4. 动物因素　如动物出现了高碳酸血症或 SpO_2 不能维持正常值等严重并发症。

（四）腹腔镜手术并发症常见原因

1. 手术操作不熟练　术者操作失误，如电极头接触到其他金属手术器械时，引起电流短路，可损伤接触的组织，造成电损伤。单极电凝的负极板放置不当，也可能造成皮肤烧伤。术者必须要经过严格的腹腔镜微创手术培训，手术团队成员相对固定、经常配合，提高手术配合的协调度。

2. 手术难度和操作范围超出术者的能力　术者对局部解剖不熟悉，没有充分掌握新技术或使用新方法，盲目操作。

3. 设备不全或功能欠佳　术者对电凝外科原理的理解程度直接影响出现手术并发症的概率。微创外科手术器械和设备需要专人负责，术前必须认真检查，保证其均处于良好状态。

4. 切口疝　切口疝由较大的腹壁切口、未将腹膜和深层筋膜缝合好等引起。彻底缝合腹壁切口，缓慢放出充气腹的气体，术后 1 个月内不增加腹压等，均可预防切口疝的发生。

（五）腹腔镜手术常见并发症的预防

1. 掌握微创外科技术　腹腔镜手术借助精密器械，在内镜直视下操作，开展相关工作前必须要有个学习的过程，熟练掌握相关操作技术。手术成员相对固定，逐渐提高手术技艺。

2. 正确掌握微创手术适应证和禁忌证　手术前全面评估施术动物，正确掌握适应证和禁忌证，这能够有效预防微创手术并发症。

3. 操作严谨，避免安装套管引起的损伤，预防手术器械损伤　不盲目施行钛夹、切割和烧灼出血点等操作。要有完善的应对措施，一旦发生误伤等并发症，应立即采取有效处置方法，及时处理，同时加强术中临床体征监测。

（李建军）

第二节　胸腔镜外科

一、胸腔镜外科的发展历史

（一）传统胸腔镜阶段

胸腔镜（thoracoscope）的临床应用可追溯到 20 世纪初。1910 年瑞典的内科医生 Hans Chistian Jacobaeus 使用改良的膀胱镜来分离粘连的胸膜，当时称之为胸腔镜。Jacobaeus 首先在 X 线透视下确定粘连部位，然后在粘连部附近采用“双套管技术”插入胸腔镜，直视下用电灼器松解胸膜粘连，达到萎陷肺组织，来治疗空洞性肺结核。该技术治疗效果较好，曾一度在欧美国家广泛应用。1922～1923 年，Jacobaeus 的经典论著被收录入英国皇家医学会的论文汇编，胸腔镜外科迎来了第一个全盛时期。直到 1945 年，随着链霉素的出现，加之胸腔镜胸膜肺松解术并发症发生率较高，该技术的临床应用逐渐减少，仅用于胸膜活检术。1982 年，Sang 报告使用 Jacobs-Palmers 腹腔镜作为胸腔镜治疗脓胸，获得了很好的治疗效果。

（二）现代胸腔镜阶段

20 世纪 80 年代末，胸腔镜微创手术器械的出现，特别是胸腔镜切割缝合器等的问世，为胸腔镜外科的发展提供了新动力。这还得益于高精度光学技术和高清晰度摄显像系统在电视胸腔镜的应用，以及先进的麻醉和监护设备的临床应用与麻醉和监护技术水平的提高。胸腔镜外科普遍用于多种胸部疾病的诊断和治疗，而且逐步进入心脏与血管外科领域，成为一门新的微创手术科学。这为现代电视胸腔镜手术（video-assisted thoracic surgery，VATS）的孕育和诞生奠定了技术基础。

1992 年，41 家美国著名医院组成胸腔镜协作组（Video-Assisted Thoracic Surgery Study Group），统一胸腔镜医师训练方法、手术方法和共享资料，为胸腔镜手术经验积累和疗效评估奠定了基础。同年，美国胸外科学会和胸外科学医师学会组建胸腔镜外科医师委员会（The Committee on Thoracoscopy and Video-Assisted Thoracic Surgery），对胸腔镜外科医师进行规范培养和管理，促进了胸腔镜技术的健康发展。20 世纪 90 年代中后期，胸腔镜技术快速在世界范围内传播开来，并很快应用到了绝大多数胸外科疾病的手术中。1997 年，一项共有 229 位普胸外科医师俱乐部成员参加的有关胸腔镜使用情况的调查结果显示，在自发性气胸治疗、肺大疱切除术、交感神经链切断术中胸腔镜手术已经取代了传统开胸手术而成为标准术式。很多胸外科的核心手术，如肺癌手术、食管癌手术等，已常规在胸腔镜下完成。

（三）兽医胸腔镜手术的发展

有关兽医临床胸腔镜手术的文献很少。1983 年，Bauer 和 Thomas 首次发表了小动物临床使用胸腔镜的报道。国内报道了犬电视辅助胸腔镜外科手术对动物手术过程中的氧化应激的影响及对猫特发性乳糜胸胸腔镜手术治疗。

二、胸腔镜手术适应证和禁忌证

（一）胸腔镜手术适应证

胸腔镜手术的适应证包括诊断性和治疗性两类。

1. 诊断性胸腔镜手术适应证　动物胸腔内探查和活体组织采样；胸外伤的确诊；胸膜疾病（胸膜积水、胸膜炎、胸膜肿瘤等）的检查与确诊；心包疾病的检查和心包部分切开术；肺部检查和肺的部分切除术；膈肌的探查与修补术等。

2. 治疗性胸腔镜手术适应证　用于治疗心脏大血管疾病，如心包积液，可经胸腔镜进行心包开窗术；动脉导管未闭，可经胸腔镜施钛夹钳闭或用缝线推结器结扎。用于治疗胸膜疾病，如急性脓胸，胸腔镜手术可以进行脓胸清创，并且可选择适当部位安置冲洗引流管，以供术后脓腔冲洗和引流，促进脓胸的痊愈。用于治疗肺部疾病，如自发性气胸、肺肿瘤等，可经胸腔镜进行肺楔形切除术或肺叶切除术。用于治疗纵隔疾病，如纵隔良性肿瘤、自发性和继发性乳糜胸等。

（二）胸腔镜手术禁忌证

患侧胸腔有手术史或胸膜感染史，胸膜粘连严重，胸腔镜不能进入的动物。体况差，恶病质、心肺功能严重受损，不能耐受手术的动物。肺功能差，不能耐受单肺通气的动物。不适合进行全身麻醉的动物。

三、胸腔镜手术设备和器械

1. 胸腔镜　任何型号的硬镜都可作为胸腔镜使用，其光学特性与显微镜类似，具有良好的局部放大功能（通常为2～5倍）。临床常用的30°镜头可以清晰显示局部解剖和病变特点，胸腔内几乎无盲区。

选用的内镜规格取决于患病动物体型大小。直径5mm、长度30cm的内镜使用最广泛，可用于大多数犬、猫。直径2.7mm、长度18cm的内镜常用于鼻镜和膀胱镜检查，也可以较好地用来进行猫和小型犬的胸腔检查，方便在狭窄的肋间操作。直径10mm的内镜，更加适合用于大型动物的胸腔检查。

2. 手术器械　胸腔镜手术通常需要配备包括套管、牵引、分离、剪开、切割、缝合、施夹、电灼活检和冲洗吸引等功能的器械。

1）套管　胸腔镜手术常使用不带阀门的开放性套管，可方便快速更换手术器械，并减少相邻胸壁的损伤。如果手术过程中需要向胸腔内充气来实现进一步的肺不张，可选用带阀门的套管。腹腔镜的套管可用于胸腔镜手术。带螺纹的套管在操作过程中不会轻易移位，也更加方便在肋间使用。另外，还有一种根据肋间隙的解剖特点设计的椭圆形软套管，在不增加肋间组织损伤的同时可扩大手术入路，方便手术器械的置入和操作。可根据所用器械规格选用不同直径的套管。

2）抓钳、分离钳和剪刀　胸腔镜抓钳主要在术中作抓持、牵拉组织用。应尽量选用细齿抓钳，以免损伤较脆弱的胸腔内组织、器官。最好使用内镜肺叶钳牵拉肺组织，以免撕裂肺组织造成漏气、渗血。内镜分离钳主要用于一些较小组织的抓持、分离和电凝止血。内镜剪刀主要用于较深部位的剪切操作。

3）推结器　主要用于内镜下的结扎操作。适用于较细小的血管和肺大泡结扎，但基底较大的肺大泡结扎后，在术毕膨肺时有可能结扎线滑脱。

4）内镜持针器　主要用于腔镜下缝合。

5）内镜缝合切开器　内镜缝合切开器具有操作简便、迅速，切割缝合准确、牢固可靠，保持组织良好血运等优势，使手术视野狭小、部位较深的操作变得更容易，使各类腔镜（胸腔镜和腹腔镜等）手术成为可能。该器械最初是为腹腔镜手术中切割和吻合胃肠道而设计的，后应用到胸腔镜手术中，用来切割肺组织、肺门大血管和支气管。需要根据术中具体情况选择使用不同规格的内镜缝合切开器。

6）*超声刀、手术电极* 超声刀、手术电极是胸腔镜常用的手术器械，用于软组织切割、闭合直径不超过 3mm 的小血管。

一般来说，胸腔镜所用器械比腹腔镜的要短，器械和套管长度缩短更方便使用，同时也减少了在有限胸腔中操作对组织损伤的风险。胸腔镜不需气腹机，检查或手术过程中无需充气。胸腔镜器械可用环氧乙烷气体消毒，也可用 2%戊二醛消毒。器械在使用前用温热的灭菌生理盐水冲洗干净，以免器械接触组织时造成刺激。

四、胸腔镜手术的术前准备

胸腔镜手术前，动物需禁食 18～24h，术部剃毛消毒。动物胸腔镜手术的术部消毒和创巾的铺设范围与传统开胸术相同。因胸腔镜手术复杂，一旦无法完成可马上转为传统开胸手术，而无需再重新铺创巾和术部消毒。

动物在进行常规胸腔探查或心包切开术时，多采用仰卧位保定。一侧胸部的检查可行侧卧保定，或根据应检胸腔脏器决定保定体位。为增加胸腔内的可见度，可选择性地进行支气管插管并维持机械通气，以允许未插管的单侧肺塌陷。

五、胸腔镜手术的麻醉与监护

胸腔镜手术对麻醉的要求较高，为增加操作空间，保证术野安静，术中通常要求行单肺通气。良好的单肺通气麻醉技术可为胸腔镜手术的精细化操作提供先决条件。施术侧肺塌陷有利于手术操作，却使麻醉管理变得更加复杂。塌陷侧肺虽然已经没有通气，但仍有血流灌注。在单肺通气过程中，由于来自塌陷侧肺的未氧合血和来自通气侧肺的氧合血混合，肺泡-动脉血氧分压差增加，常常会导致低氧血症。通气侧肺的过度充气，会加重通气-血流比的失衡，使氧合进一步恶化。单肺通气会引起呼吸生理紊乱的一系列生理变化。

缺氧性肺血管收缩（hypoxic pulmonary vasoconstriction，HPV）是机体自我平衡的机制，可使肺血流从缺氧的或塌陷的肺组织转移走，从而改善单肺通气的氧合。机体通常需要 30min 左右，通过若干机制调整通气-血流比，使机体逐渐适应了单肺通气。因此，通常可在胸腔镜手术前消毒铺隔离创巾时即开始单肺通气，可观察到在手术开始后 15～20min 脉搏血氧饱和度上升并趋于稳定。

术中的许多因素均会影响 HPV 的作用强度，其中缺氧的程度和持续时间、体温、动脉血二氧化碳分压、心功能以及并发症等均是 HPV 的影响因素。另外，因为麻醉药物和血管活性药物均对循环系统有直接的抑制或兴奋作用，会直接影响 HPV。因此，应加强胸腔镜手术中的麻醉监测。

全身麻醉和机械通气是兽医胸腔镜手术的标准配置。临床多推荐吸入麻醉，并加以辅助呼吸。在部分气胸发生时，可吸入高浓度氧予以补偿。静脉麻醉药（如丙泊酚）和吸入性麻醉药（如异氟烷、七氟烷）是全身麻醉主要的维持用药，对患病动物的各个系统均会产生不同程度的抑制作用，也会影响术中 HPV 的作用强度。研究表明，当单肺通气的患病动物于术中接受不同剂量的丙泊酚麻醉时，组间的各个氧合指标未见明显差异，这表明临床剂量的丙泊酚对 HPV 的抑制作用不明显，且此作用无明显的剂量依赖性。据研究发现，吸入性麻醉药会抑制 HPV，但吸入浓度并不影响氧合。因此，如果患病动物在单肺通气时氧合不佳，则可考虑改为全静脉麻醉来维持全身麻醉。

六、胸腔镜手术入路及常用切口

1. **剑突旁入路**　该部位进镜，能很好地观察两侧胸腔的腹面，也是刚开始胸腔检查最易掌握的方法。动物胸部做好常规手术的准备，仰卧保定。用手术刀在剑状软骨的左侧或右侧切一小口，然后用直径为 6mm 的腹腔镜穿刺套管穿过腹部肌肉，通过膈进入胸腔。退出穿刺锥，经套管插入内镜。仔细向前推进内镜，进行胸腔检查。在内镜经过膈后，会发现有一长轴样的胸部结构，可看到心包和膈神经的腹面、侧面。内镜继续向前推进，可穿过后纵隔，之后内镜沿左、右胸腔腹侧直达胸腔前口。胸廓内的动脉、静脉是胸腔前口的突出标志。胸腔前部结构和前纵隔多因内镜长度受限而不能进行探查。该内镜入路可行肺叶和肺门的探查，但无法到达肺叶和静脉背侧。根据胸腔明确的局部解剖特征，很容易确定食管、主动脉和后腔静脉。调整内镜方向，可看到胸骨膈肌边缘。在腹侧面，可看到胸骨，有时也可看到胸骨淋巴结。

在肋间进入另外的套管，经套管进入一探头，可以轻轻地把肺叶拨开。借此操作，经内镜可探查肺叶间隙和肺静脉。进入抓钳和手术剪，易夹持住心包，并可行心包切开。在切开心包时膈神经可以作为明确标记，同时也会限制操作。

2. **肋间入路**　该方法是胸腔镜探查文献中报道最多用的。动物可行右侧卧、左侧卧或仰卧保定，也可根据所需探查的部位采取相应的保定体位。内镜套管多从第 7 肋间，在肋软骨交界处与轴上肌腹侧面边缘中间进入。当内镜套管从第 7 肋间进入时，可探查一侧完整的胸腔和提供广泛的视野。前部从第 4 肋间、后部从第 7 肋间进入内镜套管时，可观察到每侧胸腔中大多数的器官。最好用长度为 6～8cm 的短穿刺套管或可曲式套管。

首先用手术刀在第 7 肋间切开一 6～7mm 皮肤切口，用止血钳分离皮下组织和肌肉，进入胸膜腔。除非有明显的粘连发生，在胸膜腔和外界相通后，肺会缓慢塌陷，然后套管可轻松安全地进入胸腔。在第 4 肋间安装另一套管，经套管进入探头。用探头拨开相邻的肺叶，可方便观察支气管周围组织、肺动脉和肺静脉、肺门淋巴结，以及胸膜表面和膈。

当内镜向胸壁旋转并朝向后部时，可观察到膈。如内镜从第 4 肋间进入，可很好地观察到纵隔。

3. **胸腔前口入路**　该入路主要为了观察纵隔结构，这是经前部肋间入路无法达到的。动物仰卧保定。内镜套管从胸腔前口左侧或右侧，在第 1 肋间内侧缘与气管侧面之间进入胸腔。在胸腔前口的左侧或右侧，先用手术刀做一 6～7mm 的皮肤切口。然后将套管插入，并向后侧方第 2 肋间内侧面方向推进。通过该入路，可很好地观察左右两侧胸腔、两侧肺叶的前部和前部的胸腔淋巴结。将内镜从前向后缓慢推进，通过纵隔结构和肺前叶后，可完整地观察到一侧胸腔的长轴状结构。该入路基本可完成每侧胸腔从前向后的探查，但当犬体型较大时难以完成整个胸腔的检查。当操作者探查膈时，沿内侧可看到腔静脉、主动脉和食管通过膈进入腹腔。在内镜直视下易完成另外辅助套管的安装。

临床少用本入路进行胸腔镜探查，因为前纵隔的结构使内镜进入困难，会影响内镜进入的方向。另外，胸腔中的多数器官可通过前部肋间入路进行探查。

七、胸腔镜手术操作技术

（一）胸腔探查内容

1. **胸膜腔内探查** 在胸腔镜下整个胸膜腔可清楚地呈现在屏幕上，如发现病变部位被肺覆盖，可进入卵圆钳拨开肺以充分暴露病变部位。如发现胸膜腔内有积液，则先将其吸出进行生物化学、细菌学及病理学检查。发现病变组织后用内镜剪刀切下一块进行病理学检查，病变组织切面用电灼止血。

2. **肺脏探查** 对外周型肺部肿瘤，可在第二切口进入卵圆钳配合检查肿瘤的表面；对中央型肺部肿瘤，可用卵圆钳配合检查肺门结构中各血管、纵隔内淋巴结是否被侵犯或转移。必要时进入内镜剪刀和内镜钳打开心包，将硬镜进入心包腔内探查心脏及相连血管是否被侵犯，确认是否需要手术切除。必要时可活体组织取样进行病理学检查。

3. **纵隔内探查** 根据纵隔内病变组织的定位，先选择好手术入路（从右胸或左胸进入）。第一个套管切口可按纵隔内病变靠前或靠后、接近纵隔内病变组织的不同，在两个肋间做第二、第三切口。进入内镜剪刀和内镜钳打开纵隔胸膜暴露纵隔内病变组织，确认不是血管瘤后用内镜剪刀切下一块病变组织进行病理学检查。如怀疑是血管瘤时，可用细穿刺针做肿物抽血试验。

（二）胸腔镜手术

1. **动脉导管未闭结扎术** 动脉导管是在胎儿肺动脉干和降主动脉之间相连接的血管。在正常情况下，胎儿出生后短时间内发生功能性闭合，几个月后可形成永久性闭合。因受遗传因素影响，动脉导管壁的组织结构发生异常而无法收缩，在胎儿出生几天后甚至较长时间动脉导管仍连通，称为动脉导管未闭（patent ductus arteriosus，PDA）。在犬的临床先天性心脏缺陷疾病中，PDA 多见，引起血液从左向右分流，即由降主动脉流向肺动脉，从而可导致肺循环、左心房和左心室血容量超负荷，造成左心室扩张。尤其是在未闭的动脉导管较粗时，左心室和二尖瓣环扩张，导致二尖瓣反流和更严重的容量负荷，从而引起心肌收缩力下降和心律失常，造成充血性心力衰竭和肺水肿。少数情况下，过多的肺血流可导致肺血管改变、阻力增大和肺动脉高压，则可发生右向左分流，即从肺动脉向主动脉的反向分流，从而导致患犬严重的全身性低氧血症、运动不耐受和红细胞增多症等。临床确诊 PDA 的方法通常有胸部 X 线、心电图、多普勒超声和磁共振心动检查等。动脉导管的持续开放使机体产生相应的病理生理学改变，可降低患病动物生存率和增加后期并发症，所以一经确诊 PDA 是左向右分流时，闭锁动脉导管是有效的治疗方法之一。在人医，胸腔镜微创手术已经涉及心脏病外科治疗的各个领域。对婴幼儿先天性心脏病动脉导管未闭，全胸腔镜下动脉导管钳闭手术是最佳的手术选择，并取得理想的治疗效果。先天性心脏病动脉导管未闭是最早在胸腔镜下完成手术治疗的心血管疾病之一。只需在患者左侧腋下第 3 肋间切一 2cm 的小口作为手术通路，然后在胸腔镜辅助下，采用常规手术器械和方法来分离动脉导管，用钛夹夹闭动脉导管即可完成手术治疗。由于不需要分离动脉导管后壁，减少了损伤动脉导管的风险。随着医学科技发展，有临床研究表明经导管封堵术已被证明是治疗早产儿 PDA 安全有效的方法。国内李建军等在全胸腔镜下完成一例 4 月龄柯基犬的动脉导管未闭结扎术。单肺通气使患侧肺塌陷，可为术者提供足够的观察和操作空间。使用双重线结扎动脉导管，不仅效果确实，还可避免在使用钛夹夹闭时夹闭不全、钛夹脱落及钛夹刺破局部组织等。在全胸腔镜下视野清晰，加之内镜的放大作用，动脉导管周围解剖结构易于辨认，从而能够保证手术顺利实施。

2. 乳糜胸胸腔镜微创手术　乳糜胸（chylothorax）是由于淋巴回流受阻、特发性淋巴管扩张或者胸导管损伤等使得大量乳糜积聚在胸膜腔的复杂性疾病。乳糜是食物中的脂肪在消化吸收后由肠道淋巴管收集经乳糜池和胸导管进入前胸静脉系统的淋巴液，其中富含甘油三酯、淋巴细胞、蛋白质和脂溶性维生素，呈乳白色。经临床检查，如无明确的发病原因，通常诊断为特发性乳糜胸。犬、猫特发性乳糜胸通常以手术治疗为主，保守治疗效果不佳。目前，在国内兽医临床多以常规开胸手术治疗为主，该术式具有机体损伤大、胸导管结扎不彻底、操作难度大等缺点。胸腔镜下胸导管结扎术以及心包切除术是治疗猫特发性乳糜胸安全、有效的术式，能有效减少疼痛、加快恢复、减少术后并发症等。在全胸腔镜下视野清晰，加之内镜的放大作用，不需要提前使用染色剂，胸导管周围解剖结构易于辨认，从而顺利完成患猫心包的部分切除。

八、胸腔镜手术并发症及术后处理

胸腔镜手术较常规开胸手术损伤小，但由于单肺通气及手术复杂程度增大等，对患病动物的呼吸系统、循环系统和全身许多器官的功能仍然有较大的影响。作为一种新外科技术，尤其在最初的临床应用阶段，发生手术并发症的概率较高。因此，及时处理手术并发症与手术同等重要。

（一）术后常规处理

1. 术后早期处理　胸腔镜手术均需要进行全身麻醉，在围手术期应加强对施术动物进行心电监护和血流动力学监测，注意检查各项生命指征、各种引流管连接和通畅情况。尤其是对老年动物、体弱动物，更应强调密切观察呼吸等生命体征的恢复情况。

2. 引流管的管理　胸腔镜手术出血少，一般可在术后 2～5d 内拔管。乳糜胸、脓胸和胸膜炎患病动物的手术治疗，拔管时间需根据术后引流情况决定。

3. 术后止痛　动物胸腔镜手术的主要优点是术后痛苦小，患病动物于术后 1～3d 常规使用非甾体抗炎药即可。

（二）术中并发症及其处理

1. 麻醉并发症　胸腔镜手术多需要双腔支气管插管，在单肺通气情况下来实现胸腔内的操作空间。单肺通气导致的麻醉并发症较普通手术相对偏高。如果双腔支气管插管较细，则易插入支气管深部，在气囊充气时造成支气管膜部撕裂、损伤支气管等并发症。因此，在插管过程中用支气管镜引导和检查插管位置，同时注意选用合适型号的双腔管，在气囊内充入适量压力的气体。长时间的单肺通气可能引发复张性肺水肿，选用开放性胸壁套管和间断性双肺通气可避免肺水肿并发症的发生。

2. 胸腔内充 CO_2 气体的并发症　在胸腔镜手术时，某些情况下，向胸腔内充入适量 CO_2 气体会有助于手术操作。但是，正压下胸腔内 CO_2 气体可通过损伤的肺静脉进入血液导致高碳酸血症或 CO_2 气栓，引起严重的心、脑后遗症；胸内正压还会引起血压、心率的变化和纵隔移位等。如果在手术过程中必须充入 CO_2 气体，建议充气压力低于 3mmHg，流量小于 1.5mL/min，并且需要随时观察患病动物的血流动力学变化、血氧饱和度等。一旦发生充气并发症，需要立即排出胸腔内积气，同时尽快对症治疗。

（三）手术操作引起的并发症及其处理

1. 放置套管的并发症　在胸腔镜手术中，放置套管所致并发症通常有套管穿刺针刺伤肺或其他胸腔内脏器，损伤肋间神经和血管等。如肺与胸壁有紧密的粘连或放置套管时用力过猛，套管损伤肺会造成肺实质出血或漏气。如位置靠后，可能套管放置在膈后方，会刺伤肝、脾等腹腔脏器，从而引发较严重的并发症。如套管放置位置不合适或安装时用力过猛，还可能损伤主动脉、心脏等重要器官，引发致命的并发症。因此，在术前要根据动物的病变部位、胸部影像、手术种类及侧卧时膈肌可能前移程度等，提前设计好套管穿刺位置，可尽量减少或避免上述并发症的发生。

不正确地放置套管，还可损伤肋间神经和血管。尽量选择直径不大于 5mm 的套管，以避免增加神经损伤的机会。对于肋间血管损伤引起的出血，如套管切口出血不易定位，可从切口中放入 Foley 导尿管，当气囊充气后从切口外拉并固定，用气囊压迫切口出血部可起止血作用，待手术完成后再仔细止血。如果遇到无法在胸腔镜下完成的止血，则必须立即转为开胸手术止血。

2. 手术器械的损伤　肺组织较脆，忌用力牵拉或用锐利器械刺破，否则易造成肺组织出血、漏气。水泡试验是检查肺有无漏气最好的方法。内镜缝合切开器使用不当或超限度使用，可能会造成钉合不全、创面出血等并发症。

（李建军）

主要参考文献

丁明星. 2019. 兽医外科学. 2 版. 北京：科学出版社.

董轶，林中天. 2014. 小动物眼科学. 北京：中国农业出版社.

侯加法. 2002. 小动物疾病学. 北京：中国农业出版社.

李建基，刘云，王亨. 2023. 兽医外科及外科手术学. 2 版. 北京：中国农业出版社.

李建基，王亨. 2013. 兽医临床外科诊疗技术及图解. 北京：化学工业出版社.

李建基. 2023a. 小动物外科手术彩色图谱. 北京：化学工业出版社.

李建基. 2023b. 家畜外科手术彩色图谱. 北京：化学工业出版社.

林德贵. 2011. 兽医外科手术学. 5 版. 北京：中国农业出版社.

刘云，王春璈. 2018. 现代规模化奶牛场肢蹄病防控学. 北京：中国农业出版社.

陆江宁. 2021. 动物临床诊疗技术. 北京：中国农业大学出版社.

马玉忠. 2017. 兽医外科学. 北京：中国林业出版社.

王春璈. 2023. 奶牛疾病防治学. 北京：机械工业出版社.

王洪斌. 2010. 现代兽医麻醉学. 北京：中国农业出版社.

王洪斌. 2015. 兽医外科学. 5 版. 北京：中国农业出版社.

Cherzan N L，Fransson B A. 2021. Laparoscopic esophagopexy，fundopexy，and hiatal herniorrhaphy for refractory regurgitation in a racing Alaskan husky sled dog. Can Vet J，62（6）：577-580.

Douglas W E. 2015. Clinical Atlas of Canine and Feline Ophthalmic Disease. Hoboken：John Wiley & Sons Inc.

Ekenstedt K J，Crosse K R，Risselada M. 2020. Canine brachycephaly：anatomy，pathology，genetics and welfare. J Comp Pathol，176：109-115.

Forbes J N，Monnet E. 2023. A vessel sealing device and an ultrasonic dissector are equally effective and safe for single port laparoscopic ovariectomy in dogs. Am J Vet Res，84（10）：1-6.

Fossum T W. 2019. Small Animal Surgery. Philadelphia：Elsevier.

Goldschmidt S，Hoyer N. 2022. Management of dental and oral developmental conditions in dogs and cats. Vet Clin North Am Small Anim Pract，52（1）：139-158.

Grubb T，Sager J，Gaynor J S，et al. 2020. 2020 AAHA anesthesia and monitoring guidelines for dogs and cats. J Am Anim Hosp Assoc，56（2）：59-82.

Hawker W，Singh A. 2024. Advances in the treatment of chylothorax. Small Anim Pract，54（4）：707-720.

Hofmeister E H. 2024. Exploring the risk factors for anaesthesia-related death in dogs and cats worldwide. Vet Rec，195（1）：26-28.

Hubers M，Vink J，Brissot H N，et al. 2022. Outcome of surgical treatment of perineal hernia in cats：36 cases（2013-2019）. J Small Anim Pract，63（10）：776-783.

Javier E M. 2019. Quick Guidebook to Canine and Feline Ophthalmology. 2nd ed. Servet.

Kondo M，Hagiwara K，Nukaya A，et al. 2023. Laparoscopic cholecystectomy using the subserosal layer dissection technique in dogs：34 cases（2015-2021）. J Small Anim Pract，64（4）：288-295.

Li J，Shao X，Cheng T. 2022. Perineal hernia repair after abdominoperineal resection（APR）with the laparoscopic-peritoneal dual fixation technique. Hernia，26（5）：1307-1314.

McGaffey M E S，Singh A，Buote N J，et al. 2022. Complications and outcomes associated with laparoscopic-assisted splenectomy in dogs. J Am Vet Med Assoc，260（11）：1309-1315.

Merrilee H. 2020. Feline Diagnostic Imaging. Hoboken：Wiley Blackwell.

Monnet E. 2021. Laparoscopic correction of sliding hiatal hernia in eight dogs：description of technique，complications，and short-term outcome. Vet Surg，50（1）：230-237.

Pablo E O，Jorge A G，Natalí V，et al. 2021. Use of a lateral ultrasound-guided approach for the proximal radial，ulnar，median and musculocutaneous（RUMM）nerve block in a small dog undergoing distal humerus fracture repair. Vet Anaesth Analg，48（5）：815-817.

Pellin M A. 2022. The use of oncept melanoma vaccine in veterinary patients：a review of the literature. Vet Sci，9（11）：597.

Reeves L A，Anderson K M，Luther J K，et al. 2020. Treatment of idiopathic chylothorax in dogs and cats：a systematic review. Vet Surg，49（1）：70-79.

Scharf V F. 2024. Laparoscopic treatment of peritoneal-pericardial diaphragmatic hernia. Vet Clin North Am Small Anim Pract，54（4）：661-670.

Scharf V F，Iannettoni M，Anciano C. 2022. Laparoscopic peritoneopericardial herniorrhaphy in 2 dogs. Can Vet J，63（9）：947-952.

Spencer A J，Karen M T. 2017. Veterinary Surgery：Small Animal. 2nd ed. St. Louis：Elsevier.

Theresa W F. 2018. Small Animal Surgery. 5th ed. Philadelphia：Elsevier.

Villani A，Potestio L，Fabbrocini G，et al. 2022. The treatment of advanced melanoma：therapeutic update. Int J Mol Sci，23（12）：6388.

Zacher A，Marretta S M. 2022. Diagnosis and management of furcation lesions in dogs—a review. J Vet Dent，39（2）：151-172.